高职高专制造类专业基础课规划教材

机械设计基础

朱红娟　范世祥　主编
徐念玲　佟　静　孙　菁　副主编
许德琪　主审

電子工業出版社
Publishing House of Electronics Industry
北京·BEIJING

内容简介

本书对工程力学、机械原理、机械零件等学科的知识进行重修组合，简化理论分析。全书分为七大模块，内容包括：构件的静力分析、构件的承载能力分析、常用机构的设计、挠性传动的设计、齿轮传动的设计、常用联接的选用及轴系零件的选用。每一个模块的内容设有问题导入、知识分析、知识链接、问题解答、知识拓展等。

本书主要作为高等职业学校、成人高等学校机械类和近机类各专业的教材，也可供其他各专业教师和广大工程技术人员参考。

图书在版编目（CIP）数据

机械设计基础/朱红娟，范世祥主编．—北京：电子工业出版社，2013．5
高职高专制造类专业基础课规划教材
ISBN 978-7-121-20134-9

Ⅰ．①机… Ⅱ．①朱… ②范… Ⅲ．①机械设计－高等职业教育－教材 Ⅳ．①TH122

中国版本图书馆 CIP 数据核字（2013）第 068035 号

策划编辑：贺志洪
责任编辑：贺志洪　　特约编辑：张晓雪　薛　阳
印　　刷：北京七彩京通数码快印有限公司
装　　订：北京七彩京通数码快印有限公司
出版发行：电子工业出版社
北京市海淀区万寿路 173 信箱　邮编 100036
开　　本：787×1092　1/16　印张：16　字数：410 千字
版　　次：2013 年 5 月第 1 版
印　　次：2021 年 1 月第 6 次印刷
定　　价：32.00 元

凡所购买电子工业出版社图书有缺损问题，请向购买书店调换。若书店售缺，请与本社发行部联系，联系及邮购电话：（010）88254888。

质量投诉请发邮件至 zlts@phei.com.cn，盗版侵权举报请发邮件至 dbqq@phei.com.cn。

服务热线：（010）88258888。

前　言

“机械设计基础”课程为高等职业院校机械类和近机类各专业的一门重要的专业技术基础课程。本书根据教育部有关“机械设计基础”课程的教学基本要求，结合近几年教学内容改革的需要，吸取多所院校多年来的教学经验编写而成。

本书以任务导入的形式编写而成，以完成任务为主线，采用教学做一体化的教学模式，注重学生动手能力的培养。在知识编排上，打破传统的课程体系，将教学内容进行简化、整合，使得课程内容更具有针对性和连续性。教学模式上，在重构了课程内容的基础上，通过问题引入、知识分析、知识链接、问题解答、知识拓展，使学生在完成任务的过程中提高综合能力并掌握理论知识。教学方法上，广泛采用示范引导、学做合一、交流讨论等方法，从理论的传授过渡到方法的学习。在每一次课上都有相应的实例，鼓励学生积极参与案例分析。

本书由朱红娟、范世祥任主编，徐念玲、佟静、孙菁任副主编。参加编写人员及编写分工情况如下：朱红娟负责编写模块5～模块7；孙菁负责编写模块1；佟静负责编写模块2；徐念玲负责编写模块3和模块4。本书由南京数控机床有限公司高级工程师许德琪担任主审。本书广泛吸取了有关院校的教学经验，在此对所用参考资料的提供单位和作者表示衷心的感谢！

尽管我们在编写的过程中作了许多努力，但限于编者的学术水平，书中难免存在一些疏漏和不妥，恳请广大读者批评指正。

编　者

2013.4

目　　录

模块 1 构件的静力分析

在机械的各种零件、部件的设计过程中，或研究整机的工作状态及功能时，都要研究其受力状况，对承受的载荷也要进行受力分析，进行相关的设计计算。

静力学研究的是物体机械运动的特殊情形——平衡问题。所谓机械运动，是指物体在空间的位置随时间而变化的情况。在工程上，物体相对于地球处于静止或作匀速直线运动的状态称为平衡。

在工程实践中，经常遇到物体处于平衡状态下的受力问题。像许多机器的零件、部件（统称为构件）在工作时，构件受到外力作用，例如汽车轮轴受到车厢与车轮传来的外力；楼房的梁承受楼板传给它的重量，它们在工作时处于平衡状态或可近似地看做处于平衡状态。若能保证机械和结构的正常工作，各个构件都必须正常工作。为此，首先要求构件在受载后不破坏，这将涉及构件的材料、形状等与外力之间的关系，需要应用一些相关的力学知识去解决。

问题引入

图 1-1 所示为塔式起重机简图。已知：机身重 $W = 220\text{kN}$，最大起重量 $P = 50\text{kN}$，平衡块重 $Q = 30\text{kN}$，试分别求出空载和满载时，轨道对机轮 A，B 的法向约束力，并问此起重机在空载和满载时会不会翻倒？

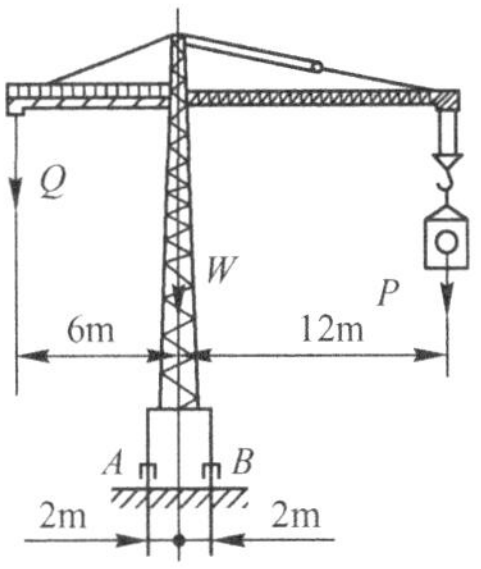

图 1-1　塔式起重机

知识分析

解决工程中物系受力平衡的问题时，首先要理解静力学的基本概念、基本公理，熟悉工程中常见的约束和约束反力，物体受力图的画法。其次要掌握合力投影定理、合力矩定理、力的平移定理；再次利用这些定理，将各力系简化合成，得出力系的合力；最后借助平衡条件，建立平衡方程，求解平衡问题。

【知识目标】

1. 了解静力学的基本概念。
2. 掌握物体受力分析的方法和步骤。
3. 掌握平面汇交力系的平衡条件及其计算方法。
4. 理解力矩的概念和求解过程。

5. 了解平面任意力系的简化和平衡计算。

【能力目标】

1. 能对工程实践中遇到的简单物体进行受力分析和平衡计算。
2. 具备简单物体受力问题分析和解决的能力。

知识链接

一、静力学基本概念

力学是研究物体机械运动一般规律的科学。机械运动是指物体在空间的位置随时间的变化而变化，包括变形和移动。静力学研究物体平衡的一般规律，主要研究三方面的问题：物体的受力分析、力系的简化和力系的平衡条件。

1. 刚体

静力学研究的物体主要是刚体。所谓刚体是指在力作用下不变形的物体，即刚体内部任意两点间的距离保持不变。在实际问题中，任何物体在力作用下或多或少都会产生变形。如果物体变形不大或变形对所研究的问题没有实质影响，则可将物体抽象为刚体。

2. 力和力系

力是物体间的相互机械作用。物体间的相互机械作用形式多种多样，如压力、摩擦力等；还有如万有引力场、电场对物体作用的万有引力和电磁力等。尽管物体间相互作用的形式和物理本质不同，但这种机械作用的效应使物体的机械运动状态发生改变，如改变物体运动速度的大小或方向，这种效应称为力的外效应（也称为运动效应）；另外是使物体的形状发生改变，如使梁弯曲、使弹簧伸长，这种效应称为力的内效应（也称为变形效应）。力对物体作用产生的这两种效应是同时出现的。

实践证实，力对物体作用的效应取决于力的三个要素：力的大小、方向和作用点。力的大小反映了物体间相互机械作用的强度，它可以通过力的外效应或内效应的大小来度量。在国际单位制（SI）中力的单位是牛顿（N）。力的方向指的是静止质点在该力作用下开始运动的方向。沿该方向画出的直线称为力的作用线，力的方向包含力的作用线在空间的方位及指向。力作用于物体比较小的面积上时，此面积大小可以不计，将其抽象为一个点，称为力的作用点，这时的作用力称为集中力；反之，如接触面积比较大，力在整个接触面上分布作用，这时作用的力称为分布力。分布力作用的强度用单位面积上力的大小 q（N/cm^2）来度量，q 称为载荷集度。

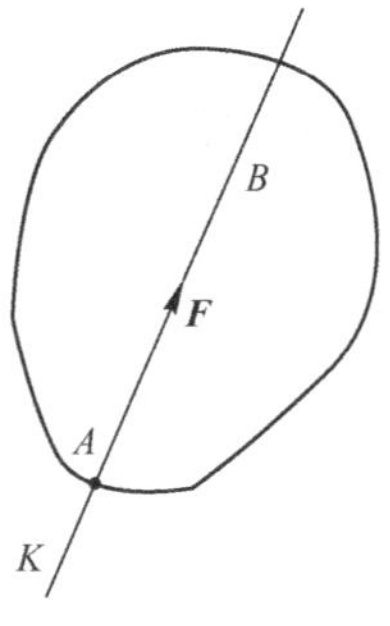

图 1-2

力的三要素说明，力可以用一个带箭头的线段来表示（见图 1-2）。线段的长度 AB 按一定比例表示力的大小，线段的方向和箭头指向（由 A 指向 B）表示力的方向，线段的始端 A，表示力的作用点。

作用在物体上的一群力称为力系，记为（$\boldsymbol{F}_1$，$\boldsymbol{F}_2$，$\cdots$，$\boldsymbol{F}_n$）。一个作用于刚体而使其保持平衡的力系称为平衡力系。如果两个力系分别作用于同一物体其效应相同，则这两个力系彼此称为等效力系。若一个力和一个力系等效，则称这个力是这个力系的合力，而该力系中的每个力是合力的分力。对一个比较复杂的力系求与它等效的简单力系的过程称为力系的简化。

按照力系中各力作用线在空间分布的情况，可以将力系进行分类。如果各力作用线在同一平面内，该力系称为平面力系，否则称为空间力系；如果各力作用线汇交于一点，则称为汇交力系，各力作用线彼此平行时称为平行力系；各力作用线任意分布时称为任意力系。

3. 静力学基本公理

（1）二力平衡公理。作用于刚体上的两个力平衡的必要和充分条件是：这两个力大小相等、方向相反，并作用在同一直线上。如图 1-3（a）所示，这是显而易见的公理，称为二力平衡公理。

反之，若刚体在且仅在二个力的作用下处于平衡，则此二力必大小相等、方向相反，且作用在两受力点的连线上。

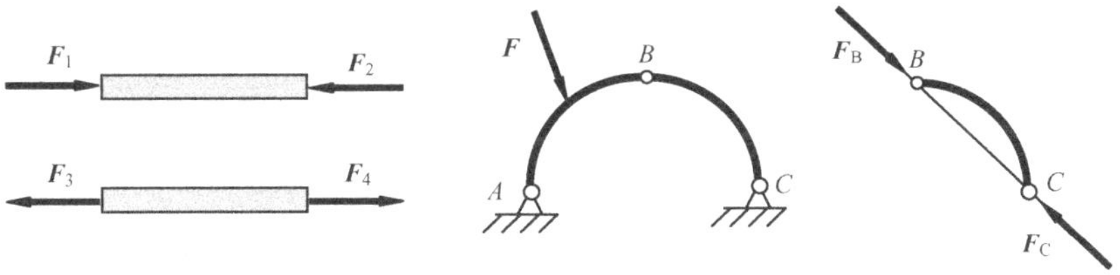

（a）　（b）　（c）

图 1-3

图 1-3（b）中的三铰拱在力 F 的作用下处于平衡，曲杆 AB、BC 两部分各自也是处于平衡的。若不计杆的自重，则 BC 杆是在 B、C 处受二力作用而处于平衡的，故 B、C 处的两个力必作用在两受力点 B、C 的连线上，且大小相等、方向相反，如图 1-3（c）所示。这类只在两点受力的无重杆或无重构件，在工程实际中常见，称为二力杆或二力构件。

平衡的二力，对刚体的运动状态无影响。故可推知，在力系中加上或减去一平衡力系并不改变原力系对刚体的作用效果。

（2）力的平行四边形法则。作用在物体的同一点的两个力，可以合成为作用在该点的一个合力，合力的大小和方向，用以这两个力为边所组成的平行四边形的对角线来确定，如图 1-4（a）所示。

图 1-4（a）所示力的平行四边形，可以简化为三角形。如图 1-4（b）所示，将二分力首尾相接，则与分力首尾相对的第三边即为所求之合力 F_R。这样得到的三角形，称为力三角形。

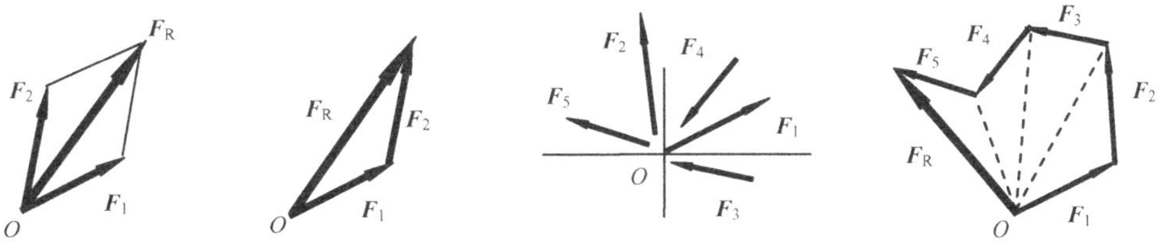

（a）平行四边形法则　（b）力三角形　（c）汇交力系　（d）力多边形

图 1-4

图1–4（c）所示中作用线汇交于同一点的若干个力组成的力系，称为汇交力系或共点力系。利用力三角形，将各力逐一相加，可得到从第一力到最后一力首尾相接的多边形，如图1–6（d）所示，则多边形的封闭边即为该汇交力系的合力。用力多边形求汇交力系的合力时，同样应当注意，合力的指向是从第一力的起点（箭尾）指向最后一力的终点（箭头）。

上述力矢量求和的方法，称为几何法。

（3）作用力和反作用力定律。两个物体相互作用所产生的作用力与反作用力，总是共线、等值、反向地分别作用在相互作用的两个物体上。

4. 约束和约束反力

可以在空间作任意运动的物体称为自由体。运动受到限制的物体则为非自由体。工程力学中研究的物体基本上都是非自由体，如重物受到绳索的限制（如图1–5所示）；火车受到铁轨的限制；传动轴受到二端轴承的限制等。非自由体的运动受到限制，是因为有周围物体的约束。

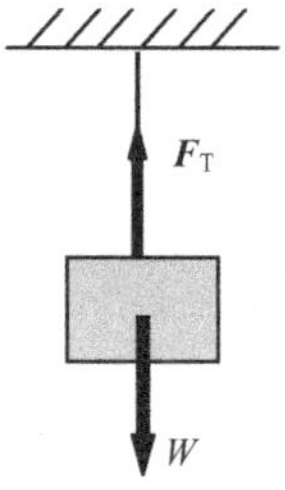

图1–5

限制物体运动的周围物体，称为约束，如绳索是所吊重物的约束，铁轨是火车的约束，轴承是轴的约束等。

约束是通过力的作用来限制被约束物体的运动的。例如，图1–5中绳索作用于重物的拉力 F_T，限制了重物向下的运动。

约束作用于被约束物体的力，称为约束力。

约束力是被动力，其大小取决于物体受到的主动力，故通常是未知的。例如图1–7中，绳索作用于重物的拉力 F_T 的大小取决于重物的重量 W。约束力作用在约束与被约束物体的接触面上。由于约束力是被动力，工程中常称约束力为约束（或支承）反力。

约束力的作用方向应与约束所能限制的物体运动方向相反。分析约束对于物体运动的限制，常常可以帮助我们确定约束力的作用方向。下面分类讨论常见约束的约束力。

表1–1 常见约束的约束力

约束类型	结构图	力学模型	力学特征
柔性约束	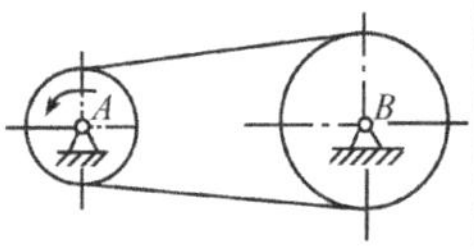	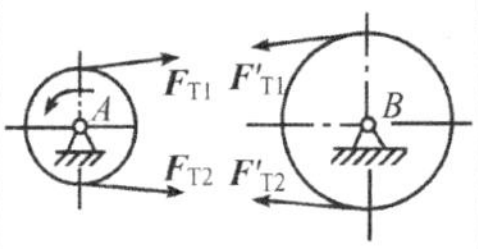	只能限制物体沿柔性体自身使柔性体伸长的运动，故其约束力只能是沿柔性体自身提供拉力，如绳索、皮带、链条等
光滑接触面约束	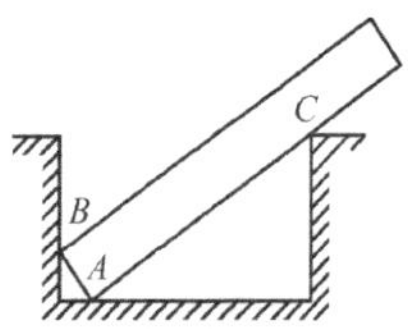	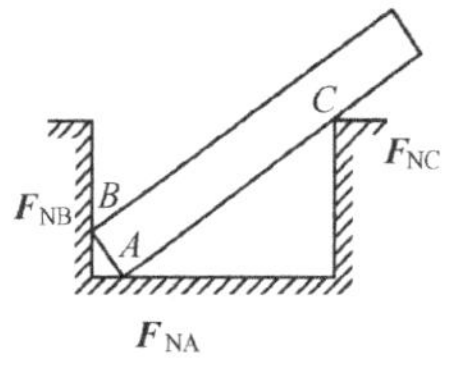	不考虑接触面间的摩擦。光滑接触面约束只能限制物体沿接触面公法线方向朝向约束的运动，故约束力是沿接触处的公法线且指向物体的压力
铰链约束	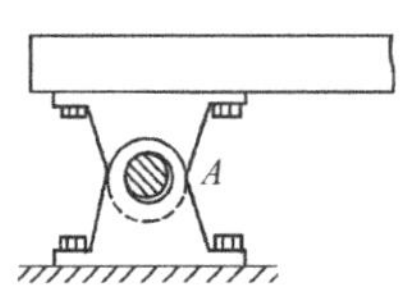 固定铰链约束	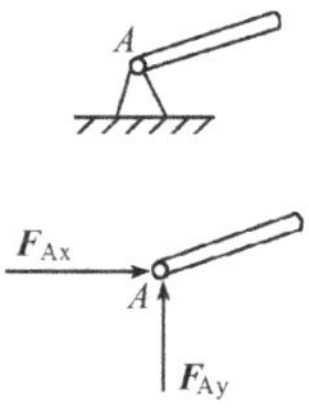	只允许物体绕铰链中心 A 转动。在销钉与孔接触处有约束力（压力）作用。假定接触在 K 处，约束力则为 F_{AR}。固定铰链约束力 F_{AR} 的作用线沿销钉与孔接触面的公法线，故必通过铰链中心。其大小和方向待定，均取决于作用在物体上的主动力。为方便起见，固定铰链的约束力可用作用于铰链中心 A 的二个相互垂直的分力 F_{Ax}、F_{Ay} 表示，其待定指向可任意假设

续表

约束类型	结构图	力学模型	力学特征
铰链约束	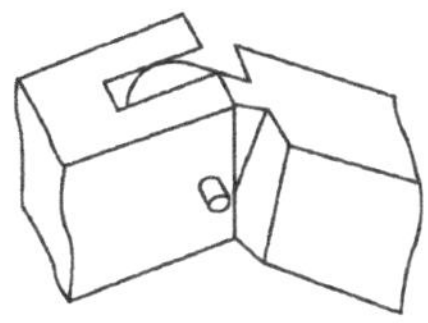 中间铰链约束	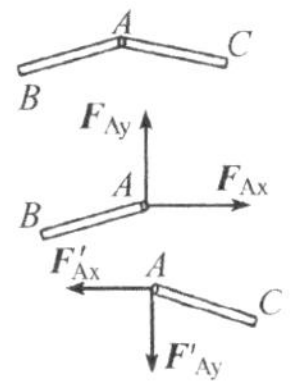	中间铰的约束力同样也可由该处二相互垂直的分力 F_{Ax}、F_{Ay} 表示
	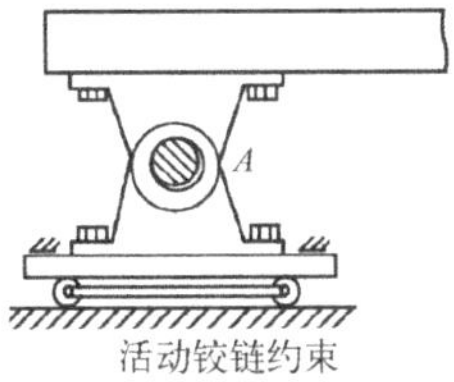 活动铰链约束	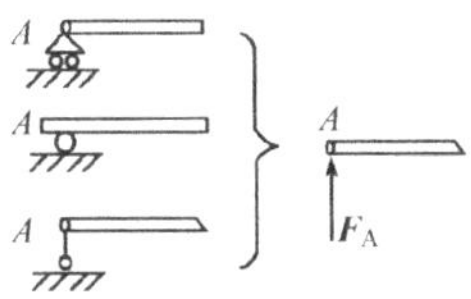	可以沿支承面滚动，故只能限制物体在铰接处垂直于支承面的运动，约束力的作用线通过铰链中心且垂直于支承面。其指向取决于物体受力情况，未知待定
固定端支座约束	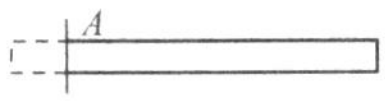	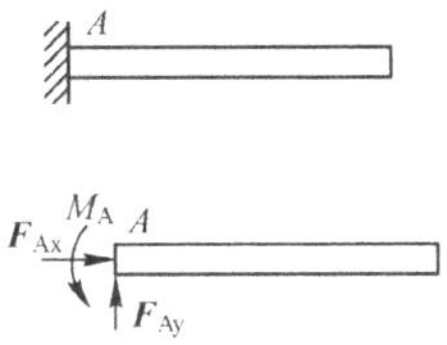	固定端限制物体的所有运动，即沿 x、y 方向的移动和绕 z 坐标轴的转动，故共有三个约束力，用沿坐标轴的反力 F_{Ax}、F_{Ay} 和绕坐标轴的反力偶 M 表示

指向不能确定的约束力，可以任意假设一个指向。以后求解的结果为正，说明所设指向是正确的；若求解结果为负，则实际指向应与假设相反。

5. 受力图

在求解力学问题时，需要选择某个或某些物体为对象，研究其运动或平衡，获得所需的未知量，这些被选择的物体称为研究对象。对于选出的研究对象，首先要分析其受力情况，即弄清其上受哪些力，包括其上所受的全部主动力与约束力。为此，应把研究对象从与它有联系的周围物体中分离出来，得到解除了约束的物体，称为分离体，而这一过程称为取分离体。分析分离体的受力情况，即弄清在其上有哪些主动力与约束力，及其作用线指向，称为对物体作受力分析，表示分离体及其上所受的全部主动力和约束力的图形称为受力图。对物体作受力分析，画出其受力图，是解决静力学和动力学问题的关键。画受力图应遵循如下步骤。

（1）选定研究对象，并单独画出其分离体图。

（2）在分离体上画出所有作用于其上的主动力（一般皆为已知力）。

（3）在分离体的每一约束处，根据约束的特征画出其约束力。

当选择若干个刚体组成的刚体系统作为研究对象时，作用于刚体系统上的力可分为两类：由系外物体作用于系内每个刚体上的力称为外力，系内刚体间相互作用的力称为内力，内力总是成对出现。因此，在画刚体系的受力图时还应注意如下情况。

（1）当选择若干个刚体组成的刚体系为研究对象时，其受力图中只画系统的外力不画内力（后面将知道，在研究刚体系平衡时不会出现内力）。

（2）体系的整体、部分及单个刚体的受力图中，作用于刚体上的力的符号、方向要彼此协调，即考虑作用与反作用关系。

例1-1　重力 P 的均质圆轮在边缘 A 点用绳 AB 系住，绳 AB 通过轮心 C；圆轮边缘 D

点靠在光滑的固定曲面上（见图1-6（a））。试画出圆轮的受力图。

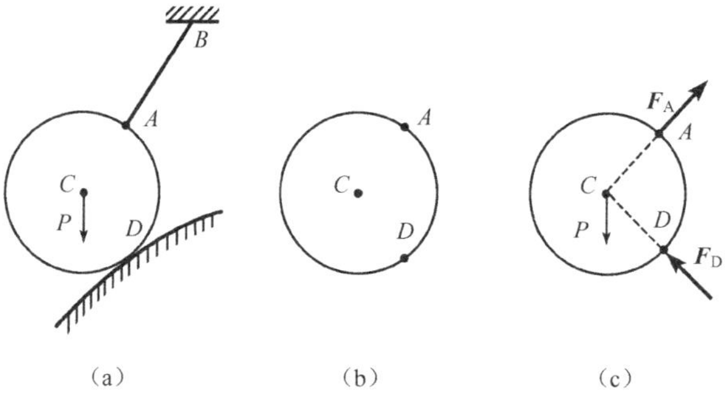

图1-6

解：(1) 选圆轮为研究对象，画出其分离体图（见图1-6（b））。

(2) 在分离体圆轮上画出作用其上的主动力，即重力 P。

(3) 在分离体的每处约束，画出其约束力。

圆轮在 A 点有绳索约束，其约束力为作用于 A 点并沿绳索 AB 方向背离圆轮的拉力 F_A；在 D 点具有光滑支承面约束，其约束力为沿该点公法线方向并指向圆轮的约束力 F_D（见图1-6（c））。此图即圆轮的受力图。

例1-2 球 G_1、G_2 置于墙和板 AB 间，BC 为绳索，试画出图1-7中各物体或物体系统的受力图。

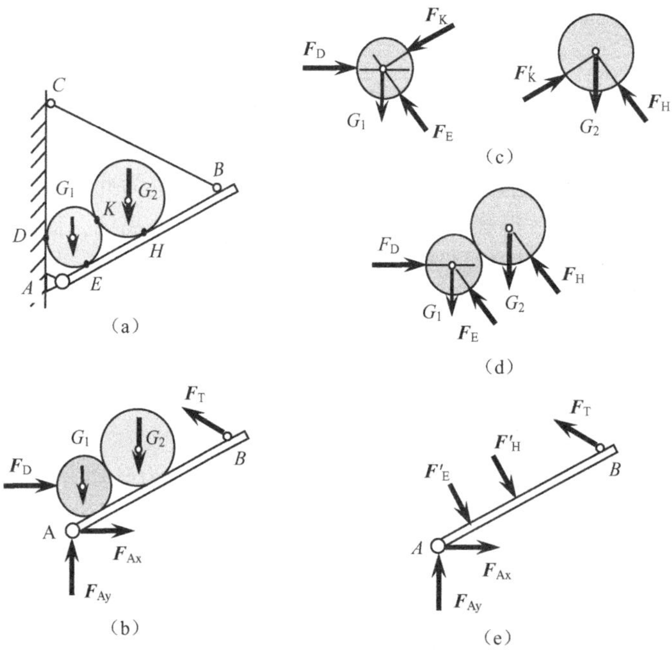

图1-7

解：(1) 系统整体。以板、球系统整体为研究对象，解除绳索、墙面及固定铰 A 之约束，将其分离出来，如图1-7（b）所示。在图1-7（b）所示研究对象上，已知的力为重力 G_1、G_2。绳索为柔性约束，约束力是沿绳索自身的拉力 F_T；墙与球之间是光滑约束，约束力为垂直于墙面且过该球球心的压力 F_D；A 处为固定铰，约束力用作用于 A 处的二分力 F_{Ax}、F_{Ay}表示。

(2) 球 G_1或 G_2：图 1-7 (c) 中分别画出了球 G_1、G_2的受力图。研究对象球 G_1除受重力 G_1作用外，有墙、板、球 G_2 三处 (D、E、K) 光滑约束的反力，即约束力 F_D、F_E、F_K，均为压力且作用线沿接触处的公法线，通过球心。同样，研究对象球 G_2除受重力 G_2作用外，有板、球 G_1两处光滑约束的反力，即约束力 F_H、F'_K，作用线通过球心。注意 F_K为球 G_2对球 G_1的作用力，画在球 G_1的受力图上，则球 G_1对于球 G_2的约束力 F'_K与 F_K是作用力与反作用力的关系。二者等值、反向、共线，作用在不同物体上。

(3) 二球系统。图 1-7 (d) 将二球作为一个物体系统取为研究对象，作用在其上的除重力 G_1、G_2外，只有板、墙对其有约束，约束力作用在三个接触点处，即 F_D、F_E、F_H。注意，取出此研究对象时并不解除两球间的相互约束，故两球间的作用力与反作用力 (F_K与 F'_K)，对于取两球为系统的研究对象而言是内力，不画出。

(4) 板 AB。图 1-7 (e) 是以板 AB 为研究对象的受力图。板自重不计。受周围物体绳、球 G_1、球 G_2与固定铰 A 的约束，故有绳的反力 F_T、球的反力 F'_E、F'_H和固定铰约束力 F_{Ax}、F_{Ay}。同样要注意到 F'_E、F'_H与 F_E、F_H间的作用力与反作用力关系。还要注意，固定铰约束力 F_{Ax}、F_{Ay}的指向必须与整体受力图一致，因为它们都是固定铰 A 对板的约束力。

例 1-3 连杆滑块机构如图 1-8 所示，受力偶 $\boldsymbol{M}$ 和力 $\boldsymbol{F}$ 作用，试画出各构件和整体的受力图。

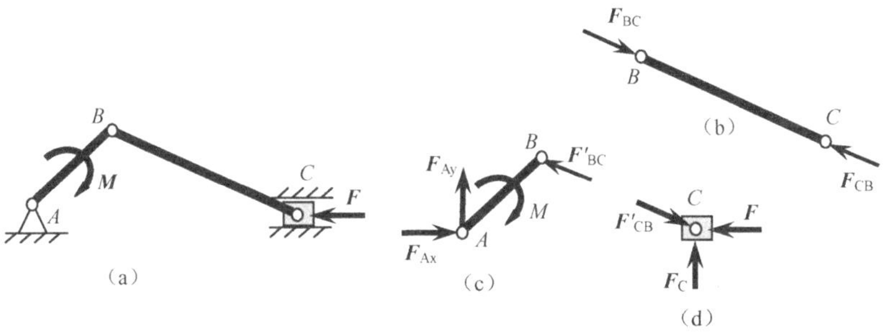

图 1-8

杆 BC 的受力如图 1-8 (b) 所示。注意自重不计时，杆 BC 是二力杆。约束力 F_{BC}与 F_{CB}沿 B、C 两点的连线，图中假设指向是压力。

图 1-8 (c) 是杆 AB 的受力图。外载荷有力偶 M (因此不是二力杆)。A 处固定铰约束力 F_{Ax}、F_{Ay}是铰链 A 作用于杆 AB 的力。B 处中间铰作用在 AB 杆上的约束力 F'_{BC}与作用在 BC 杆上 F_{BC}互为作用力与反作用力，故 F'_{BC}应依据图 1-8 (b) 上的 F_{BC}按作用力与反作用力关系画出。

图 1-8 (d) 为滑块的受力图。铰链 C 处的约束力 F'_{CB}与作用于 BC 杆上的 F_{CB}互为作用力与反作用力，其指向同样应依据二力杆 BC 的受力图确定，滑道的约束力为 F_C。

最后要注意，若将各个分离体受力图 1-8 (b)、(c)、(d) 组装到一起，则成为系统整体；此时 F_{CB}与 F'_{CB}，F_{BC}与 F'_{BC}成为成对的内力，相互抵消。

二、平面力系的合成与平衡

若力系中各力均汇交于一点，即可求其合力，或者说不难将该力系简化。但平面力系中各力一般并不汇交于一点。那么，能否将一个力平行地移到另一点呢？回答如果是肯定的，则可以方便地讨论平面力系的简化，进而研究其平衡条件了。

1. 力对点的矩

力不仅能使物体移动，还能使物体转动，转动的效应与作用力 $\boldsymbol{F}$ 的大小和方向有关，还与转动中心 O 到力的作用线的垂直距离 L 有关。以 F 与 L 的乘积及转向来度量力绕点的转动效应，称为力对点的矩（见图 1-9），简称为力矩。力矩是代数量，用符号 $M_O(F)$ 表示

$$M_O(F) = \pm FL \tag{1-1}$$

式中，转动中心 O，称为矩心。矩心与力的作用线的垂直距离 L，称为力臂；冠以正负号，称为力对点 O 之矩，式中的正负号规定为力使物体绕矩心逆时针方向转动时，取为正；反之则取为负。在国际单位制中，力矩单位是牛顿 · 米（N · m）。力矩具有如下性质。

（1）同一个力 $\boldsymbol{F}$ 的力矩，随矩心位置的改变而改变，选取不同的点为矩心，力矩有正或负，可大可小。

（2）力矩并不因力的作用点沿作用线的移动而改变。

（3）若力 $F=0$ 或力的作用线通过矩心 O，则力矩 $M_O(F)=0$。

（4）若力 $\boldsymbol{R}$ 为共点二力 $\boldsymbol{F}_1$ 及 $\boldsymbol{F}_2$ 的合力，则合力对于同平面内任一点之矩等于各分力对同一点之矩的代数和，即

$$M_O(R) = M_O(F_1) + M_O(F_2) \tag{1-2}$$

这一结论称为合力矩定理。

例 1-4 试求图 1-10 中力 F 对 O 点之矩。

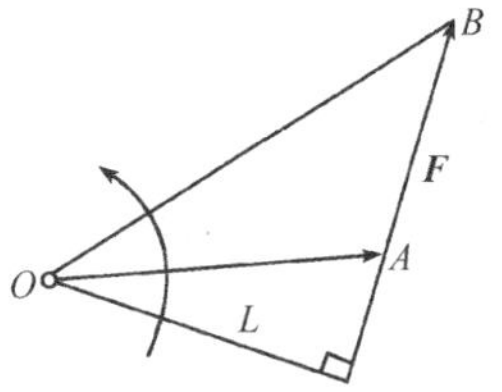

图 1-9

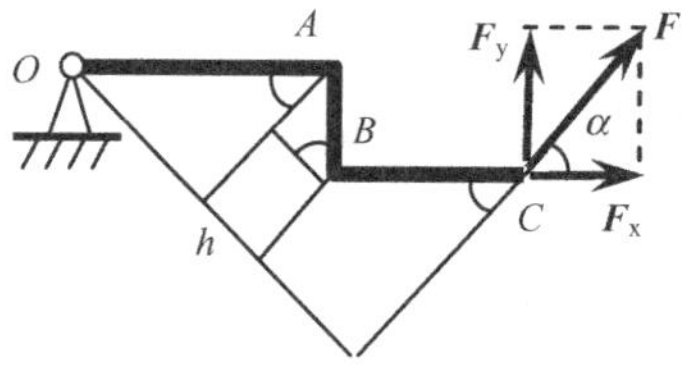

图 1-10

解：（1）按定义（1-1）式直接求解，有

$$M_O(\boldsymbol{F}) = F \cdot h = F(OA\sin\alpha + AB\cos\alpha + BC\sin\alpha)$$

（2）将 F 分解为两个分力 F_x、F_y，有

$$M_O(\boldsymbol{F}_x) + M_O(\boldsymbol{F}_y) = F\cos\alpha \cdot AB + F\sin\alpha \cdot (OA + BC) = M_O(\boldsymbol{F})$$

合力矩定理为求力对点之矩提供了另一种方法，在很多情况下可以避免复杂的几何分析。

2. 力偶、力偶矩

（1）力偶的定义。在工程实践中常见物体受两个大小相等、方向相反、作用线相互平行的力的作用，使物体产生转动。例如，用手拧水龙头、转动方向盘等，如图 1-11 所示。

力偶——大小相等、方向相反、作用线相互平行的两力，如图 1-11（c）中的力 F 与 F' 构成一力偶，记为（F，F'）。

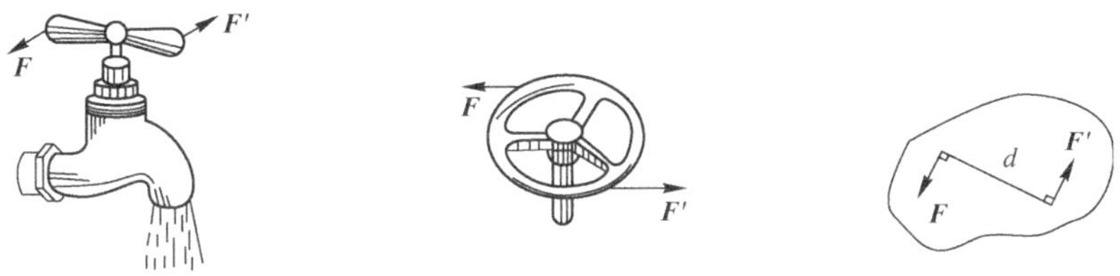

(a)　(b)　(c)

图 1-11

力偶作用面——两个力所在的平面。

力偶臂——两个力作用线之间的垂直距离 d。

力偶的转向——力偶使物体转动的方向。

力偶只能使物体转动或改变转动状态。力使物体转动的效应，用力对点的矩来度量。

如图 1-12 所示，设物体上作用一力偶臂为 d 的力偶 (F,F')，该力偶对任一点 O 的矩为

$$M_O(F)+M_O(F')=F(d+x)-F'x$$

由于点 O 是任意选取的，故力偶对作用面内任一点的矩等于力偶中力的大小和力偶臂的乘积（与矩心位置无关）。

力偶矩——力偶中力的大小和力偶臂的乘积，记为 $M(F,F')$ 或 M，即

$$M(F,F')=\pm Fd \tag{1-3}$$

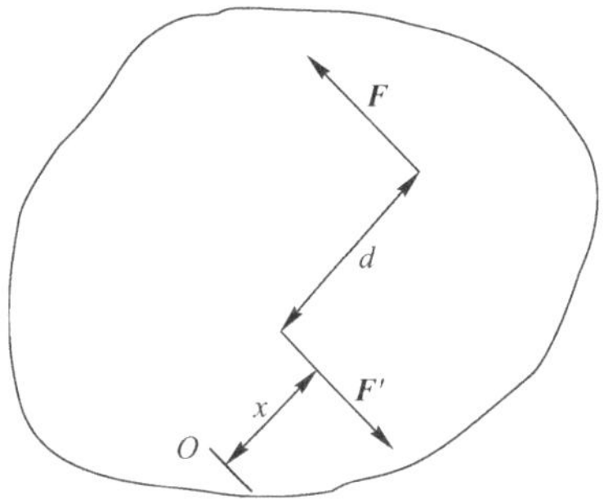

图 1-12

力偶矩正负号的规定与力矩相同，逆时针方向转动时为正；反之则取为负。在国际单位制中，力偶矩的单位是牛顿·米（N·m）。

力偶的三要素——大小、转向和作用平面。

(2) 力偶的性质。力偶具有如下性质：

① 力偶无合力。力偶不能用一个力来等效，也不能用一个力来平衡。可以将力和力偶看成组成力系的两个基本物理量。

② 力偶对其作用平面内任一点的力矩，恒等于其力偶矩。

③ 力偶的等效性。作用在同一平面的两个力偶，若它们的力偶矩大小相等、转向相同，则这两个力偶是等效的。

推论：

- 力偶可以在其作用面内任意移转而不改变它对物体的作用，即力偶对物体的作用与它在作用面内的位置无关。

如图 1-13 所示，不论将力偶加在 A、B 位置还是 C、D 位置，对方向盘的作用效应不变。

- 只要保持力偶矩不变，可以同时改变力偶中力的大小和力偶臂的长短，而不会改变力偶对物体的作用，如图 1-14 所示。

(3) 平面力偶系的合成。作用于同一刚体上的一群力偶称为力偶系，如图 1-15 所示。刚体在力偶系的作用下的效应与一个力偶等效，即力偶系可以合成为一个力偶，合力偶矩等于原力偶系中所有力偶的力偶矩的代数和，即

$$M=M_1+M_2+\cdots+M_n=\sum M_i \tag{1-4}$$

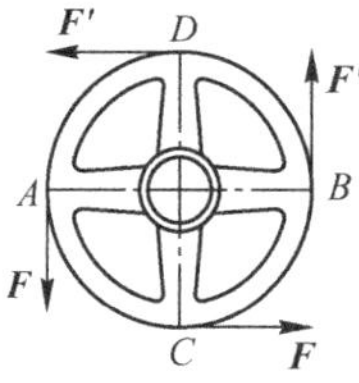

图 1-13

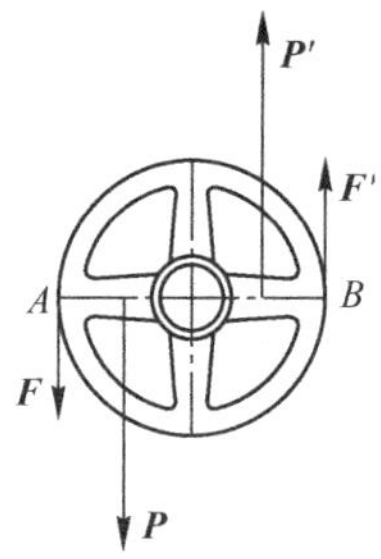

图 1-14

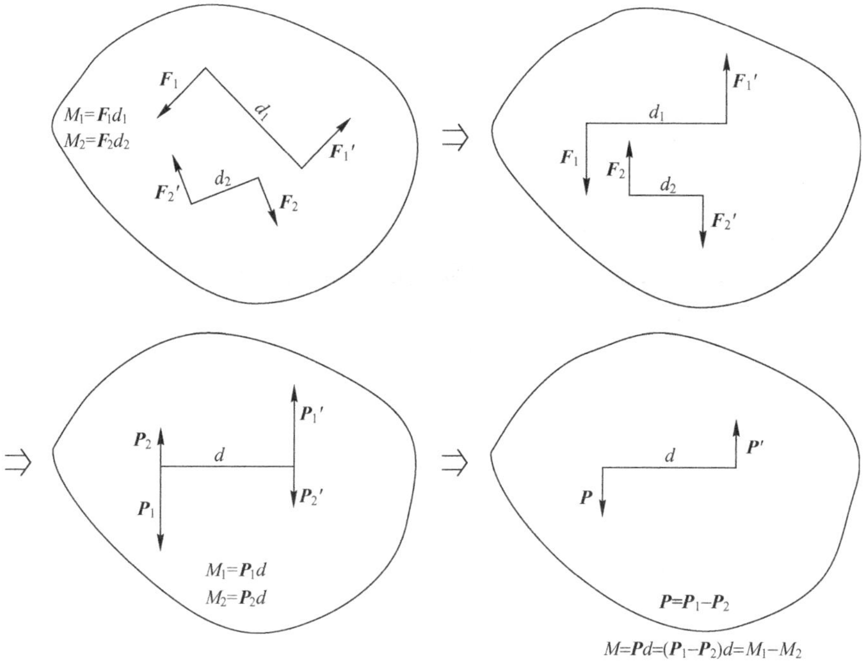

图 1-15

若平面力偶系的合力偶矩等于零，则物体在该力偶系的作用下处于平衡状态，即平面力偶系平衡的必要与充分条件是：力偶系中所有力偶的力偶矩的代数和等于零。

$$\sum M_i = 0 \tag{1-5}$$

例 1-5 如图 1-16（a）所示，梁 *AB* 受一主动力偶作用，其力偶矩 $M = 100\text{N}\cdot\text{m}$，梁长 $l = 5\text{m}$，梁的自重不计，求两支座的约束反力。

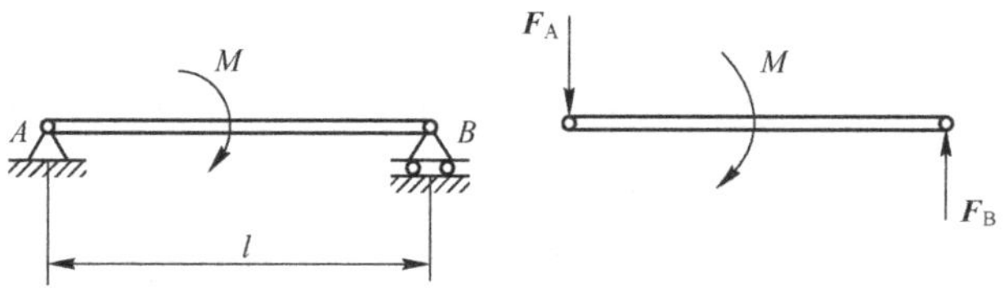

（a）　　　　（b）

图 1-16

解：(1) 以梁为研究对象，进行受力分析并画出受力图，如图1-16 (b) 所示。F_A必须与F_B大小相等、方向相反、作用线平行。

(2) 列平衡方程

$$\sum M = 0$$

$$F_B l - M = 0$$

$$F_A = F_B = \frac{M}{l} = \frac{100}{5} = 20\text{N}$$

3. 力的平移定理

作用在刚体上力的F，可以平移到其上任一点，但必须同时附加一力偶，力偶矩等于力F对平移点之矩。

如图1-17所示，要将力F平移至O点，可在O点加一对平衡力(F'，F'')，使F'平行于F，且$F' = F'' = F$。由于在刚体上加上一对平衡力，并不改变原来的力或力系的作用效果，故变换是等效的。因为(F、F'')组成一力偶，则原来的力F就等效地变换成为作用在O点的力F'和力偶M。显然，力偶矩为$M_O = F \cdot h$，其大小和正负是与平移点O的位置有关的。

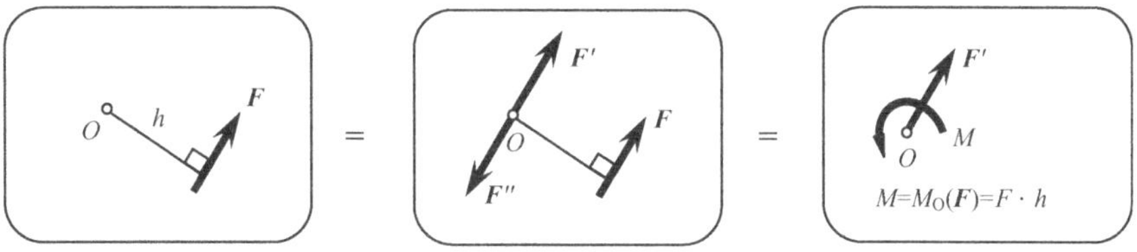

图1-17

4. 力在轴上的投影

如图1-18所示中力$\boldsymbol{F}$在直角坐标系中，与x轴正向之间的夹角为α，过$\boldsymbol{F}$的两端向x轴作垂线，则垂足a，b间距离所表示的力的大小，冠以适当的正负号，表示力$\boldsymbol{F}$在x轴上的投影，并用符号F_x表示。指向与x轴的正向一致，投影F_x取正值，反之取负值。投影F_x可以写成

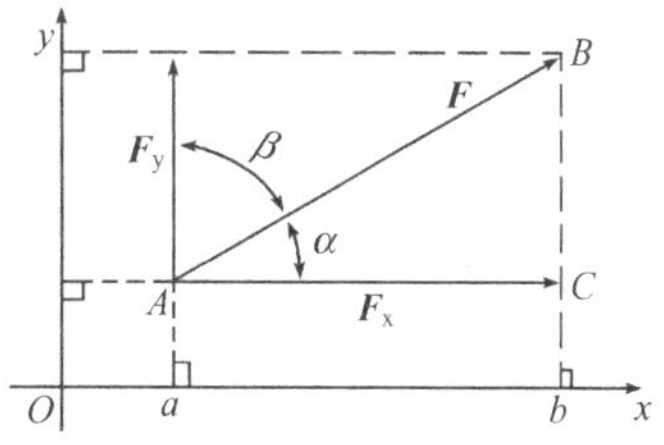

图1-18

$$F_x = F\cos\alpha \quad (1\text{-}6)$$

式中，F_x为力$\boldsymbol{F}$沿x方向的大小，取正值。

同理

$$F_y = F\sin\alpha \quad (1\text{-}7)$$

则

$$F = \sqrt{F_x^2 + F_y^2} \quad (1\text{-}8)$$

5. 平面力系的合成

若作用于物体上所有的力（包括力偶）都在同一平面内，则力系称为平面力系。

若平面力系中各力的作用线相互平行，则称为平面平行力系，如图1-19 (b) 所示。平面平行力系中可以包含力偶。因为对于刚体，力偶在平面内可任意移转，故总可将组成力偶的二力转动至与其他力相互平行的位置。

若平面力系中各力的作用线汇交于同一点，则称为平面汇交力系或平面共点力系，如图1-19（c）所示。平面汇交力系中不能包含力偶，因为组成力偶的两个力不可能共点。

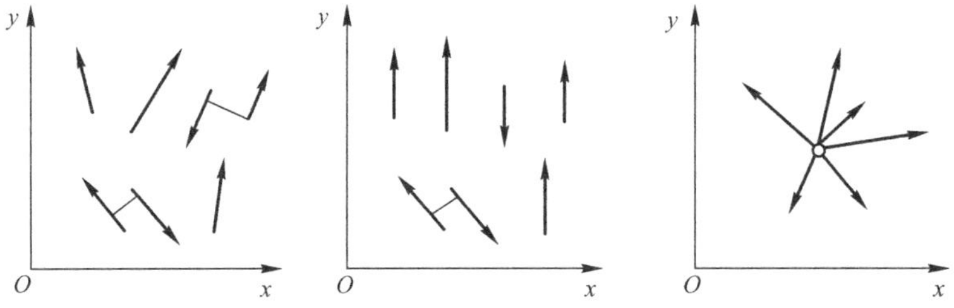

（a）一般力系　（b）平行力系　（c）汇交力系

图1-19

若平面力系中的各力作用线既不相互平行，又不汇交于一点，则为平面一般力系。如图1-19（a）所示。

对于图1-20（a）所示的平面一般力系，选取任一点 O 作为简化中心，将力系中各力平移至 O 点并附加相应的力偶。由力的平移定理可知，所附加的相应的力偶为各力对简化中心 O 点之矩。于是，得到一个汇交于 O 点的共点力系和一个平面力偶系，如图1-20（b）所示。

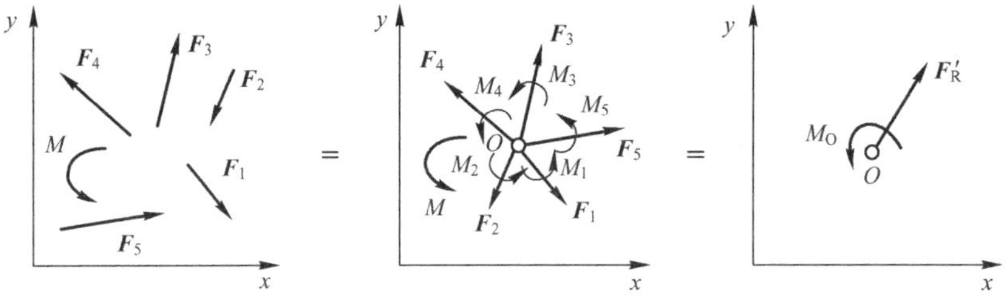

（a）　（b）　（c）

图1-20

在图1-20（b）中共点力系可合成为一个力 F'_R，由矢量加法得

$$\boldsymbol{F}'_R = \boldsymbol{F}_1 + \boldsymbol{F}_2 + \cdots + \boldsymbol{F}_n = \sum \boldsymbol{F}_i \tag{1-9}$$

或用解析法将 F'_R 写为

$$F'_R = \sqrt{{F'_{Rx}}^2 + {F'_{Ry}}^2} = \sqrt{\left(\sum F_x\right)^2 + \left(\sum F_y\right)^2} \tag{1-10}$$

其中

$$F'_{Rx} = F_{1x} + F_{2x} + \cdots + F_{nx} = \sum F_x$$

$$F'_{Ry} = F_{1y} + F_{2y} + \cdots + F_{ny} = \sum F_y$$

F'_R与 x 轴所夹锐角 α 为 $\tan\alpha = |F'_{Ry}/F'_{Rx}|$，方位由 F'_{Rx}、F'_{Ry}的正负确定。F'_R称为原力系的主矢，其大小和方向与简化中心 O 点的位置选取是无关的。

必须注意，F'_R不是原力系的合力。因为与原力系等效的不是 F'_R，而是 F'_R与图1-20（b）中平面力偶系的共同作用。

图1-20（b）中的平面力偶系可以合成为一个合力偶，合力偶之矩 M_O 是各力偶之矩的代数和，即

$$M_O = M_O(F_1) + M_O(F_2) + \cdots + M_O(F_n) + M = \sum M_O(F_i) \quad (1-11)$$

M_O 称为原力系对简化中心 O 的主矩，它是原力系中各力对简化中心 O 点之矩再加上原力系中所包含的力偶矩 M 的代数和。

显然，由于各力向 O 点平移时所附加之力矩 $M_O(F_i)$ 与 O 点位置有关，主矩 M_O 当然也与简化中心 O 点的位置有关，故均以下标表示简化中心 O。

讨论：平面一般力系简化的最终结果。

平面一般力系向简化中心 O 点简化，得到了主矢 F'_R 和主矩 M_O，如图 1–20（c）所示。若主矢 F'_R 和主矩 M_O 都不等于零，则可逆向利用力的平移定理，将二者进一步合成为一个力。假定最后的合力为 F_R，则 F_R 移回 O 点后得到的力和力矩，应分别为 F'_R 和 M_O；故由力的平移定理可知，合力 F_R 的大小应为 $F_R = F'_R$，合力 F_R 的作用线到 O 点的距离应为 $h = |M_O|/F'_R$；作用线在 O 点的哪一边，则由 M_O 的符号决定，如图 1–21 所示。

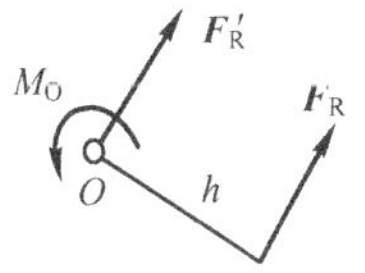

图 1–21

表 1–2 分四种情况讨论了平面一般力系简化的最终结果。

表 1–2　平面一般力系简化的最终结果

	向 O 点简化的结果		力系简化的最终结果（与简化中心无关）
	主矢 F'_R	主矩 M_O	
1	$F'_R=0$	$M_O=0$	平衡状态（力系对物体的移动和转动作用效果均为零）
2	$F'_R=0$	$M_O\neq0$	一个力偶（合力偶 M_R），力偶矩 $M_R=M_O$
3	$F'_R\neq0$	$M_O=0$	一个力（合力 F_R），合力 $F_R=F'_R$，作用线过 O 点
4	$F'_R\neq0$	$M_O\neq0$	一个力（合力 F_R），其大小为 $F_R=F'_R$，F_R 的作用线到 O 点的距离为 $h=\lvert M_O\rvert/F'_R$。F_R 作用在 O 点的哪一边，由 M_O 的符号决定

由表可见，平面一般力系简化的最终结果，只有三种可能：合成为一个力；合成为一个力偶；平衡力系。

利用力系简化的方法，可以求得平面任意力系的合力。

例 1–6　图 1–22 所示平面力系中，$F_1=1\text{kN}$，$F_2=F_3=F_4=5\text{kN}$，$M=3\text{kN}\cdot\text{m}$，试求力系的合力。

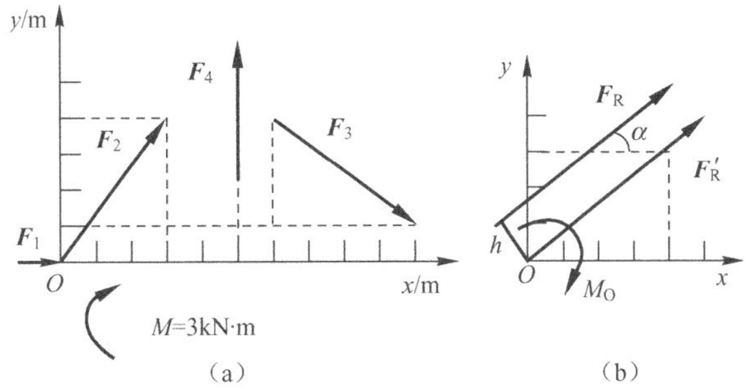

图 1–22

解：将各力向 O 点简化，主矢为

$$F'_{Rx} = \sum F_x = F_1 + \frac{3}{5}F_2 + \frac{4}{5}F_3$$
$$= 1\text{kN} + 3\text{kN} + 4\text{kN} = 8\text{kN}$$
$$F'_{Ry} = \sum F_y = \frac{4}{5}F_2 - \frac{3}{5}F_3 + F_4$$
$$= 4\text{kN} - 3\text{kN} + 5\text{kN} = 6\text{kN}$$

得到力系的主矢为

$$F'_R = \sqrt{F'^2_{Rx} + F'^2_{Ry}} = 10\text{kN}$$

主矢 F'_R 与 x 轴的夹角 α 为

$$\tan\alpha = F'_{Ry}/F'_{Rx} = 3/4$$

因为 $F'_{Rx}>0$，$F'_{Ry}>0$，故 α 在第一象限。

主矩为

$$M_O = \sum M_O(F_i) = -4F_{3x} - 6F_{3y} + 5F_4 - M$$
$$= -4\text{m}\times 4\text{kN} - 6\text{m}\times 3\text{kN} + 5\text{m}\times 5\text{kN} - 3\text{kN}\cdot\text{m}$$
$$= -12\text{kN}\cdot\text{m}$$

因为 $F'_R\neq 0$，$M_O\neq 0$，故力系可合成为一个合力，且有

$$F_R = F'_R = 10\text{kN}$$

作用线距简化中心 O 点为：$h = |M_O|/F'_R = 12\text{kN}\cdot\text{m}/10\text{kN} = 1.2\text{m}$。

注意到 M_O 为负，故合力 F_R 的作用位置应如图 1–22（b）所示。

6. 平面力系的平衡

由以上讨论可知，若物体在平面一般力系作用下处于平衡，即移动和转动状态均不发生改变，则其充分和必要条件为力系的主矢 F'_R 和主矩 M_O 都等于零。

故由式（1–10）和式（1–11）式，可写出平面一般力系的平衡方程为

$$\left.\begin{aligned} F_{Rx} &= \sum F_x = 0 \\ F_{Ry} &= \sum F_y = 0 \\ \sum M_O&(\boldsymbol{F}) = 0 \end{aligned}\right\} \qquad (1\text{–}12)$$

式中，F_x，F_y 分别是力系中各力在任取的坐标轴 x、y 上的投影，注意力偶对于任一轴之投影的代数和为零，故写投影方程时不必考虑力偶。$M_O(F_i)$ 是力系中各力对任取的一点 O（矩心）之矩，力矩方程中必须包括力系中所含的力偶矩。注意，力偶矩与矩心的选取位置无关，且等于组成力偶之二力对任一点之矩的代数和。

式（1–12）是平面一般力系平衡方程的基本形式（一力矩式）。满足第一式，表示力系若有合力，则其作用线必垂直于 x 轴（因为其在 x 轴上的投影为零）；满足第二式，表示力系若有合力，则其作用线必垂直于 y 轴。只要 x 轴不平行于 y 轴，力系就不可能合成为一合力。满足第三式（力矩方程），即表示力系不可能合成为一力偶。力系既不可能合成为一力，也不可能合成为一力偶，则必为平衡力系。

平面一般力系平衡方程还可以由下列两种形式表达为

$$\left.\begin{aligned} &\sum F_x = 0 \\ &\sum M_A(\boldsymbol{F}) = 0 \\ &\sum M_B(\boldsymbol{F}) = 0 \end{aligned}\right\} \ (\overline{AB}\text{ 不垂直于 } x \text{ 轴}) \qquad (1\text{–}13)$$

式（1-13）称为二力矩式平衡方程。类似如前分析可知：满足任一力矩方程，则力系不可能合成为一力偶；若力系可简化为一合力，则由第一式知其必垂直于 x 轴，由第二式则要求其必过矩心 A 点，而第三式又要求合力过 B 点，故只要 A、B 连线不垂直于 x 轴，就不可能有合力存在，力系必然为平衡力系。

$$\left.\begin{array}{l}\sum M_A(\boldsymbol{F})=0\\ \sum M_B(\boldsymbol{F})=0\\ \sum M_C(\boldsymbol{F})=0\end{array}\right\}\quad (A、B、C\text{ 三点不共线}) \tag{1-14}$$

式（1-14）称为三力矩式平衡方程。力系同样不可能合成为一力偶；若力系可简化为一合力，则由第一式知其过 A 点，由第二式则知其必过 B 点，而第三式又要求合力过 C 点，只要 A、B、C 三点不共线，就不可能有合力存在，力系处于平衡状态。

注意到上述平衡方程中，投影轴和矩心可任意选取，故可以写出无数个平衡方程。但只要满足了其中一组，其余方程均应自动满足。所以，独立的平衡方程只有三个。

上述三组平衡方程，只要所选取的投影轴和矩心满足各自的要求，都是充分的。

对于平面汇交力系，取汇交点为矩心，力矩方程将自动满足。故独立平衡方程只有两个并可写为

$$\left\{\begin{array}{l}\sum F_x=0\\ \sum F_y=0\end{array}\right. \tag{1-15}$$

或

$$\left\{\begin{array}{l}\sum F_x=0\\ \sum M_A(F_i)=0\end{array}\right.$$

或

$$\left\{\begin{array}{l}\sum M_A(F_i)=0\\ \sum M_B(F_i)=0\end{array}\right.$$

对于平面平行力系，取 x 轴垂直于各力，则关于 x 轴的投影方程自动满足。独立平衡方程也只有两个，并可写为

$$\left\{\begin{array}{l}\sum F_y=0\\ \sum M_A(F_i)=0\end{array}\right. \tag{1-16}$$

或

$$\left\{\begin{array}{l}\sum M_A(F_i)=0\\ \sum M_B(F_i)=0\end{array}\right.$$

例1-7　图1-23（a）所示结构中，A、C、D 三处均为铰链约束。横杆 AB 在 B 处承受集中载荷 F_1，结构各部分尺寸均示于图中，若已知 F_1 和 l，试求撑杆 CD 的受力以及 A 处的约束力。

解：取研究对象 ACB 杆。

（1）受力分析：易知 CD 是二力杆，所以点 C 受力如图 1-23（b）所示。

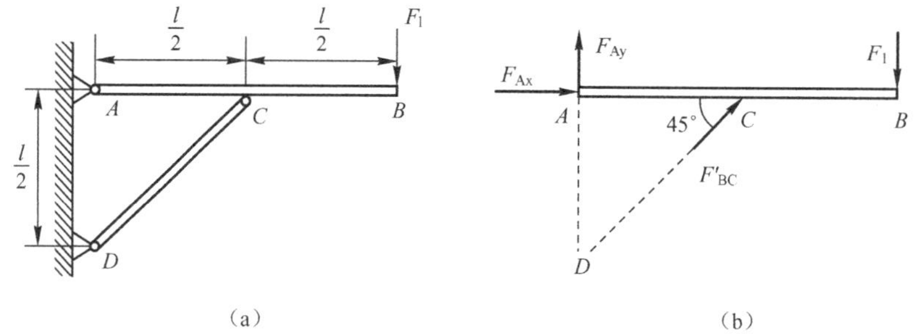

图 1-23

（2）列平衡方程求解：

$$\begin{cases}\sum F_x = 0\\ \sum F_y = 0\\ \sum M_A(F_i) = 0\end{cases} \Rightarrow \begin{cases}F_{Ax} + F_{BC}\cdot\cos 45^\circ = 0\\ F_{Ay} + F_{BC}\cdot\sin 45^\circ - F_1 = 0\\ F_{BC}\cdot\sin 45^\circ\cdot\dfrac{l}{2} - F_1\cdot l = 0\end{cases}$$

可得

$$\begin{cases}F_{BC} = 2\sqrt{2}F_1\\ F_{Ax} = -2F_1\\ F_{Ay} = -F_1\end{cases}$$

解得结果为负值，说明未知力的实际方向与原假设的指向相反。

例 1-8 静定多跨梁由 AB 梁和 BC 梁用中间铰链 B 连接而成，如图 1-24（a）所示，已知：$F_1=20\text{kN}$，$F_2=10\text{kN}$，$\alpha=45^\circ$，求支座 A、C 的反力。

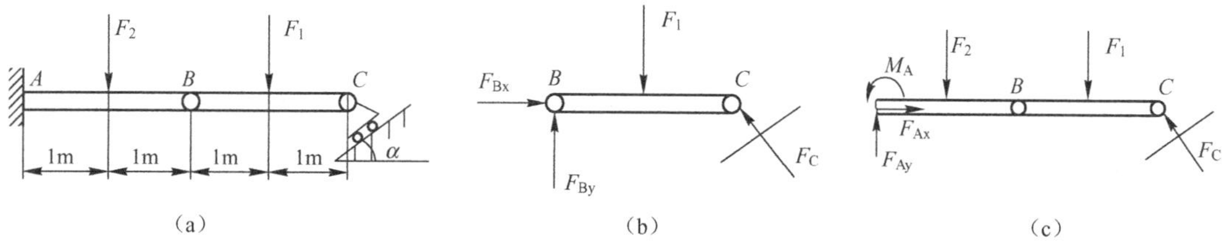

图 1-24

解：（1）取研究对象 BC 杆。受力分析画出受力图，如图 1-24（b）所示。列平衡方程求解：

$$\sum M_B(F_i) = 0,\quad +F_C\times 2\cos 45^\circ - F_1\times 1 = 0$$

可得

$$F_C = 10\sqrt{2}\text{kN}$$

（2）取整体为研究对象。受力分析画出受力图，如图 1-24（c）所示。列平衡方程求解：

$$\begin{cases}\sum F_x = 0\\ \sum F_y = 0\\ \sum M_A(F_i) = 0\end{cases} \Rightarrow \begin{cases}F_{Ax} - F_C\cos 45^\circ = 0\\ F_{Ay} - F_2 - F_1 + F_C\sin 45^\circ = 0\\ M_A - F_2\times 1 - F_1\times 3 + F_C\times 4\cos 45^\circ = 0\end{cases}$$

可得

$$F_{Ax}=10\text{kN}$$
$$F_{Ay}=20\text{kN}$$
$$M_A=30\text{kN}\cdot\text{m}$$

由力系的平衡条件，可以得到关于简单力系平衡问题的如下推论。

推论一　二力平衡必共线

如图1-25所示，若有不共线的二力 F_1、F_2作用在物体上，则取其中任一力作用线上的任一点 O（二力交点除外）为矩心，必有 $\sum M_O(F_i)\neq 0$，故二力平衡必共线。

推论二　三力平衡必共点

如图1-26所示，有三个力 F_1、F_2、F_3作用在物体上，若其中有二力交于某点 O，而第三力不过 O 点，则必有 $\sum M_O(F_i)\neq 0$。故三力平衡时，若有二力相交，则第三力必过此交点。

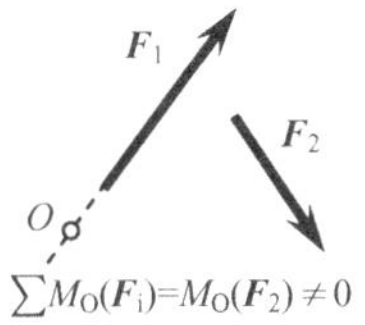

图1-25

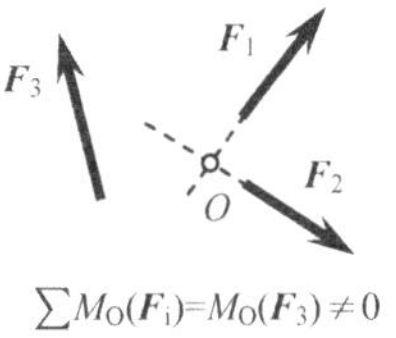

图1-26

问题解答

题目见问题引入。

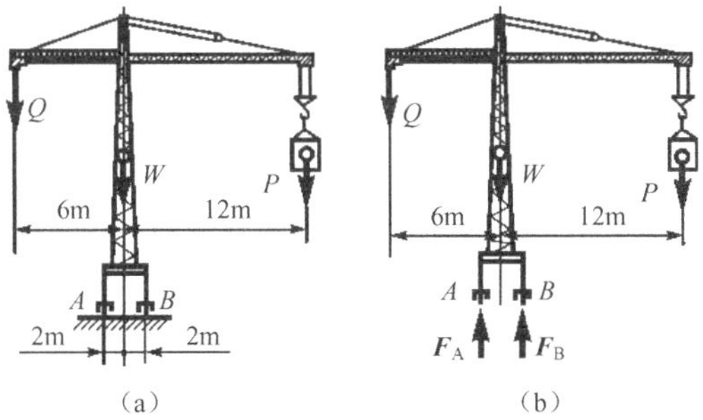

图1-27

解：选起重机为研究对象，作用在起重机上的主动力有 W，Q，P，它们都是铅垂向下的，轨道对机轮的约束力 F_A，F_B，它们都是竖直向上的，受力如图1-27（b）所示，图中各力构成了平面平行力系。根据平面平行力系的平衡条件有

$$\sum M_A(\boldsymbol{F})=0, Q\times(6-2)\text{m}-W\times 2\text{m}-P(12+2)\text{m}+F_B\times 4\text{m}=0$$

$$\sum M_B(\boldsymbol{F})=0, Q\times(6+2)\text{m}+W\times 2\text{m}-P(12-2)\text{m}-F_A\times 4\text{m}=0$$

得

$$\left.\begin{aligned}F_A&=2Q+0.5W-2.5P\\F_B&=-Q+0.5W+3.5P\end{aligned}\right\}$$

（1）满载时，把 $P=50\text{kN}$ 代入约束力方程解得

$$F_A=2\times30\text{kN}+0.5\times220\text{kN}-2.5\times50\text{kN}=45\text{kN}$$

$$F_B=-30\text{kN}+0.5\times220\text{kN}+3.5\times50\text{kN}=255\text{kN}$$

（2）空载时，把 $P=0$ 代入约束力方程解得

$$F_A=2\times30\text{kN}+0.5\times220\text{kN}=170\text{kN}$$

$$F_B=-30\text{kN}+0.5\times220\text{kN}=80\text{kN}$$

满载时，为了保证起重机不致绕 B 点翻倒，要求轨道对机轮的约束力 F_A 大于零；空载时，为了保证起重机不致绕 A 点翻倒，要求轨道对 B 轮的约束力 F_B 大于零。本例计算结果表明：满载时，$F_A=45\text{kN}>0$；空载时，$F_B=80\text{kN}>0$。因此，起重机在使用过程中不会翻倒。

思考题

一、填空题

1. 力的三要素是指力的________、力的________和力的________，它们决定了力对物体的作用。

2. 物体的平衡是指物体相对于地球保持________或________状态。

3. 由柔带、胶带、链条等所形成的约束称为________。

4. 在静力学中，常把研究的物体看做刚体。在力的作用下________都保持不变的物体称为刚体。

5. 作用在刚体上的力可沿其作用线任意移动，而________对刚体的作用效果。

6. 力是物体间相互的________作用，这种作用使物体的________和________发生改变。力使物体的运动状态发生改变称为力的________；使物体的形状尺寸发生改变称为力的________。

7. 平衡力系是合力等于________的力系；物体在平衡力系作用下总是保持________或________运动状态；________是最简单的平衡力系。

8. 限制物体运动的________称为该物体的约束，促使物体产生运动或运动趋势的力称为________，限制物体运动或运动趋势的力称为________。约束力的方向与物体运动或运动趋势的方向________。

9. 只有两个着力点而处于平衡的构件，称为________。其受力特点是：________。

10. 平面汇交力系平衡的几何条件是：____________________。

11. 对于一个力偶，若同时改变其力的大小及力偶臂的长短，但不改变作用效果，关键是要保持________和________不变。

12. 力对刚体的运动效果应有两种：________和________，但力偶对刚体的作用效应仅仅是使其产生________。

13. 平面一般力系向一点简化，一般可得________和________。

14. 主矢大小和方向与简化中心的选取________，主矩的大小和方向与简化中心的选取

________。

15. 平面任意力系的平衡条件是__________，____________。

16. 力的平移定理表明，若将作用在刚体某点的力平移到刚体上另一点，而不改变原力对刚体的作用效果，则必须附加一力偶，其力偶矩等于________________。

17. 无论主动力 S 多么大，只要支承面不被压坏，全约束力 F_R 总可以与 S 共线，物体总能保持静止状态，这种现象就叫做________________。

二、选择题

1. 刚体受到三个力的作用，处于平衡状态，则此三个力的位置关系是（　　）。

A. 必汇交于一点　　B. 一定不汇交于一点　　C. 不一定汇交于一点

2. 力和物体的关系是（　　）。

A. 一般情况下力不能脱离物体而独立存在

B. 力不能脱离物体而独立存在

C. 力可以脱离物体而独立存在

3. 三个力 F_1，F_2，F_3的大小均不等于零，其中 F_1和 F_2沿同一作用线，刚体处于（　　）。

A. 平衡状态　　B. 不平衡状态　　C. 可能平衡，也可能不平衡

4. 平面汇交四个力作出如下图所示力多边形，表示力系平衡的是（　　）。

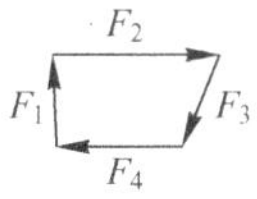

A.

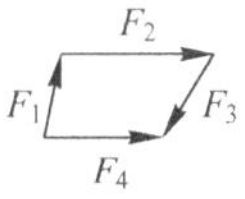

B.

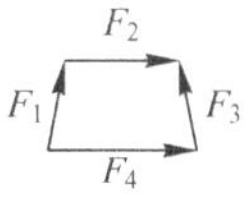

C.

5. 力对某一点的力矩不为零的条件是（　　）。

A. 作用力不等于零

B. 力的作用线不通过矩心

C. 作用力和力臂均不为零

6. 如图 1-28 所示用扳手紧固螺母，若 $F=400\text{N}$，$\alpha=30°$，则力矩 $M_O(F)$为（　　）。

A. 120N·m　　B. −120N·m　　C. −60N·m

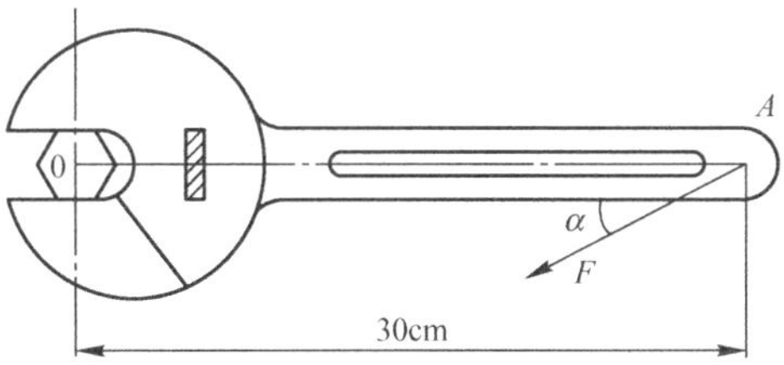

图 1-28

7. 人走路时，地面对鞋底的摩擦力方向是（　　）。

A. 向后　　B. 向前　　C. 向上

8. 力偶对物体产生的运动效应为（　　）。

A. 只能使物体转动

B. 只能使物体移动

C. 既能使物体转动，又能使物体移动

三、判断题

1. 凡是受到二力作用的刚体都是二力构件。 (　　)

2. 根据力的可传性原理，力可在刚体上任意移动而不改变该力对刚体的作用效果。 (　　)

3. 如果作用于物体上的三个力汇交与一点，该物体一定平衡。 (　　)

4. 刚体是客观存在的，无论施加多大的力，它的形状和大小始终保持不变。 (　　)

5. 作用力和反作用力是等值、反向、共线的一对力，所以此二力一定平衡。 (　　)

6. 力的三要素中只要有一个要素不改变，则力对物体的作用效果就不变。 (　　)

7. 平面汇交力系的合力一定大于任何一个分力。 (　　)

8. 用解析法求平面汇交力系的合力时，置平面直角坐标系于不同位置，合力的大小和方向都是相同的。 (　　)

9. 同时改变力偶中力的大小和力偶臂长短，而不改变力偶的转向，力偶对物体的作用效果就一定不会改变。 (　　)

10. 作用于刚体上的力，其作用线可在刚体上任意平行移动，其作用效果不变。 (　　)

四、试画出图 1-29 所示各图中指定物体的受力图（物体重量除图上已注明外，均省略不计。假设接触处都是光滑的）

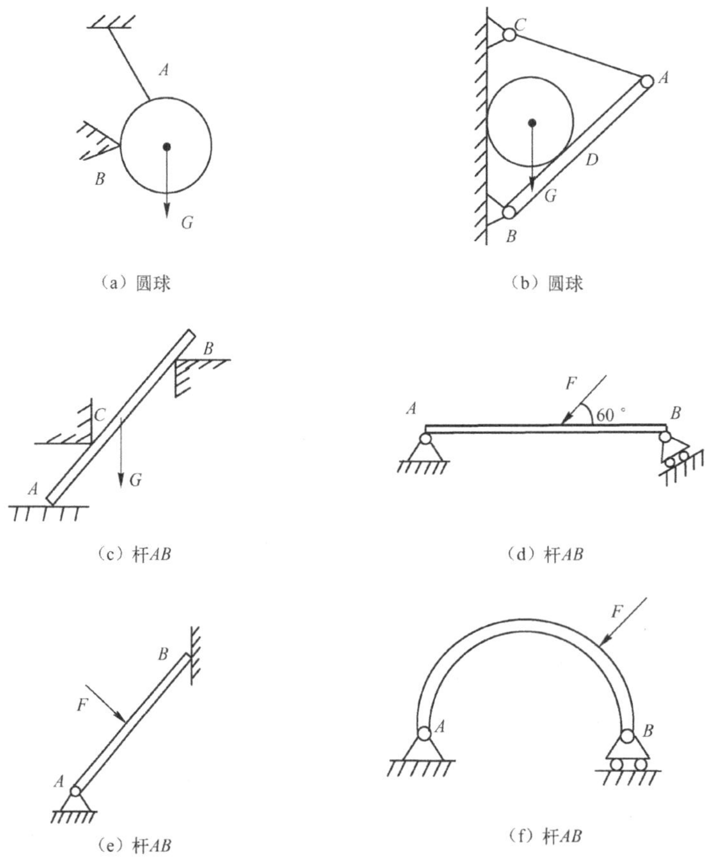

（a）圆球　（b）圆球　（c）杆AB　（d）杆AB　（e）杆AB　（f）杆AB

图 1-29

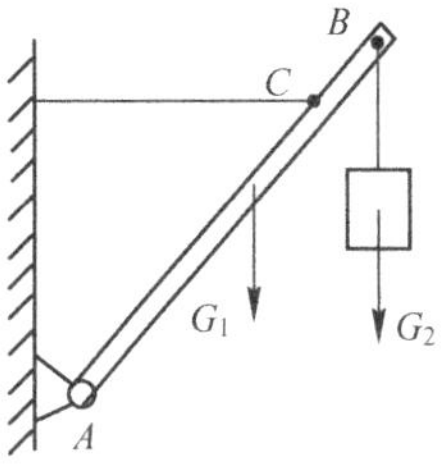

（g）杆*AB*

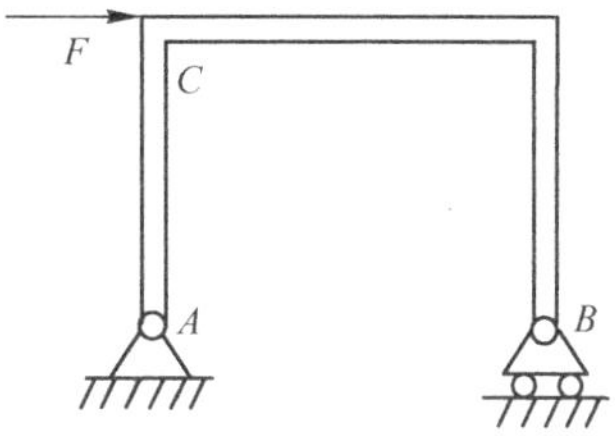

（h）杆*AB*

图 1–29（续）

五、试画出图 1–30 所示图中指定物体的受力图

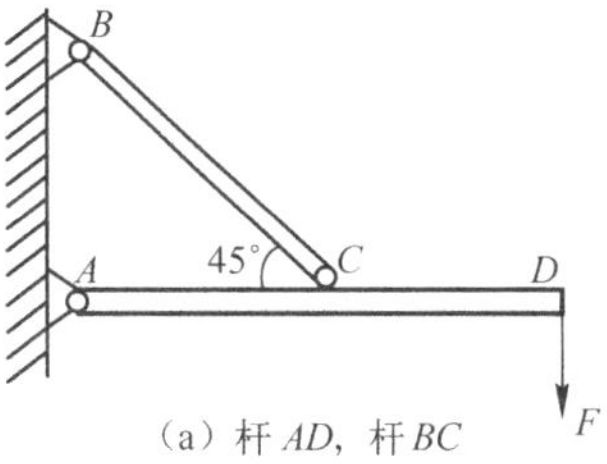

（a）杆 *AD*，杆 *BC*

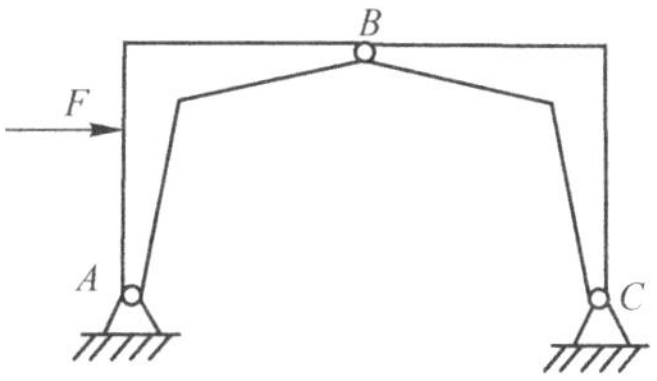

（b）杆 *AB*，杆 *BC*

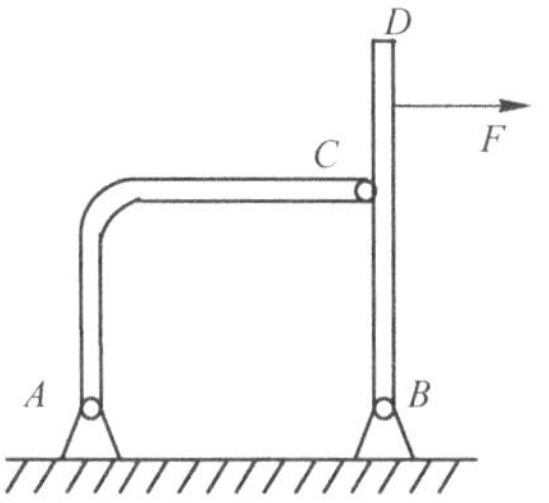

（c）杆*AC*，杆*BD*

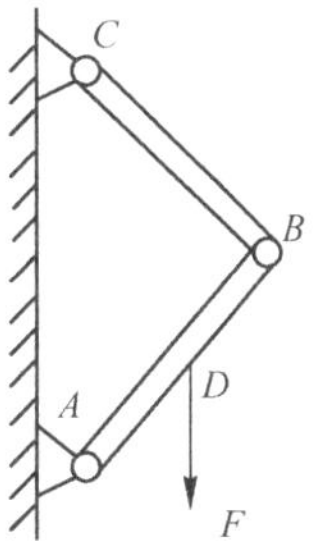

（d）杆*AB*，杆*BC*

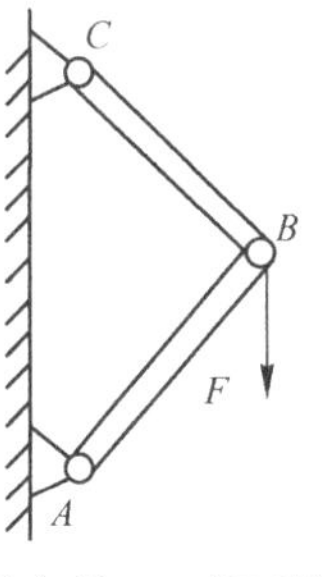

（e）杆*AB*，杆*BC*及销钉*B*

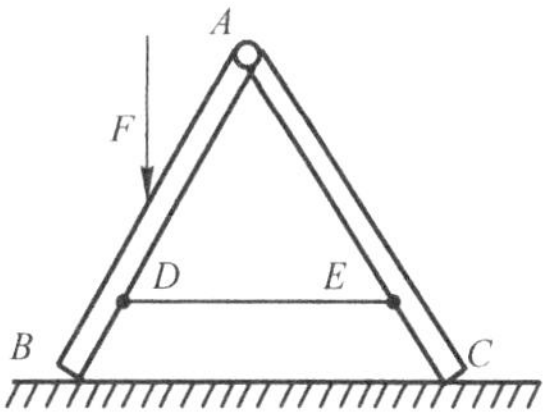

（f）杆*AB*，杆*AC*

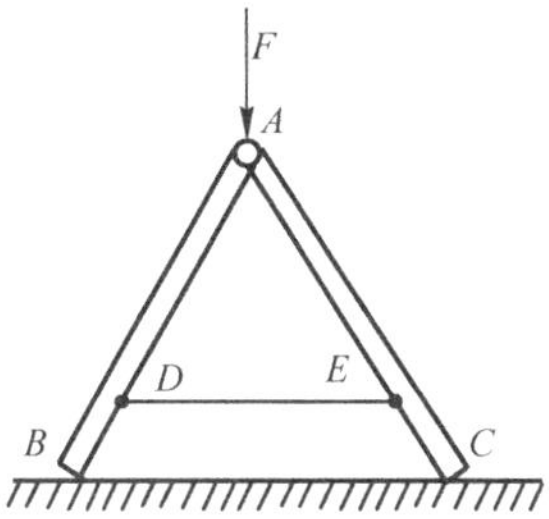

（g）杆*AB*，杆*AC* 及销钉*A*

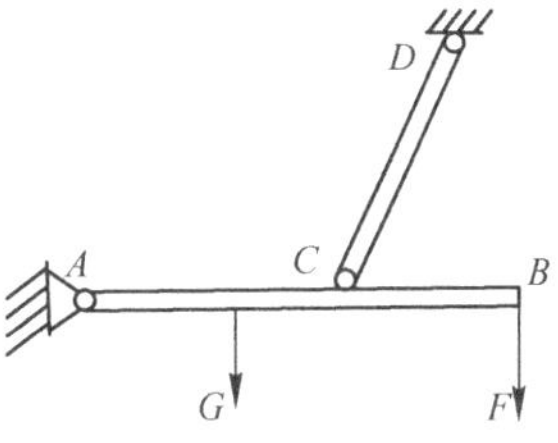

（h）杆*AB*，杆*CD*

图 1–30

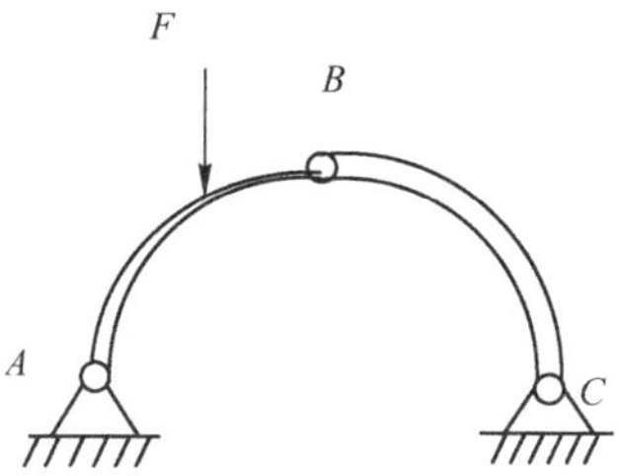

（i）杆*AB*，杆*BC*

图 1–30（续）

六、试画出图 1–31 所示图中 *AB*、*BC* 杆及销钉 *B* 的受力图

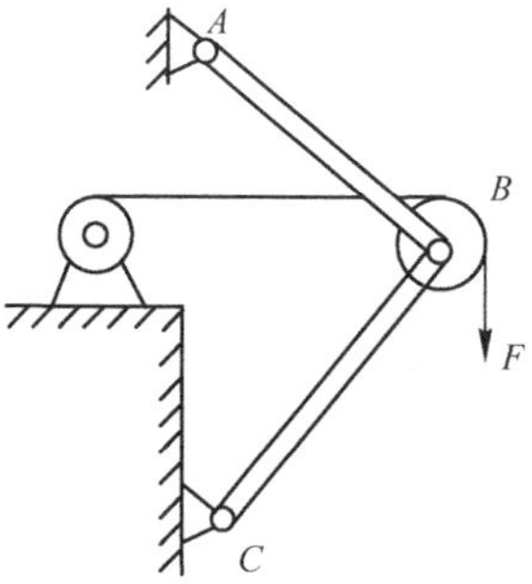

图 1–31

七、试画出图 1–32 所示图中指定物体的受力图

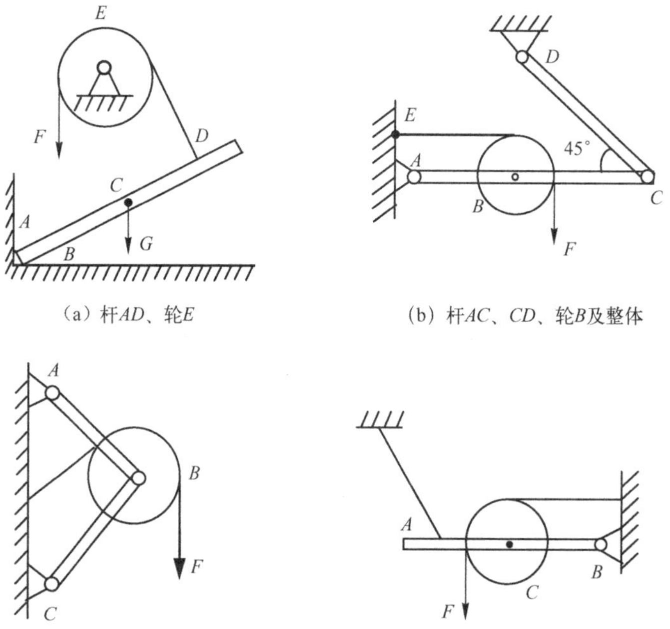

（a）杆*AD*、轮*E*

（b）杆*AC*、*CD*、轮*B*及整体

（c）杆*AB*，*BC*及球*B*

（d）杆*AB*，轮*C*，*ABC*整体

图 1–32

模块 2 构件的承载能力分析

当力作用于结构或者构件的外部时，按照一定的传递或变换逻辑，会使材料或结构内部出现应力或应变。对于微观材料而言，其物理特性决定了其所能承受的力（即应力）是有一定的限度的，这个度称为材料的强度，超出这个强度，材料会发生破坏。另一方面，对于结构而言，由于应力的效应，会使内部结构单元发生相应的应变，这些应变按结构而系统化为结构各坐标处的变形，同样，结构变形也有个限度，这个度称为刚度，超出这个刚度，结构会背离预期要求。防止结构构件或连接因临界截面材料强度被超过而破坏，或因过度的变形而不适于继续承载的分析称为承载能力分析，分构件受压、受拉、受弯、受剪、受扭等计算。本模块主要分析构件受拉（压）的承载能力分析。

1. 构件承载能力分析的任务

各种机械和工程结构都由一些构件组成。当构件工作时，都要承受力的作用。为确保构件能安全、可靠地工作，它必须满足以下要求。

（1）强度（Strength）——构件在外载作用下，具有足够的抵抗断裂破坏的能力。例如储气罐不应爆破；机器中的齿轮轴不应断裂失效等。

（2）刚度（Stiffness）——构件在外载作用下，具有足够的抵抗变形的能力。如机床主轴变形不应过大，否则影响加工精度。

（3）稳定性（Stability）——某些构件在特定外载，如压力作用下，具有足够的保持其原有平衡状态的能力。例如千斤顶的螺杆等。

综上所述，强度、刚度和稳定性是保证构件正常工作的基本要求。在构件设计中，除了上述要求外，还需要满足经济要求，提高材料使用的性能价格比。构件的安全与经济这两个方面是相互矛盾的。本模块的学习为这一矛盾的解决提供了理论基础。

构件承载能力的分析任务包括：在保证构件有足够的强度、刚度、稳定性又经济的前提下，为构件选择合适的材料，确定合理的截面形状和尺寸提供必要的计算方法和实验技术。

2. 变形固体的基本假设

事实上，物体在力的作用下，不但或多或少总有变形发生，而且还可能破坏。因此，不仅要研究物体的受力，还要研究物体受力后的变形和破坏，以保证设计制造的产品或结构能实现预期的设计功能和正常工作。要研究固体的变形和破坏，就不再能接受刚体假设，而必须将物体视为变形体。

固体力学的研究对象是可变形固体。固体材料是多种多样的。研究变形体，常常需要涉及材料本身。在力的作用下，不同的材料有着不同的变形性能。例如，在同样的拉伸载荷作用下，橡皮筋的变形大，铁丝的变形小等。材料的物质结构和性质比较复杂，为了研究的方便，通常采用下述假设建立可变形固体的理想化模型。

（1）均匀连续性假设。假设物体在整个体积内都毫无空隙地充满着物质，是密实、连续的，且任何部分都具有相同的性质。

有了这一假设，就可以从被研究物体中取出任一部分来进行研究，它具有与材料整体相同的性质。还因为假定了材料是密实、连续的，材料内部在变形前和变形后都不存在任何“空隙”，也不允许产生“重叠”，故在材料发生破坏之前，其变形必须满足几何协调条件。

（2）各向同性假设。假设材料沿各不同方向均具有相同的力学性质。这样的材料称为各向同性材料。因为材料的晶粒尺寸很小且是随机排列的，故从宏观上看，从统计平均的意义上看，大多数工程材料都可以接受这一假设。

这一假设使力与变形间物理关系的讨论得以大大简化，即在物体中沿任意方位选取一部分材料研究时，其力与变形间的物理关系都是相同的。当然，有一些材料沿不同方向具有不可忽视的不同的力学性质，力与变形间的物理关系与材料取向有关，称为各向异性材料。

（3）小变形假设。假设物体受力后的变形是很小的。

在工程实际中，构件受力后的变形一般很小，相对于其原有尺寸而言，变形后尺寸改变的影响往往可以忽略不计。假设物体受力后的变形很小，在分析力的平衡时用原来的几何尺寸计算就不至于引入大的误差。这样的问题，称为小变形问题。反之，当变形较大，其影响不可忽略时的问题，称为大变形问题。

基于上述假设，我们现在讨论的变形体静力学问题是均匀连续介质、各向同性材料的小变形问题。这是固体力学研究的最基本问题。

2.1 轴向拉伸与压缩

问题引入

图 2-1 所示结构中，杆 1 为钢杆，截面积 $A_1 = 6\text{cm}^2$，许用拉压力 $[\sigma]_{钢} = 120\text{MPa}$；杆 2 为木杆，截面积 $A_2 = 100\text{cm}^2$，许用压应力 $[\sigma]_{木} = 15\text{MPa}$；试确定结构的最大许用载荷 $F_{\max}$。

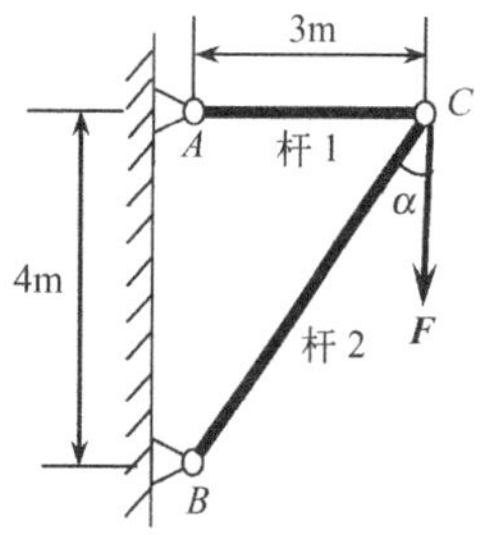

图 2-1

知识分析

杆件变形的基本形式

若构件在某一方向的尺寸远大于其他两方向的尺寸，则统称该构件为杆件。若杆件的轴线为直线，则称为直杆。本书中讨论的杆，若非特别说明，均指直杆。这是一种最简单的构件。

构件在力的作用下所发生的几何尺寸或形状的改变，称为变形。将杆的基本变形分为 4 类，即拉伸和压缩、剪切和挤压、扭转、弯曲，如图 2-2 所示。实际使用的构件大部分是两种以上的变形的组合。

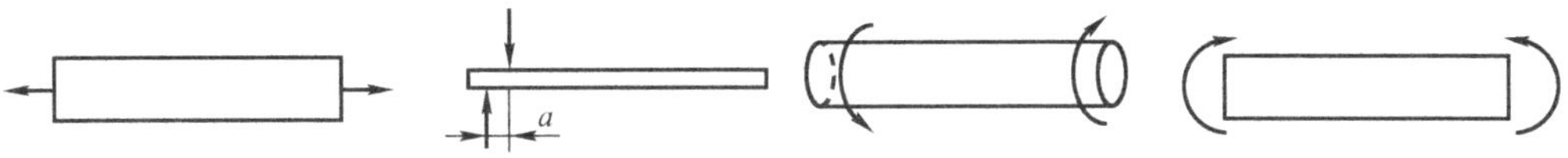

（a）轴向拉压　（b）剪切　（c）扭转　（d）弯曲

图 2-2

轴向拉伸和压缩——作用于杆的外力都沿杆的轴线，内力为轴力。工程中常见的有拉杆、撑杆、顶杆、活塞杆、钢缆、柱等。

剪切和挤压——作用于构件的一对外力大小相等、方向平行且相反、作用线间的距离很小（转动效果可以忽略），内力称为剪力。例如剪切钢板，冲孔，及各种连接件（螺栓、铆钉及键连接等）的失效等。

扭转——作用于杆的外载荷是在垂直于杆轴线的各平面内的力偶，内力称为扭矩。工程中承受扭转的杆通常为圆截面，称之为轴。如各种传动轴、车轮轴、车辆转向轴等。

弯曲——作用于杆的外载荷是与轴线在同一平面内的力偶，内力为弯矩。承受弯曲的杆，通常称为梁。例如桥梁、房梁、地板梁等。

【知识目标】

1. 了解轴向拉伸压缩的基本概念。
2. 掌握截面法求轴力的方法和步骤。
3. 掌握轴向拉伸压缩胡克定理、应力计算。
4. 掌握轴向拉伸压缩的强度计算。

【能力目标】

1. 能对轴向拉压变形进行强度计算，分析其承载能力。
2. 具备分析问题和解决的能力，团队协作意识。

知识链接

一、轴向拉伸与压缩的概念

1. 杆件的拉伸与压缩

轴向拉伸或轴向压缩变形是杆件的基本变形之一。它的受力特点是：各外力的作用线与杆件的轴线重合。其变形特点是：横截面沿杆件轴向平行移动。若横截面距离变大，则为轴向拉伸变形；若横截面距离变小，则为轴向压缩变形。如图 2-3 所示的分别是直杆最简单的拉伸变形和最简单的压缩变形。

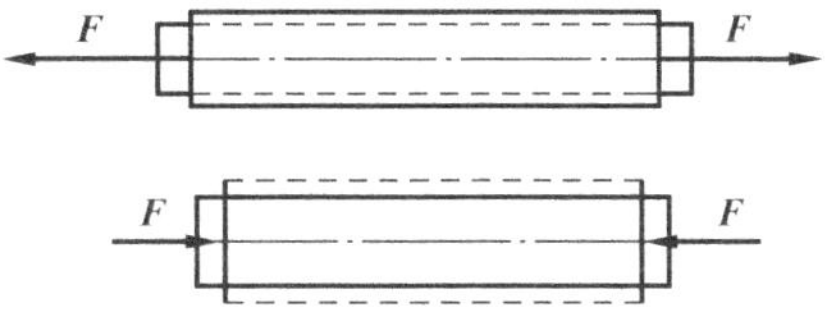

图 2-3

受轴向拉伸或压缩的杆件在工程中经常见到，如起吊重物 W 时吊索受拉力的作用；屋架中的各杆受拉力或压力作用。

2. 内力、截面法

拉（压）杆在外力作用下产生变形，内部材料微粒之间的相对位置发生了改变，其相互作用力也发生了改变。这种由外力引起的杆件内部相互作用力的改变量，称为内力。与前面受力分析中提到的“物体系统中各物体间的作用力对于系统而言是内力”不同，系统中各物体间的内力，只须解除周围约束，将物体单独取出，即成为外力而显示。此后所说的内力，是物体内部各部分间的相互作用力。内力的特点为：

① 完全由外力引起，并随着外力改变而改变。

② 这个力若超过了材料所能承受的极限值，杆件就要断裂。

③ 内力反映了材料对外力有抗力，并传递外力。

内力的大小和分布形式与杆件的承载能力密切相关。为了保证杆件在外力作用下安全可靠地工作，必须弄清楚杆件的内力。

确定在外力作用下构件所产生的内力的大小和方向，通常采用截面法。

截面法是用假想截面将物体截开，揭示并确定截面上内力的方法。如图 2-4（a）所示等直杆，假想地用一截面 *m*—*m* 将杆分割为Ⅰ和Ⅱ两部分。任取其中的一部分（例如Ⅰ）为脱离体，并将另一部分（例如Ⅱ）对脱离体部分的作用，用在截开面上的内力的合力 F' 来代替，如图 2-4（b）所示。

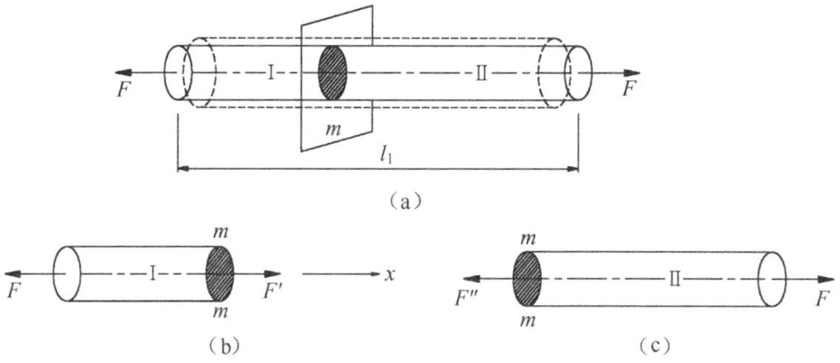

图 2-4

由静力学平衡条件：

$$\sum F_x = 0,\quad F - F' = 0$$

求得内力 $F' = F$

同样，若以右侧Ⅱ为脱离体（图 2-4（c）），也可求得左侧Ⅰ对右侧Ⅱ作用的内力为 $F'' = F$，这与右侧Ⅱ对左侧Ⅰ的作用的内力等值而反向，因内力 F' 的作用线通过截面形心，即沿杆轴线作用，故称为轴力。

轴力在国际单位制中常用的单位是 N（牛）或 kN（千牛）。

为区别拉伸和压缩，并使同一截面内力符号一致，我们规定：轴力的指向离开截面时为正号轴力；指向朝向截面时为负号轴力。即拉力符号为正，压力符号为负。据此规定，图 2-4 所示 *m*—*m* 截面的轴力无论取左脱离体还是右脱离体，其符号均为正。

综上所述，采用截面法求轴力一般包括以下 4 个步骤：

① 截——沿欲求内力的截面上假想地用一截面把杆件分为两段。

② 取——抛弃一段（左段或右段），取另一段为研究对象。

③ 代——将抛弃段对留取段截面的作用力，用内力代替。

④ 平——列平衡方程式求出该截面内力的大小。

截面法是求内力最基本的方法，但必须注意：

- 外力不能沿作用线移动，力的可传性不成立（变形体，不是刚体）。
- 截面不能切在外力作用点处，要离开作用点。

3. 轴力图

当杆受多个轴向外力作用时，杆不同截面上的轴力各不相同。为了形象表示轴力沿杆轴线的变化情况，以便于对杆进行强度计算，需要作出轴力图。通常用平行于杆轴线的坐标表示截面位置，用垂直杆轴线的坐标表示截面上轴力大小，从而给出表示轴力沿截面位置关系的图例，即为轴力图。作轴力图时应注意以下几点：

① 轴力图的位置应和杆件的位置相对应。轴力的大小，按比例画在坐标上，并在图上标出代表点数值。

② 习惯上将正值（拉力）的轴力图画在坐标的正向；负值（压力）的轴力图画在坐标的负向。

下面用例题说明轴力的计算与轴力图的作法。

例 2-1 变截面杆受力情况如图 2-5 所示，试求杆各段轴力并作轴力图。

解： ① 求约束力。固定端只有水平反力，设为 F_A，由整个杆平衡条件

$$\sum F_x = 0, \quad -F_A + 5 - 3 + 2 = 0, \quad F_A = 5 - 3 + 2 = 4\text{kN}$$

② 求杆各段轴力。力作用点为分段的交界点，该题应分成 AB、BD 和 DE 三段。在 AB 段内用任一横截面 1—1 将杆截开后，研究左段杆的平衡。在截面上假设轴力 F_1 为拉力（见图 2-5（b））。由平衡条件 $\sum F_x = 0$ 得 $F_1 - F_A = 0, F_1 = 4\text{kN}$。结果为正，说明原假设拉力是正确的。

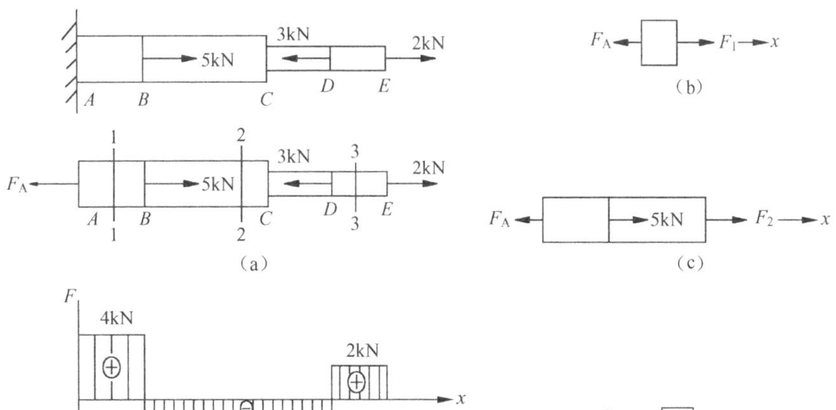

图 2-5

在 BC 及 CD 段，横截面积虽有改变，但平衡方程式与截面大小无关，故只取一段。如在 BD 段用任一截面 2—2 将杆截开，研究左段杆的平衡。在截面上轴力 F_2 仍设为拉力（见

图2-5（c））。由平衡条件$\sum F_x=0$，$F_2+5-4=0$，$F_2=-1\text{kN}$。结果为负，说明实际方向与原假设的F_2方向相反，即为压力。

同理在DE段，用任一截面3—3将杆截开，研究右段杆的平衡，因为该杆段的外力较少，计算简单，假设轴力F_3为拉力（见图2-5（d）），由$\sum F_x=0$，得$F_3=2\text{kN}$。

③ 作轴力图。取一直角坐标系，以与杆轴平行的坐标轴x表示截面位置，对齐原题图下方画出坐标轴。然后，选定比例尺，纵坐标F表示各段轴力大小。根据各截面轴力的大小和正负号画出杆轴力图，如图2-5（e）所示。

由轴力图可看出，最大轴力$F_{max}=4\text{kN}$，发生在AB段内。

例2-2 求图2-6所示杆中各截面的内力。

解： 在AB段任一截面截开，取左段研究，受力如图2-6（a）所示，由平衡方程$\sum F_x=0$有

$$F_{N1}=5\text{kN}$$

对于BC段任一截面，受力如图2-6（b）所示，有

$$F_{N2}=5\text{kN}-2\text{kN}=3\text{kN}$$

同理，对于CD段任一截面，受力如图2-6（c）所示，有

$$F_{N3}=5\text{kN}-2\text{kN}-8\text{kN}=-5\text{kN}\quad\text{（压力）}$$

依据上述结果，可画出轴力随截面位置变化的图，如图2-6（d）所示。

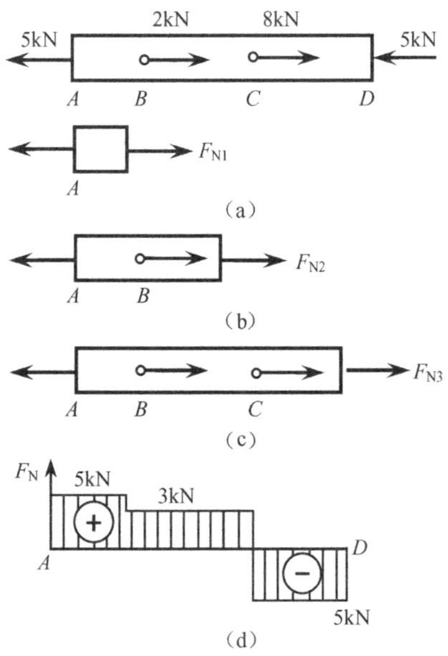

图2-6

二、拉压杆横截面上的应力

工程中所用的材料，在外力作用下均将发生变形，绝大多数的材料在除去外力后，完全消失的变形称为弹性变形，不能消失而残留下来的变形称为塑性变形。机械中的构件，都是要传递运动和力的。随着力的增大，变形也将增大，超过一定限度时构件将破坏。而用截面法求出拉杆、压杆横截面上的内力，仅仅是求出了杆件受力的大小，并不能判断杆在某一点受力的强弱程度。例如，用同一材料制成粗细不等的两根直杆，在相同的拉力作用下，虽然两杆轴力相同，但随着拉力的增大，横截面小的杆件必然先被拉断。这说明杆件的强度不仅与轴力的大小有关，而且还与横截面面积的大小有关。工程上常用单位面积上内力的大小来衡量构件受力的强弱程度。构件在外力作用下，某点处单位面积上的内力称为应力。因此，研究构件承载能力的基础是受力变形与应力问题。

内力或应力均发生在杆件内部，是看不到的。而变形是可以直接观察到的。由于内力与变形有关，因此，可以通过观察变形推测应力在截面上的分布规律，进而确定应力的计算公式。

取一任意截面等直杆，在杆件表面画上与轴线垂直的横截面周线aa、bb和平行于轴线的纵向线段cc、dd（见图2-7（a））。然后，在杆端作用一对沿轴线的拉力F。杆件变形后，可以看到，横截面周线aa、bb分别仍在一个平面内，且分别平移到$a'a'$、$b'b'$，仍然垂直于轴线；纵向线cc、dd都产生相同的伸长，成为$c'c'$和$d'd'$，并仍平行于轴线（见图2-7（b））。

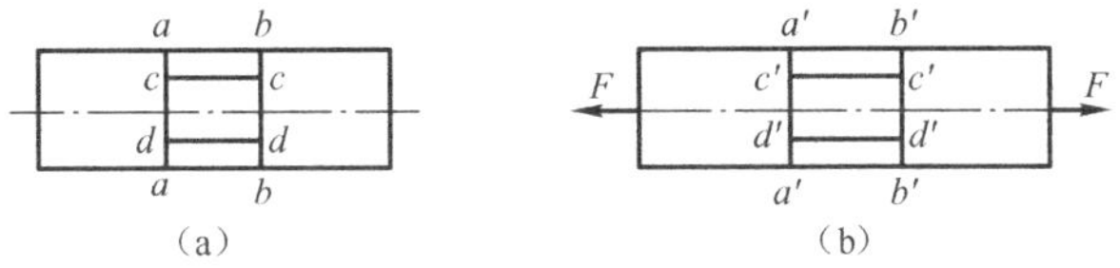

图 2-7

根据上述现象，可作如下假设：变形前的横截面，变形后仍为横截面，即仍为平面，且仍与轴线垂直，但之间的距离发生了变化。这个假设称为平面假设。假想用截面把构件分成两部分，以显示并确定内力。如图 2-8 所示，截面的两侧必定出现大小相等，方向相反的内力；被假想截开的任一部分上的内力必定与外力相平衡，由 $\sum F_x = 0$ 求得 $F_N = F$。要判断杆件是否有足够的强度，则要计算单位面积上的内力，称为应力。即

$$\sigma = \frac{F_N}{A} \tag{2-1}$$

式中，F_N 为横截面上的内力；A 为横截面面积。

当杆件受拉时，σ 称为拉应力，规定为“+”号；杆件受压时，σ 为压应力，规定取“-”号。

在斜截面上，通常把应力分解成垂直于截面的分量 σ 和切于截面的分量τ，σ 称为正应力，τ称为切应力。

应力的国际单位为 MPa（兆帕），$1\text{MPa} = 10^6\ \text{N/m}^2 = 10^6\text{Pa}$（帕［斯卡］）。

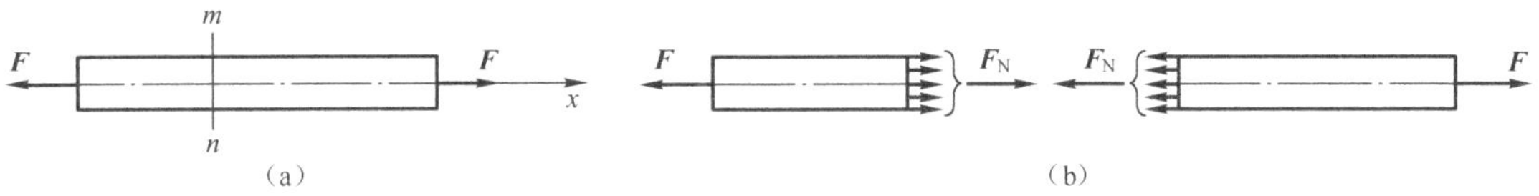

图 2-8

三、拉压杆的变形

实验表明，杆件在轴向拉力或压力的作用下，沿轴线方向将发生伸长或缩短，同时，横向必发生缩短或伸长。如图 2-9 所示中实线为变形前的形状，虚线为变形后时形状。

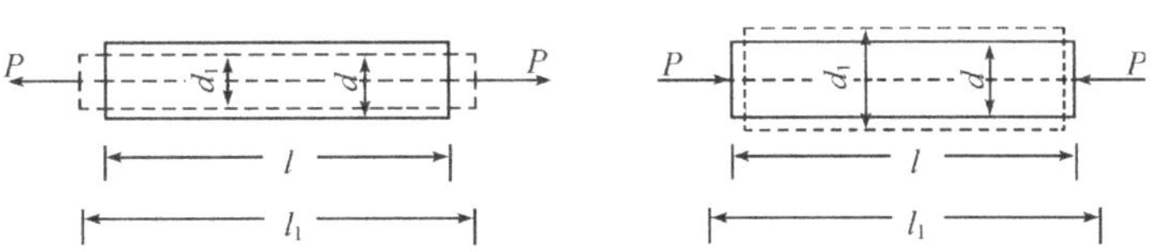

图 2-9

杆的长度和横向尺寸的改变分别为 Δl、Δd，称为杆的轴向变形和杆的横向变形，规定伸长为正、缩短为负。变形量用轴向线应变 ε 和横向线应变 ε'度量，它们都是无量纲量。

$$\varepsilon = \frac{\Delta l}{l} = \frac{l_1 - l}{l} \tag{2-2}$$

$$\varepsilon' = \frac{\Delta d}{d} = \frac{d_1 - d}{d} \tag{2-3}$$

轴向线应变 ε 与横向线应变 ε'的关系为

$$\mu = \left|\frac{\varepsilon'}{\varepsilon}\right|,\quad \varepsilon' = -\mu\varepsilon \tag{2-4}$$

式中，μ 为泊松比，其值与材料有关。

轴向拉伸和压缩实验表明，在弹性范围内，杆件的轴向变形 Δl 与轴力 F 及杆长 l 成正比，与横截面积 A 成反比，即

$$\Delta l \propto \frac{F_N l}{A}$$

设比例常数为$\frac{1}{E}$，可以把上式写成

$$\Delta l = \frac{F_N l}{EA} \tag{2-5}$$

式中，E 值与材料性质有关，称为弹性模量。材料的 E 值越大，变形就越小，故它是衡量材料抵抗弹性变形能力的一个指标。弹性模量 E 具有和应力相同的单位，常用 GPa 表示。

弹性模量 E 和泊松比 μ 都是表征材料弹性的系数，可由实验测定。几种常用材料的 E 和 μ 值见表 2-1。

表 2-1　弹性模量与泊松比

材料名称	牌号	E/GPa	μ
低碳钢		200～210	0.24～0.28
中碳钢	35，45	205～209	0.26～0.30
低合金钢	16Mn	200	0.25～0.30
灰口铸铁		60～162	0.23～0.27
球墨铸铁		150～180	0.24～0.27
铝合金	LY12	72	0.33
铜合金		100～110	0.31～0.36

若将 $\varepsilon = \frac{\Delta l}{l}$，$\sigma = \frac{F_N}{A}$代入式（2-5）可得：

$$\varepsilon = \frac{\sigma}{E} \quad 或 \quad \sigma = E\varepsilon \tag{2-6}$$

式（2-6）表明：当杆横截面上的正应力不超过某一限度时，应力与应变成正比，这是材料力学中一个非常重要的关系式，称为胡克定律。应用此定律可以从已知的应力求变形，也可以通过对变形的测定来求应力。

例 2-3　图 2-10（a）中杆 CD 段为钢制，截面积 $A_1 = 320\text{mm}^2$，弹性模量 $E_{钢} = 210\text{GPa}$；AC 段为铜制，$A_2 = 800\text{mm}^2$，$E_{铜} = 100\text{GPa}$；长 $l = 400\text{mm}$，求各段的应力和杆的总伸长量 Δl。

解：（1）求约束力。A 端为固定端，但杆上作用的外力均沿轴向，故约束力只有 F_A，由平衡方程得：

$$F_A = F_1 + F_2 = 48\text{kN}$$

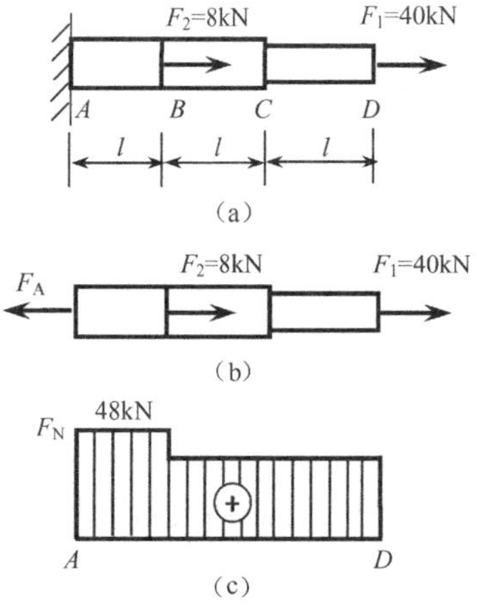

图 2-10

（2）求内力（轴力），画轴力图。

AB 段：$F_{NAB} = F_A = 48\text{kN}$

BC 段：$F_{NBC} = F_A - F_2 = 40\text{kN}$

CD 段：$F_{NCD}=F_1=40\text{kN}$

轴力图如图2-10（c）所示。

（3）求各段应力。应力等于轴力除以横截面积，轴力或横截面积改变，则需分段计算。

$$\sigma_{AB}=\frac{F_{NAB}}{A_2}=\frac{48\times10^3\text{N}}{800\times10^{-6}\text{m}^2}=60\times10^6\text{Pa}=60\text{MPa}$$

$$\sigma_{BC}=\frac{F_{NBC}}{A_2}=\frac{40\times10^3\text{N}}{800\times10^{-6}\text{m}^2}=50\times10^6\text{Pa}=50\text{MPa}$$

$$\sigma_{CD}=\frac{F_{NCD}}{A_1}=\frac{40\times10^3\text{N}}{320\times10^{-6}\text{m}^2}=125\times10^6\text{Pa}=125\text{MPa}$$

（4）求各段伸长量及杆的变形。由式（2-5）有：

$$\Delta l_{AB}=\frac{F_{NAB}l}{E_{铜}A_2}=\frac{48\times10^3\times0.4}{100\times10^9\times800\times10^{-6}}\text{m}=0.24\times10^{-3}\text{m}=0.24\text{mm}$$

$$\Delta l_{BC}=\frac{F_{NBC}l}{E_{铜}A_2}=\frac{40\times10^3\times0.4}{100\times10^9\times800\times10^{-6}}\text{m}=0.2\times10^{-3}\text{m}=0.2\text{mm}$$

$$\Delta l_{CD}=\frac{F_{NCD}l}{E_{钢}A_1}=\frac{40\times10^3\times0.4}{210\times10^9\times320\times10^{-6}}\text{m}=0.24\times10^{-3}\text{m}=0.24\text{mm}$$

同样要注意，在轴力、横截面积或材料的弹性模量改变处，需分段计算变形。

杆的总伸长等于各段变形的代数和，即：

$$\Delta l=\Delta l_{AB}+\Delta l_{BC}+\Delta l_{CD}=(0.24+0.2+0.24)\text{mm}=0.68\text{mm}$$

四、材料的力学性能

材料在拉伸和压缩时的力学性能，是指材料在受力过程中的强度和变形方面变现出的特性，是解决强度、刚度和稳定性问题不可缺少的依据。

材料在拉伸和压缩时的力学性能，是通过试验得出的。拉伸与压缩通常在万能材料试验机上进行。拉伸与压缩的试验过程：把不同材料按标准制成的试件装夹到试验机上，试验机对试件施加荷载，使试件产生变形甚至破坏。试验机上的测量装置测出试件在受荷载作用变形过程中，所受荷载的大小及变形情况等数据，由此测出材料的力学性能。本节主要介绍在常温、静载条件下，塑性材料和脆性材料在拉伸和压缩时的力学性能。

常用拉伸试样如图2-11所示。截面多为圆形（也有时用矩形），试验段截面积为A。标距长度l与横向尺寸的关系规定为

圆形截面杆　　　　$l=10d$　或　$l=5d$

矩形截面板　　　　$l=11.3\sqrt{A}$　或　$l=5.65\sqrt{A}$

将试件两端夹持在试验机上，施加拉伸载荷$\boldsymbol{F}$，记录载荷$\boldsymbol{F}$和标距长度l的变化Δl。由试验结果可得到$F-\Delta l$曲线，称为拉伸图。将拉伸图的纵坐标F_N除以试样的横截面积A，再将其横坐标Δl除以试样的原长度l，由此得到的是应力与变形之间的关系曲线，称为材料的应力－应变图。

1. 低碳钢拉伸应力－应变曲线

低碳钢为典型的塑性材料，拉伸时得到的典型应力－应变曲线如图2-12所示，可分为四个阶段。

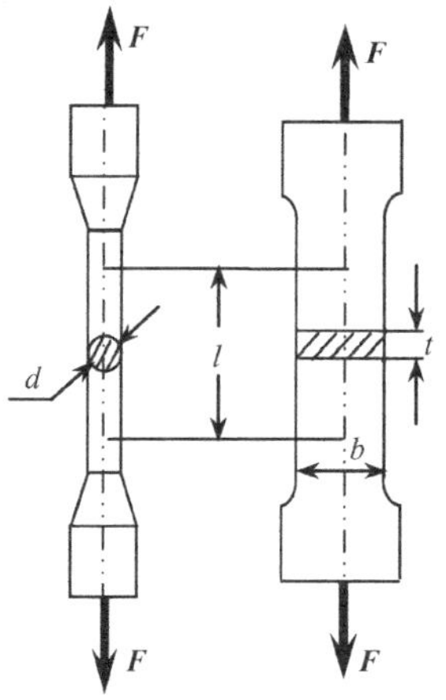

图 2-11

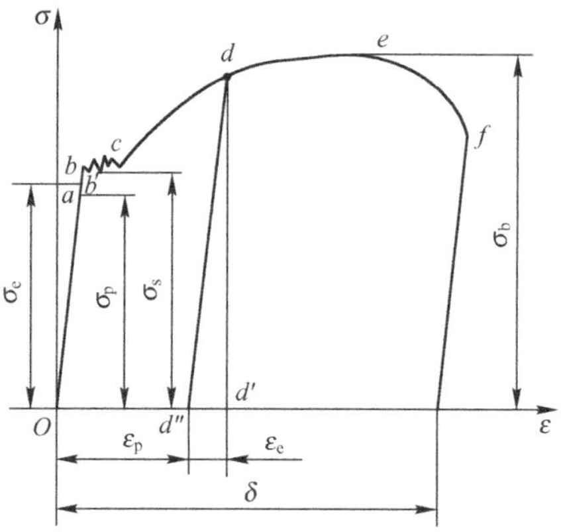

图 2-12

（1）弹性阶段（Ob 段）。Oa 段为直线段，a 点对应的应力称为比例极限，用 σ_p 表示。此阶段内，正应力和正应变成线性正比关系，即遵循胡克定律，$\sigma = E \cdot \varepsilon$。设直线的斜角为 α，则可得弹性模量 E 和 α 的关系，有

$$\tan\alpha = \frac{\sigma}{\varepsilon} = E \tag{2-7}$$

a 和 b 点非常靠近，ab 线段微弯，若自 b 点以前卸载，试样无塑性变形，b 对应的应力称为弹性极限，用 σ_e 表示。弹性极限与比例极限非常接近，但是物理意义是不同的。

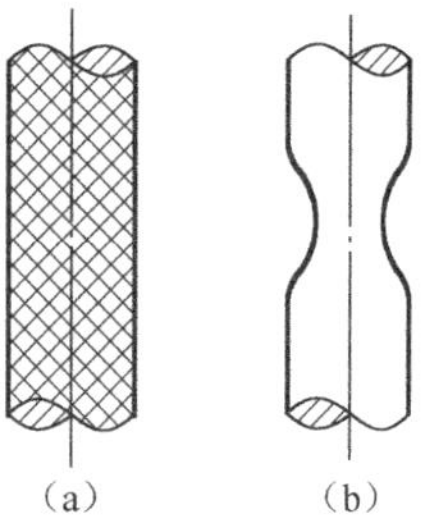

图 2-13

（2）屈服阶段（bc 段）。超过比例极限之后，应力和应变之间不再保持正比关系。过 b 点，应力变化不大，应变急剧增大，曲线上出现水平锯齿形状，材料失去继续抵抗变形的能力，发生屈服现象，一般称试样发生屈服而力首次下降前的最高应力（b 点）为上屈服强度（上屈服极限）；在屈服期间，不计初始瞬时效应时的最低应力（b'）称为下屈服强度（下屈服极限）。工程上常称下屈服强度为材料的屈服极限，用 σ_s 表示。材料屈服时，在光滑试样表面可以观察到与轴线成45°的纹线，称为滑移线，如图 2-13（a）所示。它是屈服时晶格发生相对错动的结果。

（3）强化阶段（ce 段）。经过屈服阶段，材料晶格重组后又增加了抵抗变形的能力。要使试件继续伸长就必须再增加拉力，这阶段称为强化阶段。曲线最高点 e 处的应力，称为强度极限，用 σ_b 表示，代表材料破坏前能承受的最大应力。

冷作硬化现象，在强化阶段某一点 d 处，缓慢卸载，则试样的应力－应变曲线会沿着 dd'' 回到 d'' 点，从图上观察直线 dd'' 近似平行于直线 Oa。图中 $d'd''$ 表示恢复的弹性变形，Od' 表示不可以恢复的塑性变形。如果卸载后重新加载，则应力－应变曲线基本上沿着 $d'd$ 线上升到 d 点，然后仍按原来的应力－应变曲线变化，直至断裂。低碳钢经过预加载后（即从开始加载到强化阶段再卸载），使材料的弹性强度提高，而塑性降低的现象称为冷作硬化。工程中，常利用冷作硬化来提高材料的弹性强度，例如制造螺栓的棒材要先经过冷拔，建筑用的钢筋、起重用的钢索，常利用冷作硬化来提高材料的弹性强度。材料经过冷作硬化后塑性降低，可以通过退火处理，以消除这一现象。

（4）缩颈阶段（ef 段）。当应力增大到 σ_b 以后，即过 e 点后，试样变形集中到某一局部区域，由于该区域横截面的收缩，形成了图 2-13（b）所示的“颈缩”现象。因局部横截面的收

缩，试样再继续变形，所需的拉力逐渐减小，曲线自 e 点后下降，最后在“颈缩”处被拉断。

在工程中，代表材料强度性能的主要指标是屈服极限 σ_s 和强度极限 σ_b。

在拉伸试验中，可以测得表示材料塑性变形能力的两个指标：伸长率和断面收缩率。

（1）伸长率。其计算公式为

$$\delta = \frac{l_1 - l}{l} \times 100\% \tag{2-8}$$

式中，l 为试验前在试样上确定的标距（一般是 $5d$ 或 $10d$），l_1 为试样断裂后标距变化后的长度。

低碳钢的伸长率为26%～30%，工程上常以伸长率将材料分为两大类：$\delta \geqslant 5\%$ 的材料称为塑性材料，如钢、铜、铝、化纤等材料；$\delta < 5\%$ 的材料称为脆性材料，如灰铸铁、玻璃、陶瓷、混凝土等。

（2）断面收缩率。其计算公式为

$$\psi = \frac{A - A_1}{A} \times 100\% \tag{2-9}$$

式中，A 为试验前试样的横截面面积，A_1 为断裂后断口处的横截面面积。

低碳钢的断面收缩率为50%～60%。

表2-2列出了若干常用金属材料的力学性能。

表2-2　若干常用金属材料的力学性能

材料名称	材料牌号	σ_s/MPa	σ_b/MPa	δ_s/%	备注
普通碳钢（低碳钢）	Q235	235	375～500	21～26	原 A_3 钢
	Q275	275	490～630	15～20	原 A_5 钢
优质碳钢	35	315	530	20	35钢
	45	355	600	16	45钢
低碳合金钢	16Mn	345	510～660	22	16锰
	15MnV	390	530～680	18	15锰钒
合金钢	40Cr	785	980	9	40铬
	30CrMnSi	885	1080	10	30铬锰硅
球墨铸铁	QT40－10	294	392	10	球铁40
	QT60－2	412	588	2	球铁60
铝合金	LY12	274	412	19	硬铝

2. 低碳钢压缩时的力学性能

金属材料的压缩试样，一般制成短圆柱形，圆柱的高度为直径的1.5～3倍，以免试件在压缩过程中丧失稳定。试样的上下平面有平行度和光洁度的要求。

低碳钢是塑性材料，压缩时的应力－应变图，如图2-14所示。与拉伸时的曲线相比较，可以看出，在屈服以前，压缩时的曲线和拉伸时的曲线基本重合，而且 σ_p、σ_s、E 与拉伸时大致相等。屈服以后随着压力的增大，试样被压成“鼓形”，最后被压成“薄饼”而不发生断裂，所以低碳钢压缩时无强度极限。

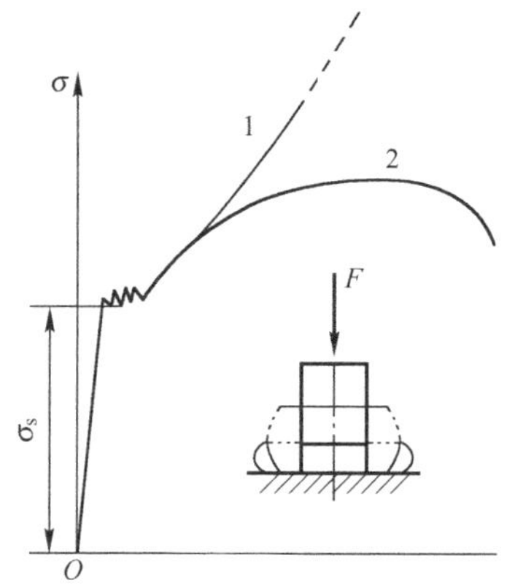

图 2-14

3. 不同材料拉伸压缩时的机械性能

(1) 不同材料的拉伸 $\sigma-\varepsilon$ 曲线。如前所述，由低碳钢拉伸时的 $\sigma-\varepsilon$ 曲线，可以确定反映材料机械性能（或称力学性能）的指标。但材料的种类很多，即使是金属材料，拉伸 $\sigma-\varepsilon$ 曲线也各不相同。图 2-15 中所示若干材料拉伸时的 $\sigma-\varepsilon$ 曲线。

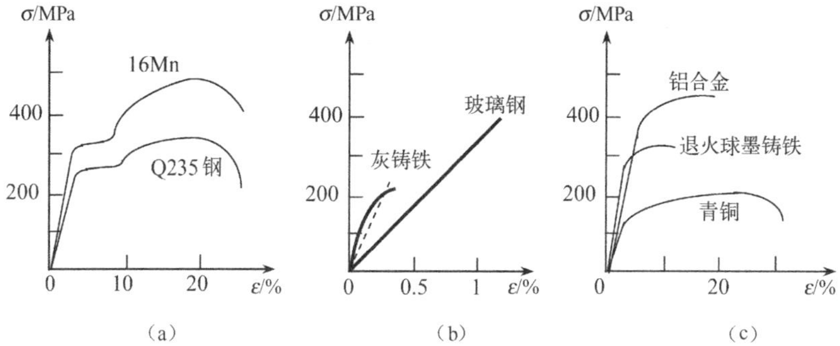

图 2-15

与典型的低碳钢应力－应变曲线相比（见图 2-15（a）），许多脆性材料到破坏时都没有明显的塑性变形，没有屈服阶段，也不存在屈服点，如图 2-15（b）中的灰铸铁、玻璃钢及高强钢、陶瓷材料等。许多延性材料没有屈服阶段，也难以明确地确定其屈服点和屈服应力，如图 2-15（c）中的有色金属、退火球墨铸铁等；还有些材料在弹性阶段 $\sigma-\varepsilon$ 间也并不显示良好的线性关系（如灰铸铁、橡胶等）。

对于不存在屈服阶段的脆性材料，其强度指标只有极限强度 σ_b。对于没有屈服阶段、难于确定屈服点的材料，工程中规定以标准试件产生 0.2% 塑性应变时的应力值作为名义屈服强度，特别记为 $\sigma_{0.2}$，如图 2-16 所示。

(2) 压缩时的机械性能。材料在受压缩时的机械性能与受拉并不一定相同，因此，应由材料的压缩试验确定。

一般来说，塑性材料压缩的机械性能与拉伸时基本相同。塑性金属压缩与拉伸时有基本相同的弹性模量 E 和屈服强度 σ_s。但因为塑性材料有很好的塑性，压缩试验时，试件随着载荷的增加越压越扁，测不出其抗压强度。

与塑性材料不同，铸铁是脆性材料，压缩时的机械性能与拉伸时常常有较大的区别，压缩时的应力－应变图，如图2-17所示。试样在较小变形时突然破坏，压缩时的强度极限远高于拉伸强度极限（为3～6倍），破坏断面与横截面成45°～55°的倾角，根据应力分析，铸铁压缩破坏属于剪切破坏。另外如铸铁、混凝土、石料等，抗压极限强度 σ_{bl} 可以远大于抗拉极限强度 σ_{by}。

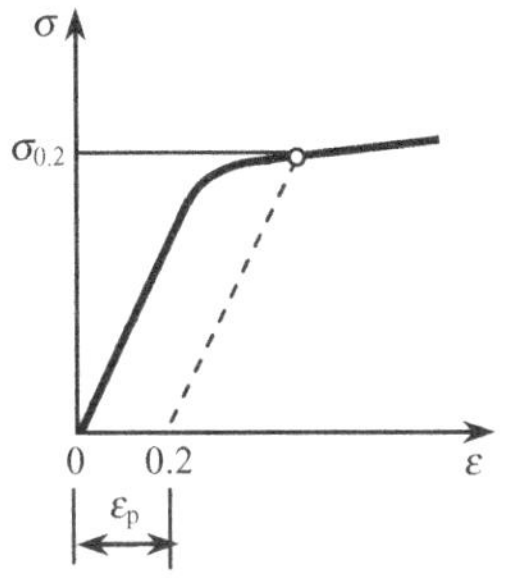

图2-16

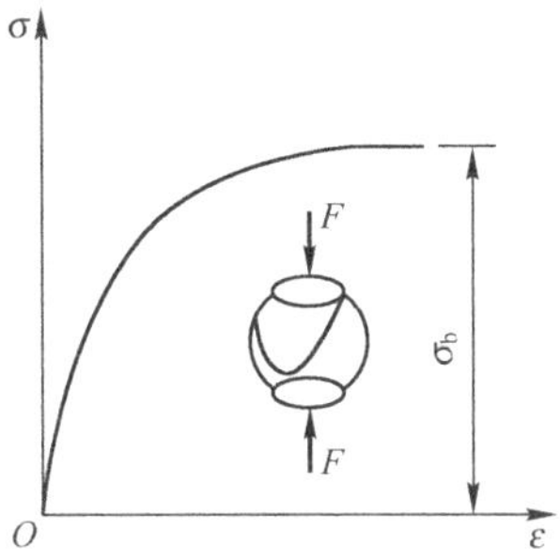

图2-17

五、拉压强度计算

1. 强度条件和安全系数

对于将要设计的结构或构件，应当满足其预定的设计目标。依据设计目标完成初步设计后，即已知结构或构件的几何尺寸、材料、工作条件和环境、需要承担的最大设计载荷及所允许的变形大小等。为保证完成其正常功能，所设计的结构或构件必须具有适当的强度和刚度。

构件在可能受到的最大工作载荷作用下的应力，称为工作应力。对于脆性材料，应力到达强度极限 σ_b 时，会发生断裂；对于塑性材料，应力到达屈服强度 σ_s 时，会因屈服而产生显著的塑性变形，导致结构或构件不能正常工作。屈服和断裂都是材料破坏的形式，故在进行强度设计时，分别以 σ_s 和 σ_b 作为塑性和脆性材料的极限应力。

因此，强度条件可写为：结构或构件的工作应力 $\sigma\leqslant$ 材料的极限应力 σ_s 或 σ_b。

即
$$\sigma\leqslant\sigma_s \quad \text{或} \quad \sigma\leqslant\sigma_b \tag{2-10}$$

但是，仅仅将工作应力限制在极限应力内，还不足以保证结构或构件的安全。因为上述判据的两端都可能有误差存在，如：

① 力学分析的可能误差。包括设计载荷的估计、简化和计算误差，结构尺寸的制造误差，受力情况简化和小变形假设等所带来的误差等。

② 材料强度指标的误差。包括材料力学性能测试的实验误差，材料不均匀性引起的固有分散性误差等。

③ 不可预知的其他误差。如加工制造过程中对于材料的损伤，工作条件与实验条件不尽相同，或偶然出现的意外超载等。

因此，必须将工作应力限制在某一小于极限应力的范围内，提供一定的安全储备，才能保证结构和构件能安全的工作。换言之，实际工程设计中允许使用的应力，称为许用应力，应当比材料的极限应力更低一些。工程设计中规定的许用应力［σ］为

$$[\sigma]=\begin{cases}\dfrac{\sigma_s}{n} & (\text{延性材料})\\ \dfrac{\sigma_b}{n} & (\text{脆性材料})\end{cases} \tag{2-11}$$

式中，n 是一个大于1的系数，称为安全系数。即材料的许用应力等于其极限应力除以安全系数。将许用应力与极限应力之差作为安全储备，以期保证安全。

安全系数的确定是十分困难和复杂的。从保证安全来看，显然希望安全系数越大越好；但安全系数越大，所用材料的强度越高、结构几何尺寸越大，则经济费用越高、重量越大；故从经济性和轻量化要求来看，安全系数又不宜过大。

各种不同情况下安全系数的选取，可以参照有关设计规范和手册的规定。如一般情况下，钢材的安全系数取 $n=2.0\sim2.5$，铸件取 $n=4$，脆性材料取 $n=2.0\sim3.5$ 等。

由式（2-10）和式（2-11）可以将强度条件写为

$$\sigma\leqslant[\sigma] \tag{2-12}$$

2. 拉压杆件的强度设计

在满足计算应力不超过材料的许用应力值，即 $\sigma\leqslant[\sigma]$ 的条件下，通常可以保证构件、零件安全工作，此称为强度计算。

对于轴向拉压杆，强度条件成为

$$\sigma=\frac{F_N}{A}\leqslant[\sigma] \tag{2-13}$$

式中，F_N 是轴力，A 为杆的横截面面积。在工程设计中，利用强度条件进行强度设计和计算，主要包括如下三个方面。

（1）强度校核。对于已有的构件或已完成初步设计的构件，已知其材料（即已知其许用应力 $[\sigma]$）、构件几何尺寸和所承受的载荷，计算应力，校核构件是否满足强度条件。若满足强度条件，则称构件强度足够；若不满足强度条件，则构件强度不足，需要修改设计。修改设计时，可依据工程实际情况，重新选择材料、重新设计截面或限制使用载荷，以保证满足强度要求。

（2）截面设计。在选定材料（许用应力 $[\sigma]$ 已知），已知构件所承受的载荷时，设计满足强度要求的构件截面面积和尺寸。

由强度条件知，拉压杆横截面面积应为

$$A\geqslant\frac{F_N}{[\sigma]} \tag{2-14}$$

确定截面面积后，即可进一步决定截面尺寸。

（3）确定许用载荷。已知构件的几何尺寸和许用应力时，计算结构或构件所能允许承受的最大载荷。由强度条件可知，轴向拉压杆的轴力 F_N 应为

$$F_N\leqslant A[\sigma] \tag{2-15}$$

计算出截面内力后，即可确定构件允许使用的最大载荷。

应当注意，构件中处处都应当满足强度条件。因此，必须校核构件中工作应力大、许用应力小的若干可能的危险截面是否满足强度条件。

如图2-18所示承受拉压的杆件，AB段和BC段为钢制，CD段为铜制，A、B、C、D截面处作用载荷如图所示。AB与BC段截面面积相同，CD段截面积较小。杆所承受的轴力如图所示。AB段轴力最大，工作应力也最大，故有可能的危险截面存在。BC段与AB段截面面积相同，轴力较小，所以工作应力小于AB段；且BC段的材料（许用应力）与AB段相同，故该段不可能有危险截面。CD段轴力小，但其截面面积也小，所以应力不一定小，且材料的许用应力较小（$[\sigma]_{铜}<[\sigma]_{钢}$），故也有可能是危险截面。因此，对于图示之杆件，需要校核的危险截面在AB、CD段。

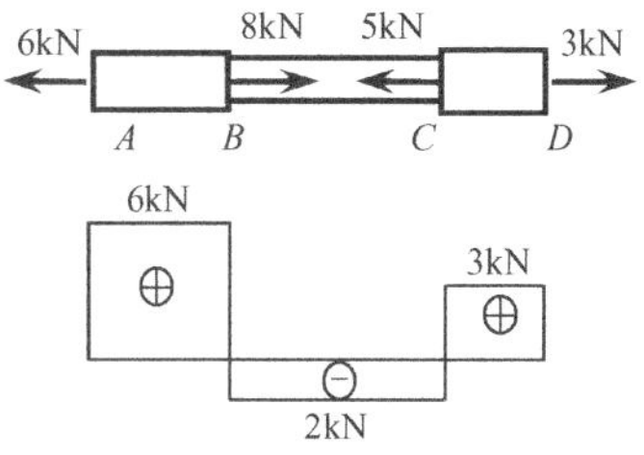

图2-18

例2-4　图2-18所示之杆的材料为硬铝，AB段截面积 $A_1=50\text{mm}^2$，BC段截面积 $A_2=30\text{mm}^2$，CD段截面积 $A_3=40\text{mm}^2$。材料的拉压许用应力均为 $[\sigma]=100\text{MPa}$。若受力如图所示，试校核其强度。

解：① 求各截面内力，画轴力图如图所示。

② 计算各段横截面的应力。

$$\sigma_1=\frac{F_{N1}}{A_1}=\frac{6\times10^3\text{N}}{50\text{mm}^2}=120\text{MPa}$$

$$\sigma_2=\frac{F_{N2}}{A_2}=\frac{-2\times10^3\text{N}}{30\text{mm}^2}=-66.7\text{MPa}$$

$$\sigma_3=\frac{F_{N3}}{A_3}=\frac{3\times10^3\text{N}}{40\text{mm}^2}=75\text{MPa}$$

可见，AB段受拉，$\sigma_1=120\text{MPa}>[\sigma]=100\text{MPa}$，强度不足；BC段受压，$|\sigma_2|=66.7\text{MPa}<[\sigma]=100\text{MPa}$，强度足够；CD段受拉，$\sigma_3=75\text{MPa}<[\sigma]=100\text{MPa}$，强度足够。

③ 为满足强度条件，重新设计AB段的截面面积，有

$$A_1\geqslant\frac{F_{N1}}{[\sigma]}=\frac{6\times10^3\text{N}}{100\text{MPa}}=60\text{mm}^2$$

问题解答

题目见问题引入。

解：① 由平衡条件求各杆内力。C铰受力如图2-19所示，有

$$\sum F_x=F_{N2}\sin\alpha-F_{N1}=0$$

$$\Rightarrow F_{N1}=\frac{3F_{N2}}{5}=\frac{3F}{4}\quad（拉力）$$

$$\sum F_y=F_{N2}\cos\alpha-F=0$$

$$\Rightarrow F_{N2}=\frac{5F}{4}\quad（压力）$$

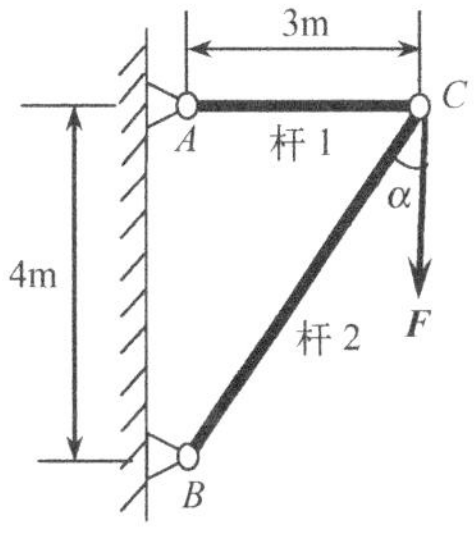

图2-19

② 由强度条件确定许用载荷。

对于钢杆1，有 $F_{N1}\leqslant A_1[\sigma]_{钢}$，即

$$\frac{3F}{4}\leqslant 120\times10^{6}\text{Pa}\times6\times10^{-4}\text{m}^{2}\Rightarrow F\leqslant 96\times10^{3}\text{N}$$

对于木杆 2，有 $F_{N2}\leqslant A_2[\sigma]_{木}$，即

$$\frac{5F}{4}\leqslant 15\times10^{6}\text{Pa}\times100\times10^{-4}\text{m}^{2}\Rightarrow F\leqslant 120\times10^{3}\text{N}$$

③ 为保证结构安全，杆 1、2 均应满足强度条件。由上述结果可知，最大许用载荷为

$$F_{max}\leqslant 96\text{kN}$$

2.2 剪切及其实用计算

问题引入

1. 齿轮与轴用平键连接如图 2-20 所示，已知轴的直径 $d=50$mm，键的尺寸 $b\times h\times l=16\text{mm}\times10\text{mm}\times50\text{mm}$。传递的力矩 $M=600\text{N}\cdot\text{m}$，键的许用切应力 $[\tau]=60$MPa，许用挤压应力 $[\sigma_{jy}]=100$MPa。试校核键的强度。

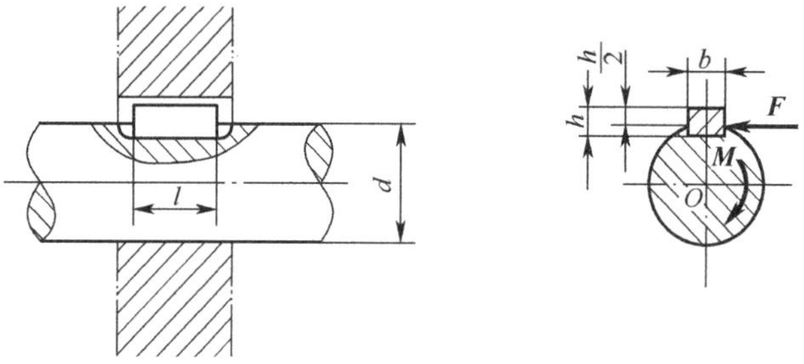

(a) (b)

图 2-20

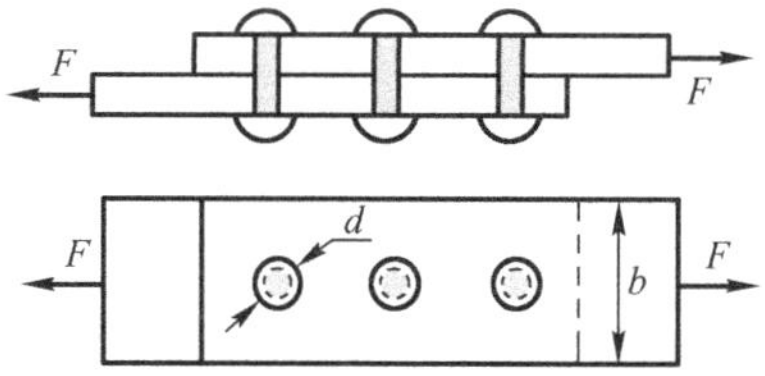

图 2-21 铆钉联接钢板

2. 多钉接头如图 2-21 所示。板宽 $b=80$mm，厚 $t=10$mm，铆钉直径 $d=20$mm。钉、板材料的许用应力均为 $[\sigma]=150$MPa，$[\sigma_{jy}]=200$MPa，$[\tau]=120$MPa，传递载荷 $F=100$kN，试校核接头强度。

知识分析

工程结构和机械中构件之间的联接常采用联接件。对于联接件，必须进行剪切和挤压两方面的强度计算。构件受剪切和挤压变形时，变形和应力比较复杂，工程中采用实用计算法，所以对联接件重点介绍剪切和挤压的实用计算。

【知识目标】

1. 了解剪切、挤压变形的基本概念。
2. 能对剪切变形进行强度计算，分析其承载能力。

【能力目标】

1. 学会处理机械中联接件问题的解决方法。
2. 具备解决简单实际力学问题的能力。

知识链接

一、剪切和挤压的概念

1. 剪切的概念

工程机械中常用的联接件，如联接件中的螺栓（见图2-22）、铆钉（见图2-23）、键等，都是受剪切的零件。这些联接件在剪切的同时伴随挤压的发生，它们的剪切和挤压强度问题是工程中要解决的。

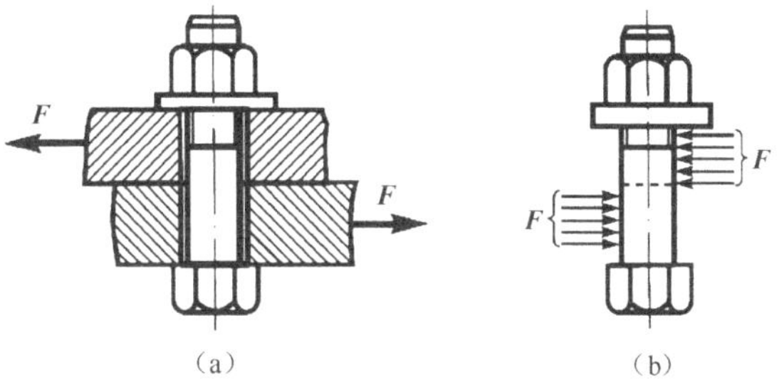

图2-22

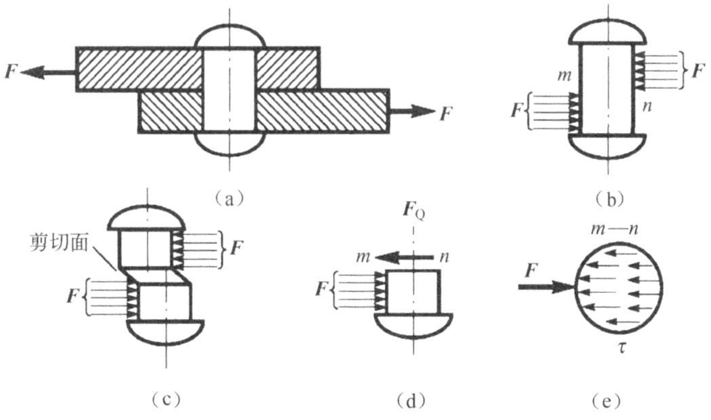

图2-23

剪切的受力特点是构件上作用着一对大小相等、方向相反、作用线间的距离很小（转动效果可以忽略）的平行力。剪切变形的特点是二力间的截面发生错动，直至发生剪切破坏。

剪切面可以是平面，如图2-24钢板受外力 F 作用后又将力传递到铆钉上，而使铆钉的右上侧面和左下侧面受力如图2-24（b）所示。这时，铆钉的上、下两半部分将沿着 $m—n$ 截面发生相对错动，如图2-24（c）所示。当外力足够大时，将会使铆钉剪断。

在承受剪切的构件中，发生相对错动的截面称为剪切面。剪切面上与截面相切的内力称为剪力，用 F_Q表示。如图 2-25 所示中，其大小可用截面法通过列平衡方程求出。

构件中只有一个剪切面的剪切称为单剪，如图 2-22、图 2-23、图 2-24 所示均属于单剪。构件中有两个剪切面的剪切则称为双剪，如图 2-25 所示即是双剪的实例。

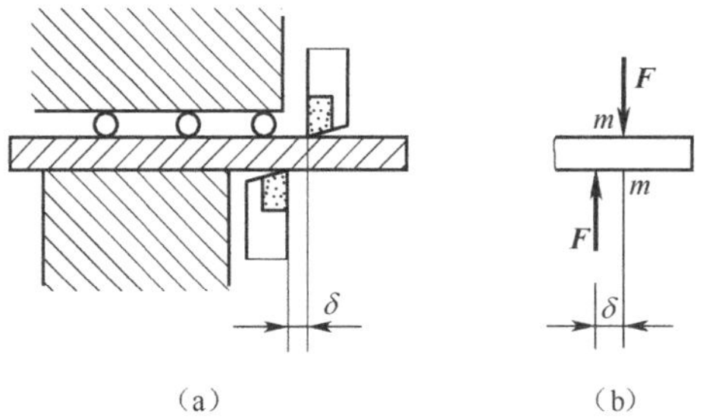

图 2-24

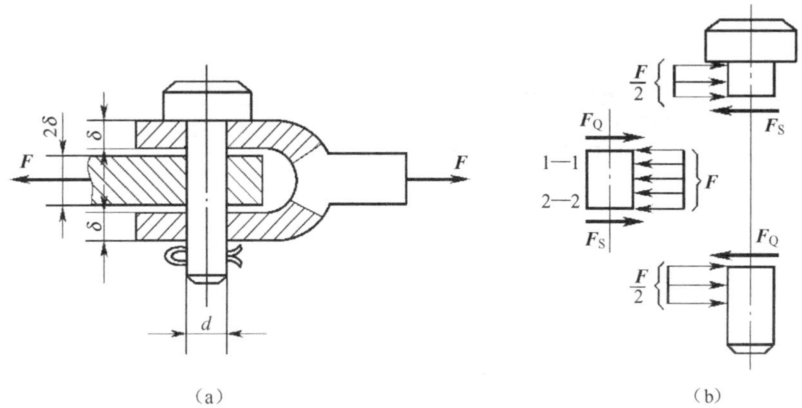

图 2-25

2. 挤压的概念

如果接触面只是表面上的一个不大的区域，而传递的压力又比较大，这时接触面就很可能被压陷（产生显著的塑性变形），甚至压碎，这种现象称为挤压。构件局部受压的接触面称为挤压面，挤压面上的压力称为挤压力，用 F_{jy}表示。由挤压力引起的应力称为挤压应力。图 2-26 所示为螺栓联接的挤压情况，图 2-26（b）所示为螺栓与孔壁的挤压情况当挤压力过大时，相互接触面处将产生局部显著的塑性变形。

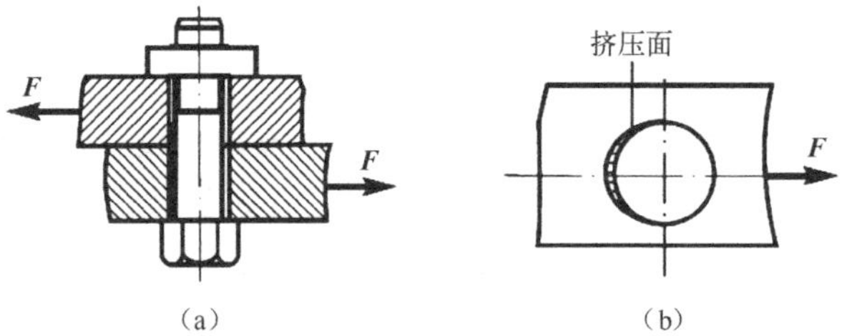

图 2-26

挤压破坏的特点是，若在构件相互接触的表面上作用的挤压力过大，则接触处局部会发生显著的塑性变形（塑性材料）或压碎（脆性材料）。如图 2-27 所示，钉与孔间的挤压将会使钉、孔的圆形截面变扁，导致联接松动而影响正常工作。

必须注意，挤压与压缩是截然不同的两个概念，前者是产生在两个物体的表面，而后者则是产生于一个物体上。

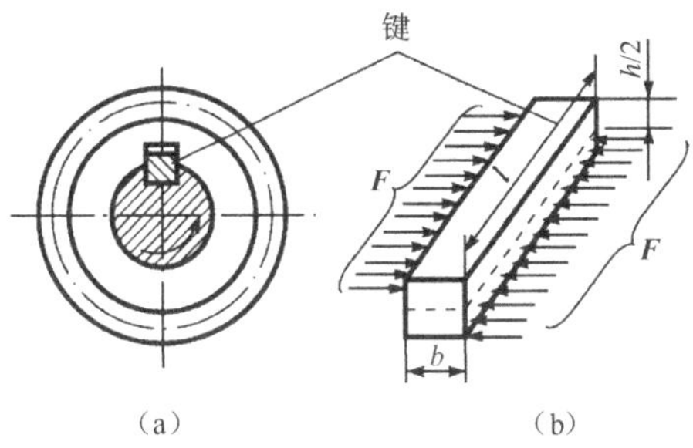

图 2-27

二、剪切与挤压的实用计算

1. 剪切的强度计算

剪切变形发生在靠近载荷作用的局部，不利于变形观测，情况比较复杂。这里仅介绍根据实践经验进行简化后，给出的实用剪切强度计算方法。

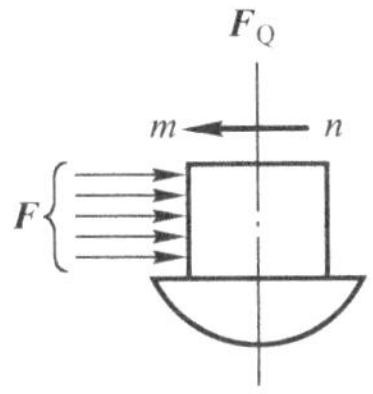

图 2-28

以图 2-23 中二块板用铆钉连接的单剪情况为例，取沿剪切面切开的部分铆钉研究，受力如图 2-28 所示。

剪力 F_Q分布作用在剪切面上，其实际分布情况相当复杂。工程中假定其分布是均匀的，以平均剪应力作为剪切面上的剪应力（称为名义剪应力），则有：

$$\tau = \frac{F_Q}{A} \qquad (2-16)$$

即剪应力τ等于截面上的剪力 F_Q除以剪切面面积 A。

为了保证构件不发生剪切破坏，由式（2-16）计算的工作剪应力应当不大于材料的许用剪应力 $[\tau]$，可将剪切强度条件写为：

$$\tau = \frac{F_Q}{A} \leqslant [\tau] \qquad (2-17)$$

另一方面，对于剪板、冲孔等，则要求需要时应保证工件被剪断，故应满足剪断条件：

$$\tau = \frac{F_Q}{A} > \tau_b \qquad (2-18)$$

式中，τ_b 是材料的剪切强度，由剪切实验确定；$[\tau] = \frac{\tau_b}{n}$，$n$ 是大于 1 的剪切安全系数，它为构件抵抗剪切破坏提供了必要的安全储备。

一般情况下，金属材料的许用剪应力与许用拉应力间有下述经验关系：

对于延性材料　$[\tau] = (0.6 \sim 0.8)[\sigma]$

对于脆性材料　$[\tau] = (0.8 \sim 1.0)[\sigma]$

例 2-5　冲压加工，如图 2-29 所示。冲头材料 $[\sigma] = 440\text{MPa}$，被冲剪钢板的剪切强度 $\tau_b = 360\text{MPa}$，$F = 400\text{kN}$。试估计在冲压力 F 作用下所能冲出的最小圆孔直径 d 及此时所能冲剪的最大钢板厚度 t。

解： 冲头和被冲剪下来的钢板（落料）受力如图所示。冲头受压，落料受剪。

① 考虑冲头强度。设冲头直径为 d，轴力 $F_N=F_1=F$；冲孔直径越小，冲头压应力越大，但应满足拉压强度条件，故有：

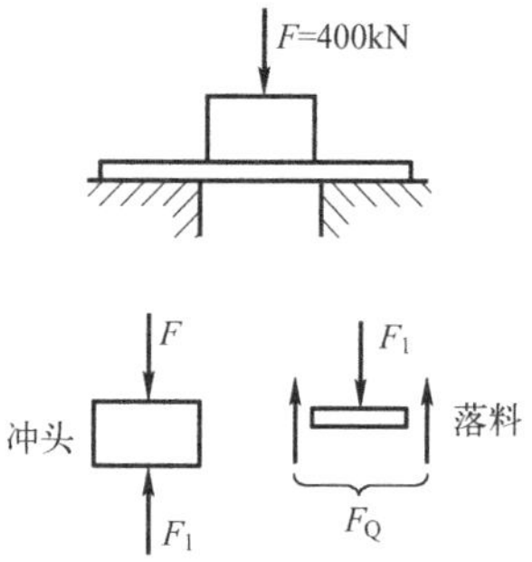

图 2-29

$$\sigma=4F/\pi d^2\leqslant[\sigma]$$

$$d\geqslant\sqrt{\frac{4F}{\pi[\sigma]}}=\sqrt{\frac{4\times400\times10^3}{3.14\times440}}\text{mm}=34\text{mm}$$

故最小冲孔直径为 $d=34$mm。

② 考虑板的剪切。沿剪切面将板截开，取落料部分研究。受力如图 2-29 所示，可知剪力 $F_Q=F_1=F$；剪切面为圆柱面，面积为 πdt。由剪断条件知：

$$\tau=\frac{F_Q}{A}=\frac{F}{\pi dt}>\tau_b$$

$$t<\frac{F}{\pi d\,\tau_b}=\frac{400\times10^3}{3.14\times34\times360}\text{mm}=10.4\text{mm}$$

故最小冲孔直径为 $d=34$mm，且此时可冲剪的最大板厚为 $t=10$mm。

2. 挤压的强度计算

在工程中，假定挤压力均匀分布在计算挤压面上，定义挤压应力 σ_{jy} 为：

$$\sigma_{jy}=\frac{F_{jy}}{A_{jy}} \tag{2-19}$$

式中，F_{jy} 为挤压力，A_{jy} 为挤压面的计算挤压面积。若挤压面为平面，计算挤压面积 A_{jy} 即为实际挤压面面积，如图 2-30 中键的挤压面。

若挤压面是曲面，则以挤压面在垂直于挤压力之平面上的投影面积作为计算挤压面积。如图 2-23（a）所示铆钉与板连接中，半圆柱挤压面的计算挤压面积等于其在垂直于挤压力 F_{jy} 之平面上的投影面积，即 A_{jy} 等于铆钉直径 d 与板厚 t 之乘积，如图 2-31 所示。因为挤压面是构件（如板和钉）间的相互接触面，故与钉连接的板上的孔边挤压面也为圆柱面，其计算挤压面积同样等于 $A_{jy}=dt$。

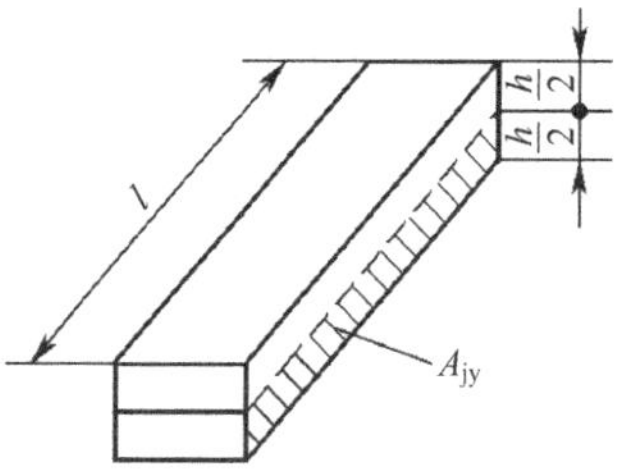

图 2-30

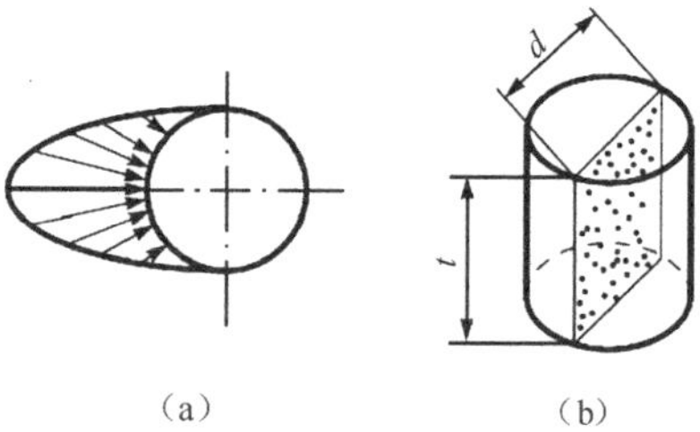

(a) (b)

图 2-31

挤压强度条件可写为：

$$\sigma_{jy}=\frac{F_{jy}}{A_{jy}}\leqslant[\sigma_{jy}] \tag{2-20}$$

许用挤压应力 $[\sigma_j]$ 同样应由实验确定的极限挤压应力 σ_{jb} 除以安全系数后给出。一般情况下，有：

$$[\sigma_j]=(1.5\sim2.5)[\sigma] \qquad (延性材料)$$

$$[\sigma_j]=(0.9\sim1.5)[\sigma] \qquad (脆性材料)$$

问题解答

1. 题目见问题引入。

解：（1）计算键所受的外力 F。取轴和键为研究对象，其受力如图2-20（b）所示，根据对轴心的力矩平衡方程

$$\sum M_O(F)=0,\quad F\times\frac{d}{2}-M=0$$

$$F=\frac{2M}{d}=\frac{2\times600\text{N}\cdot\text{m}}{0.05\text{m}}=24\times10^3\text{N}=24\text{kN}$$

$$\tau=\frac{F}{A}=\frac{24\times10^3\text{N}}{b\times l}=\frac{24\times10^3\text{N}}{16\text{mm}\times50\text{mm}}=30\text{MPa}<[\tau]$$

故剪切强度足够。

（2）校核键的挤压强度。键所受的挤压力 $F_{jy}=F=24\text{kN}$，挤压面是平面，因此

$$\sigma_{bs}=\frac{F_{jy}}{A_{jy}}=\frac{2F_{jy}}{h\times l}=\frac{2\times24\times10^3\text{N}}{10\text{mm}\times50\text{mm}}=96\text{MPa}<[\sigma_{jy}]$$

故键的挤压强度足够。

2. 题目见问题引入。

解：（1）铆钉的剪切强度。假定三钉连接状态相同，剪力均为 F_Q，则有

$$3F_Q=F\quad\Rightarrow\quad F_Q=\frac{F}{3}$$

剪切面积 $A=\frac{\pi d^2}{4}$，故剪应力为

$$\tau=\frac{4F}{3\pi d^2}=\frac{4\times100\times10^3}{3\pi\times20^2\times10^{-6}}\text{Pa}=106\text{MPa}<[\tau]$$

可见，铆钉剪切强度足够。

（2）挤压强度。钉和板孔边挤压，挤压面相同，又因材料相同，故只须校核钉或板任一处即可。挤压力 $F_{jy}=\frac{F}{3}$，挤压面为圆柱面，计算挤压面积为 $A_{jy}=dt$，故有

$$\sigma_{jy}=\frac{F}{3dt}=\frac{100\times10^3}{3\times10\times20\times10^{-6}}\text{Pa}=167\text{MPa}<[\sigma_{jy}]$$

可见钉和板孔边挤压强度也足够。

（3）板的抗拉强度。危险截面在开孔处，故有

$$\sigma'=\frac{F}{(b-d)t}=\frac{100\times10^3}{(80-20)10\times10^{-9}}\text{Pa}=167\text{MPa}>[\sigma]$$

板抗拉强度不足。

为满足强度要求，可重新设计板的尺寸。若板厚不变，则可增大板宽。由

$$\sigma'=\frac{F}{(b-d)t}\leqslant[\sigma]\quad\Rightarrow\quad(b-d)\geqslant\frac{F}{t[\sigma]}$$

故可得

$$b\geqslant d+\frac{F}{t[\sigma]}=20\text{mm}+\frac{100\times10^3}{10\times10^{-3}\times150\times10^6}\text{m}=86.7\text{mm}$$

因此，在连接件的强度设计中，应当注意校核拉压、剪切和挤压三种强度问题。

2.3 圆轴扭转变形的强度和刚度

问题引入

传动轴如图2-32所示。已知该轴转速 $n=300\mathrm{r/min}$，主动轮输入功率 $P_C=50\mathrm{kW}$，从动轮输出功率 $P_A=P_B=20\mathrm{kW}$，$P_D=10\mathrm{kW}$，材料的切变模量 $G=80\mathrm{GPa}$，许用应力 $[\tau]=40\mathrm{MPa}$，单位长度许可转角 $[\theta]=1°/\mathrm{m}$。试按强度条件及刚度条件设计此轴的直径。

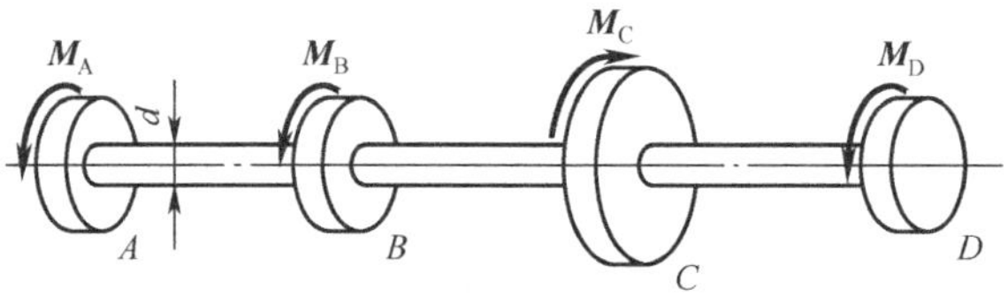

图2-32

知识分析

解决圆轴扭转问题的方法和解决拉（压）问题一样，即通过认识工程实例，建立力学模型。从分析外力入手，然后用截面法求出内力，再通过实验观察得到的结论，得出假设，并根据变形之间的物理关系入手，得到横截面上各点应力的分布规律，导出应力的计算公式，建立强度和刚度条件，最后应用强度和条件，可以解决校核强度、设计截面和确定许可载荷三种类型的问题。

【知识目标】

1. 理解扭转变形、扭转剪应力。
2. 掌握扭矩图的画法，正确应用扭转强度和刚度计算。
3. 掌握求解应力在截面上分布问题的思路及方法。

【能力目标】

1. 具有应用力学基本知识，通过观察、比较、分析和综合，对圆轴扭转变形的刚度和强度作出正确判断的初步能力。

2. 具有对圆轴扭转变形的受力状态和内力分布进行图形表达的能力，以及对简单问题进行计算的能力。

知识链接

工程实际中，尤其是在机械中的许多构件，其主要变形是扭转。齿轮传动轴（见图2-33），当电机转动时，传动轴的 A 端轮上受到两个切向力的作用，这两个外力构成了一个垂直于轴向平面的力偶；同样，B 端齿轮则受到输出轮对它的切向力作用，可以简化为垂直于 AB 轴轴线的力偶。在这一对大小相等、转向相反的力偶的作用下，传动轴产生扭转。汽车中的传动轴（见图2-34）受力后也产生扭转变形，这些圆轴扭转变形后的强度和刚度问题是工程中必须解决的。

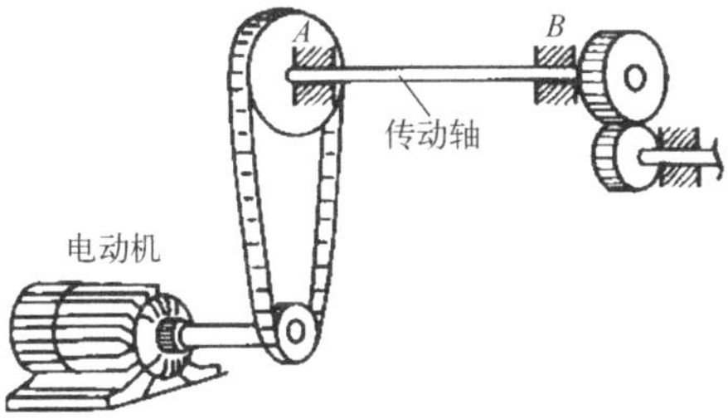

图 2–33

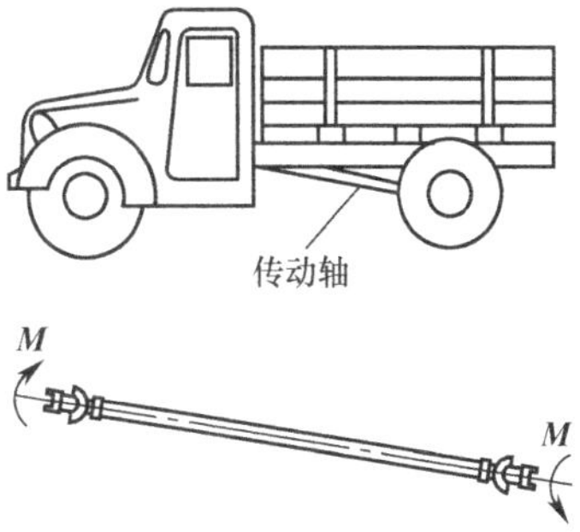

图 2–34

一、扭转、扭矩与扭矩图

1. 圆轴扭转的概念与实例

工程中许多杆件承受扭转变形，例如，如图 2–35 所示，操纵杆的两端分别承受驾驶员两手加在方向盘上的外力偶和转向器反力偶的作用，使得操纵杆发生扭转变形。

以上几种情况都能简化为如图 2–36 所示的计算简图。

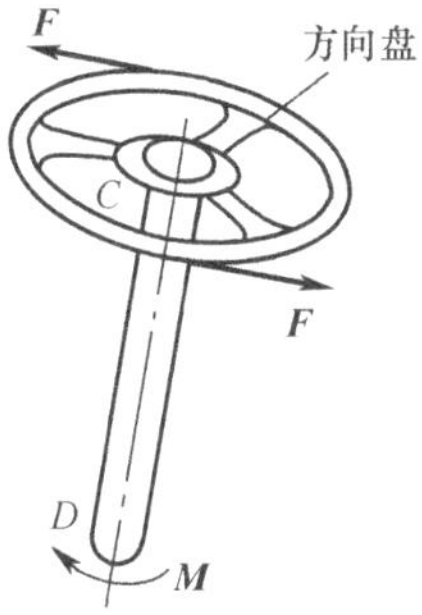

图 2–35

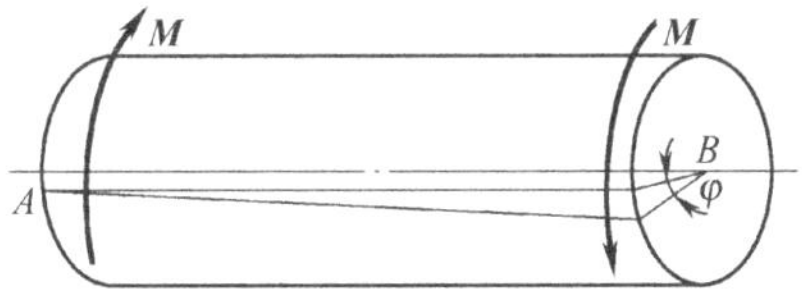

图 2–36

从计算简图中可以看出，这些杆件的受力特点是：在垂直于杆轴线的两个平面内分别作用一个大小相等、方向相反的外力偶。变形特点是：杆件的各横截面绕轴线产生相对转动。这种变形称为扭转变形。以扭转变形为主的杆件称为轴。本模块只讨论工程中常见的圆轴扭转问题。

2. 扭矩与扭矩图

（1）外力偶矩的计算。工程中，作用于轴上的外力偶矩一般不直接给出，而是给出轴的转速和轴所传递的功率，它们的换算关系为

$$M = 9550\,\frac{P}{n} \tag{2-21}$$

式中，M 为外力偶矩（N·m）；P 为轴传递的功率（kW）；n 为轴的转速（r/min）。

在确定外力偶矩转向时，输入力偶矩为主动力偶矩，其转向与轴的转向相同；输出力偶矩为从动力偶矩，其转向与轴的转向相反。

应当注意，在确定外力偶矩 M 的转向时，凡输入功率的主动外力偶矩的转向与轴的转向一致；凡输出功率的从动力偶矩的转向与轴的转向相反。

（2）扭矩。如图 2–37（a）所示，等截面圆轴 AB 两端受到一对平衡外力偶矩 M 的作用。现用截面法求圆轴横截面上的内力。

将轴从横截面 $m—m$ 处截开，以左段为研究对象，如图 2-37（b）所示，根据平衡条件，横截面 $m—m$ 上必有一个内力偶矩与 A 端面上的外力偶矩 M 平衡。该内力偶矩称为扭矩，用 M_n 表示，单位为 N · m。

若取右段为研究对象，如图 2-37（c）所示，求得的扭矩与以左段为研究对象求得的扭矩大小相等、转向相反，它们是作用与反作用的关系。

无论是取左段为研究对象，还是取右段为研究对象，为使从两段杆上求得的同一截面上的扭矩符号相同，可将扭矩符号做如下规定：右手四指表示扭矩转动方向，大拇指指向外法线方向，扭矩的转向与四指的握向一致时为正；反之为负。这种方法称为右手螺旋法，如图 2-38 所示。按此规定，图 2-37（b）所示的扭矩为正，大小为 $M_n = M$。

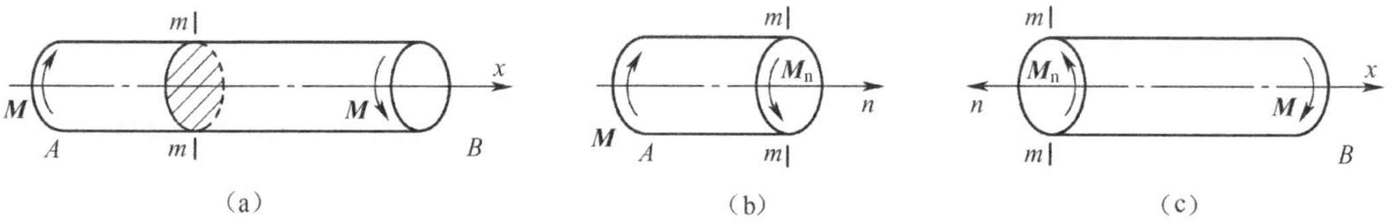

图 2-37

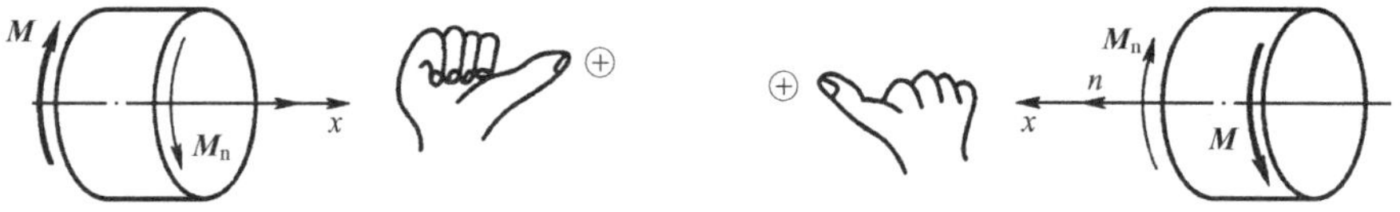

图 2-38

由力偶的平衡条件可知，力偶要用力偶来平衡。外力以力偶的方式作用在圆轴上，横截面上必然出现一个内力偶与之平衡，即为去掉的右段对左段的作用，该力偶作用在截面 $m—m$ 内。这样的内力称为扭转内力矩，简称扭矩，以 M_n 来表示。

由平衡方程式

$$\sum M_x = 0 \tag{2-22}$$

确定扭矩 M_n 的大小，即

$$M_n = M$$

(3) 扭矩图。当轴上有多个外力偶作用时，为了清楚地看出各截面的扭矩变化情况，以便确定危险截面，通常用坐标系的横轴表示圆轴各横截面的位置，纵轴表示相应截面上的扭矩，把扭矩随截面位置的变化用图线来表示，这种图形称为扭矩图。

例 2-6 如图 2-39 所示等直圆轴上主动轮 A 的输入功率为 $P_1 = 368\text{kW}$，从动轮 B、C 的输出功率分别为 $P_2 = 147\text{kW}$，$P_3 = 221\text{kW}$，轴的转速 $n = 500\text{r/min}$，试求：1—1 截面和 2—2 截面上的扭矩。

解：① 计算作用在轮 A、B 和 C 上的外力偶矩 M_1、M_2 和 M_3，根据式（2-21）计算各轮上的外力偶矩得

$$M_1 = 9550\frac{P_1}{n} = 9550 \times \frac{368}{500} = 7028\text{N} \cdot \text{m}$$

$$M_2 = 9550\frac{P_2}{n} = 9550 \times \frac{147}{500} = 2807\text{N} \cdot \text{m}$$

$$M_3 = 9550\frac{P_3}{n} = 9550 \times \frac{221}{500} = 4221\text{N} \cdot \text{m}$$

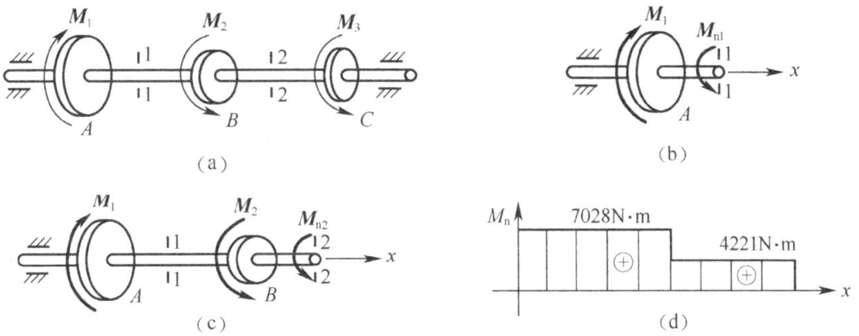

图 2-39

② 应用截面法分别求1—1截面和2—2截面扭矩。沿1—1截面截开，取左部分为研究对象，如图2-39（b）所示，求轮 A 和 B 间1—1截面上的扭矩 M_{n1}，由

$$\sum M_x = 0,\ M_1 - M_{n1} = 0$$

得

$$M_{n1} = M_1 = 7028\text{N} \cdot \text{m}$$

沿2—2截面截开，取左部分为研究对象，如图2-39(c)所示。再由

$$\sum M_x = 0,\ M_1 - M_2 - M_{n2} = 0$$

得

$$M_{n2} = M_1 - M_2 = 7028 - 2807 = 4221\text{N} \cdot \text{m}$$

由 M_{n2} 的计算可以得出规律：某一截面的扭矩大小等于截面的一侧（左或右）轴上所受各外力偶矩的代数和，且其方向与所受外力偶矩的方向相反。用这种方法可以非常简捷地求出任意指定截面的扭矩，常将这种方法称为规律法。

二、圆轴扭转时的应力与强度计算

前面分析了圆轴扭转时横截面上扭矩的计算，但要对受扭圆轴进行强度和刚度计算，还需要进一步分析讨论其应力和变形。

1. 圆轴扭转时横截面上的应力

(1) 扭转实验。扭转实验如图2-40所示，当扭转变形很小时，可观察到：各圆周线的形状与大小以及任意两圆周线的间距均不改变，仅绕轴线作相对转动；纵向线仍为直线，且倾斜同一角度，使原来的矩形变成平行四边形。

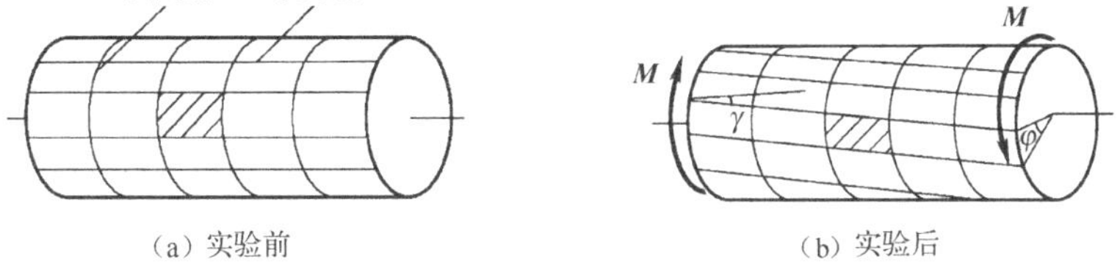

图 2-40

根据上述现象可认为：扭转变形后，轴的横截面仍保持为平面，其形状和大小不变，这就是圆轴扭转的平面假设。由上述可推断：圆轴扭转时，其横截面上沿半径方向无切应力作用。又因为相邻横截面的间距不变，故横截面上无正应力。但各截面绕轴线转过了一定角

度，纵向线倾斜了同一个角度，产生了切应变，且半径长度不变，因此横截面上必然有垂直于半径方向的切应力存在。离截面中心越远剪切变形越大，因而切应力也越大。

（2）切应力分布规律。各点的切应变与该点至截面形心的距离成正比，称为剪切胡克定律，$\tau = G\gamma$。根据剪切胡克定律，当切应力τ不超过材料的剪切比例极限τ_b时，切应力τ与切应变γ成正比，即$\tau = G\gamma$，且垂直于半径呈线性分布，如图 2-41 所示。

圆轴扭转时横截面上的切应力具有以下两个特点：

- 在横截面尺寸相同且扭矩相等的同一轴段内，与轴线距离相等的各点，其切应力相等。
- 横截面上任一点的切应力计算公式为 $\tau_\rho = \dfrac{M_n}{I_p}\rho$

式中，ρ 为横截面上任一点的切应力，单位为 Pa；M_n 为所求截面上的扭矩，单位为 N · m；ρ 为该点到截面中心的距离，单位为 m；I_p为横截面对圆心 O 点的极惯性矩，单位为 m^4。任一点的切应力如图 2-42 所示。

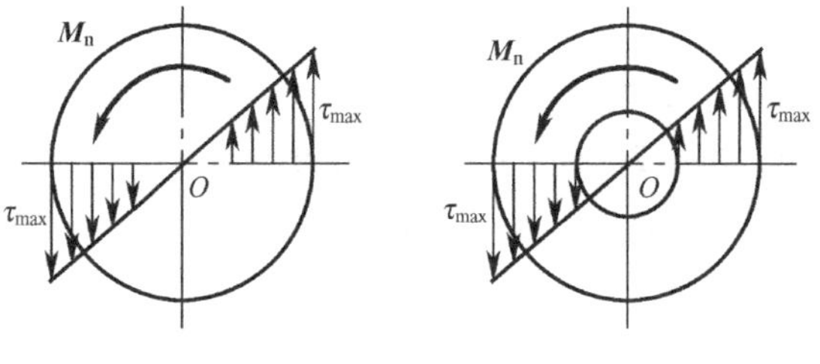

（a）　（b）

图 2-41

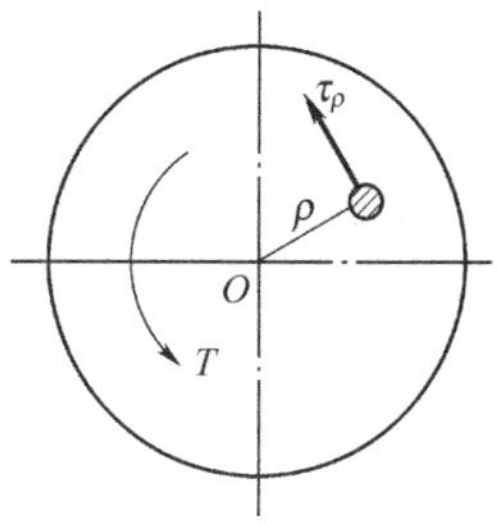

图 2-42

显然当$\rho = 0$时，$\tau = 0$；当$\rho = R$时，切应力最大，即圆轴横截面上边缘处各点的切应力最大。其值为

$$\tau_{max} = \frac{M_n R}{I_p}$$

令 $W_p = \dfrac{I_p}{R}$，则上式可写成

$$\tau_{max} = \frac{M_n}{W_p} \qquad (2-23)$$

式中，W_p称为抗扭截面系数（m^3或 mm^3）。

2. 截面的极惯性矩 I_p 与抗扭截面系数 W_p

（1）实心圆截面如图 2-43（a）所示，其 I_p 和 W_p 分别为

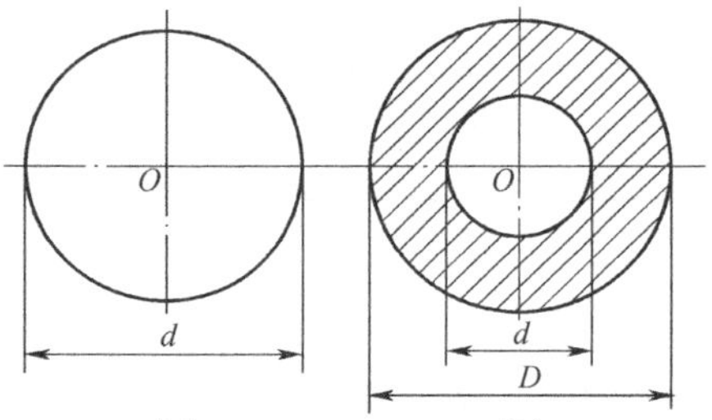

（a）　（b）

图 2-43

$$I_p = \frac{\pi d^4}{32}, \quad W_p = \frac{I_p}{d/2} = \frac{\pi d^3}{16}$$

式中，d 为实心圆截面的直径。

（2）空心圆截面如图 2-43（b）所示，其 I_p 和 W_p 分别为

$$I_p = \frac{\pi D^4}{32} - \frac{\pi d^4}{32} = \frac{\pi}{32}(D^4 - d^4) = \frac{\pi D^4}{32}(1 - \alpha^4)$$

$$W_p = \frac{I_p}{D/2} = \frac{\pi D^3}{16}(1 - \alpha^4)$$

式中，D、d 分别为空心圆截面的外径和内径；$\alpha=\dfrac{d}{D}$。

3. 圆轴扭转时的强度计算

为了保证圆轴工作时不致因强度不够而破坏，最大扭转切应力 τ_{max} 不得超过材料的扭转许用切应力 $[\tau]$，则得圆轴扭转时的强度条件

$$\tau_{max}=\frac{M_{nmax}}{W_p}\leqslant[\tau] \qquad (2-24)$$

对于阶梯轴，由于各段的 W_p 不同，τ_{max} 不一定发生在 $|M_n|_{max}$ 所在的截面上，应综合考虑 W_p 和 M_n 两个因素来确定。

扭转强度条件同样可以用来解决强度校核、截面设计和确定许可载荷等三类扭转强度问题。

例 2-7 变速箱中一实心圆轴，传递功率 $P=5\text{kW}$，圆轴的转速 $n=200\text{r/min}$，圆轴材料为 45 钢，许用剪应力 $[\tau]=39\text{MPa}$，试按圆轴扭转强度条件设计该轴的直径。

解： ① 计算外力偶矩 M。

$$M=9550\frac{P}{n}=9550\times\frac{5}{200}=238.75\text{N}\cdot\text{m}$$

② 求圆轴扭矩 M_n。用截面法，得圆轴上的扭矩 $M_n=M=238.75\text{N}\cdot\text{m}$。

③ 按强度条件设计直径 d。

$$\frac{M_n}{W_n}\leqslant[\tau],\ W_n=\frac{\pi d^3}{16}$$

$$\frac{238.75\times10^3}{\pi d^3/16}\text{MPa}\leqslant39\text{MPa}$$

$$d\geqslant\sqrt[3]{\frac{238.75\times10^3\times16}{3.14\times39}}=31.4\text{mm}$$

可取轴径为 $d=32\text{mm}$。

三、圆轴扭转时的变形与刚度计算

1. 圆轴扭转时的变形计算

扭转变形是用两个横截面绕轴线的相对扭转角 φ 来表示的，如图 2-44 所示。对于 M_n 为常值的等截面圆轴，由于 γ 很小，由几何关系可得

$$AB=\gamma l,\qquad \overline{AB}=R\varphi$$

所以

$$\varphi=\gamma l/R$$

将胡克定律 $\gamma=\dfrac{\tau}{G}=\dfrac{M_n}{GI_p}$ 代入上式，得

$$\varphi=\frac{M_n l}{GI_p} \qquad (2-25)$$

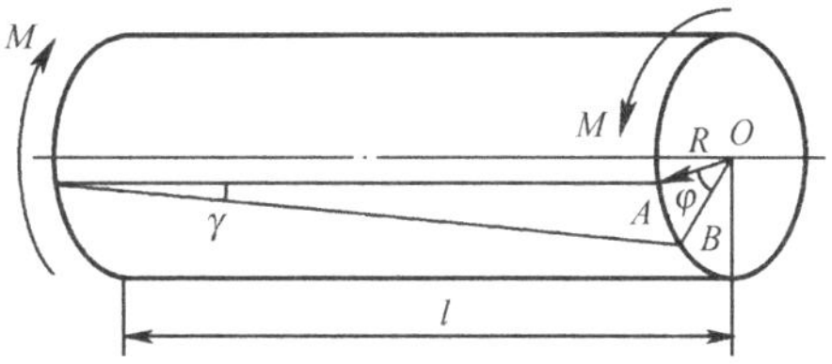

图 2-44

当两个截面间的 M_n、G 或 I_p 为变量时，需分段计算扭角，然后求其代数和，扭角的正负号与扭矩相同。

2. 圆轴扭转时的刚度计算

设计轴类构件时，不仅要满足强度要求，有些轴还要考虑刚度问题。为了便于设计，通常采用单位长度扭转角 θ 来表示扭转变形，单位为 rad/m。工程上要求轴的最大单位长度扭转角 θ 不得超过规定的许用值 $[\theta]$。

圆轴扭转时的刚度条件：
$$\theta=\frac{M_n}{GI_p}\leqslant[\theta]$$

工程实际中，许用扭角 $[\theta]$ 的单位为(°)/m，考虑单位的换算，得
$$\theta=\frac{M_n}{GI_p}\times\frac{180^\circ}{\pi}\leqslant[\theta] \tag{2-26}$$

$[\theta]$ 值按轴的工作条件和机器的精度来确定，可查阅有关工程手册。

问题解答

题目见问题引入。

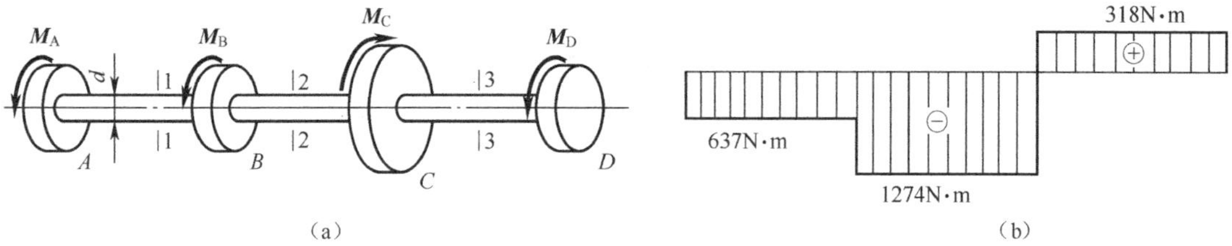

图 2-45

解：

(1) 求外力偶矩。

$$M_A=9550\times\frac{20\text{kW}}{300\text{r/min}}=637\text{N}\cdot\text{m}$$
$$M_B=M_A=637\text{N}\cdot\text{m}$$
$$M_C=9550\times\frac{50\text{kW}}{300\text{r/min}}=1592\text{N}\cdot\text{m}$$

(2) 画扭矩图。

首先计算各段扭矩。

AB 段：$M_{nAB}=-637\text{N}\cdot\text{m}$

BC 段：$M_{nBC}=-1274\text{N}\cdot\text{m}$

CD 段：$M_{nCD}=318\text{N}\cdot\text{m}$

由此画出扭矩图，如图 2-45 (b) 所示，由图可知，最大扭矩发生在 BC 段。
$$M_{nmax}=1274\text{N}\cdot\text{m}$$

(3) 按强度条件设计轴的直径。

由强度条件 $\tau_{max}=\frac{M_{nmax}}{W_p}\leqslant[\tau]$ 和 $W_n=\frac{\pi d^3}{16}$ 得
$$d\geqslant\sqrt[3]{\frac{16M_{nmax}}{\pi[\tau]}}=\sqrt[3]{\frac{16\times1274\times10^3}{\pi\times40\text{MPa}}}=54.5\text{mm}$$

又刚度条件 $\theta_{max}=\frac{M_{nmax}}{GI_p}\times\frac{180^\circ}{\pi}\leqslant[\theta]$ 和 $I_p=\frac{\pi d^4}{32}$ 得

$$d \geqslant \sqrt[4]{\frac{32M_{\text{nmax}} \times 180^\circ}{\pi^2 G[\theta]}} = \sqrt[4]{\frac{32 \times 1274 \times 10^3 \text{N} \cdot \text{mm} \times 180^\circ}{\pi^2 \times 80 \times 10^3 \text{MPa} \times 1 \times 10^{-3}{}^\circ/\text{mm}}} = 55.2\text{mm}$$

圆轴须同时满足强度条件和刚度条件，则可取 $d = 56\text{mm}$。

根据上述例题的求解，可得运用强度条件和刚度条件解决实际问题的步骤：

① 计算轴上外力偶矩。

② 计算内力（扭矩），并画出扭矩图。

③ 分析危险截面，即根据各段的扭矩与抗扭截面系数，找出最大切应力所在截面。

④ 计算危险截面的强度，必要时还应进行刚度计算。

2.4　梁的平面弯曲

问题引入

T形截面梁的受力及支承情况如图2-46所示，材料的许用拉应力$[\sigma_1] = 32\text{MPa}$，许用压应力$[\sigma_y] = 70\text{MPa}$，试校核梁的强度。

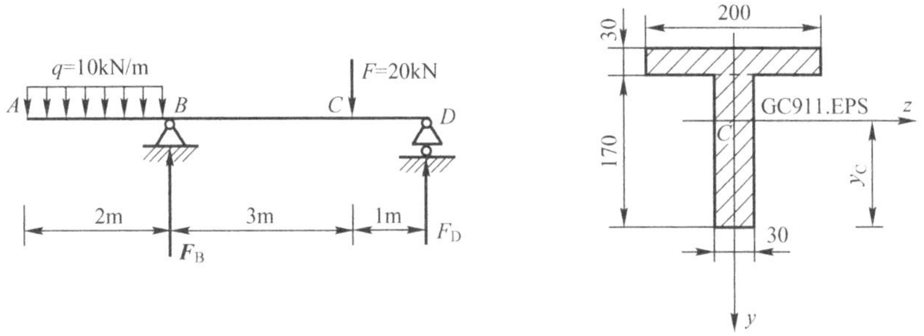

(a)　(b)

图2-46

知识分析

弯曲梁是工程中重要的变形构件。由于梁弯曲变形引起的强度失效及刚度失效都会造成工程中重大事故。因此，分析梁的弯曲变形及承载能力是非常必要和重要的。

【知识目标】

1. 能正确、熟练画出剪力图和弯矩图。
2. 掌握正应力和剪应力的计算公式，熟练掌握弯曲强度计算。
3. 理解梁的变形，明确叠加法的使用条件。
4. 掌握求解应力在截面上分布问题的思路及方法。

【能力目标】

1. 具备观察和比较、分析和综合的能力。
2. 具备对平面弯曲梁变形的受力状态和内力分布进行图形表达的能力，及对简单问题进行计算的能力。

知识链接

工程实际中产生平面弯曲变形的常见构件有单梁吊车的横梁（见图 2-47）、火车轮轴（见图2-48）等。工程中通常把以弯曲为主要变形的杆件称为梁，梁的强度和刚度问题是工程中必须解决的。

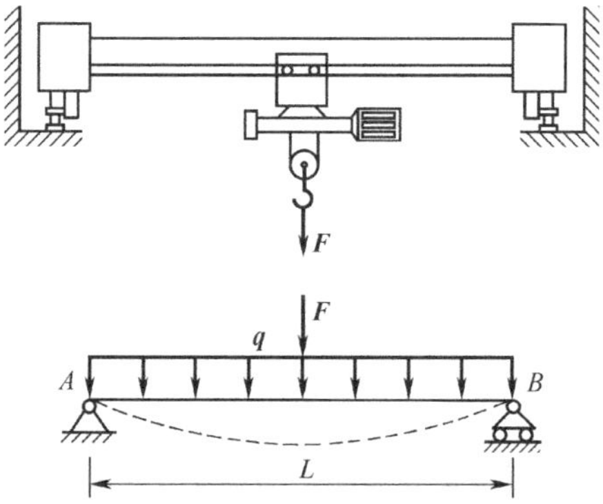

图 2-47

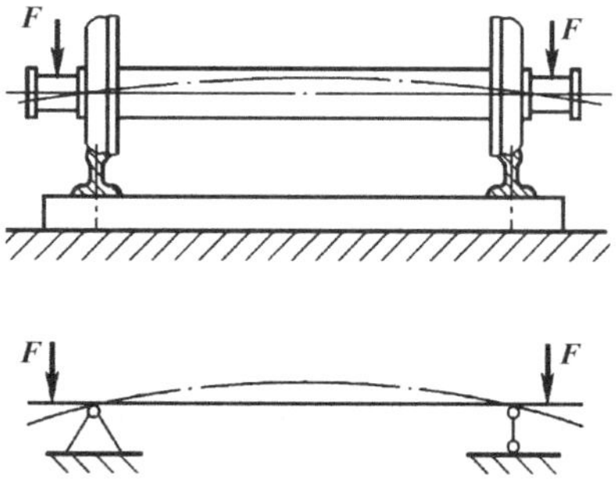

图 2-48

一、平面弯曲及简化

1. 平面弯曲概念

当杆件受到与其轴线垂直的外力或通过轴线平面内力偶作用时，杆的轴线由原来的直线变成曲线，这种变形称为弯曲变形。以弯曲变形为主的杆件称为梁。

工程上使用的直梁的横截面一般都至少有一条对称轴，如图 2-49 所示。由横截面的对称轴与梁的轴线确定的平面称为纵向对称平面。若梁上所有外力均作用于该纵向对称平面内，则梁在变形时，其轴线将在纵向对称面内弯成一条平面曲线，这种弯曲称为平面弯曲，如图 2-50 所示。平面弯曲是弯曲中最基本的一种。

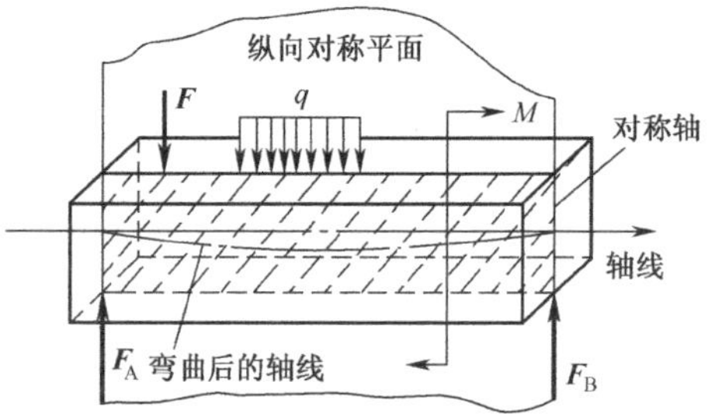

图 2-49

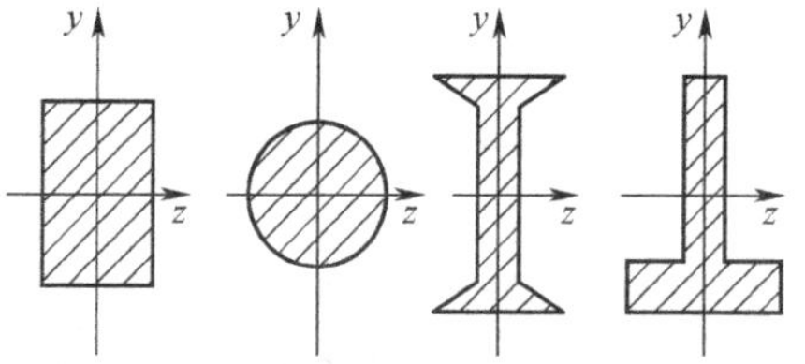

图 2-50

2. 工程上梁的基本类型

为了便于分析计算，需要对工程梁的截面形状、载荷及支承情况进行简化。

① 简支梁。梁的一端是活动铰链支座，另一端为固定铰链支座如图 2-51（a）所示。如桁车大梁即可简化成简支梁。

② 外伸梁。梁的一端或两端伸出支座之外如图2-51（b）所示。如火车轮轴、汽车横梁等即可简化成外伸梁。

③ 悬臂梁。梁的一端为固定端支座，另一端为自由端如图2-51（c）所示。如电线杆、齿轮轮齿、阳台挑梁等。

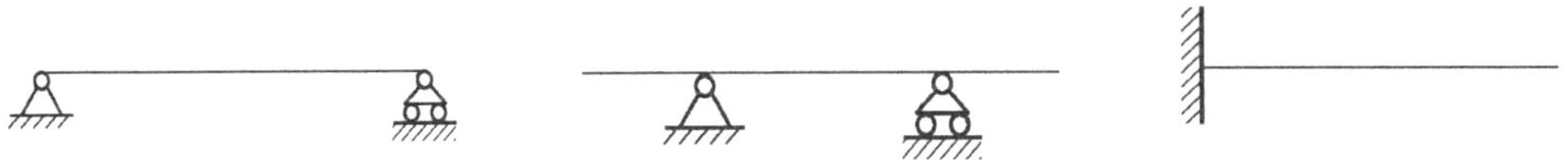

（a）简支梁　　（b）外伸梁　　（c）悬臂梁

图2-51

上述三种类型的梁在承受载荷后，其支座约束力均可由静力平衡方程完全确定，这些梁称为静定梁；如梁的支座约束力的数目大于静力平衡方程的数目，应用静力平衡方程无法确定全部支座约束力，这种梁称为超静定梁，如图2-52所示。

（a）静定梁　　（b）超静定梁

图2-52

二、梁的内力——剪力与弯矩

1. 截面法求内力——剪力和弯矩

为了对梁进行强度和刚度计算，首先必须确定梁在载荷作用下任一横截面上的内力。现以图2-53（a）所示的简支梁为例，截面法分析梁横截面上的内力。

如图2-53（a）所示简支梁受集中力 F_1，F_2，F_3 作用。为了求出距 A 端二处的横截面1—1上的内力，首先按梁的静力平衡条件，求出梁在载荷作用下的支座反力 F_A 和 F_B，然后沿截面1—1假想地把梁截开，把梁分成左、右两段，并以左段（也可取右段）部分为研究对象如图2-53（b）所示。由平衡条件可知，在横截面1—1上必定有维持左段梁平衡的横向力 F_Q 以及力偶 M。按平衡条件，有

$$\sum F_y = 0 \Rightarrow F_A - F_Q - F_1 = 0$$

$$\Rightarrow F_Q = F_A - F_1$$

以截面形心 C_1 为矩心，再由

$$\sum M_{C1} = 0 \Rightarrow -F_A x + F_1(x-a) + M = 0$$

$$\Rightarrow M = F_A x - F_1(x-a)$$

可见梁弯曲时，横截面上一般存在两个内力元素，其中 F_Q 是横截面上切向分布内力分量的合力，称为横截面1—1上的剪力；M 是横截面上法

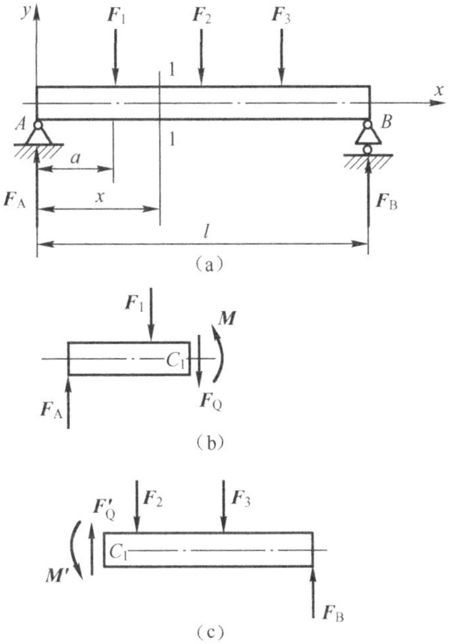

图2-53

向分布内力分量的合力偶矩，称为横截面1—1上的弯矩。根据作用和反作用定律，可知右段截面上同时存在与 F_Q 和 M 等值反向的 F'_Q 和 M'，如图2-53（c）所示。

2. 剪力和弯矩的符号规定

为使取左段和取右段得到的剪力和弯矩符号一致，对剪力和弯矩的符号作如下规定：使微段梁产生左侧截面向上、右侧截面向下相对错动的剪力为正（见图2-54（a）），反之为负（见图2-54（b））；使微段梁产生上凹下凸弯曲变形的弯矩为正（见图2-55（a）），反之为负（见图2-55（b））。

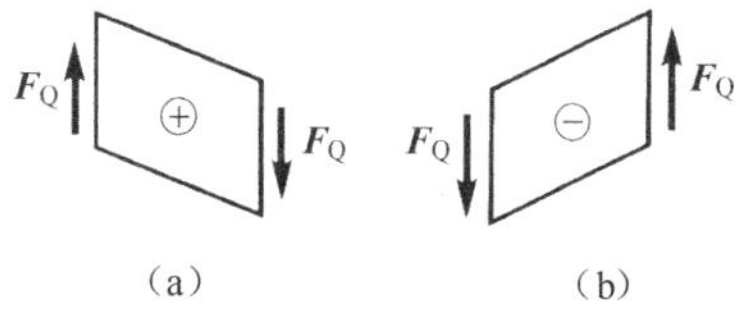

图2-54

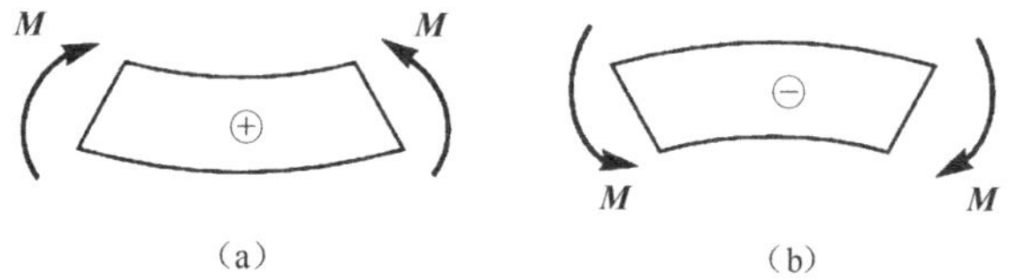

图2-55

总结上例中对剪力和弯矩的计算，可以得出：横截面上的剪力在数值上等于该截面左段（或右段）梁上所有外力的代数和，即

$$F_Q = \sum F \tag{2-27}$$

横截面上的弯矩在数值上等于该截面左段（或右段）梁上所有外力对该截面形心 C 的力矩的代数和，即

$$M = \sum M_C \tag{2-28}$$

结合上述剪力和弯矩的符号规定，在应用式（2-27）和式（2-28）计算某截面上的剪力 F_Q 和弯矩 M 时，外力和外力矩正负号的确定应遵循下述规则：

① 计算剪力时，截面左侧向上的外力或截面右侧向下的外力取正号，反之取负号。

② 计算弯矩时，截面左侧梁上的外力（或外力偶）对截面形心的力矩为顺时针转向，或截面右侧梁上的外力（或外力偶）对截面形心的力矩为逆时针转向时取正号，反之取负号。

上述结论可归纳为一个简单的口诀：计算剪力——外力左上右下为正；计算弯矩——外力矩左顺右逆为正。这样，在计算梁某截面上的剪力和弯矩时，可不必再画分离体受力图、列平衡方程，而直接根据该截面左段或右段上的外力情况按式（2-27）和式（2-28）进行计算。

分析计算时，一般可按正方向假设，计算结果为正，说明假设方向与实际方向一致，内力为正；反之说明假设方向与实际方向相反，内力为负。

例2-8 一简支梁受载如图2-56（a）所示，试求图中各指定截面的剪力和弯矩。截面1—1、2—2表示截面位于集中力 F 作用的左、右两侧，距离 F 无穷小处；截面3—3、4—4表示截面位于集中力偶作用的左、右两侧，距离力偶 M 无穷小处。

解：（1）求支座反力。设 F_A、F_B 方向向上，由静力平衡方程得 $F_A = 9.5\text{kN}$，$F_B = 4.5\text{kN}$。

（2）求指定截面的剪力和弯矩。取1—1截面的左段梁为研究对象，如图2-56（b）所示，由静力平衡方程得

$$\sum F_y = 0 \Rightarrow F_A - F_{Q1} = 0 \Rightarrow F_{Q1} = 9.5\text{kN}$$

$$\sum M_{1C}(F) = 0 \Rightarrow M_1 - F_A \times 1\text{m} = 0 \Rightarrow M_1 = 9.5\text{kN} \cdot \text{m}$$

取2—2截面的右段梁为研究对象，如图2-56（c）所示，由静力平衡方程得

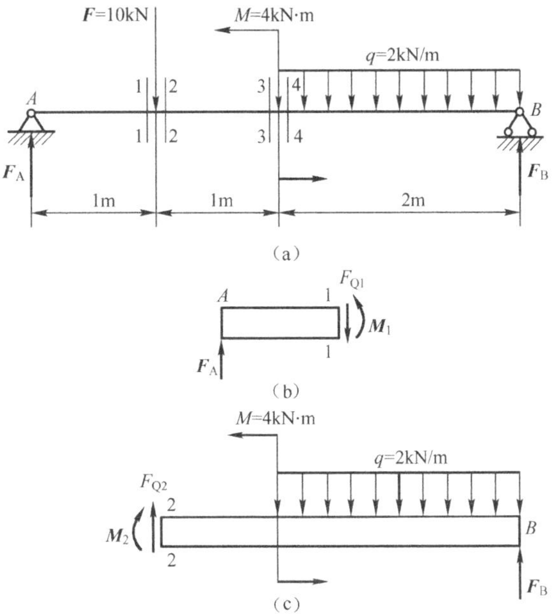

图 2-56

$$\sum F_y = 0 \Rightarrow F_{Q2} - q \times 2m + F_B = 0$$

$$\Rightarrow F_{Q2} = q \times 2m - F_B = 2kN/m \times 2m - 4.5kN = -0.5kN$$

$$\sum M_{2C}(F) = 0 \Rightarrow -M_2 + M - q \times 2m \times 2m + F_B \times 3m = 0$$

$$\Rightarrow M_2 = M - q \times 2m \times 2m + F_B \times 3m$$

$$= 4kN/m - 2kN/m \times 2m \times 2m + 4.5 \times 3m = 9.5kN/m$$

同理可得

3—3 截面的剪力和弯矩：

$$F_{Q3} = -0.5kN, \ M_3 = 9kN \cdot m$$

4—4 截面的剪力和弯矩：

$$F_{Q4} = -0.5kN, \ M_4 = 5kN \cdot m$$

3. 剪力图和弯矩图

为了一目了然地表明梁的各横截面上剪力和弯矩沿梁轴线的分布情况，可将剪力和弯矩沿梁轴线的变化情况用图线来表示。作图时，选定适当的比例尺，以 x 为横坐标，以 F_Q 或 M 为纵坐标，分别绘制 $F_Q(x)$ 和 $M(x)$ 的图线。这种图线分别称为剪力图和弯矩图。

利用剪力图和弯矩图很容易确定梁的最大剪力和最大弯矩，找出梁危险截面的位置。正确绘制剪力图和弯矩图是梁的强度和刚度计算的基础。

绘制剪力图和弯矩图的基本方法和步骤如下：

第一步，求支座反力。

第二步，应根据梁上载荷的分布情况进行分段，集中力（包括支座反力）、集中力偶的作用点和均布载荷分布规律变化的起、止点均为分段点。

第三步，列出分段的剪力方程和弯矩方程。

第四步，根据方程判断剪力图和弯矩图的形状，再通过计算若干截面（如剪力图为零的截面、各段的首尾截面）的剪力值和弯矩值，描点画图。

下面举例说明列剪力方程和弯矩方程以及绘制剪力图和弯矩图的方法。

例 2-9 一简支梁 AB 在 C 处受集中力 F 作用，如图 2-57 所示，试作出此梁的剪力图和弯矩图。

解：① 求支座约束力。由静力平衡方程求得

$$F_A=\frac{Fb}{l},\ F_B=\frac{Fa}{l}$$

② 列剪力方程和弯矩方程。由于 C 点受集中力 F 作用，引起 AC，CB 两段的剪力方程和弯矩方程各不相同，故应分段列方程建立如图 2-57（a）所示坐标系。

对 AC 段，取 x_1 截面的左段梁为研究对象，可得

$$F_Q(x_1)=F_A=\frac{Fb}{l}\quad(0<x_1<a) \tag{a}$$

$$M(x_1)=F_A\cdot x_1=\frac{Fb}{l}x_1\quad(0\leqslant x_1\leqslant a) \tag{b}$$

对 CB 段，取 x_2 截面的左段梁为研究对象，可得

$$F_Q(x_2)=F_A-F=-\frac{Fa}{l}\quad(a<x_2<l) \tag{c}$$

$$M(x_2)=F_A\cdot x_2-F(x_2-a)=\frac{Fa}{l}(l-x)\quad(a\leqslant x_2\leqslant l) \tag{d}$$

③ 绘制剪力图和弯矩图根据式（a）和式（c）作剪力图，如图 2-57（b）所示；根据式（b），（d）作弯矩图，如图 2-57（c）所示。可以看出：横截面 C 的弯矩最大，其值为 $M_{\max}=\frac{Fab}{l}$。如果 $a>b$，则 CB 段的剪力绝对值最大，其值为 $|F_Q|_{\max}=\frac{Fa}{l}$。

从剪力图和弯矩图中可以看出，在集中力作用处，其左、右两侧横截面上的弯矩相同，而剪力发生突变，突变值等于该集中力的大小。

例 2-10 一简支梁 AB 在 C 处受集中力偶 M 作用如图 2-58（a）所示，试作此梁的剪力图和弯矩图。

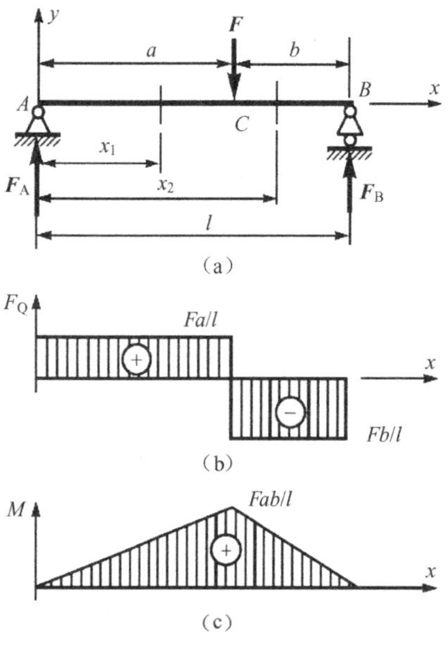

图 2-57

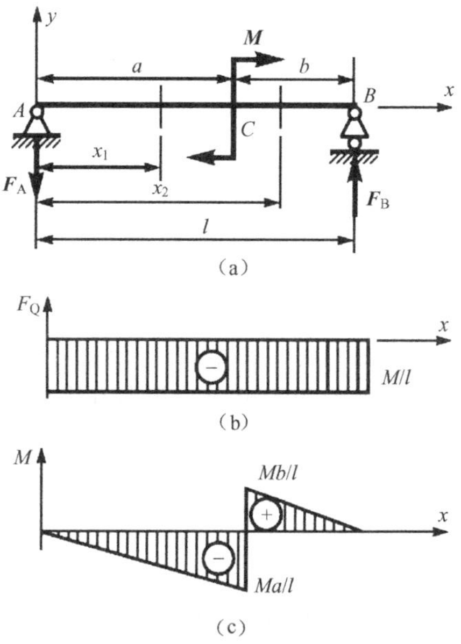

图 2-58

解：① 求支座约束力。由静力平衡方程求得 $F_A = \frac{M}{l}$。

② 列剪力方程和弯矩方程。由于 C 点受集中力偶 M 作用，引起 AC，CB 两段的剪力方程和弯矩方程各不相同，故应分段列方程建立图 2-58（a）所示坐标系。

对 AC 段，取 x_1 截面的左段梁为研究对象，可得

$$F_Q(x_1) = -F_A = -\frac{M}{l} \quad (0 < x_1 < a) \tag{a}$$

$$M(x_1) = -F_A \cdot x_1 = -\frac{M}{l}x_1 \quad (0 \leqslant x_1 < a) \tag{b}$$

对 CB 段，取 x_2 截面的左段梁为研究对象，可得

$$F_Q(x) = -F_A = -\frac{M}{l} \quad (a \leqslant x_2 < l) \tag{c}$$

$$M(x_2) = -F_A \cdot x_2 + M = -\frac{M}{l}x_2 + M \quad (a < x_2 \leqslant l) \tag{d}$$

③ 绘制剪力图和弯矩图。根据式（a）、（c）作剪力图（见图 2-58（b）），根据式（b），（d）作弯矩图（见图 2-58（c））。

从剪力图和弯矩图中可以看出，在集中力偶作用处，其左、右两侧横截面上的剪力相同，而弯矩发生突变，突变值等于该集中力偶的大小。

三、梁弯曲时应力和强度计算

1. 梁弯曲时横截面上的正应力

剪力由横截面上的切应力形成，而弯矩由横截面上正应力形成。实验表明，当梁比较细长时，正应力是决定梁是否破坏的主要因素，切应力则是次要因素。

（1）实验观察及假设。一般情况下，梁的横截面上既有弯矩，又有剪力。这种弯曲称为横力弯曲（即剪切弯曲）。若梁上的横截面上只有弯矩而无剪力，称为纯弯曲。如图 2-59 所示通过梁的纯弯曲实验观察到如下现象：

- 纵向线弯曲成圆弧线，其间距不变。
- 纵向线仍为直线，且与纵向线正交，横向线间只是相对地转过了一个微小的角度。

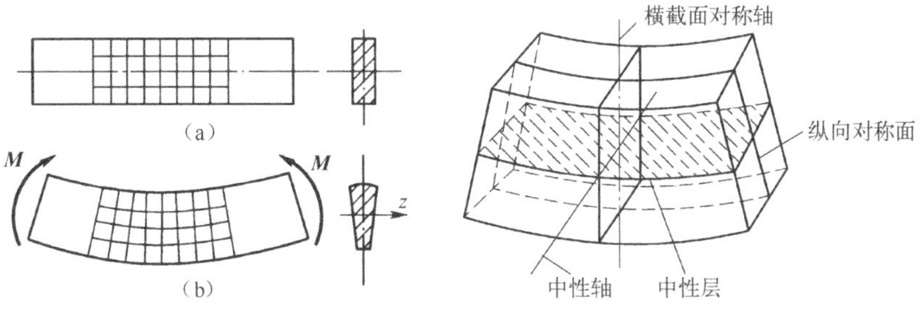

图 2-59

根据上述现象，可对梁的变形提出如下假设：

- 平面假设。梁弯曲变形时，其横截面仍保持平面，只是绕某轴转过了一个微小的角度。
- 单向受力假设。设梁由无数纵向纤维组成，则这些纤维处于单向受拉或单向受压状态。

从图 2-59 中可以看出，梁下部的纵向纤维受拉伸长，上部的纵向纤维受压缩短，其间必有一层纤维既不伸长也不缩短，这层纤维称为中性层。中性层和横截面的交线称为中性轴，即 z 轴。梁在变形后梁的各横截面绕各自的 z 轴转动过其一微小的角度。

（2）平面弯曲正应力分布规律。横截面上的正应力分布规律：离中性轴距离相等的各点，正应力相等，中性轴上各点正应力为零，在离中性轴最远的梁上、下边缘处正应力最大。

经推导（略），纯弯曲梁上任意点的正应力与该点到中性轴的距离成正比；距中性轴同一高度上的各点的正应力相等。显然，在中性轴上各点处的正应力为零。同时可看出，中性轴一侧产生拉应力，σ 为正；另一侧产生压应力，即 σ 为负，梁横截面上的正应力分布如图 2-60 所示。

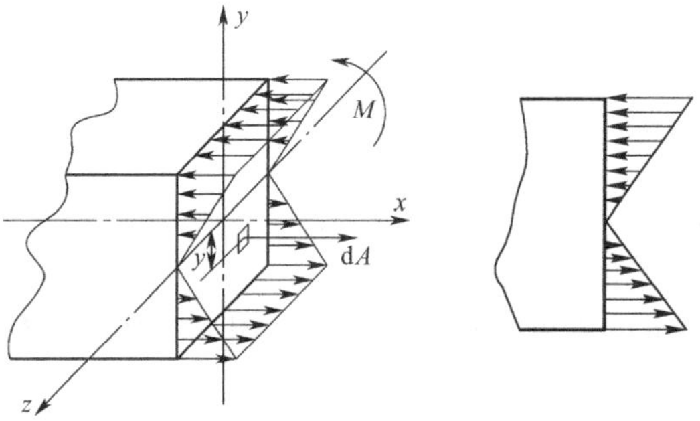

图 2-60

（3）正应力计算公式。

- 横截面上任意点的正应力。平面弯曲横截面上任意点的正应力为

$$\sigma = \frac{My}{I_z} \tag{2-29}$$

式中，M 为横截面上的弯矩；y 为所求点到中性轴的距离；I_z 为截面对中性轴 z 的惯性矩，常用单位为 m^4。

- 横截面上的最大正应力。当 $y = y_{max}$ 时，弯曲正应力达最大值，即 $\sigma = \frac{My_{max}}{I_z}$。

令 $W_z = \frac{I_z}{y_{max}}$，则可得：$$\sigma_{max} = \frac{M}{W_z}$$

式中，W_z 为抗弯截面系数，常用单位 m^3。

- 常用的 I_z 和 W_z 的计算公式。各种形状的截面如图 2-61 所示。

矩形截面：$I_z = \frac{bh^3}{12}$，$W_z = \frac{bh^2}{6}$；同理 $I_y = \frac{hb^3}{12}$，$W_y = \frac{hb^2}{6}$

圆形截面：$I_y = I_z = \frac{\pi D^4}{64}(1 - \alpha^4)$，$W_y = W_z = \frac{\pi D^3}{32}(1 - \alpha^4)$

圆环形截面：$I_y = I_z = \frac{\pi D^4}{64}(1 - \alpha^4)$，$W_y = W_z = \frac{\pi D^3}{32}(1 - \alpha^4)$

式中，α 为内外径之比，$\alpha = d/D$。

2. 弯曲正应力强度计算

为了保证梁能安全的工作，必须使梁具备足够的强度。对等截面梁来说，最大弯曲正应力所

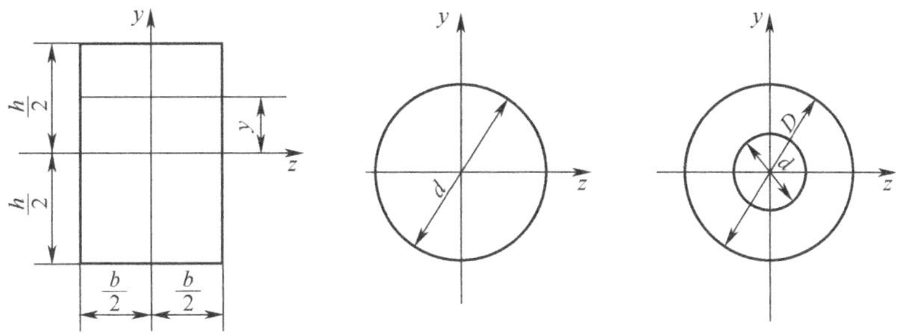

（a）矩形截面　　（b）圆形截面　　（c）圆环截面

图2-61

在截面为危险截面，最大正应力所在的点为危险点。由于梁的最大正应力发生在距中性轴最远的上、下边缘处。而上、下边缘处各点的剪应力为零，即正应力的危险点处于单向应力状态，也就是处于单向拉伸或压缩状态。如果两材料的许用应力为$[\sigma]$，则梁弯曲正应力强度条件为

$$\sigma_{\max}=\frac{M_{\max}}{W_z}\leqslant[\sigma] \tag{2-30}$$

需要指出的是，式（2-30）只适用于许用拉应力$[\sigma_1]$和许用压应力$[\sigma_y]$相等的材料。如果两者不相等（例如铸铁等脆性材料），为保证梁的受拉部分和受压部分都能正常工作，应该按拉伸和压缩分别建立强度条件，即

$$\sigma_{\mathrm{lmax}}\leqslant[\sigma_1],\quad \sigma_{\mathrm{ymax}}=[\sigma_y] \tag{2-31}$$

运用梁弯曲时的正应力强度条件，可对梁进行强度校核、截面设计和确定梁的许用载荷等三类强度计算。

问题解答

题目见问题引入。

解：（1）由静力平衡方程求出支座约束力为$F_B=30\text{kN}(\uparrow)$，$F_D=10\text{kN}(\uparrow)$。

（2）作出弯矩图。B截面有最大的负值弯矩。

C截面有最大的正值弯矩，如图2-62（b）所示。

$$y_C=\frac{A_1y_1+A_2y_2}{A_1+A_2}=\frac{30\times170\times85+200\times30\times185}{30\times170+200\times30}=139\text{mm}$$

（3）计算截面形心的位置及截面对中性轴的惯性矩。确定截面形心C的位置如图2-62（d）所示，计算截面对中性轴z的惯性矩。

$$I_z=\left(\frac{30\times170^3}{12}+30\times170\times54^2\right)+\left(\frac{200\times30^3}{12}+200\times30\times46^2\right)=40.3\times10^6\text{mm}^4$$

（4）校核强度。由于梁的抗拉强度与抗压强度不同，所以最大正弯矩和最大负弯矩截面都须校核，如图2-62（c）所示。

① 校核B截面（最大负弯矩截面）。

上边缘处的最大拉应力为$\sigma_{\mathrm{lmax}}=\dfrac{M_B y_{上}}{I_z}=\dfrac{20\times10^3\times(200-139)\times10^{-3}}{40.3\times10^6\times10^{-12}}=30.3\text{MPa}<[\sigma_1]$

下边缘处的最大压应力为$\sigma_{\mathrm{ymax}}=\dfrac{M_B y_{下}}{I_z}=\dfrac{20\times10^3\times139\times10^{-3}}{40.3\times10^6\times10^{-12}}=69\text{MPa}<[\sigma_y]$

② 校核C截面（最大正弯矩截面）。上边缘处的最大压应力，因为$M_C<|M_B|$，$y_{上}<$

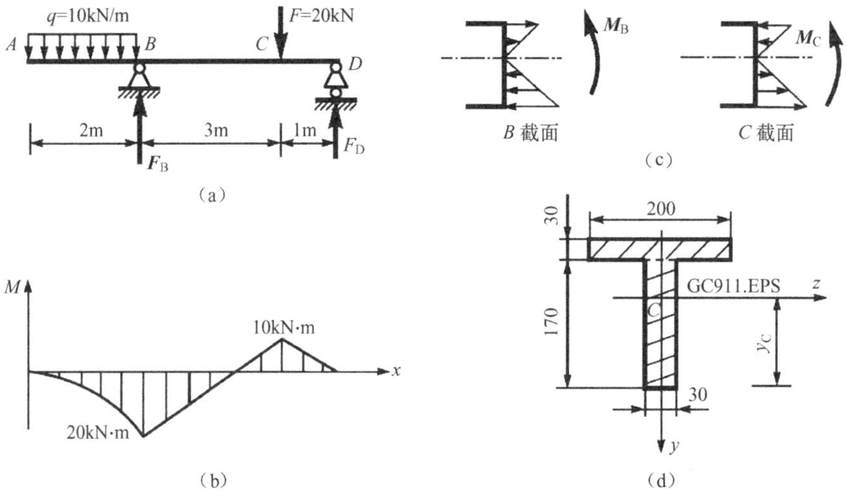

图 2-62

$y_下$，所以 C 截面上边缘的最大压应力一定小于 B 截面下边缘的最大压应力，也一定小于 $[\sigma_y]$，即 C 截面上边缘一定安全，不需校核。

下边缘处的最大拉应力为 $\sigma_{lmax}=\dfrac{M_C y_下}{I_z}=\dfrac{10\times10^3\times139\times10^{-3}}{40.3\times10^6\times10^{-12}}=34.5\text{MPa}<[\sigma_l]$

校核结果：梁不安全 C 截面弯矩的绝对值虽非最大，但因截面受拉，边缘距中性轴较远，应力较大，而材料的抗拉强度又比较小，所以在此处可能发生破坏。

从本例可以看出，当材料的抗拉与抗压性能不同、截面上下又不对称时对梁内最大正弯矩与最大负弯矩截面均应校核。

知识拓展：梁的变形和刚度条件

一、梁的弯曲变形概述

工程上有一些梁，虽然强度足够，但由于弯曲变形过大，也会影响其正常工作。如车床的主轴，若变形过大，将影响齿轮的啮合和轴承的配合，而造成齿轮、轴和轴承严重磨损，降低寿命，产生噪声。主轴外伸端变形过大，还会影响零件的加工精度，甚至造成废品桥梁的变形过大，当火车通过时，会引起桥梁严重振动。因此，梁的变形必须限制在一定范围内，即梁应满足刚度要求。

1. 挠曲线方程

梁在发生弯曲变形时，若其最大工作应力不超过材料的弹性极限，梁的轴线由原来的直线被弯成一条光滑的曲线 AB'，变形后的梁轴线称为挠曲线（见图 2-63）。当梁发生平面弯曲时，梁的挠曲线可用方程 $y=f(x)$ 来表示，称为梁的挠曲线方程。

2. 挠度和转角

梁的变形是通过梁的横截面的位移即挠度和转角来度量的。

(1) 挠度，是指梁轴线上的一点在垂直于轴线方向上的位移，通常用 y 表示。图 2-63

中 y_C 是梁轴线上 C 点的挠度。一般规定向上的挠度为正，向下的挠度为负，单位是 mm。

(2) 转角，是指梁的各截面相对原来位置转过的角度，用 θ 表示，图 2-63 中 θ_C 即为截面 C 的转角。一般规定，逆时针方向的转角为正，顺时针的转角为负，单位是弧度（rad）或度（°）。

表 2-3 给出了由积分法算得的梁在简单载荷情况下的挠度和转角的计算公式，以供查用。

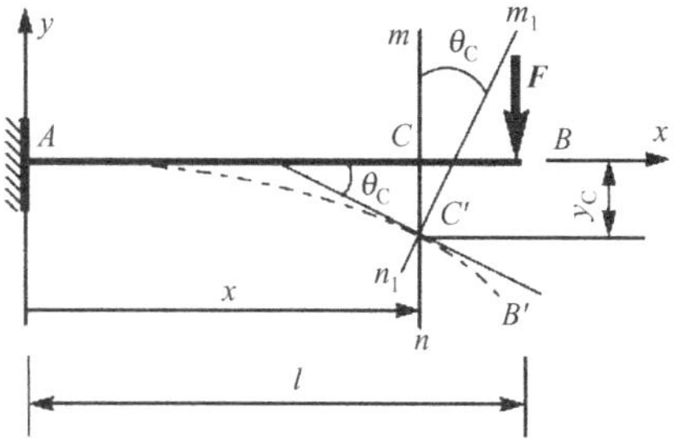

图 2-63

表 2-3　梁在简单载荷作用下的变形

梁的形式及载荷	挠曲线方程	端截面转角	最大挠度
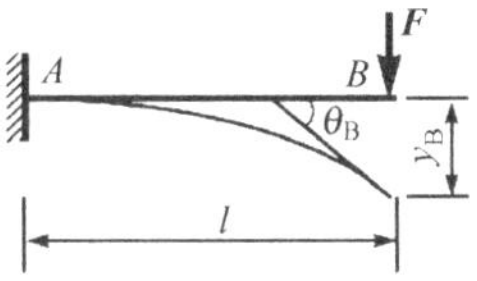	$y=-\frac{Fx^2}{6EI_z}(3l-x)$	$\theta_B=-\frac{Fl^2}{2EI_z}$	$y_B=-\frac{Fl^3}{3EI_z}$
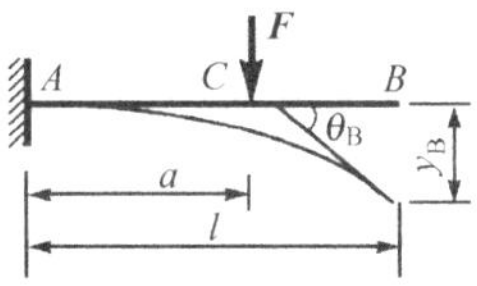	$y=-\frac{Fx^2}{6EI_z}(3a-x)$ $(0\leqslant x\leqslant a)$ $y=-\frac{Fa^2}{6EI_z}(3x-a)$ $(a\leqslant x\leqslant l)$	$\theta_B=-\frac{Fa^2}{2EI_z}$	$y_B=-\frac{Fa^3}{6EI_z}(3l-a)$
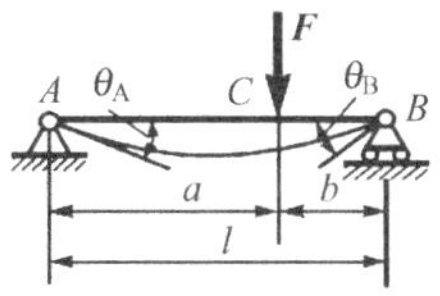	$y=-\frac{Fbx}{6EI_zl}(l^2-x^2-b^2)$ $(0\leqslant x\leqslant a)$ $y=-\frac{Fb}{6EI_zl}\left[\frac{l}{b}\times(x-a)^3+(l^2-b^2)x-x^3\right]$ $(a\leqslant x\leqslant l)$	$\theta_A=-\frac{Fab(l+b)}{6EI_zl}$ $\theta_B=\frac{Fab(l+a)}{6EI_zl}$	设 $a>b$，$x=\sqrt{\frac{l^2-b^2}{3}}$ 处，$y_{max}=-\frac{Fb\sqrt{(l^2-b^2)^3}}{9\sqrt{3}EI_zl}$ 在 $x=\frac{l}{2}$ 处，$y_{l/2}=-\frac{Fb(3l^2-4b^2)}{48EI_z}$
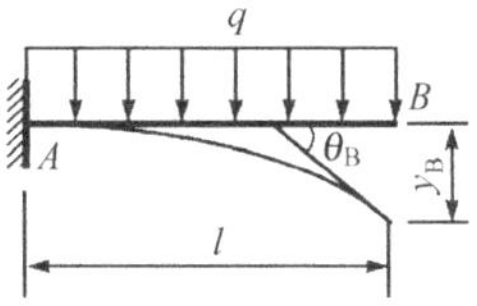	$y=-\frac{qx^2}{24EI_z}(x^2-4lx+6l^2)$	$\theta_B=-\frac{ql^3}{6EI_z}$	$y_B=-\frac{ql^4}{8EI_z}$
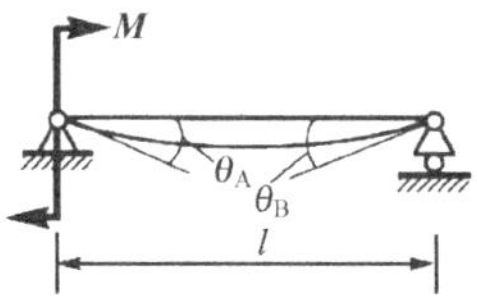	$y=-\frac{Mx}{6EI_zl}(l-x)(2l-x)$	$\theta_A=-\frac{Ml}{3EI_z}$ $\theta_B=\frac{Ml}{6EI_z}$	$x=\left(1-\frac{1}{\sqrt{3}}\right)l$，$y_{max}=-\frac{Ml^2}{9\sqrt{3}EI_z}$ $x=\frac{l}{2}$，$y=-\frac{Ml^2}{16EI_z}$
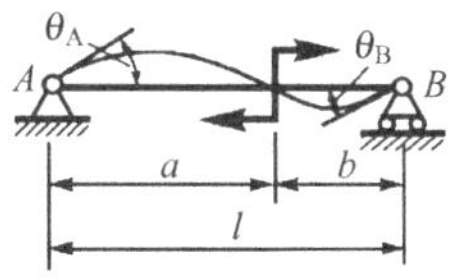	$y=\frac{Mx}{6EI_zl}(l^2-3b^2-x^2)$ $(0\leqslant x\leqslant a)$ $y=-\frac{M}{6EI_zl}[-x^3+3l(x-a)^2+(l^2-3b^2)x]$ $(a\leqslant x\leqslant l)$	$\theta_A=-\frac{M}{6EI_zl}(l^2-3b^2)$ $\theta_B=-\frac{M}{6EI_zl}(l^2-3a^2)$	
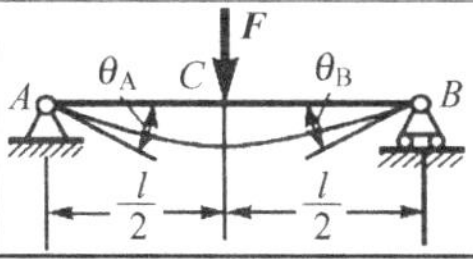	$y=-\frac{Fx}{48EI_z}(3l^2-4x^2)$ $(0\leqslant x\leqslant 0.5l)$	$\theta_A=-\theta_B=-\frac{Fl^2}{16EI_z}$	$y_{max}=-\frac{Fl^3}{48EI_z}$

二、叠加法求梁的变形

梁的转角与梁上的载荷呈线性关系，由于变形小，任一载荷产生的支座反力、弯矩和变形，不受其他载荷的影响。梁上同时承受几个载荷产生的变形等于各个载荷单独作用时引起变形的代数和，这种求变形的方法称为叠加法。

例 2-11 设 E、I_z 为常数的简支梁 AB 受力如图 2-64 所示。试用叠加法求 A 截面的转角及跨度中点 C 截面的挠度。

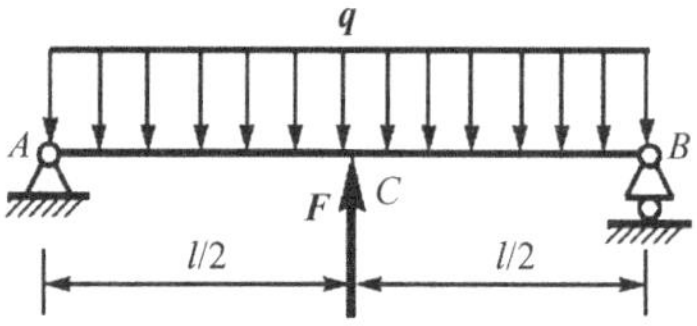

图 2-64

解：由表 2-3 查得，当集中力单独作用时，A 端截面的转角和 C 截面挠度分别为

$$\theta_{A1}=\frac{Fl^2}{16EI_z},\ y_{C1}=\frac{Fl^3}{48EI_z}$$

当均布载荷 q 作用时，A 端截面的转角和 C 截面挠度分别为

$$\theta_{A2}=-\frac{ql^3}{24EI_z},\ y_{C2}=-\frac{5ql^4}{384EI_z}$$

F 和 q 同时作用时，A 端截面的转角：

$$\theta_A=\theta_{A1}+\theta_{A2}=\frac{Fl^2}{16EI_z}-\frac{ql^3}{24EI_z}=\frac{l^2}{48EI_z}(3F-2ql)$$

C 点的挠度为

$$y_C=y_{C1}+y_{C2}=\frac{Fl^3}{48EI_z}-\frac{5ql^4}{384EI_z}=\frac{l^3}{384EI_z}(8F-5ql)$$

三、梁的刚度计算

计算梁的变形，主要目的在于进行刚度计算所谓梁要满足刚度要求，就是指梁在外力作用下，应保证最大挠度小于许用挠度。最大转角小于许用转角，即梁的刚度条件为

$$\left.\begin{aligned}|y|_{max}\leqslant[y]\\|\theta|_{max}\leqslant[\theta]\end{aligned}\right\}\tag{2-32}$$

式中，$[y]$为梁的许用挠度，$[\theta]$为梁的许用转角。它们的具体数值可参照有关手册确定。

一般来讲，对于弯曲构件，如果能满足强度条件，往往刚度条件也能满足。所以在设计计算中，常常是先进行强度条计算，然后对刚度进行校核。

四、提高梁的强度和刚度的措施

从前面知识可知，等直梁的最大弯曲正应力和梁上的最大弯矩 M_{max} 成正比，和抗弯截面系数 W_z 成反比。梁的变形和梁的跨度 l 高次方成正比，和梁的抗弯刚度 I_z 成反比。工程上设计梁时，既要满足梁具有安全性，又要尽量节省材料、降低成本。

1. 合理布置梁的支承及增加约束

当梁的尺寸和截面形状已定时，合理安排梁的支承或增加约束，可以缩小梁的跨度，降低梁上的最大弯矩，如图 2-65 所示。受均布载荷的简支梁，若能改为两端外伸梁，则梁上的最大弯矩将大为降低。增加约束，缩短梁的跨度，对提高梁的刚度极为有效。

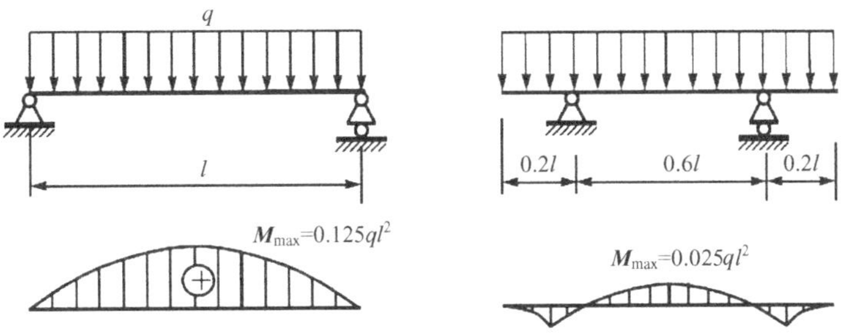

（a）　　（b）

图2-65

2. 合理选择梁的截面形状

从梁的正应力强度条件可知，梁的抗弯截面系数 W_z 越大，横截面上的最大正应力就越小，即梁的抗弯能力大 W_z 一方面与截面的尺寸有关，另一方面还与截面的形状（材料的分布情况）有关。由于横截面上的正应力和各点到中性轴的距离成正比，靠近中性轴的材料正应力较小，未能充分发挥其潜力，故将靠近中性轴的材料移至界面的边缘，必然使 W_z 增大。如在满足 W_z 的情况下，选用工字钢和槽钢制成的梁较为合理；建筑中则常采用混凝土空心预制板；既受弯曲又受扭转的轴类零件，则采用空心圆截面比较合理。这样既可减少梁的横截面面积达到节约材料，减轻自重的目的，又提高了梁的强度和刚度。

3. 合理布置梁的载荷

当载荷已确定时，合理地布置载荷可以减少梁上的最大弯矩，提高梁的承载能力。例如，图2-66（a）所示的简支梁，集中力 F 作用在梁的中点 $l/2$ 处，则 $M_{max}=Fl/4$。若按图2-66（b）所示，使梁上的集中力 F 靠近支座，比如距离支座 $l/6$ 处，则 $M_{max}=5Fl/36$。相比之下，后者的最大弯矩减少得很多。机床中很多齿轮轴，常把齿轮安置在靠近轴承处，就是这个原因。

此外，在结构允许的条件下，应尽可能把集中力改变为分散的力，如图2-66（c）所示，其最大弯矩值比图2-66（a）有了明显的降低。超过额定的物体要过桥时，采用长平板车将集中载荷分为几个载荷，就能安全过桥。吊车采用副梁可以吊起更重的物体也是这个道理。

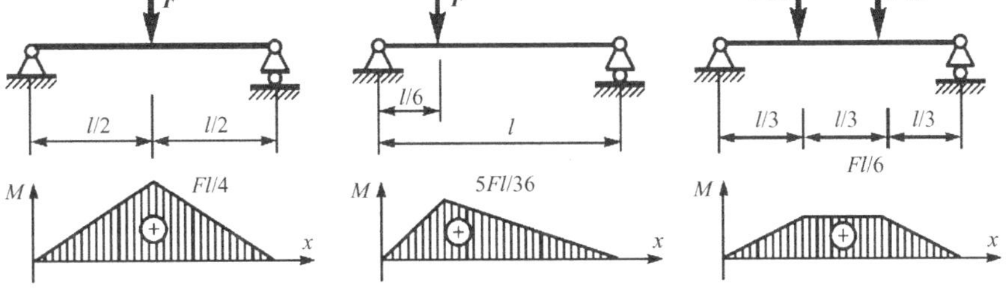

（a）　　（b）　　（c）

图2-66

思考题

1. 试画出如图 2-67 所示的轴力图。

2. 如图 2-68 所示，一中段开槽的直杆，承受轴向载荷 $F=20\text{kN}$ 的作用，已知 $h=30\text{mm}$，$h_0=15\text{mm}$，$b=10\text{mm}$。求杆内的最大正应力。

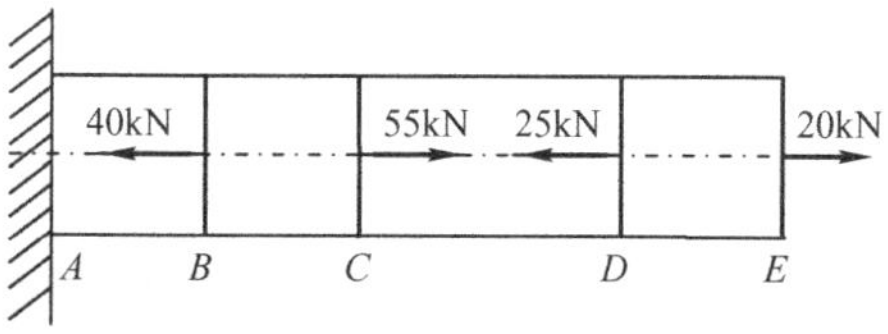

图 2-67

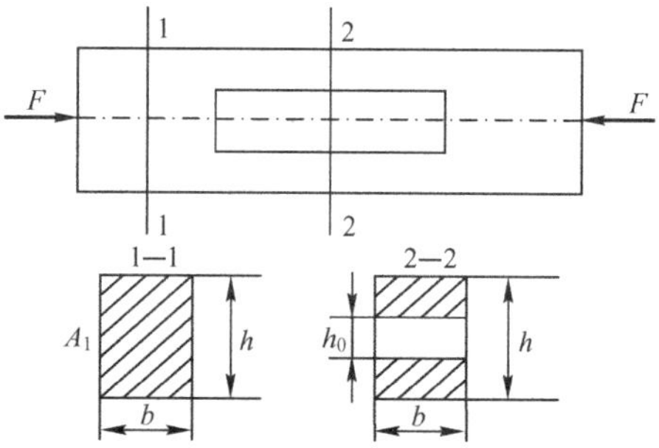

图 2-68

3. 三角架结构如图 2-69 所示。已知 AB 为钢杆，其横截面面积 $A_1=600\text{mm}^2$，许用应力 $[\sigma_1]=140\text{MPa}$；杆 BC 为木杆，横截面面积 $A_2=30000\text{mm}^2$，许用应力 $[\sigma_1]=3.5\text{MPa}$。试求许用载荷 $[F]$。

4. 两块钢板用直径 $d=20\text{mm}$ 铆钉搭接的两种形式如图 2-70（a）、（b）所示。已知 $F=160\text{kN}$，两板尺寸相同，厚度 $t=10\text{mm}$，宽度 $b=120\text{mm}$，铆钉和钢板材料相同，许用切应力 $[\tau]=140\text{MPa}$，许用挤压应力 $[\sigma_y]=320\text{MPa}$，拉伸许用应力 $[\sigma_1]=16140\text{MPa}$，试求所需的铆钉数，并比较图示两种排列方式，校核板的拉伸强度。

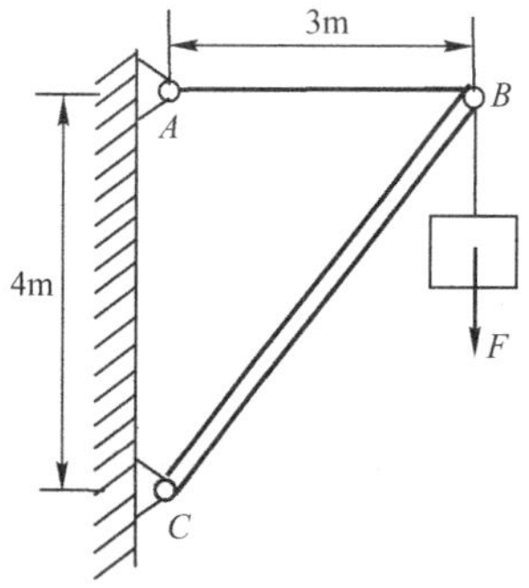

图 2-69

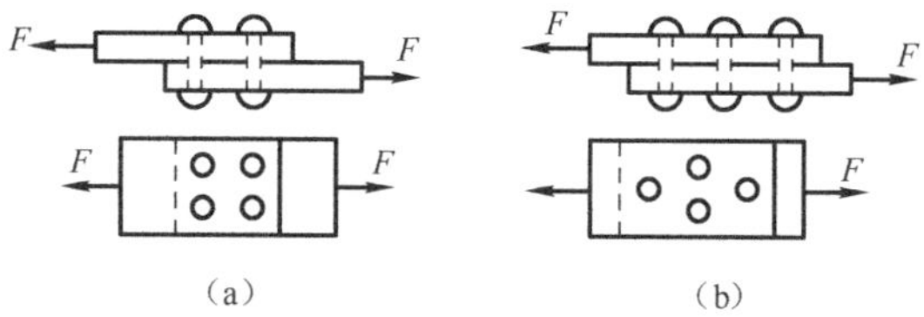

图 2-70

5. 如图 2-71 所示，实心轴（右端）通过牙嵌离合器把功率传递给空心轴（左端）。传递的功率 $P=7.5\text{kW}$，轴的转速 $n=100\text{r/min}$，材料的许用切应力 $[\tau]=40\text{MPa}$。若实心轴直径为 d_1，空心轴内外径之比 $d_2/D_2=0.5$，试选择实心轴直径 d_1 和空心轴外径 D_2。

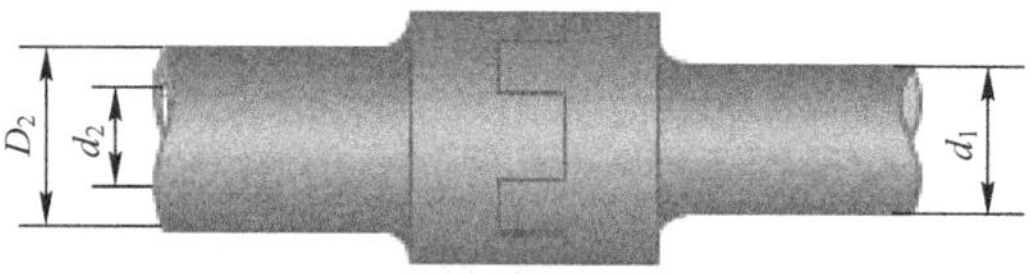

图 2-71

6. 空心活塞销 AB 受力如图 2-72 所示。已知 $D=20\text{mm}$，$d=13\text{mm}$，$q_1=140\text{kN/m}$，$q_2=233.3\text{kN/m}$，许用应力 $[\sigma]=240\text{MPa}$，试校核其强度。

7. 梁 AB 由固定铰支座 A 及拉杆 CD 支承，如图 2-73 所示。已知圆截面拉杆 CD 的直径 $d=10\text{mm}$，材料许用应力 $[\sigma]_{CD}=100\text{MPa}$；矩形截面横梁 AB 的尺寸为 $h=60\text{mm}$，$b=30\text{mm}$，许用应力为 $[\sigma]_{AB}=140\text{MPa}$。试确定可允许使用的最大载荷 F_{max}。

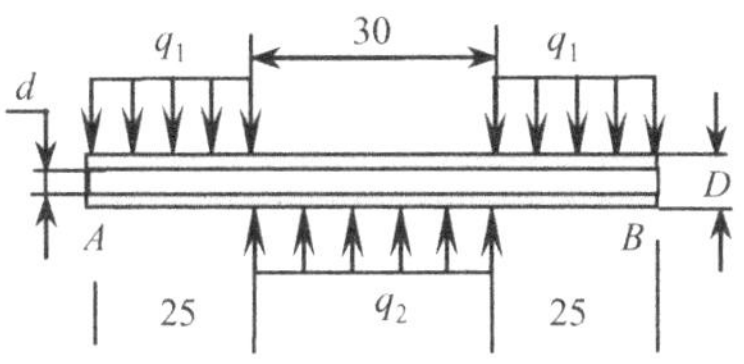

图 2-72

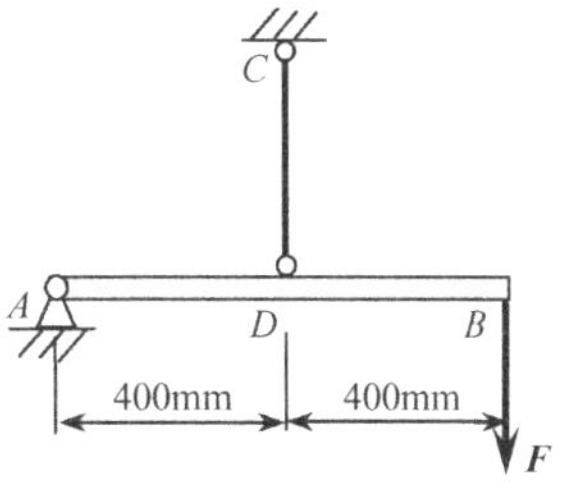

图 2-73

模块 3

常用机构的设计

3.1 平面机构的自由度计算

问题引入

图 3-1 所示为内燃机结构图。要求分析内燃机机构的组成，绘制出它的机构运动简图，计算其自由度并确定该机构具有确定运动的条件。

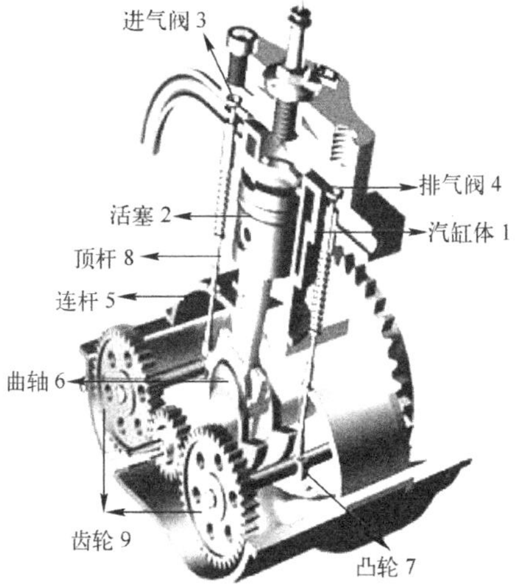

图 3-1

知识分析

所有构件都在同一个平面或相互平行的平面内运动的机构称为平面机构。在机构运动中，要求机构有确定的运动，不能产生确定相对运动或作无规则运动的一些构件难以用于传递运动。所以，要使平面机构具有确定的运动，必须符合一定的条件。

【知识目标】

1. 熟悉运动副及其分类，了解机构的组成及机构具有确定运动的条件；
2. 掌握平面机构运动简图的绘制方法，为对已有机构进行分析或创造新的机构提供基本条件。

【能力目标】

能分析机器的组成，绘制出机构运动简图并确定其机构具有确定运动的条件。

知识链接

一、机器与机构

1. 机器的组成与功能

机器是人类为了提高劳动生产率而创造出来的主要工具。使用机器进行生产的水平高低是衡量一个国家的技术水平和现代化程度的重要标志之一。大量的新机器也从传统的纯机械系统，演变成机电一体化的机械设备。

机械的种类繁多，性能、用途各异，但是它们具有共同的特征。我们从它的特征出发，剖析其结构，研究其组成原理，以达到掌握、运用的目的。在人们的生产和生活中广泛地使用着各种类型的机器，常见的如内燃机、机床、汽车、火车、发电机、洗衣机、缝纫机等。它们的共同特征是：

（1）都是人为的实体组合。如内燃机就有汽缸、活塞、连杆、曲轴、轴承等构件组合而成。

（2）组成机器的各实物之间具有确定的相对运动。

（3）能实现能量转换，代替或减轻人类的劳动，完成有用的机械功。

凡具备上述三个特征的实体组合就称为机器。

机器按照构造、用处、性能可分为以下几类。

动力机械：电动机、发动机、内燃机等，用来实现机械能与其他形式能量之间的转换。

加工机械：普通车床、数控车床、工业机器人等，用来改变物料的结构形状、性质和状态。

运输机械：汽车、火车、飞机用来改变物料的空间位置。

信息机械：计算机、摄像机、复印机、数码产品等，用来获取或处理各种信息。

2. 机构

机构是用来传递运动和力的各实物的组合。如图3-2所示为缝纫机的踏板机构，它由踏板3、连杆2、曲轴1、机架4组成，各实体之间用运动副连接。

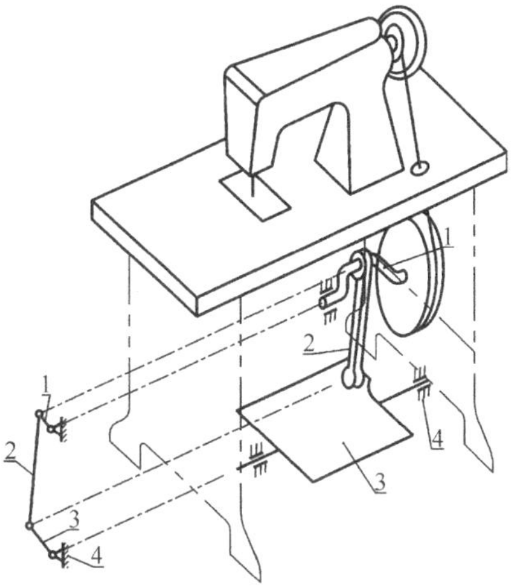

1—曲轴；2—连杆；3—踏板；4—机架

图3-2

由此可知机构只有机器的前两个特征，若仅从结构和运动观点来看，机器与机构二者之间并无区别。机器的功能是利用机械能做功或实现能量转换；机构的功能在于传递或转变运动的形式，不能做功，也不能实现能量转换。如发动机、机床、轧钢机、纺织机等都是机器，钟表、仪器、千斤顶、机床的变速装置分度装置等都是机构。一般机器是由机构组成的。

最简单的机器只包含一个机构，如电动机等。多数机器包含若干个机构，如内燃机就包含曲柄滑动机构、凸轮机构和齿轮机构等多个机构。如果不考虑做功和能量转换，只从结构和运动的角度来理解，机器和机构没有区别，而将它们总称为机械，即机械是机器和机构的总称。

3. 构件和零件

组成机构的各个相对运动部分称为构件。构件作为运动单元，具有独立的相对运动。它可以是单一的整体，也可以是由几个最基本的实物，组成的刚性结构。如内燃机中的连杆，它有连杆体、连杆盖和连接连杆体与连杆盖的螺钉组成的。内燃机工作时，连杆作为一个整体参加运动。

零件是机械中制造单元，是组成机械的不可拆开的基本单元，如内燃机中连杆构件。它的几个组成部分都是零件，是加工制造的单元体。因此，构件与零件的区别是：构件是运动的单元，而零件是制造的单元。

机构有多种形式，其中常用机构有：连杆机构、凸轮机构、齿轮机构和间歇机构等。

零件可分为通用零件和专用零件两类。

通用零件是在各种机械中普遍采用的零件，如螺钉、齿轮、轴承等。

专用零件只出现在特殊机械中，如汽轮机叶片、内燃机活塞、机床床身等。

二、平面机构的基本知识

机构是用运动副连接起来的构件系统，是用来传递运动和力的。机构还可以用来改变运动形式。机构各构件之间必须具有确定的相对运动。然而，任意拼凑起来的构件不一定具有确定的运动。三杆构件组合体是用铰链连接成的组合体，但各构件之间无相对运动，所以它不是机构。构件究竟应如何组合，才具有确定的相对运动？若机构中各构件均在同一平面或相互平行的平面内运动，则称该机构为平面机构。常用机构大多数是平面机构。

1. 平面机构的组成

（1）构件的自由度。构件是机构中运动的单元体，因此它是组成机构的基本要素。任何一个构件在空间自由运动时皆有 6 个自由度。如图 3-3 所示，在直角坐标系 xOy 平面内构件 AA' 沿着两个坐标轴 x 轴、y 轴的移动和绕 A 点转动。而对于一个作平面运动的构件，则只有 3 个自由度，构件 AA' 可以在 xOy 平面内可以在任一点绕 z 轴转动，也可沿 x 轴或 y 轴方向移动。

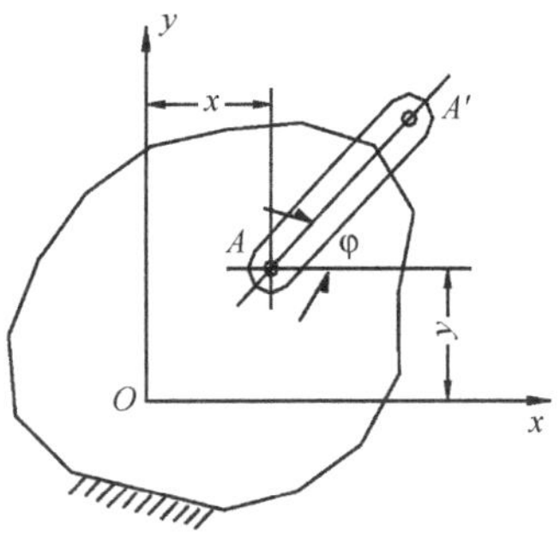

图 3-3

（2）约束与运动副。平面机构中每个构件都不是自由构件，而是以一定的方式与其他构件组成动联接。这种使两构件直接接触并能产生一运动的联接，称为运动副。如单杠内燃机中，活塞与汽缸体、活塞与连杆等的联接都是两个机构直接接触并能产生运动的活动联接，这种联接都是运动副。两构件组成运动副后，就限制了构件的独立运动。两构件组成运动副时构件上参加接触的点、线、面称为运动副元素，显然运动副也是组成机构的主要要素。两构件组成运动副后，就限制了两构件间的相对运动，对于相对运动的这种限制称为约束。根据组成运动副两构件之间的接触特性，运动副可分为低副和高副。

（3）运动副及其分类。运动副分类如下。

① 低副。两构件之间以面接触的运动副称为低副。根据它们之间的相对运动是转动还是移动，运动副又可分为转动副和移动副。

转动副：若组成运动副的两构件之间只能绕某一轴线作相对转动的运动副称为转动副。通常转动副的具体形式是用铰链连接，即由圆柱销和销孔所构成的转动副，如图 3-4（a）所示。

移动副：若组成运动副的两构件只能作相对直线移动的运动副，称为移动副，如图 3-4（b）所示。活塞与汽缸体所组成的运动副即为移动副。

平面机构中的低副引入了两个约束，仅保留一个自由度。

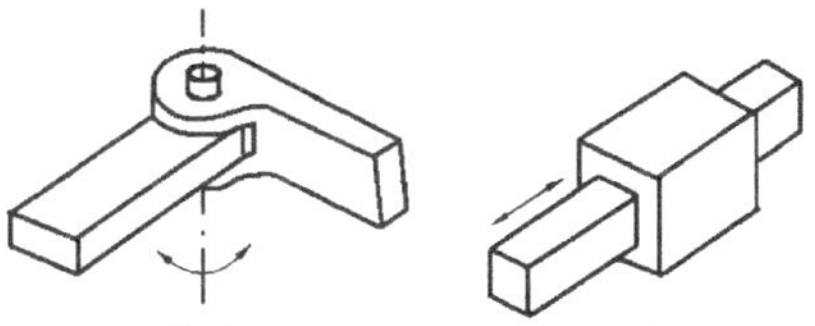

（a）转动副　（b）移动副

图 3-4

② 高副。两构件之间以点或线接触的运动副成为高副，如图 3-5 所示，轮齿 1 与轮齿 2 组成的高副中轮齿 1 沿公法线 nn 方向的移动受到约束，而齿轮 1 相对于齿轮 2 即可沿接触点 A 的切线 tt 方向移动，同时还可绕 A 点转动。由此可见，平面机构中的高副须引入一个约束，保留了两个自由度。

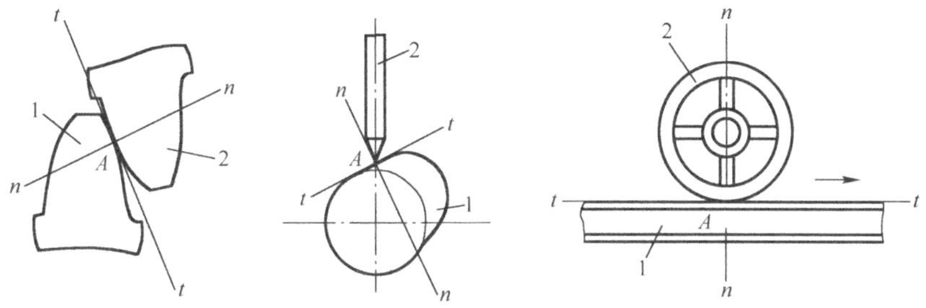

（a）齿轮副　（b）凸轮副　（c）移动副

1，2—轮齿

图 3-5

（4）运动副符号。转动副、移动副、一般构件的表示方法分别如图 3-6 ～图 3-8 所示。

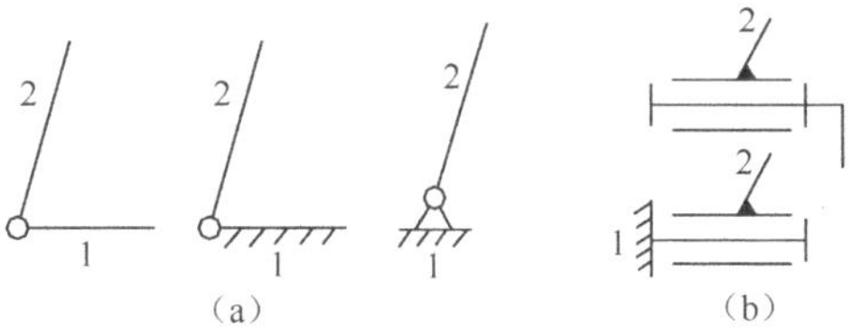

图 3-6

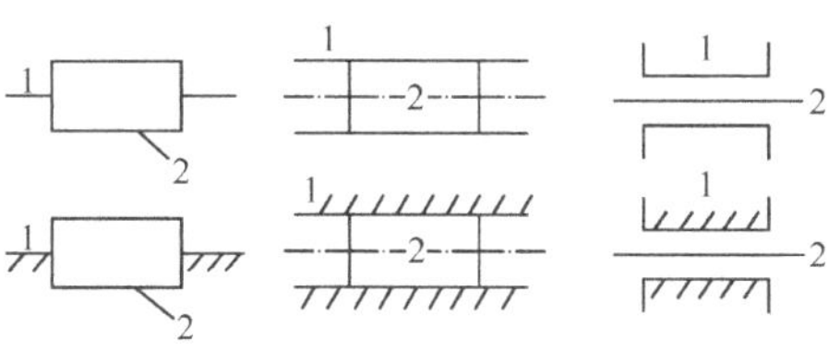

图 3-7

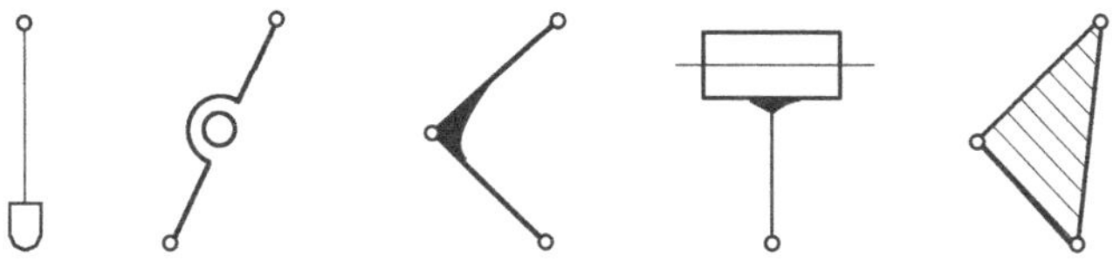

图 3-8

（5）机构中构件的分类及组成。组成机构的构件，根据运动副的性质可分为三类：

- 固定构件（机架）：机构中用来支撑可动构件的部分。
- 主动件（原动件）：机构中作用有驱动力或驱动力矩的构件。

- 从动件：机构中除主动件以外的运动构件。

2. 平面机构运动简图

平面机构运动简图就是用规定的符号和线条按一定的比例表示构件的尺寸和运动副的相对位置，并能完全反映机构特征的简图。

（1）机构运动简图。对机构进行分析，目的在于了解机构的运动特性，即组成机构的各构件是如何工作的。故只需考虑与运动有关的构件数目、运动副类型及相对位置，而无须考虑机构的真实外部状形和具体结构。因此常用一些简单的线条和符号画出图形，并进行方案讨论和运动受力分析。这种撇开实际机构中与运动关系无关的因素，并按一定比例及规定的简化画法称为机构运动简图。

（2）平面机构运动简图的绘制。在绘制构运动简图时，首先必须分析该机构的实际构造和运动情况，分清机构中的主动件（输入构件）及从动件；然后从主动件开始，顺着运动传递路线，仔细分析各构件间的相对运动情况；从而确定组成该机构的构件数、运动副数及性质。在此基础上按一定的比例及特定的构件和运动副符号，正确绘制出机构运动简图。绘制时应抛开与运动无关的构件的复杂外形和运动副的具体构造。同时注意，应选择恰当的原动件位置进行绘制，避免构件相互重叠或交叉。

绘制机构运动简图的步骤如下。

第一步，分析机构：观察相对运动；确定固定件、原动件和从动件。

第二步，确定运动副的类型：确定所有的构件的数目与形状，运动副的数目和类型；由原动件开始，按照各构件之间的运动传递路线，依次分析构件之间的相对运动形式，确定运动副的类型和数目。

第三步，选择视图平面：选择合理的位置，即能充分反映机构的特性；平面机构通常选择与构件运动平行的平面作为投影面。

第四步，确定比例尺，其计算公式为

$$\mu_l = \frac{\text{实际尺寸（m）}}{\text{图上尺寸（mm）}}$$

第五步，用规定的符号和线条绘制成简图。颚式破碎机主体机构及运动简图如图 3-9 所示。

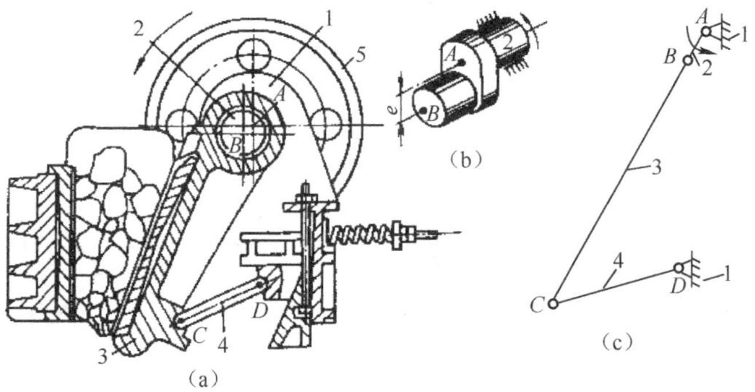

图 3-9

三、平面机构的自由度

构件通过运动副相联接起来的构件系统怎样才能成为机构呢？要想判定若干个构件通过

运动副相联接起来的构件系统是否为机构，就必须研究平面机构自由度。

1. 平面机构的自由度

机构中各构件相对于机架所能有的独立运动的数目，即为机构的自由度。平面机构自由度与组成机构的构件数目、运动副的数目及运动副的性质有关。观察三杆构件组合系统和四杆构件组合系统，它们皆用转动副联接，但因两者的构件数与运动副数不同，则两构件系统的自由度也不同。显然三杆构件系统不能动，而四杆构件组合系统具有确定的运动，这是因为前者自由度为零，后者则有一个自由度。

当两构件以不同的方式相连形成运动副时，构件的独立运动就受到限制，这种限制构件自由运动的作用称为约束。在平面机构中每个平面低副（转动副、移动副等）引入两个约束，使构件失去两个自由度，保留一个自由度；而每个平面高副（齿轮副、凸轮副等）引入一个约束，使构件失去一个自由度，保留两个自由度。如果一个平面机构中包含有 n 个可动构件（机架为参考坐标系，相对固定而不计），在没有用运动副联接之前，这些可动构件的自由度总数应为 $3n$。当各构件用运动副联接起来之后，由于运动副引入的约束使构件的自由度减少。若机构中有 P_L 个低副和 P_H 个高副，则所有运动副引入的约束数为 $2P_L+P_H$。因此，自由度的计算可用可动构件的自由度总数减去约束的总数。

若机构的自由度，以 F 表示：

$$F=3n-2P_L-P_H$$

2. 计算平面机构的自由度应注意的事项

（1）复合铰链。两个以上构件组成两个或更多个共轴线的转动副，即为复合铰链。如图 3-10 所示构件在 A 处构成的复合铰链。此三构件共组成两个共轴线转动副，当有 k 个构件在同一处构成复合铰链时，就构成 $k-1$ 个共线转动副。在计算机构自由度时，应仔细观察是否有复合铰链存在，以免算错运动副的数目。

（2）局部自由度。与输出件运动无关的自由度称为机构的局部自由度，在计算机构自由度时，可预先排除。如图 3-11 所示平面凸轮机构中，为减少高副接触处的磨损，在从动件 2 上安装一个滚子 3，使其与凸轮 1 的轮廓线滚动接触。显然，滚子绕其自身轴线的转动与否并不影响凸轮与从动件间的相对运动，因此滚子绕其自身轴线的转动为机构的局部自由度。在计算机构的自由度时应预先将转动副 C 和构件 3 除去不计，如图 3-11（b）所示，设想将滚子 3 与从动件 2 固连在一起，作为一个构件来考虑。此时该机构中，$n=2$，$P_L=2$，$P_H=1$。

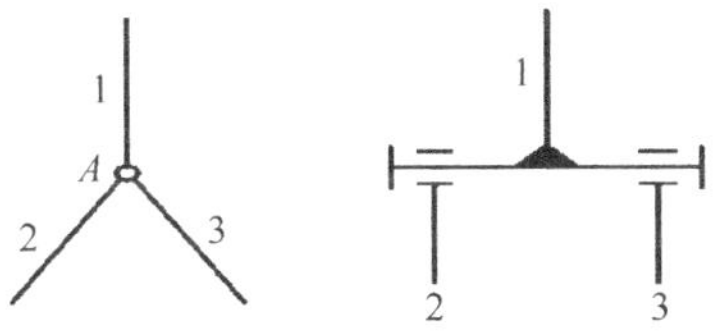

图 3-10

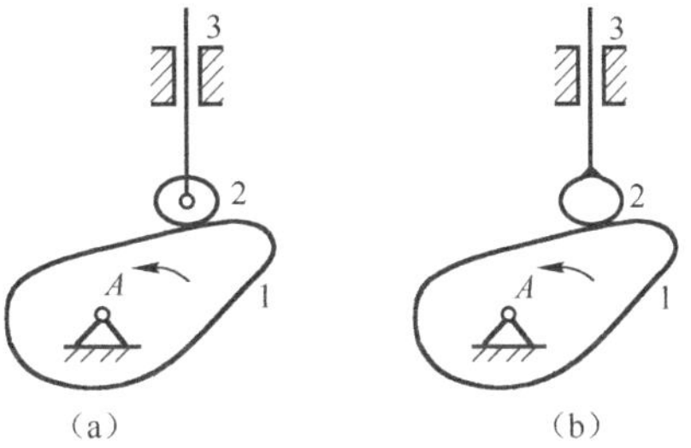

1—凸轮；2—从动件；3—滚子

图 3-11

其机构自由度为

$$F=3n-2P_L-P_H=3\times2-2\times2-1=1$$

（3）虚约束。在特殊的几何条件下，有些约束所起的限制作用是重复的，这种不起独立限制作用的约束称为虚约束，如图 3-12 所示。

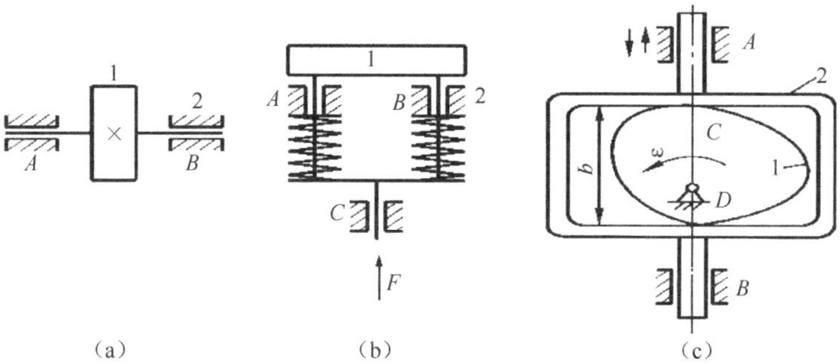

图 3-12

① 两构件组成多个方向一致的移动副时，只需考虑其中的一处约束，其余的视为虚约束。图 3-12（a）所示水平方向形成两个移动副但存在一处虚约束。图 3-12（b）所示铅垂方向形成 3 个移动副但存在两处虚约束。图 3-12（c）所示铅垂方向形成两个移动副但存在一处虚约束。

② 两构件在连接点的运动轨迹重合。平行四边形机构中的虚约束如图 3-13 所示，由于 *EF*//*CD* 杆，*CD* 上的 *C* 点和杆 *BE* 上的 *E* 点的轨迹完全重合，因此杆 *DC* 和杆 *BE* 的连接点上产生虚约束，计算是应将其去除。其自由度应为

$$F=3n-2P_L-P_H=3\times3-2\times4-0=1$$

③ 机构中对运动不起作用的对称部分，如行星轮系，其虚约束如图 3-14 所示。

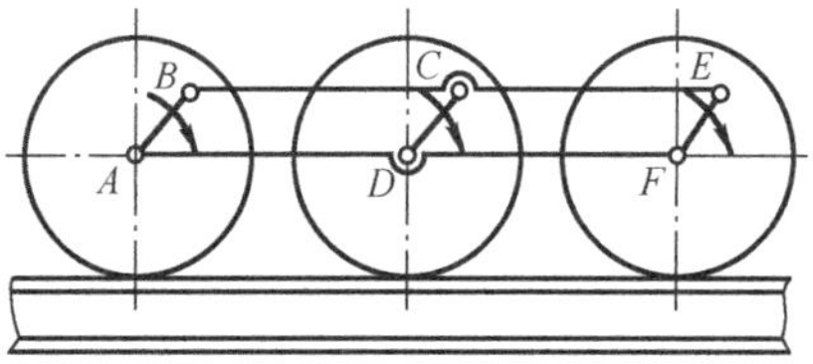

图 3-13

图 3-14

平面机构的虚约束常出现于下列情况：

- 两构件构成各个移动副且导路互相平行。
- 被联接件上点的轨迹与机构上联接点的轨迹重合。
- 机构中对运动不起限制作用的对称部分。

（4）构件系统具有确定运动的条件。机构的自由度必须大于零，才能保证除机架之外的其他构件能够运动。如果机构的自由度等于零，所有构件就不能运动了，因此也就构不成机构了。通常我们用具有一个独立运动的构件作原动件，因此，构件系统成为机构的充分必要条件为：构件系统的自由度必须大于零，且原动件的数目必须等于自由度数。

例 3-1 如图 3-15 所示的由 7 杆组成的平面机构，计算其自由度。

提示：先看有无注意事项，再看复合铰链、局部自由度、虚约束，然后看有几个构件。

分析：机构中 *B*、*C*、*D*、*E* 为复合铰链，无局部自由度、虚约束。按公式 $F=3n-2F_L$

$-F_H$计算自由度，机构中 $n=7$，$F_L=10$，$F_H=0$；自由度 $F=3\times7-2\times10=1$。故此机构有一个原动件。

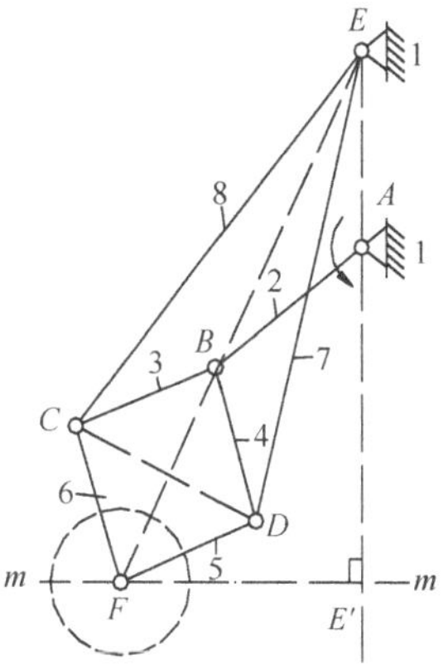

图 3-15

问题解答

题目见问题引入。

解：(1) 分析运动，确定构件的类型和数量。

(2) 确定运动副的类型和数目。

(3) 选择视图平面。

(4) 选取比例尺，根据机构运动尺寸，定出各运动副间的相对位置。

(5) 画出各运动副和机构符号，并表示出各构件，如图 3-16 所示。

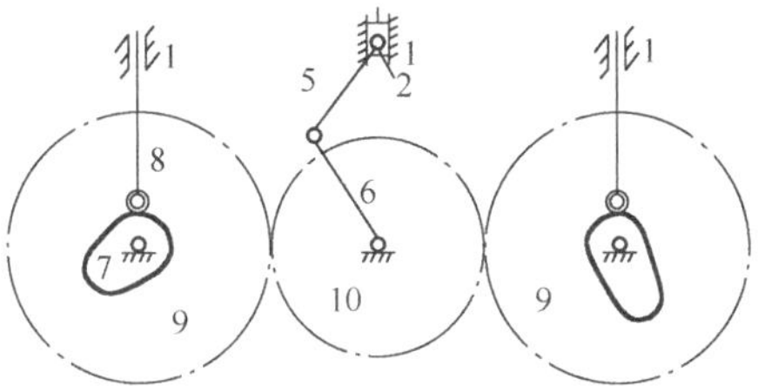

图 3-16

已知，$n=7$，$F_L=8$，$F_H=4$，则内燃机的自由度：

$$F=3n-2F_L-F_H=3\times7-2\times8-4=1$$

故原动件的个数为 1。

知识拓展：中国机械发展简史

中国古代在机械方面有许多发明创造，在动力的利用和机械结构的设计上都有自己的特色。许多专用机械的设计和应用，如指南车、地动仪和被中香炉等，均有独到之处。

1. 冶金技术和机械加工的发展

中国古代金属冶铸技术发明时间较早，且技术精湛。如商周时期的青铜器朴质雄浑，春秋时期的青铜器纤细精巧，形成了中国古代青铜器的独特风格。战国时期流传的《考工记》是现存最早的手工艺专著，其中记有车轮的制造工艺。对弓的弹力、箭的射速和飞行的稳定性等都作了深入的探索。汉代已有各类舰艇和大量的三四层舱室的楼船。有些舰船已装备了艉舵和高效率的推进工具橹。西汉时的被中香炉构造精巧，无论球体香炉如何滚动，其中心位置的半球形炉体都能经常保持水平状态。

2. 交通运输工具不断发展和复杂传动机构的出现

1980 年出土的秦始皇陵铜车马代表了当时铸造技术、金属加工和组装工艺的水平。东汉以后出现了记里鼓车和指南车。记里鼓车有一套减速齿轮系，通过鼓镯的音响分段报知里程。三国马钧所造的指南车，除用齿轮传动外，还有自动离合装置，在技术上又胜记里鼓车一筹。自动离合装置的发明，说明传动机构齿轮系已发展到相当的程度。东汉时已有不同形状和用途的齿轮与齿轮系，有大量棘轮，也有人字齿轮。明初的造船业已有很大进展。郑和下西洋的船队是当时世界上最大的船队。郑和所乘宝船长约137m，张12帆，舵杆长11m多，是古代最大的远洋船舶。当时的机械制造主要仍靠手工操作。大者如千钧锚，是靠人工先锻成四爪，然后依次逐节锻接。小者如制针用的冷拔钢丝，也用手工制成。明代已有活塞风箱，它是宋元木风扇的进一步发展，风箱靠活塞推动和空气压力自动启闭活门，成为金属冶铸的有效的鼓风设备。在明中叶或稍前，木帆船已能逆风行驶，并拥有全风向航行的能力。1634—1637年，明朝的宋应星编著和出版了《天工开物》，记录了许多先进的工艺技术和科学创见。它反映出当时的农业和手工业的生产技术水平，记载了不少有关机械制造和产品性能的情况。内容涉及泥型铸釜、失蜡法铸造以及铸钱等铸造技术，还记述了千钧锚和软硬绣花针的制造方法、提花机和其他纺织机械以及车船等各种交通工具的性能和规格等。《天工开物》被称为中国17世纪的工艺百科全书。清乾隆年间宫廷造办处曾制造大更钟，它依靠悬锤的重力驱动，并增添了精确的报更机构，加工精致，富有中国民族特色。明清两朝中国钟表工匠创制了不少新奇的钟表。当时的广州、苏州、南京、扬州等，成为有名的制造钟表的城市。

3.2 平面连杆机构的设计

问题引入

设计一铰链四杆机构作为加热炉炉门的启闭机构。已知炉门上两活动铰链 B、C 的中心距为50mm。要求炉门打开后成水平位置，且热面朝下（如虚线所示）。如果规定铰链 A、D 安装在炉体的 y—y 竖直线上，其相关尺寸如图3-17所示。用图解法求此铰链四杆机构其余三杆的尺寸。

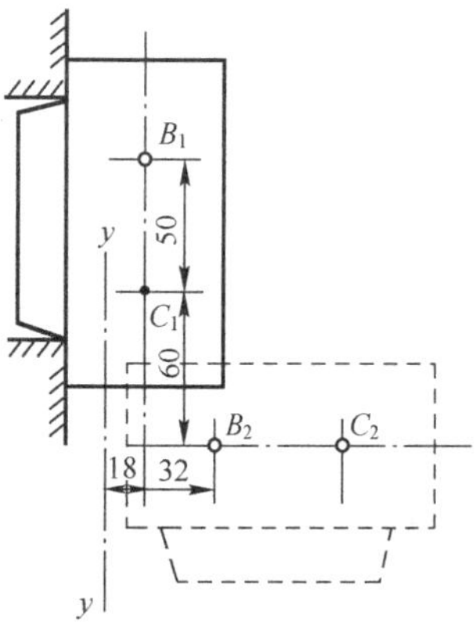

图3-17

知识分析

连杆机构是一种应用广泛的机构，其中以平面连杆机构的应用尤为普遍，而在平面连杆机构中又以4个构件组成的平面连杆机构最为常用。如内燃机，飞剪，飞机起落架，雷达用天线机构，公共汽车的车门开关机构，汲水机构等都是常用的四杆机构。

【知识目标】

1. 了解平面连杆机构的基本形式及其演化。
2. 掌握平面四杆机构的一些基本知识概念。

【能力目标】

能够按已知连杆的3个位置、两连杆的对应位置关系或行程速比系数等要求设计平面四杆机构。

知识链接

平面连杆机构是由几个构件通过低副联接，且所有构件在相互平行平面内运动的机构，也称为平面低副机构。由4个构件通过低副联接而成的平面连杆机构，则称为平面四杆机构。它是平面连杆机构中最常见的形式，也是组成多杆机构的基础。由转动副联接4个构件而形成的机构，称为铰链四杆机构。

一、平面连杆机构的特点及应用

1. 平面连杆机构的优点

(1) 连杆机构以低副相连容易加工。连杆机构各构件以转动副和移动副相连，组成运动副的两构件之间为面接触，因而承受的压强小、便于润滑、磨损较轻，可以承受较大的载荷；构件形状简单，加工方便，工作可靠。

(2) 连杆机构运动形式具有多样性。连杆机构中既有绕定轴转动的曲柄，又有绕定轴往复摆动的摇杆，又有作平面运动的连杆，作往复直线运动的滑块等。实际应用可以利用连杆机构获得各种形式的运动。

(3) 从动件运动规律具有灵活可调性。在主动件等速连续运动的条件下，当各构件的相对长度不同时，从动件实现多种形式的运动，满足多种运动规律的要求。

(4) 连杆曲线具有多样性。在机构运动过程中，固结在连杆平面上的各点将描绘出不同形状的曲线，这就是连杆曲线。连杆位置不同，曲线形状也不同；改变构件的相对尺寸，曲线形状就会随之变化。这些千变万化丰富多彩的连杆曲线可用来满足不同的轨迹要求，在机械工程中得到广泛应用。

2. 平面连杆机构的缺点

低副中存在间隙会引起运动误差，设计计算比较复杂，不易实现精确的复杂运动规律；连杆机构运动时产生的惯性力也不适用于高速的场合。

这类机构常应用于机床、动力机械、工程机械、包装机械、印刷机械和纺织机械中，如牛头刨床中的导杆机构，活塞式发动机和空气压缩机中的曲柄滑块机构，包装机中的执行机构等。

二、铰链四杆机构的基本形式及其演化

1. 铰链四杆机构的基本形式

在铰链四杆机构中，固定不动的杆4为机架，与机架相连的杆1与杆3，称为连架杆，联接两连架杆的杆2为连杆。连架杆1与3通常绕自身的回转中心 A 和 D 回转，杆2作平行运动；若能作整周回转的连架杆，则称为曲柄，不能作整周回转的连架杆称为摇杆，如图3-18所示。铰链四杆机构共有3种基本型式：曲柄摇杆机构、双曲柄机构、双摇杆机构。

(1) 曲柄摇杆机构。在铰链四杆机构中，若两个连架杆中，一个为曲柄，另一个为摇杆，则此铰链四杆机构称为曲柄摇杆机构。通常曲柄1为原动件，并作匀速转动；而摇杆3为从动件，作变速往复摆动。如图3-19所示为调整雷达天线俯仰角的曲柄摇杆机构。由柄1缓慢地匀速转动，通过连杆2，使摇杆3在一定角度范围内摆动，以调整天线俯仰角的大小。

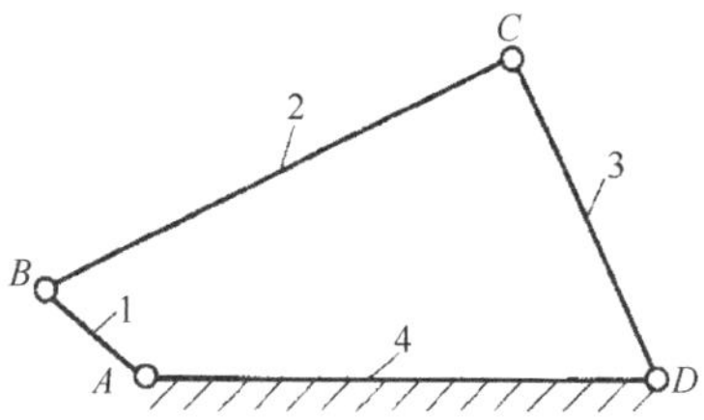

图 3-18

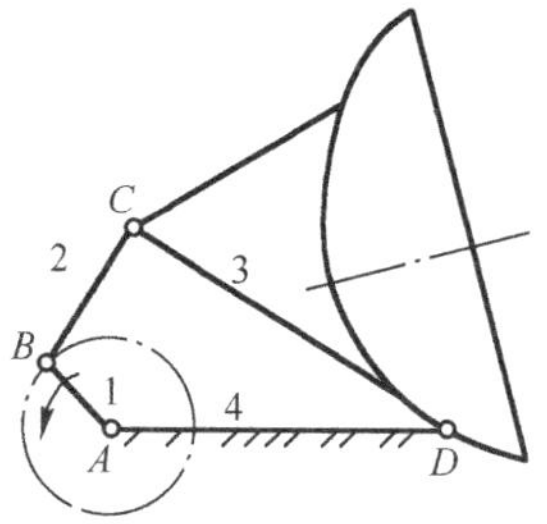

图 3-19

（2）双曲柄机构。在铰链四杆机构中，若两连架杆均为曲柄，则称为双曲柄机构。如图 3-20 所示的惯性筛中的构件 1、构件 2、构件 3、构件 4 组成的机构，为双曲柄机构。在惯性筛机构中，主轴曲柄 *AB* 等角速度回转一周，曲柄 *CD* 变角速度回转一周，进而带动筛子 *E* 往复运动筛选物料。

在双曲柄机构中，用得较多的是平行双曲柄机构，或称平行四边形机构，如图 3-21 所示。这种机构的对边长度相等，组成平行四边形。当杆 *AB* 杆等角速转动时，杆 *CD* 也以相同角速度同向转动，连杆 b 杆则作平移运动。

平行双曲柄机构应用很广，如图 3-22 所示机车联动装置中，车轮相当于曲柄，保证了各车轮同速同向转动。此机车联动装置中还增设一个曲柄 *EF* 作辅助构件，以防止平行双曲柄机构 *ABCD* 变成为反向双曲柄机构。

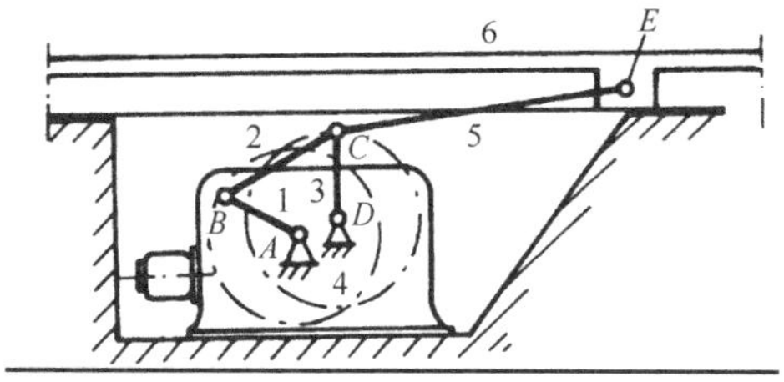

图 3-20

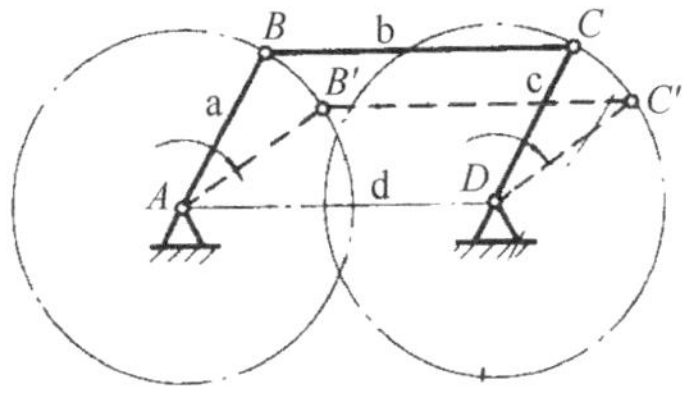

图 3-21

此外，还有反平行四边形机构，如公共汽车车门启闭机构，如图 3-23 所示。当主动曲柄转动时，通过连杆从动曲柄朝相反方向转动，从而保证两扇车门同时开启和关闭。

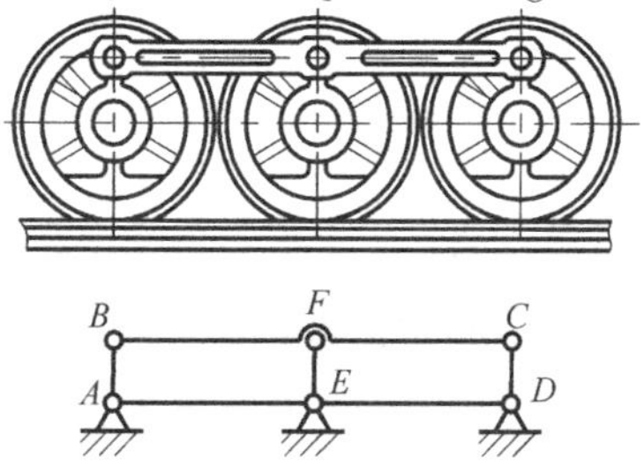

图 3-22

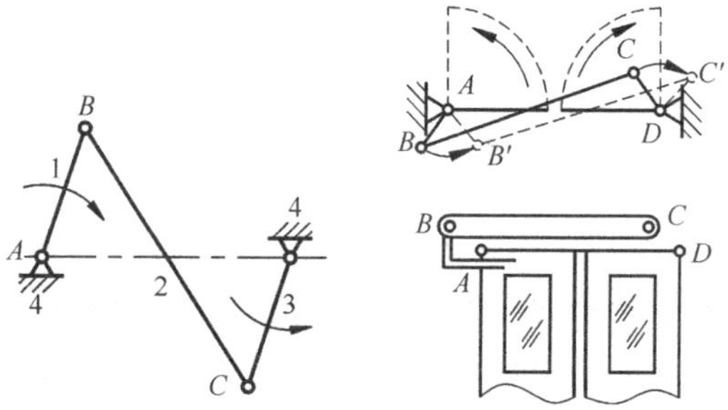

图 3-23

（3）双摇杆机构。两连架杆均为摇杆的铰链四杆机构称为双摇杆机构。如图 3-24 所示轮式车辆的前轮转向机构为双摇杆机构，该机构两摇杆长度相等，称为等腰梯形机构。车子转弯时，与前轮轴固联的两个摇杆的摆角 α 和 β，如果在任意位置都能使两前轮轴线的交点

P 落在后轴线的延长线上，则当整个车身绕 P 点转动时，4 个车轮都能在地面上纯滚动，避免轮胎因滑动而损伤。等腰梯形机构就能近似地满足这一要求。

如图 3-25 所示为用于鹤式起重机变幅的双摇杆机构。当摇杆 AB 摆动时，另一摇杆 CD 随之摆动，选用合适的杆长参数，可使悬挂点 E 的轨迹近似为水平直线，以免被吊重物做不必要的上下运动而造成的功耗。

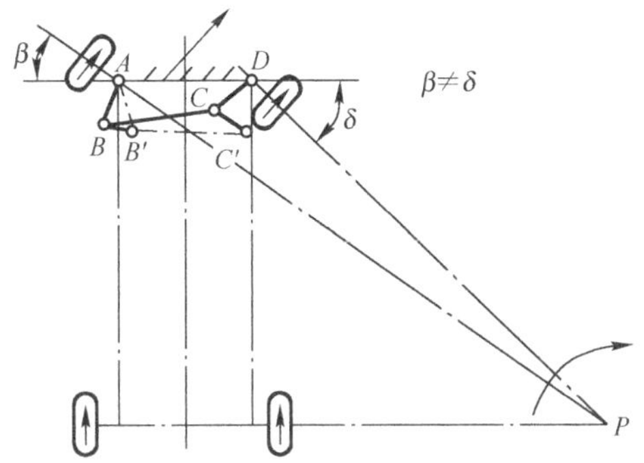

图 3-24

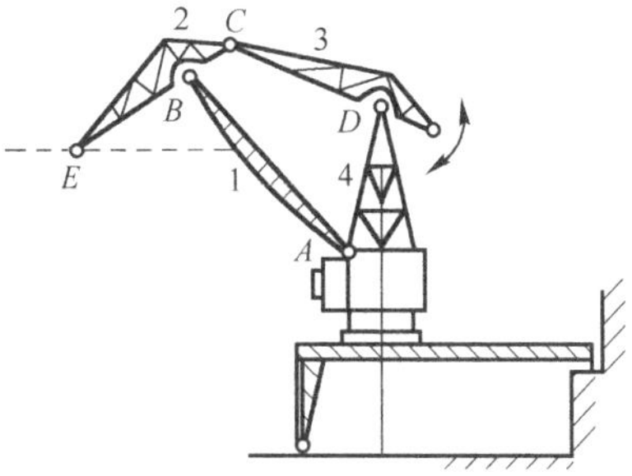

图 3-25

2. 铰链四杆机构的演化

铰链四杆机构可以演化为其他型式的四杆机构。演化的方式通常采用转动副转化成移动副、变更机架和扩大回转副等途径。

(1) 转动副转化成移动副。移动副可以认为是转动副的一种特殊情况，即转动中心位于垂直于移动副导路的无限远处的一个转动副。曲柄滑块机构就是用移动副取代曲柄摇杆机构中的转动副而演化得到的。如图 3-26（a）所示的曲柄摇杆机构，铰链中心 C 的轨迹为以 D 为圆心和 CD 为半径的圆弧 $m—m$。若 CD 增至无穷大，则如图 3-26（c）所示，C 点轨迹变成直线。于是摇杆 3 演化为直线运动的滑块，转动副 D 演化为移动副。

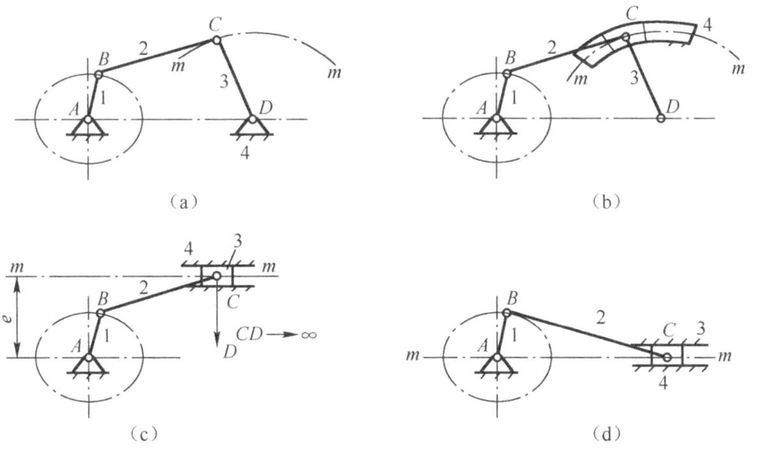

图 3-26

曲柄滑块机构广泛应用于活塞式内燃机、空气压缩机、冲床、剪床、蒸汽机等机械中。

(2) 变更机架。对一个曲柄摇杆机构变更机架，该机构可以演化为双曲柄机构、双摇杆机构。同样，对曲柄滑块机构变更机架，该机构可以演化为导杆机构、摇动滑块机构、固定滑块机构，如图 3-27 所示。

① 导杆机构。对于图 3-27（a）所示的曲柄滑块机构，若改取杆 1 为机架，就得到图 3-27（b）所示的导杆机构。导杆机构中，通常曲柄 2 整周转动，滑块 3 在导杆 4 上滑动并跟随导杆转动或摆动。由图容易知道，若 $l_2 \geq l_1$，则得到转动导杆机构；若 $l_2 < l_1$，则得到摆动导杆机构。

导杆机构的传动角始终等于 90°，具有很好的传力性能，因此常用于牛头刨床、插床和回转式油泵中。

② 摇块机构。对于图 3-27（a）所示的曲柄滑块机构，若改取杆 2 为机架，就得到图 3-27（d）所示的摆动滑块机构（摇块机构）。此时，摇块只能摆动，称为摇块，其运动特点是若杆 1 作整周回转或摆动，导杆 4 相对滑块移动并一起摆动。

这种机构广泛应用于摆缸式内燃机和液压驱动装置中，自卸货车就是很典型的应用。

③ 定块机构。对于图 3-27（a）所示的曲柄滑块机构，若取滑块 3 作机架为固定件，就得到图 3-27（c）所示的固定滑块机构（定块机构）。其运动特点是当主动件杆 1 回转时，杆 2 绕 *C* 点摆动，杆 4 仅相对固定滑块作往复移动。这种机构常用于抽水泵中。

（3）偏心轮机构（扩大回转副）。如图 3-28 所示为两种偏心轮机构。构件 1 为圆盘，其几何中心为 *B*。因运动时该圆盘绕轴 *A* 转动，故称为之偏心轮。*A*、*B* 之间的距离 *e* 称为偏心距。由图 3-28 可知，偏心轮是将转动副 *B* 扩大到包括转动副 *A* 而形成的，偏心距 *e* 即为曲柄的长度。

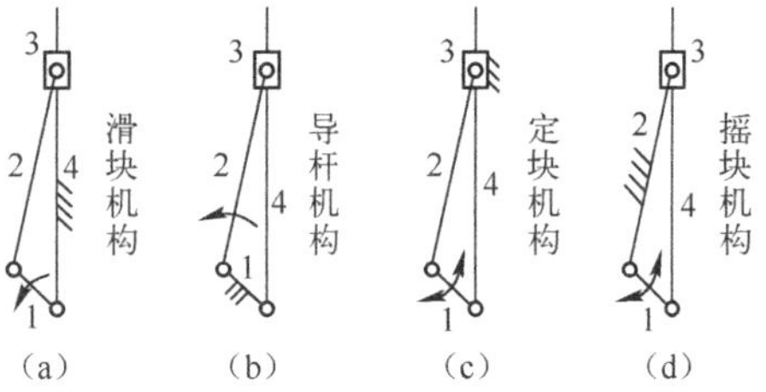

图 3-27

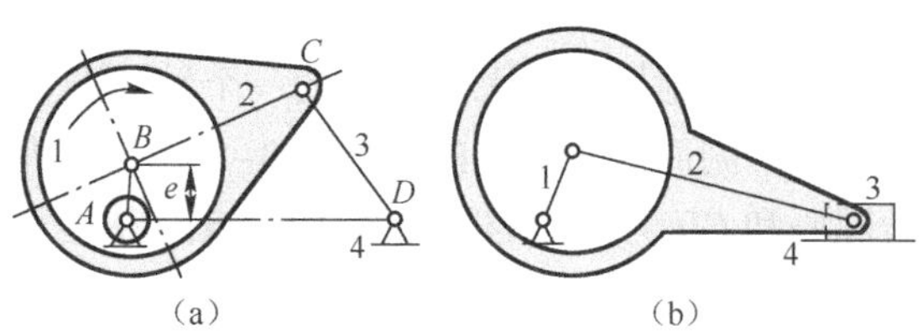

图 3-28

当曲柄长度很小或传递很大的动力时，通常都把曲柄做成偏心轮。这样一方面提高了偏心轴的强度和刚度（因轴颈的直径增大了），而且当轴颈位于中部时也便于安装整体式连杆，使结构简化。因此，偏心轮机构广泛应用于传力较大的剪床、冲床、颚式破碎机、内燃机等机械中。

三、平面四杆机构的基本特性

1. 铰链四杆机构存在曲柄条件

铰链四杆机构的 3 种基本形式，区别在于有无曲柄和有几个曲柄。而 4 个杆相对长度对机构有无曲柄起着决定的影响，铰链四杆机构的 3 种基本形式与机构中四个杆相对长度有怎样关系呢？下面我们分析。

在如图 3-29 所示的铰链四杆机构中，*AB* 为曲柄、*BC* 为连杆、*CD* 为摇杆、*AD* 为机架。各杆长度分别为 *a*、*b*、*c*、*d*。

在△*B'C' D* 中　　　　$a + d \leq b + c$

在△*B''C''D* 中　　　　$d - a + c \geq b$

$$d-a+b \geqslant c$$

经整理

$$a+d \leqslant b+c$$

$$b+a \leqslant c+d$$

$$c+a \leqslant b+d$$

上式两两相加得 $a \leqslant c \quad a \leqslant d \quad a \leqslant b$

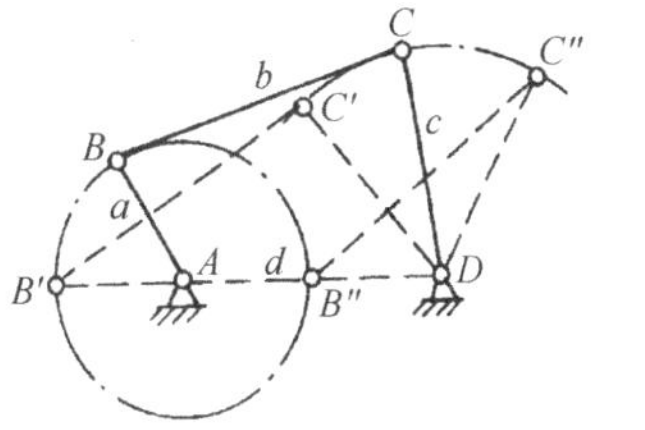

图 3-29

上述关系说明：

① 在曲柄摇杆机构中，曲柄是最短杆。

② 最短杆与最长杆的长度之和小于或等于其余两杆长度之和。它是曲柄存在的必要条件。

在满足了第二个条件后由于曲柄相对于机架和连杆均能作整周回转运动，所以机架和连杆相对于曲柄也能作整周回转运动，因此若取最短杆为机架就有两个曲柄存在。

若满足最短杆＋最长杆≤其余两杆长度之和，则

- 连架杆是最短杆时，此机构为曲柄摇杆机构。
- 机架是最短杆时，此机构为双曲柄机构。
- 最短杆是连杆时，此机构为双摇杆机构。

最短杆＋最长杆＞其余两杆杆长度之和，则此机构为双摇杆机构。

2. 急回特性

在如图 3-30 所示的曲柄摇杆机构，AB 为曲柄是原动件，作等角速度转动，BC 为连杆，CD 为摇杆。当 CD 杆处于 C_1D 位置为初始位置，C_2D 为终止位置，摇杆在两极限位置之间所夹角度称为摇杆的摆角，用 φ 表示。当摇杆 CD 由 C_1D 摆动到 C_2D 位置时，所需时间为 t_1，平均速度为

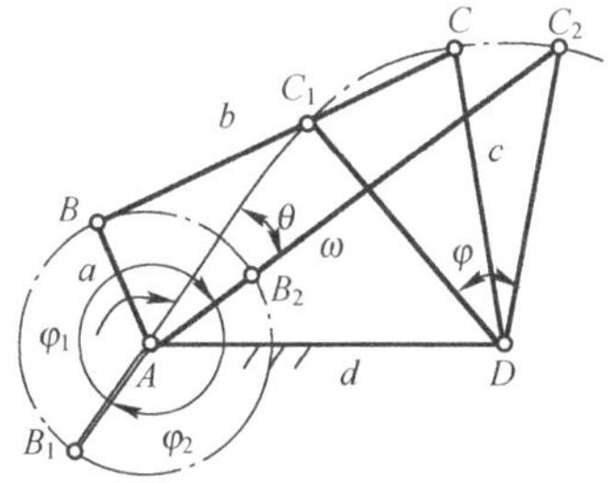

图 3-30

$$v_1=\frac{C_1C_2}{t_1}$$

曲柄 AB 以等角速度顺时针从 AB_1 转到 AB_2，转过角度为：$\varphi_1=180°+\theta$，当摇杆 CD 由 C_2D 摆回到 C_1D 位置时，所需时间为 t_2，平均速度为

$$v_2=\frac{C_1C_2}{t_2}$$

曲柄 AB 以等角速度顺时针从 AB_2 转到 AB_1，转过的角度为：$\varphi_2=180°-\theta$，由于曲柄 AB 等角速度转动，所以 $\varphi_1>\varphi_2$，$t_1>t_2$，因此，$v_2>v_1$。

由此可见，主动件曲柄 AB 以等角速度转动时，从动件摇杆 CD 往复摆动的平均速度不相等。往往我们把进程平均速度定为 v_1，而空行程返回速度则为 v_2，显而易见，从动件回程速度比进程速度快。这个性质称为机构的急回特性。我们把回程平均速度与进程平均速度之比称为速度变化系数，用 K 表示为

$$K=\frac{v_2}{v_1}=\frac{C_1C_2/t_2}{C_1C_2/t_1}=\frac{t_1}{t_2}=\frac{\varphi_1}{\varphi_2}=\frac{180°+\theta}{180°-\theta}$$

或

$$\theta=180°\frac{K-1}{K+1}$$

式中 θ 称为极位夹角，即摇杆在极限位置时，曲柄两位置之间所夹锐角。θ 表示了急回程度

的大小，θ 越大急回程度越强，$\theta=0$，机构无急回特性。

3. 传动角与压力角

（1）传动角。在生产中，不仅要求连杆机构能实现预定的运动规律，而且希望运转轻便，效率较高。曲柄摇杆机构，如不计各杆质量和运动副中的摩擦，则连杆 BC 为二力杆，它作用于从动摇杆 CD 上的力 P 是沿 BC 方向的。作用在从动件上的驱动力 P 与该力作用点绝对速度 v_c 之间所夹的锐角 α。如图 3-31所示，α 称为压力角。

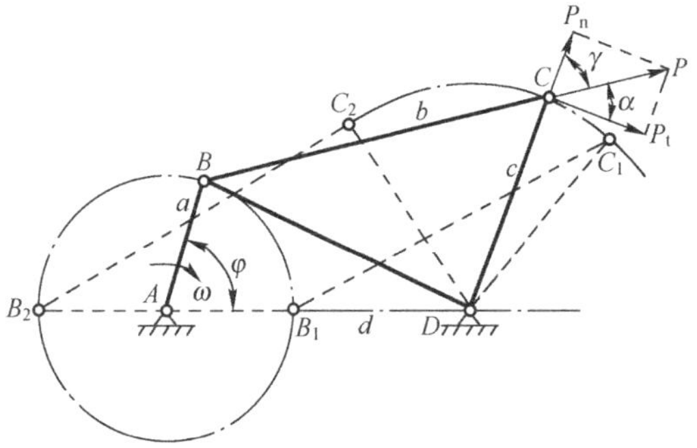

图 3-31

（2）压力角。可见，力 P 在 v_c 方向的有效分力为 $P_t=P\cos\alpha$，这说明压力角越小，有效分力就越大。也就是说，压力角可作为判断机构传动性能的标志。在连杆设计中，为了度量方便，习惯用压力角 α 的余角 γ（即连杆和从动摇杆之间所夹的锐角）来判断传力性能，γ 称为传动角。因 $\gamma=90°-\alpha$，所以 α 越小，γ 越大，机构传力性能越好；反之，α 越大，γ 越小，机构传力越费劲，传动效率越低。

机构运转时，传动角 γ 是变化的，为了保证机构正常工作，必须规定最小传动角 γ_{min}。对于一般应使 $\gamma_{min}\geqslant 40°$；对于颚式破碎机、冲床等大功率机械，最小传动角应当取大一些，可取 $\gamma_{min}\geqslant 50°$；对于小功率的控制机构和仪表，$\gamma_{min}$ 可略小于 40°。

4. 死点位置

在曲柄摇杆机构中，当摇杆 CD 为主动件、曲柄 AB 为从动件时，当连杆 BC 与曲柄 AB 处于共线位置时，连杆 BC 与曲柄 AB 之间的传动角 $\gamma=0°$，压力角 $\alpha=90°$。这时无论连杆 BC 给从动件曲柄 AB 的力多么大曲柄 AB 都不动，机构所处的这种位置称为死点位置。

例如在家用缝纫机的踏板机构中就存在死点位置。机构存在死点位置是不利的，对于连续运转的机器，采取以下措施可使机构顺利地通过死点位置：

（1）利用从动件的惯性顺利地通过死点位置。家用缝纫机的踏板机构中大带轮就相当于飞轮，利用惯性通过死点。

（2）采用错位排列方式顺利地通过死点位置，例如 V 型发动机。

有时可利用死点位置实现某种功能。如图 3-32 所示的夹具。当工件与被夹紧后，四杆机构的铰链中心，B、C、D 处于同一条直线上，工件经杆 1 给杆 2 传给杆 3 的力，通过回转中心 D 此力不能使杆 3 转动，因此当 P 去掉后仍能夹紧工件。

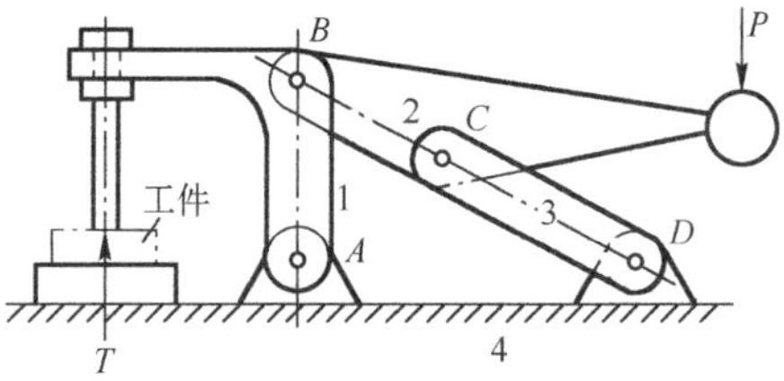

图 3-32

问题解答

题目见问题引入。

解： 采用图解法来解，如图 3-33 所示。

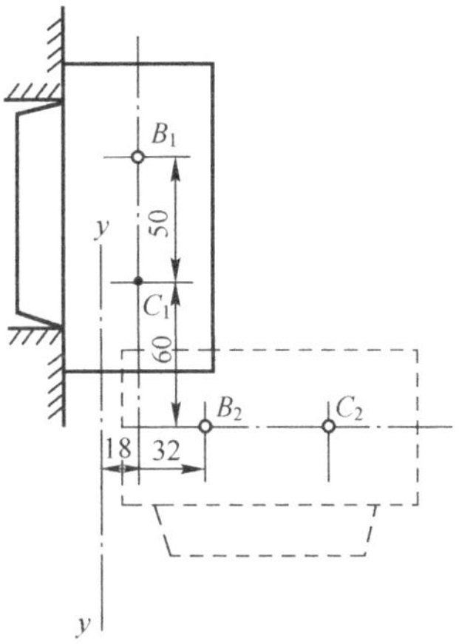

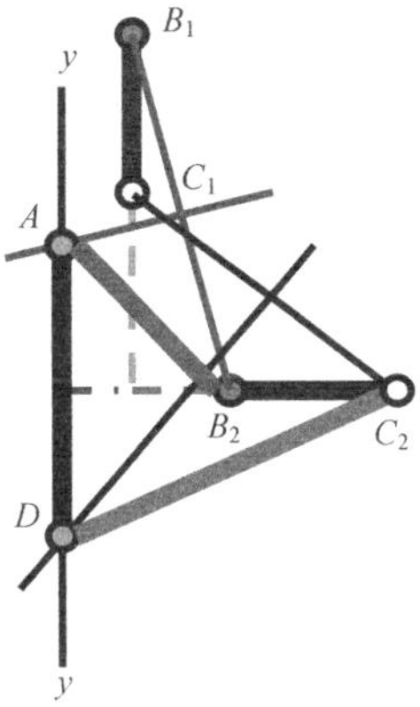

图 3–33

(1) 给 4 个圈标号，由上到下为 B_1，C_1，B_2，C_2。

(2) 连接 C_1C_2，B_1B_2做其中垂线，与 y—y 分别交于两点 D 和 A。连接 AB_1，C_1D。A，D 为机架。AB_1，B_1C_1，C_1D，AD 即为所求四杆机构。

(3) 长度可以根据比例尺直接测量后得到。

知识拓展：汽车中的四杆机构

为什么汽车加油就能产生动力？为什么雨天刮雨器能把前窗的雨水刮干净？为什么卡车能自卸翻斗？

汽车的动力来源于内燃机，内燃机的主要组成部分主要有曲柄连杆机构、机体和汽缸盖、配气机构、供油系统、润滑系统、冷却系统、启动装置等。

四冲程内燃机（汽油机）的工作原理介绍如下。

吸气冲程：进气门打开，排气门关闭，活塞向下运动，雾状汽油和空气的混合物（柴油机为空气）进入汽缸内。

压缩冲程：进气门和排气门都关闭，活塞向上运动，燃料混合物被压缩（机械能转化为内能）。

做功冲程：在压缩冲程结束时，火花塞（柴油机为喷油嘴）产生电火花，使燃料猛烈燃烧（柴油机为压燃），产生高温高压气体。高温高压的气体推动活塞向下运动，带动曲轴转动，对外做功。（内能转化为机械能）

排气冲程：进气门关闭，排气门打开，活塞向上运动，把废气排出缸外。

在内燃机工作过程中活塞的运动行程比较关键，而活塞的运动就是曲柄滑块机构的具体运用。在这里活塞就是一个滑块，作为主动件可以上下移动，通过连杆传递给曲轴，驱使曲轴转动。

当下雨时，雨水打在车窗上会模糊驾驶员的视线，必须有个装置能快速地擦拭车窗。在汽车上这个任务由刮雨器来完成，刮雨器的刷子由曲柄摇杆机构的摇杆担当，能保证驾驶员下雨天的视线。

货车的卸货如果靠人力的话，那是一件比较麻烦的事情，既费事又费时，效率较低。为此货车在设计时在车厢的下部设置了自卸装置，用双摇杆机构完成自卸的任务。

3.3 凸轮机构设计

问题引入

一尖顶对心移动从动件盘形凸轮机构，凸轮按逆时针方向回转，从动件运动规律为：

δ	δ_0 0°～120°	δ_s 120°～180°	δ_0' 180°～270°	δ_s' 270°～360°
S	匀速上升50mm	停止不动	等加速等减速下降50mm	停止

要求：

(1) 作位移曲线。

(2) 若基圆半径为60mm，试画出凸轮的轮廓曲线。

知识分析

在各种机器中，尤其是自动化机器中，为实现各种复杂的运动要求，常采用凸轮机构。其设计比较简便，只要将凸轮的轮廓曲线按照从动件的运规律设计出来，从动件就能较准确地实现预定的运动规律。本任务将着重研究盘状凸轮轮廓曲线绘制的基本方法和凸轮设计中的相关问题。

【知识目标】

1. 了解常用凸轮传动的类型、特点，掌握凸轮机构的工作原理。
2. 掌握凸轮机构常用运动的规律和选择。

【能力目标】

能够按照要求的运动规律设计凸轮机构。

知识链接

一、凸轮机构的应用与分类

1. 凸轮机构的应用

图3-34所示为内燃机配气凸轮机构。当具有一定曲线轮廓的凸轮1以等角速度回转时，它的轮廓迫使从动作2（阀杆）按内燃机工作循环的要求启闭阀门。

凸轮一般作连续等速转动，从动件可作连续或间歇的往复运动或摆动。凸轮机构广泛用于自动化和半自动化机械中作为控制机构。但凸轮轮廓与从动件间为点、线接触而易磨损，所以不宜承受重载或冲击载荷。

2. 凸轮机构的分类

凸轮机构的类型很多，通常按凸轮和从动件的形状、运动形式分类。

(1) 按凸轮的形状分类，可分为盘形凸轮、移动凸轮、圆柱凸轮。

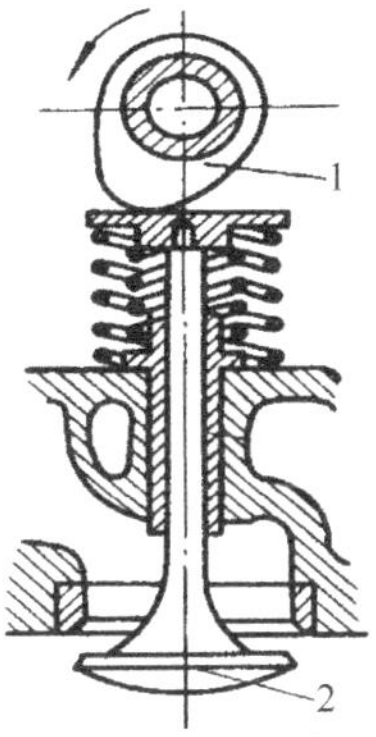

1—凸轮；2—阀杆

图 3-34

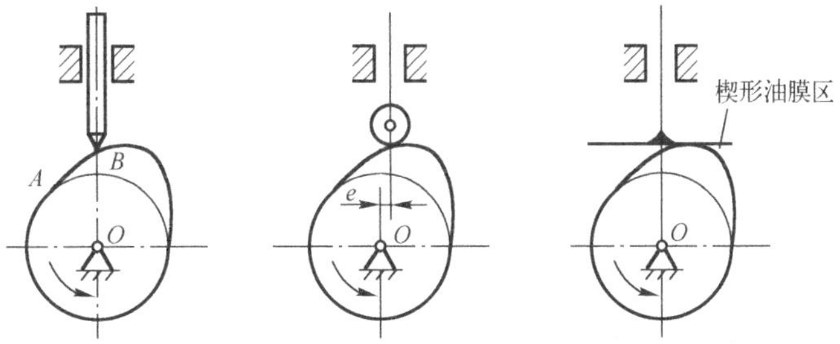

（a）盘形凸轮　（b）滚子凸轮　（c）平底凸轮

图 3-35

① 盘形凸轮。它是凸轮的最基本型式。这种凸轮是一个绕固定轴转动并且具有变化半径的盘形零件。图 3-35 所示的凸轮都是盘形凸轮。

② 移动凸轮。当盘形凸轮的回转中心趋于无穷远时，凸轮相对机架作直线运动，这种凸轮称为移动凸轮。

③ 圆柱凸轮。将移动凸轮卷成圆柱体即成为圆柱凸轮。

（2）按从动件形状分类，可以分为尖顶从动件、滚子从动件、平底从动件。

① 尖顶从动件。尖顶能与任意复杂的凸轮轮廓保持接触，因而能实现任意预期的运动规律。但因为尖顶磨损快，所以只宜用于受力不大的低速凸轮机构中。

② 滚子从动件。在从动件的尖顶处安装一个滚子从动件，可以克服尖顶从动件易磨损的缺点。滚子从动件耐磨损，可以承受较大载荷，是最常用的一种从动件型式。

③ 平底从动件。这种从动件与凸轮轮廓表面接触的端面为一平面，所以它不能与凹陷的凸轮轮廓相接触。这种从动件的优点是：当不考虑摩擦时，凸轮与从动件之间的作用力始终与从动件的平底相垂直，传动效率较高，且接触面易于形成油膜，利于润滑，故常用于高速凸轮机构。

（3）按从动件的运动形式，可分为直动从动件（对心直动从动件和偏置直动从动件）和摆动从动件两种。

凸轮机构中，采用重力、弹簧力使从动件端部与凸轮始终相接触的方式称为力锁合；采用特殊几何形状实现从动件端部与凸轮相接触的方式称为形锁合。

二、常用的从动件运动规律

1. 名词及术语

参照图 3-36，明确一些名词及术语。

基圆：以凸轮的最小向径为半径所作的圆称为基圆，基圆半径用 r_b 表示。

推程运动角：从动件被凸轮推动，以一定运动规律，从最近位置到达最远位置，从动件在这过程中经过的距离 h 称为推程（升程），对应的凸轮转角 δ_0 称为推程运动角。

远休止角：当凸轮继续回转时，从动件在最远位置停留不动。此时凸轮转过的角度 δ_s，称为远休止角。

回程运动角：凸轮再继续回转，从动件以一定运动规律从最远位置回到最近位置，这段行程称为回程，对应的凸轮转角 δ_0' 称为回程运动角。

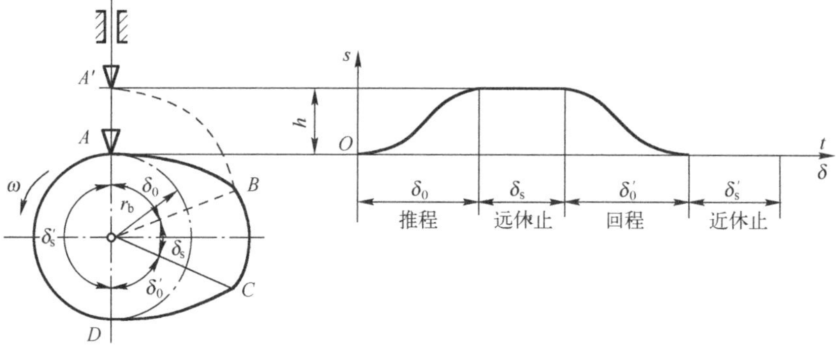

图 3-36

近休止角：当凸轮继续回转时，从动件在最近位置停留不动。此时凸轮转过的角度 δ_s'，称为近休止角。

2. 常见运动规律

（1）等速运动规律。凸轮角速度 ω_1 为常数时，从动件速度 v 不变，称为等速运动规律。位移方程可表达为 $s=h_1/\delta_0$，图 3-37 为等速运动规律的位移、速度、加速度线图。对于等速运动规律，起点和终点瞬时的加速度 α 为无穷大，因此产生刚性冲击，应用于中、小功律和低速场合。

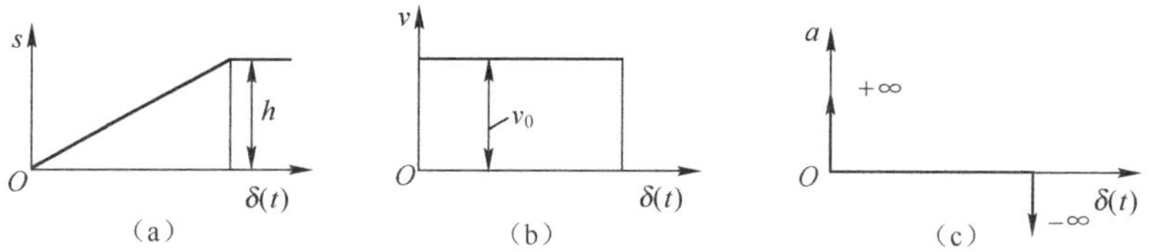

图 3-37

（2）等加速、等减速运动规律。等加速、等减速运动规律，在前半程用等加速运动规律，后半程采用等减速运动规律，两部分加速度绝对值相等。

等加速等、减速运动规律的位移线图的画法为：将推程角 δ_0 分成两等份，每等份为 $\delta_0/2$；将行程分成两等份，每等份为 $\delta_0/2$。将 $\delta_0/2$ 分成若干等份，得 1、2、3…点，过这些点作横坐标的垂线。将 $\delta_0/2$ 分成相同的等份 1′、2′、3′…点，连 01′、02′、03′…点，与相应的横坐标的垂线分别相交与 1″、2″、3″…点。便得到推程等加速段的位移线图，等减速段的位移线图可用同样的方法求得，等加速等减速运动规律的位移、速度、加速度线图（见图 3-38）。等加速、等减速运动规律在运动起点 A、中点 B、终点 C 的加速度突变为有限值，产生柔性冲击。与等速运动规律相比、其冲击程度大为减小。适用于中速、中载的场合。

（3）简谐（余弦加速度）运动规律。余弦加速度运动规律的加速度曲线为 1/2 个周期的余弦曲线，位移曲线为简谐运动曲线（又称简谐运动规律）。

图 3-39 为余弦加速度运动规律。余弦加速度运动规律为：在运动起始和终止位置，加速度曲线不连续，存在柔性冲击。但对于升→降→升型运动的凸轮机构，加速度曲线变成连续曲线，则无柔性冲击，可用于较高速场合。

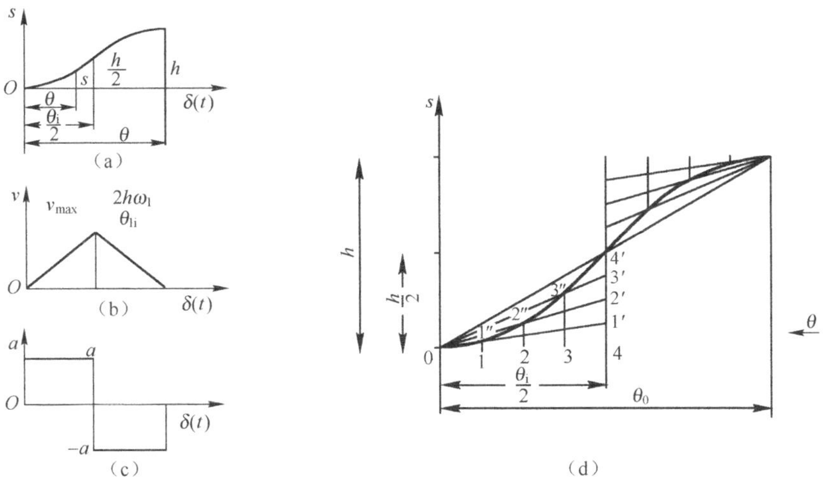

图 3-38

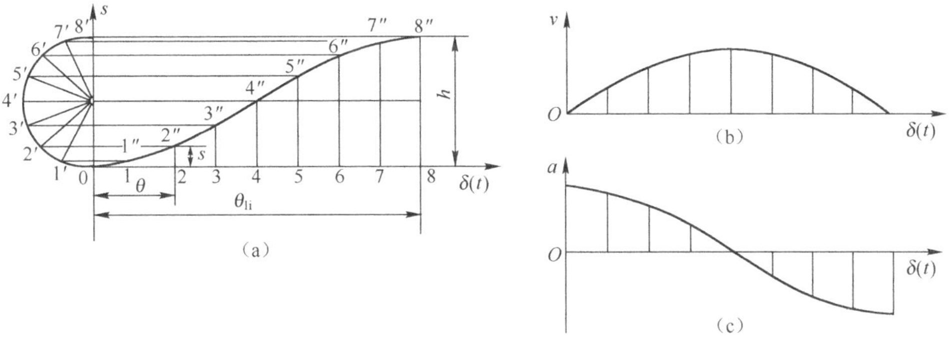

图 3-39

三、用图解法设计盘形凸轮轮廓曲线

在合理地选择从动件的运动规律之后，根据工作要求、结构所允许的空间、凸轮转向和凸轮的基圆半径，就可设计凸轮的轮廓曲线。设计方法通常有图解法和解析法。图解法简单、直观，但精度有限，因此用于低速或精度要求不高的场合。解析法精度较高，适用于高速或要求较高的场合。本节介绍几种常见的凸轮轮廓的绘制方法。

1. 绘制原理

当凸轮机构工作时，凸轮是运动的，而绘制凸轮轮廓时，却需凸轮与图样相对静止。所以用图解法绘制凸轮轮廓曲线要利用相对运动原理。

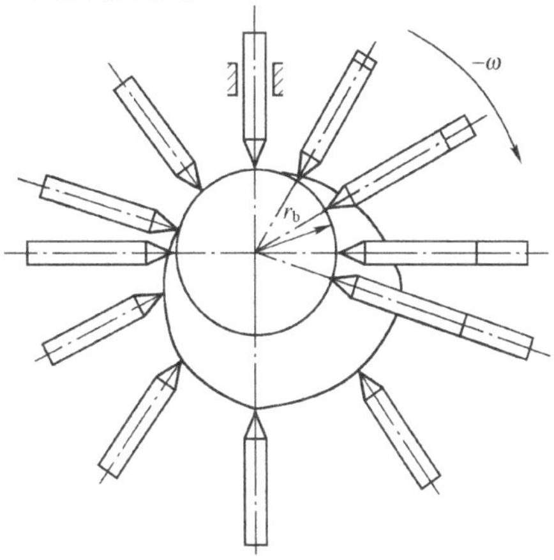

图 3-40

如图 3-40 所示为一对心尖顶直动从动件盘形凸轮机构，凸轮基圆半径为 r_0，当凸轮以等角速度 ω 绕轴心 O 转动时，推动从动件按预期运动规律运动。现假设在整个凸轮机构上（凸轮、从动件、导路）加一个与凸轮角速度 ω 大小相等、方向相反的角速度 $-\omega$，于是凸轮静止不动，而从动件与导路一起以角速度 $-\omega$ 绕凸轮转动，且从动件仍以原来的运动规律相对导路移动。由于从动件尖顶与凸轮轮廓始终接触，所以加上反转角速度后从动件尖顶的运动轨迹就是凸轮轮廓曲线。把原来转动着的凸轮看成是静止不动的，而把原来静止不动的导路及原来往复移动的从动件看成为反转运动的这一原理，称为“反转法”原理。

2. 绘制举例

（1）对心移动尖顶从动件盘形凸轮轮廓的绘制。图 3-41 所示为从动件导路通过凸轮回转中心的尖顶对心直动从动件盘形凸轮机构。根据已知条件从动件的位移线图、凸轮的基圆半径，以及凸轮以等角速度 ω 顺时针转动，要求绘出此凸轮的轮廓。根据“反转法”原理，可以作图如下：

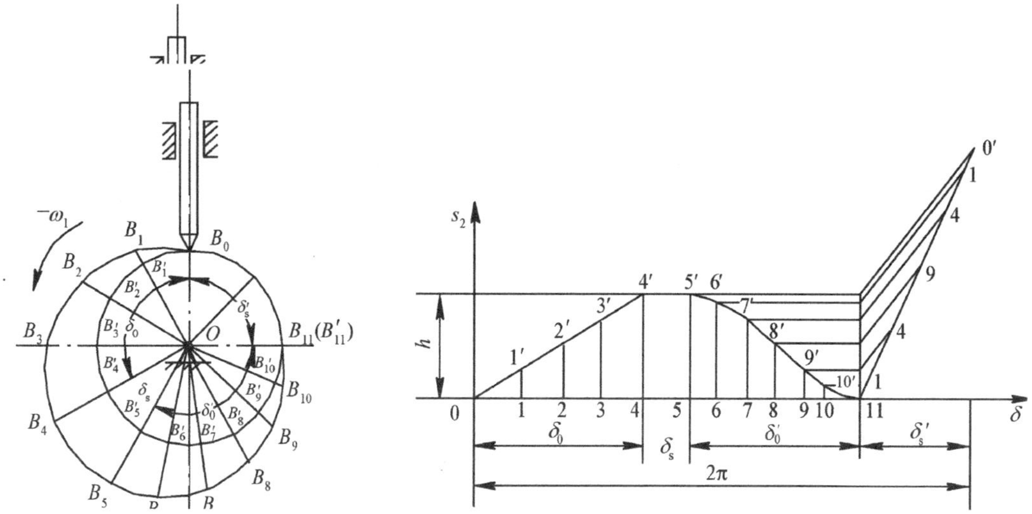

图 3-41

① 选择长度比例尺 μ_l（实际线性尺寸/图样线性尺寸）和角度比例尺 μ_δ（实际角度/图样线性尺寸），作从动件位移曲线 $s_2 = s(\delta)$。

② 将曲线推程角和回程角分成若干等份。

③ 以基圆半径为半径作基圆，按长度比例尺 μ_l作图，此基圆与导路的交点 B_0便是从动件尖顶的起始位置。

④ 将位移线图的推程和回程所对应的转角分成若干等份。

⑤ 自 OB_0沿 ω_1的相反方向取角度 $\delta_0\delta_s\delta_h\delta_s'$，并将它们各分成与图对应的若干等份得 B_1'、B_2'、B_3'…点。连接 OB_1'、OB_2'、OB_3'…，并延长各径向线，它们便是反转后从动件导路线的各个位置。

⑥ 在位移曲线中量取各个位移量，并取 $B_1'B_1' = 11'$，$B_2'B_2 = 22'$，$B_3'B_3 = 33'$…，得反转后从动件尖顶的一系列位 B_1，B_2，B_3…。

⑦ 将 B_0，B_1，B_2，B_3…连成光滑的曲线，即是所要求的凸轮轮廓。

（2）对心移动滚子从动件盘形凸轮轮廓的绘制。掌握了对心直动尖顶从动件盘形凸轮轮廓的绘制技巧，如果从动件不是尖顶，而是滚子，凸轮轮廓又怎样绘制出来呢？对于滚子从动件盘形凸轮机构，设计方法为：尖顶从动件盘形凸轮与上相同，只要把滚子中心看做尖顶从动件凸轮，则由以上方法得出的轮廓曲线称为理论轮廓曲线，然后以该轮廓曲线为圆心，滚子半径 r_T 为半径画一系列圆，再画这些圆所包络的曲线，即为所设计的轮廓曲线，这称为实际轮廓曲线，如图 3-42 所示。其中 r_b 指理论轮廓曲线的基圆半径。

由此可得作图步骤如下：

① 将滚子的回转中心视为从动件的尖端，按照上例步骤先绘出尖顶从动件的凸轮轮廓曲线 β_0（即滚子中心轨迹），如图 3-42 中的细实线所示，该曲线称为理论轮廓曲线。

② 以理论轮廓曲线上的点为圆心，以滚子半径为半径作系列圆，然后作该系列圆的内包络线 β，它便是凸轮的实际轮廓曲线。必须注意，凸轮的基圆半径 r_b 是指理论轮廓曲线上的最小向径。

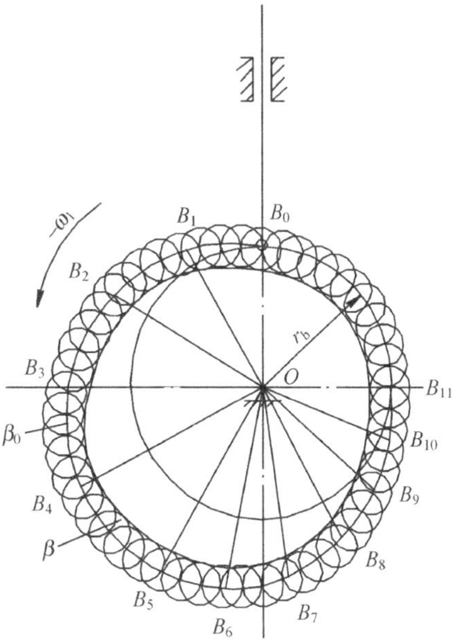

图 3-42

问题解答

题目见问题引入。

解：(1) 选择长度比例尺 μ_1（实际线性尺寸/图样线性尺寸）和角度比例尺 μ_δ（实际角度/图样线性尺寸），作从动件位移曲线 $s_2=s(\delta)$，如图 3-43（b）所示。

(2) 将曲线 $s_2=s(\delta)$ 中推程角分成 4 份，回程角分成 6 份，如图 3-43（b）所示。

(3) 以基圆半径 60mm 为半径作基圆，按长度比例尺 μ_1 作图，此基圆与导路的交点 B_0 便是从动件尖顶的起始位置。

(4) 自 OB_0 沿 ω_1 的相反方向取角度 $\delta_0\delta_s\delta_0'\delta_s'$，并将它们各分成与图对应的若干等份得 B_1'、

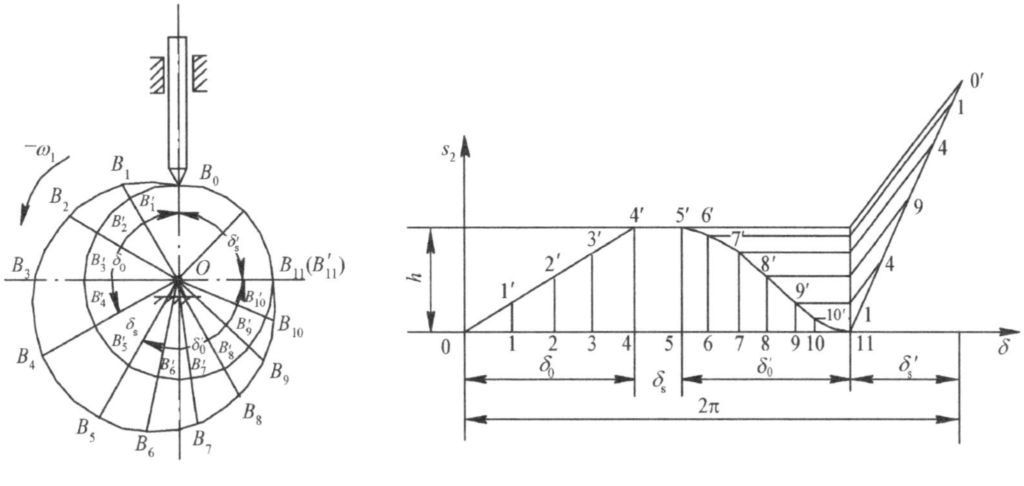

（a）　（b）

图 3-43

B_2'、B_3'…点。连接 OB_1'、OB_2'、OB_3'…，并延长各径向线，它们便是反转后从动件导路线的各个位置。

（5）在位移曲线中量取各个位移量，并取 $B_1'B_1=11'$，$B_2'B_2=22'$，$B_3'B_3=33'$，…得反转后从动件尖顶的一系列位 B_1，B_2，B_3…。

（6）将 B_0，B_1，B_2，B_3…，连成光滑的曲线，即是所要求的凸轮轮廓，如图 3-42（a）所示。

知识拓展：凸轮机构的具体应用

凸轮机构在生产实际中应用广泛。概括地讲，其功能主要有以下几个方面。

1. 实现无特定运动规律要求的工作行程

在一些控制装置中，只需要从动件实现一定的工作行程，而对从动件的运动规律及运动和力特性并无特殊要求，采用凸轮机构可以很方便地实现从动件的这类工作行程。

如图 3-44 所示为某车床床头箱中用以改变主轴转速的变速操纵机构。图中 1 为手柄，2、7 为摆杆，3、6 为拨叉，4、5 分别为三联和双联滑移齿轮，8 为圆柱凸轮，其上有两条曲线凹槽（即凸轮廓线）。

在摆杆 2 和 7 的端部各装有一个滚子，分别插在凸轮的两条曲线凹槽内。当转动手柄 1 时，圆柱凸轮 8 转动，带动摆杆 2 和 7 在一定范围内摆动，通过拨叉 3 和 6，分别带动三联齿轮 4 和双联齿轮 5 在花键轴上滑移，使不同的齿轮进入啮合，从而达到改变车床主轴转速的目的。

2. 实现有特定运动规律要求的工作行程

前述自动机床上的进刀机构，就是利用凸轮机构实现复杂运动规律的一个实例。通常刀具的进给运动包括以下几个动作：

到位行程：即刀具以较快的速度接近工件的过程；

工作行程：即刀具等速前进切削工件的过程；

返回行程：即刀具完成切削动作后快速退回的过程；

停歇行程：即刀具复位后停留一段时间，以便进行更换工件等动作，然后开始下一个运动循环。

这样一个复杂的运动规律，就是由一摆动从动件圆柱凸轮机构来实现的。

3. 实现对运动和动力特性有特殊要求的工作行程

如图 3-45 所示为船用柴油机的配气机构。当凸轮 1 转动时，推动从动件 2 和 2′上下往复移动，通过摆臂 3 使气阀 4 开启或关闭，以控制可燃物质在适当的时间进入汽缸或排出废气。由于曲轴的工作速度很高，阀门必须在很短的时间内完成起闭动作，因此要求机构必须具备有良好的动力学性能。而凸轮机构只要设计得当，就完全能胜任这一工作。

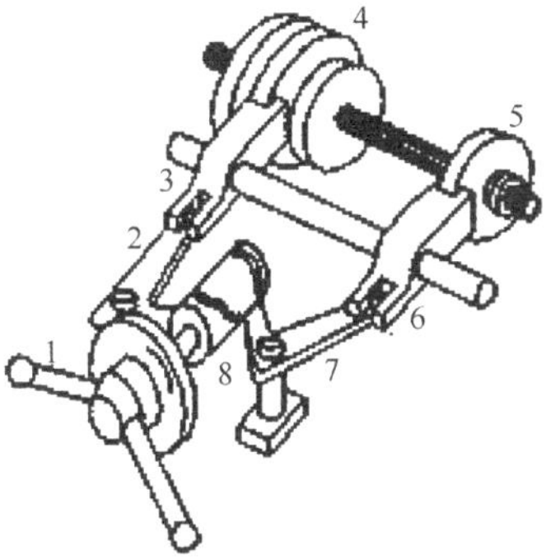

图 3-44

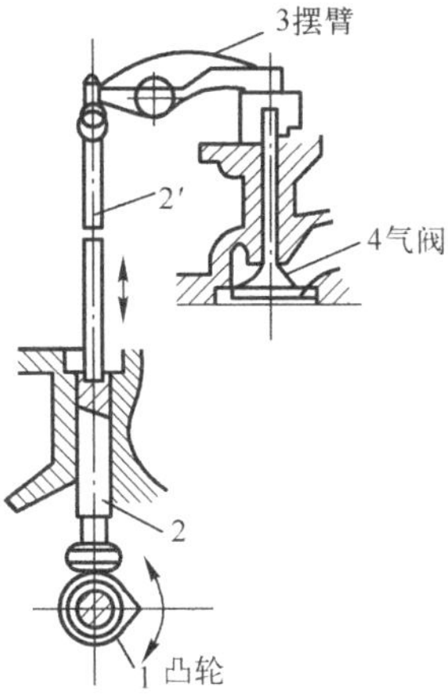

图 3-45

除上述功能外，凸轮机构经过适当组合，还可以实现复杂的运动轨迹。

思考题

一、填空题

1. 运动副是两构件________组成的________连接，它限制了两构件之间的某些________，而又允许有另一些________。按两构件的接触形式的不同，运动副可分为________和________两大类。

2. 平面低副具有________约束，高副具有________约束。

3. 铰链四杆机构中曲柄存在的条件是________________和______________________，两条件必须同时满足。

4. 连杆与机架的________，两个曲柄________且________相等的________称为平行四边形机构。其运动特点是两曲柄的________，________，________。

5. 在曲柄摇杆机构中，摇杆位于两极限位置时，两个极限位置的曲柄所夹的锐角称为 θ，θ 与急回特性系数 K 的关系为 $\theta=$________。当 θ________时，机构无急回特性；当 θ________时，机构具有急回特性。

6. 当平面连杆机构具有死点位置时，其死点有________个。在死点位置时，该机构的________和________处于共线位置。

7. 铰链四杆机构中最短杆于最长杆长度之和大于__________________时，则不论取哪一杆作为机架，均只能构成____________机构。

8. 含有________的机构称为凸轮机构。凸轮机构主要由________、________和________三个基本构件组成。在凸轮机构中，凸轮通常作为________件并作________或________。

9. 从动件自最低位置升到最高位置的过程称为________，推动从动件实现这一过程相对应的凸轮转角称为________。

10. 从动件的位移 s 与凸轮转角 φ 的关系可用__________表示。等速运动规律的位移曲线为一条____________，等加速和等减速运动规律的位移曲线是________________。

二、计算图 3-46 所示平面机构的自由度；机构中的原动件用圆弧箭头表示。

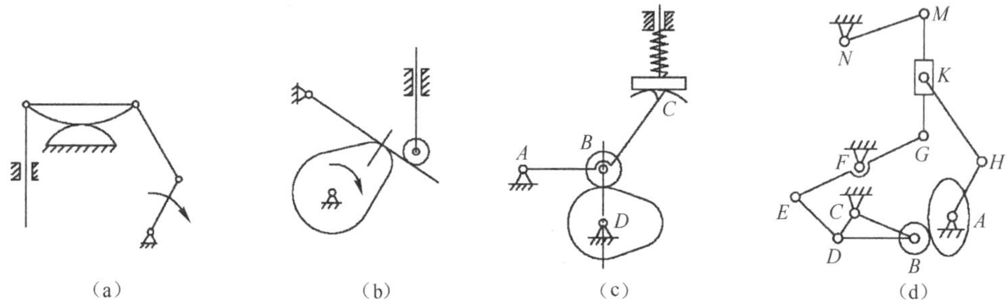

图 3-46

三、分析题

1. 一简易冲床的初拟设计方案如图 3-47 所示。设计者的思路是：动力由齿轮 1 输入，使轴 A 连续回转；而固装在轴 A 上的凸轮 2 与杠杆 3 组成的凸轮机构将使冲头 4 上下运动以达到冲压的目的。试绘出其机构运动简图，分析其运动是否确定，并提出修改措施。

2. 如图 3-48 所示的铰链四杆机构，其中，$l_1=100\text{mm}$，$l_2=200\text{mm}$，$l_3=300\text{mm}$。若要获得曲柄摇杆机构，试问机架长度 l_4 的范围是多少？

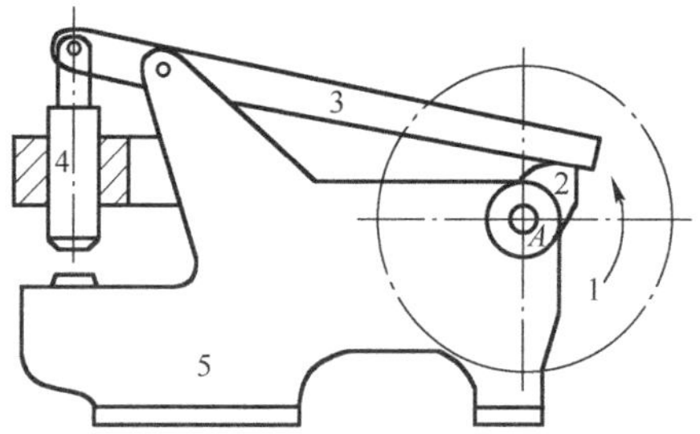

图 3-47

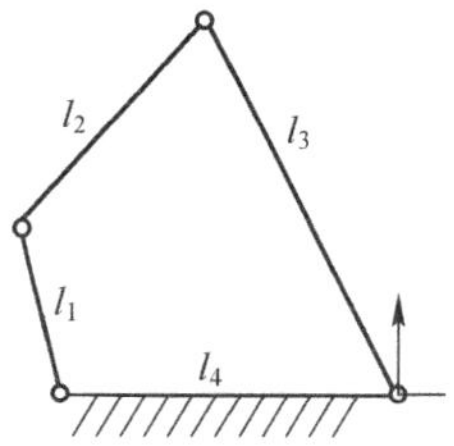

图 3-48

3. 图 3-49 示两种曲柄滑块机构，若已知 $a=120\text{mm}$，$b=600\text{mm}$，对心时 $e=0$ 及偏置时 $e=120\text{mm}$，求此两机械的极位夹角 θ 及行程速比系数 K。又在对心曲柄滑块机构中，若连杆 BC 为二力杆件，则滑块的压力角将在什么范围内变化？

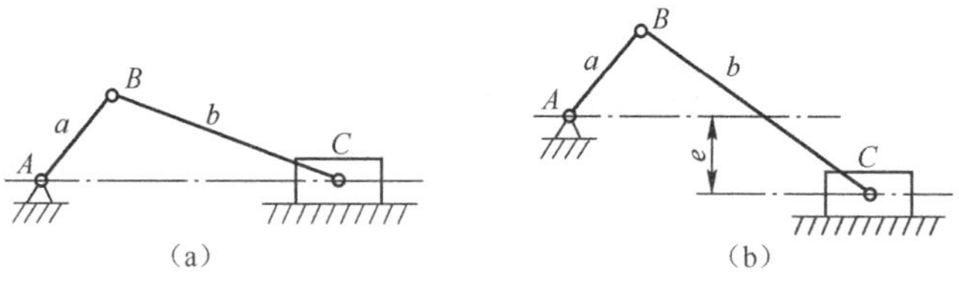

图 3-49

4. 尖顶对心（从动件中心线通过凸轮回转中心）盘形凸轮的基圆半径为 20mm，从动件的运动规律如下：

凸轮转角	0°～90°	90°～180°	180°～360°
从动件位移规律	等速上升 20mm	停止不动	等速下降到原位

试画出凸轮轮廓曲线，并标出上升段和下降段转角每 45°处的向径。

模块 4

挠性传动的设计

4.1 带传动的设计

问题引入

设计某铣床电动机与变速箱的普通 V 带传动。已知所需电动机输出功率为 $P=3.8$kW（电动机额定功率 $P=4$kW），主动轮转速 $n_1=1440$r/min，从动轮转速 $n_2=400$r/min，要求中心距约为 450mm，两班制工作，载荷变动较小。

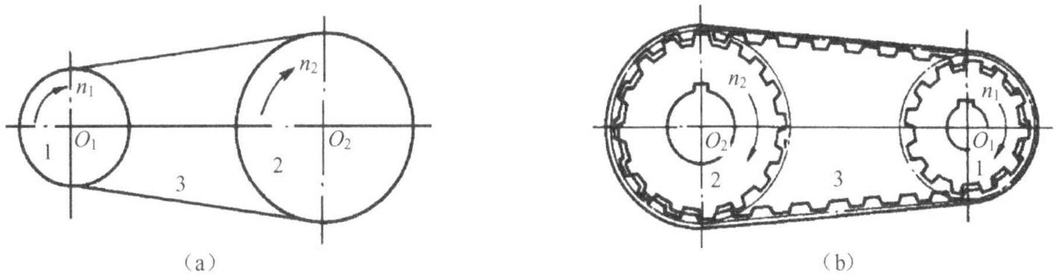

图 4-1

知识分析

机械传动中常常利用中间挠性元件，如带、链、绳等，依靠摩擦或啮合来实现两个或多个传动轮之间传递运动和动力，这类传动统称为挠性传动，如图 4-1 所示。其中带传动用于原动机和工作机之间的传动，调整工作机部分与原动机部分的速度关系，实现减速、增速和变速要求。

【知识目标】

1. 了解带传动的类型、特点和应用场合；熟悉普通 V 带的结构及其标准。
2. 通过带传动工作情况分析掌握普通 V 带传动的工作原理、受力情况、弹性滑动和打滑的概念及区别、传动的失效形式及设计准则。
3. 掌握 V 带传动的参数选择及设计方法和步骤。

【能力目标】

能够正确选择参数，设计出合理正确的 V 带传动。

知识链接

一、带传动的认识与应用

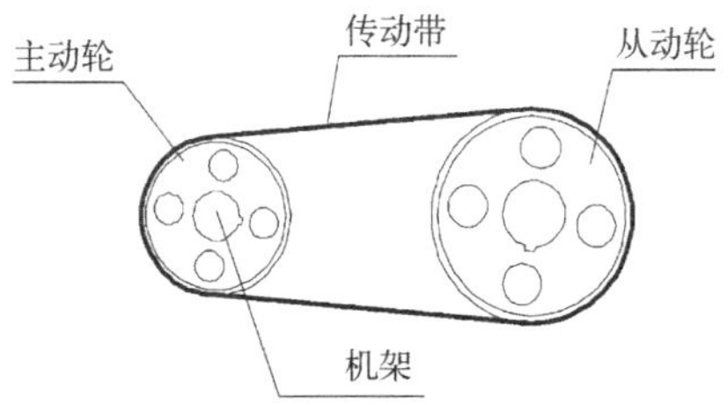

图 4-2

如图 4-2 所示，带传动一般由主动轮、从动轮、紧套在两轮上的传动带及机架组成。当原动机驱动主动带轮转动时，由于带与带轮之间摩擦力的作用，使从动带轮一起转动，从而实现运动的动力的传递。

1. 带传动的特点

带传动一般有以下特点：

(1) 带有良好的挠性，能吸收震动，缓和冲击，传动平稳噪声小。

(2) 当带传动过载时，带在带轮上打滑，防止其他机件损坏，起到保护作用。

(3) 结构简单，制造，安装和维护方便。

(4) 带与带轮之间存在一定的弹性滑动，故不能保证恒定的传动比，传动精度和传动效率较低。

(5) 由于带工作时需要张紧，带对带轮轴有很大的压轴力。

(6) 带传动装置外廓尺寸大，结构不够紧凑。

(7) 带的寿命较短，需经常更换。

由于带传动存在上述特点，一般情况下，带传动传递的功率 $P \leqslant 100$kW，带速 $v=5 \sim 25$m/s，平均传动比 $i \leqslant 5$，传动效率为 94% ～ 97%。同步齿形带的带速为 40 ～ 50m/s，传动比 $i \leqslant 10$，传递功率可达 200kW，效率高达 98% ～ 99%。

2. 带传动的类型

带传动根据横截面形状不同可分为平带、V 带、多楔带、圆形带如图 4-3 所示。

(a) 平带　(b) V带　(c) 多楔带　(d) 圆形带

图 4-3

平带有胶帆布带、编织带、锦纶复合平带。各种平带规格可查阅有关标准。平带传动结构最简单，平带挠曲性好，易于加工，在传动中心距较大场合应用较多。高速带传动通常也使用平带。

目前在一般传动机械中，应用最广的是 V 带传动。传动时，V 带只和轮槽的两个侧面相接触，即以两个侧面为工作面，根据槽面摩擦原理，在同样的张紧力下，V 带传动较平带传动能产生更大摩擦力，这是 V 带传动最主要的优点。此外，V 带传动较大，结构更紧凑。

多楔带：它是在平带基体上由多根 V 带组成的传动带，可传递很大的功率。

圆形带：横截面为圆形，只用于小功率传动。

同步带传动是一种啮合传动，兼有带传动和齿轮传动的特点，如图 4-1（b）。同步带传动时无相对滑动，能保证准确的传动比。传动功率较大（数百千瓦）、传动效率高（达 0.98）、传动比较大（$i<12\sim20$）、允许带速高（至 50m/s），而且初拉力较小，作用在轴和轴承上的压力小，但制造、安装要求高、价格较贵。

二、V 带和 V 带轮

1. V 带的结构和标准

V 带有普通 V 带、窄 V 带、宽 V 带、联组 V 带等。普通 V 带为无接头的环形带。由伸张层、强力层、压缩层和包布层组成，如图 4-4 所示。包布层由胶帆布制成。强力层由几层胶帘布或一排胶线绳制成，后者为帘布结构 V 带，前者称为绳芯结构 V 带。帘布结构 V 带抗拉强度大，承载能力较强；绳芯结构 V 带柔韧性好，抗弯强度高，但承载能力较差。为了提高 V 带抗拉强度，近年来已开始使用合成纤维（锦纶、涤纶等）绳芯作为强力层。

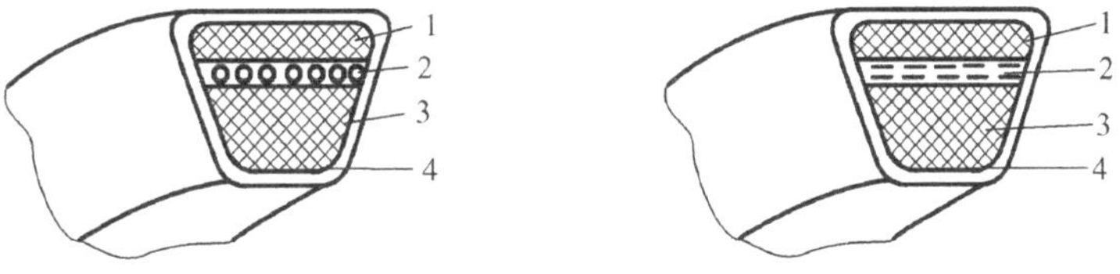

（a）　　（b）

1—伸张层；2—强力层；3—压缩层；4—包布层

图 4-4

我国生产的普通 V 带的尺寸采用基准宽度制，共有 Y、Z、A、B、C、D、E 七种型号。Y 型 V 带截面尺寸最小，E 型 V 带截面尺寸最大，见表 4-1。

表 4-1　普通 V 带基准宽度尺寸

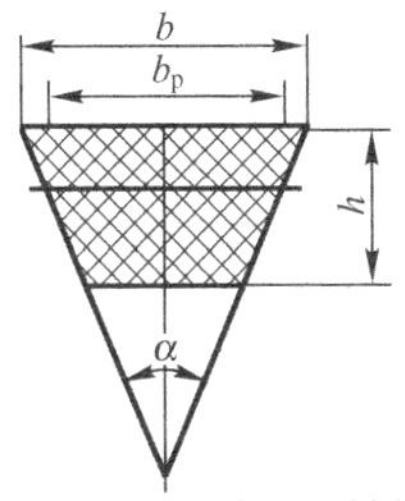

截型	Y	Z	A	B	C	D	E
节宽 b_p	5.3	8.5	11.0	14.0	19.0	27.0	32.0
顶宽 b	6.0	10.0	13.0	17.0	22.0	32.0	38.0
高度 h	4.0	6.0	8.0	11.0	14.0	19.0	25.0
楔角 α	40°						
$q/(\mathrm{kg\cdot m^{-1}})$	0.04	0.06	0.1	0.17	0.3	0.62	0.9

V 带弯曲时，在带中保持原长不变的一条周线称为节线。由全部接线构成的面称为节面，带的节面宽称为节宽 b_p，与 V 带节宽相对应的 V 带轮直径称为基准直径 d_d。V 带在规定的张紧力下，位于带轮基准直径上的圆周线的长度称基准长度 L_d，它是 V 带的公称长度，

其长度系列及修正系数见表4–2。

普通V带的标记：类型　基准长度　　标记编号

标记实例：A2500 GB11544—1997，表示A型普通V带，基准长度为2500mm。带的标记通常压印在带的外表面上，以便使用时识别。

2. V带轮的材料和结构

带轮由轮缘、腹板（轮辐）和轮毂三部分组成。轮缘是带轮的工作部分，制有梯形轮槽。轮毂是带轮与轴的联接部分，轮缘与轮毂则用轮辐（腹板）联接成一整体。V带轮按腹板（轮辐）结构的不同分为以下几种形式。

- 实心式：图4–5（a）所示，$d_d \leqslant 150$mm
- 腹板式：图4–5（b）所示，150mm$\leqslant d_d \leqslant$300mm
- 孔板式：图4–5（c）所示，300mm$\leqslant d_d \leqslant$450mm
- 轮辐式：图4–5（d）所示，$d_d \geqslant$450mm

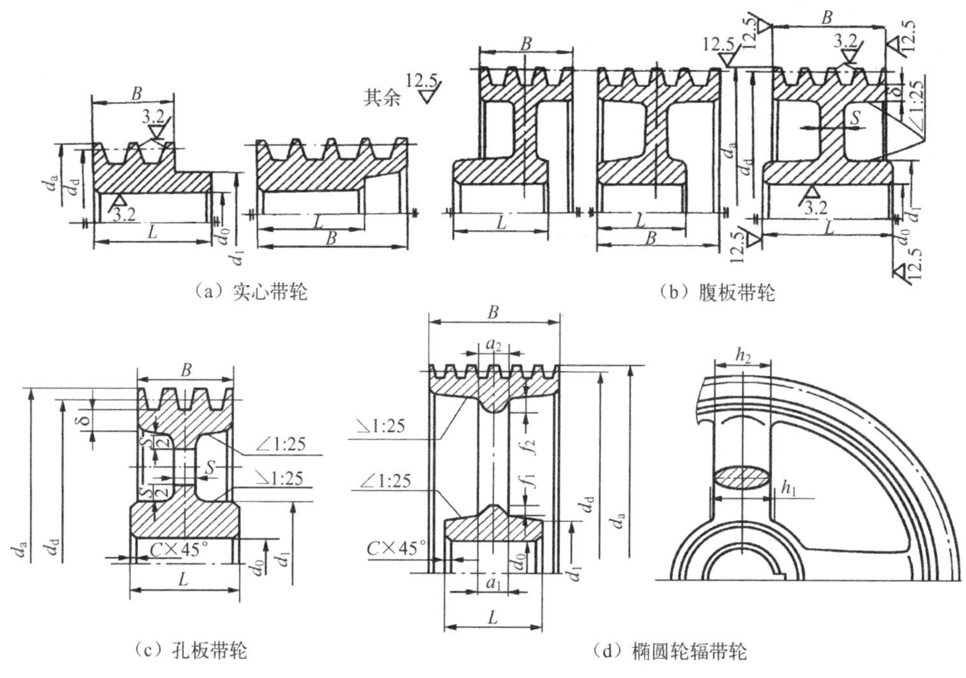

（a）实心带轮　（b）腹板带轮

（c）孔板带轮　（d）椭圆轮辐带轮

图4–5

带轮材料常采用灰铸铁（HT150、HT200常用）、铸钢、焊接钢板、铸铝、工程塑料等，其中灰铸铁应用最广。当带轮的圆周速度在25m/s以下时，用灰铸铁；但转速较高时，可采用铸钢或焊接钢板；传递小功率时可用铸铝或塑料，以减轻带轮重量。

三、带传动的受力分析和应力分析

1. 带传动的受力分析和打滑

为保证带传动正常工作，传动带必须以一定的张紧力套在带轮上。当传动带静止时，带两边承受相等的拉力，称为初拉力 F_0，如图4-6（a）所示。当传动带传动时，由于带与带轮接触面之间摩擦力的作用，带两边的拉力不再相等，如图4-6（b）所示。一边被拉紧，拉力由 F_0增大到 F_1，称为紧边；一边被放松，拉力由 F_0减小到 F_2，称为松边。设环形带的总长度不变，则紧边拉力的增加量 F_1-F_0应等于松边拉力的减小量 F_0-F_2，即

$$F_1-F_0=F_0-F_2,\quad F_0=(F_1+F_2)/2 \tag{4-1}$$

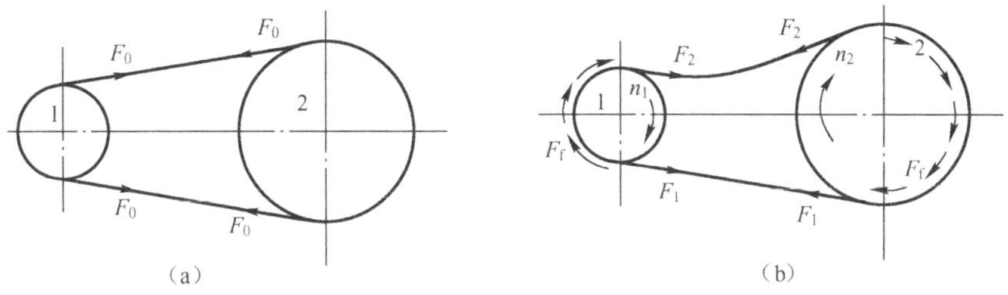

图4-6

带两边的拉力之差 F 称为带传动的有效拉力。实际上 F 是带与带轮之间摩擦力的总和。在最大静摩擦力范围内，带传动的有效拉力 F 与总摩擦力相等，F 同时也是带传动所传递的圆周力。若带传动所传递的功率为 P(kW)，带速为 v(m/s)，则有效拉力为

$$F=F_f=F_1-F_2=1000P/v \tag{4-2}$$

在一定的初拉力 F_0作用下，带与带轮接触面间摩擦力的总和有一极限值。当带所传递的圆周力超过带与带轮接触面间摩擦力的总和的极限值时，带与带轮将发生明显的相对滑动，这种现象称为打滑。带打滑时从动轮转速急剧下降，使传动失效，同时也加剧了带的磨损，应避免打滑。

当V带即将打滑时，紧边拉力 F_1与松边拉力 F_2之间的关系可用柔韧体摩擦的欧拉公式表示，即

$$\frac{F_1}{F_2}=e^{f\alpha}\Rightarrow F_1=F_2e^{f\alpha} \tag{4-3}$$

式中，f 为摩擦系数（对V型带，f 可由 f_V代替）；e 为自然对数的底（e = 2.718……）；α 为包角（rad），一般为主动轮（小轮）包角。

小轮包角

$$\alpha_1=180°-\frac{d_{d2}-d_{d1}}{a}\times 60°(57.3°)$$

大轮包角

$$\alpha_2=180°+\frac{d_{d2}-d_{d1}}{a}\times 60°(57.3°)$$

由式（4-1）～式（4-3）可以推出有效圆周力为

$$F=2F_0\left(\frac{e^{f\alpha}-1}{e^{f\alpha}+1}\right)=2F_0\left(\frac{1-\frac{1}{e^{f\alpha}}}{1+\frac{1}{e^{f\alpha}}}\right)$$

由上式可知，带的传递能力与下列因素有关：

① 初拉力 F_0：初拉力 F_0越大，带的传递能力越强；但 F_0过大，磨损重，易松弛，寿命

短。F_0过小，工作潜力不能充分发挥，易于跳动与打滑。

② 包角 α：随着包角 α 的增大，接触弧长，带的传递能力将增强。由于小带轮的包角 α_1 总是小于大带轮的包角 α_2，因此，设计时要求小带轮的包角 $\alpha_1 \geqslant 120°$。

③ 摩擦系数 f：相同条件下，f 越大，带的传递能力越强，但不能太大，否则将导致带的磨损加剧，降低传动带的寿命。因此，在相同条件下，普通 V 带比平带能传递较大的功率。

2. 带传动的应力分析

带传动工作时，带上应力有以下 3 种。

（1）拉应力。

$$\begin{cases} 紧边\ \sigma_1 = F_1/A \\ 松边\ \sigma_2 = F_2/A(\text{MPa}) \end{cases}$$

其中，A 为带的横截面积。

（2）离心应力。由于带有厚度，绕轮作圆周运动，必有离心惯性力，因而在带中引起离心拉力 F_c，从而产生离心应力 σ_c。离心拉应力计算公式为

$$\sigma_c = F_c/A = \frac{qv^2}{gA}(\text{MPa})$$

式中，q 为单位带长质量（N）；g 为重力加速度 $g=9.8\text{m/s}^2$；v 为带的线速度（m/s）。

（3）弯曲应力。作用在带轮段，其大小为

$$\sigma_b = \frac{M}{W} = E \cdot \frac{h}{D}(\text{MPa})$$

式中，E 为带的弹性模量（MPa）；h 为带的高度（mm）；D 为带轮的基准直径（mm）。

（4）带的应力分布情况，如图 4-7 所示。

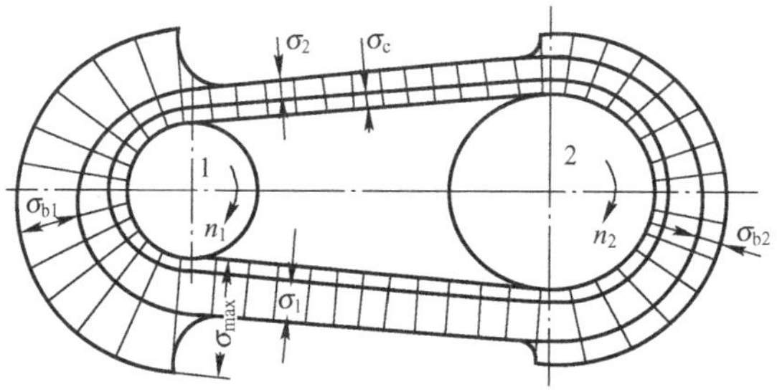

图 4-7

带中最大应力发生在紧边刚绕上主动轮处（A 点），其值为

$$\sigma_{max} = \sigma_1 + \sigma_{b1} + \sigma_c$$

工作时带中的应力是周期性变化的，随着位置的不同，应力大小在不断地变化，因此带容易产生疲劳破坏。

疲劳强度条件：　　$\sigma_{max} = \sigma_1 + \sigma_{b1} + \sigma_c \leqslant [\sigma]$

式中，$[\sigma]$ 为带的许用拉应力。

3. 传动带的弹性滑动和传动比

传动带是弹性体，受到拉力后会产生弹性伸长，伸长量随拉力大小的变化而改变。带由

紧边绕过主动轮进入松边时，带的拉力由 F_1 减小为 F_2，其弹性伸长量也由 δ_1 减小为 δ_2。这说明带在绕过带轮的过程中，相对于轮面向后收缩了（$\delta_1-\delta_2$），带与带轮的轮面间出现局部相对滑动，导致带的速度逐步小于主动轮的圆周速度。同样，当带由松边绕过从动轮进入紧边时，拉力增加，带逐渐被拉长，沿轮面产生向前的弹性滑动，使带的速度逐渐大于从动轮的圆周速度。这种由于带的弹性变形而产生的带与带轮间的滑动称为弹性滑动。

弹性滑动和打滑是两个截然不同的概念。打滑是指过载引起的全面滑动，是可以避免的。而弹性滑动是由于拉力差引起的，只要传递圆周力，就必然会发生弹性滑动，所以弹性滑动是不可以避免的。弹性滑动的影响，使从动轮的圆周速度 v_2 低于主动轮的圆周速度 v_1，其圆周速度的相对降低程度可用滑差率 ε 来表示：

$$\varepsilon=\frac{v_1-v_2}{v_1}$$

带传动的理论传动比：

$$i=n_1/n_2=d_2/d_1$$

带传动的实际传动比：

$$i=\frac{n_1}{n_2}=\frac{d_2}{d_1(1-\varepsilon)}$$

在一般传动中 $\varepsilon=0.01\sim0.02$，其值不大。可不予考虑。

四、普通 V 带传动的设计

1. 带传动的失效形式和设计准则

（1）主要失效形式

① 打滑：当传递的圆周力 F 超过了带与带轮之间摩擦力的总和的极限时，发生过载打滑，使传动失效。

② 疲劳破坏：带在变应力的长期作用下，因疲劳而发生裂纹、脱层、松散，直至断裂。

（2）设计准则

既要保证带在工作时不打滑，又要使带具有足够的疲劳强度和寿命，且带速不能过高或过低。

2. 单根 V 带的基本额定功率

单根普通 V 带在试验条件所能传递的功率，称为基本额定功率，用 P_1 表示。单根普通 V 带在设计所给定的实际条件下，允许传递的功率，称为额定功率，用 P 表示：

$$P=(P_1+\Delta P_1)K_\alpha K_L$$

式中，P_1 为单根 V 带的基本额定功率（kW）；单根普通 V 带基本额定功率 P_1 是在特定试验条件（特定的带基准长度 L_d，特定使用寿命，传动比 $i=1$，包角 $\alpha=180°$，载荷平稳）下测得的。一般设计给定的实际条件与上述试验条件不同，须引入相应的系数进行修正；ΔP_1 为功率增量（kW）；当传动比 $i\neq1$ 时，带在大轮上的弯曲应力较小，传递的功率可以增大些；K_L 为带长修正系数，见表 4-2；K_α 为包角修正系数，见表 4-3。

表 4-2　V 带基准长度及修正系数

基准长度 L_d/mm	带长修正系数 K_L						
	[illegible]	[illegible]					
200	0.81						
224	0.82						
250	0.84						
280	0.87						
303	0.89						
355	0.92						
400	0.96	0.87					
450	1	0.89					
500	1.02	0.91					
560		0.94					
630		0.96	0.81				
710		0.99	0.82				
800		1	0.85				
900		1.03	0.87	0.81			
1000		1.06	0.89	0.84			
1120		1.08	0.91	0.86			
1250		1.11	0.93	0.88			
1400		1.14	0.96	0.9			
1600		1.16	0.99	0.93	0.84		
1800		1.18	1.01	0.95	0.85		
1120			1.03	0.98	0.88		
1250			1.06	1	0.91		
1400			1.09	1.03	0.93		
1600			1.11	1.05	0.95		
1800			1.13	1.07	0.97		
2000			1.17	1.1	0.98		
2240			1.9	1.13	1.02		
2500				1.15	1.04		
2800				1.18	1.07	0.83	
3150					1.09	0.86	
3550					1.12	0.89	
4000					1.15	0.91	
4500					1.18	0.93	0.9
5000					1.21	0.96	0.92
5600					1.23	0.98	0.95
6300						1	0.97
7100						1.03	1
8000						1.06	1.02
9000						1.08	1.05
10000						1.11	1.07
11200						1.04	1.1

表 4-3　包角修正系数 K_α

小轮包角	180°	170°	160°	150°	140°	130°	120°	110°
K_α	1	0.98	0.95	0.92	0.89	0.86	0.82	0.78

3. V 带设计计算和参数选择

(1) 确定设计功率 P_C，其计算公式为：

$$P_C = K_A P$$

式中，K_A为工况系数，见表 4-4；P 为所需传递的功率（kW）。

表 4-4　工况系数 K_A

工况		K_A					
		空、轻载启动			重载启动		
		每天工作小时数/h					
		<10	10～16	>16	<10	10～16	>16
载荷变动最小	液体搅拌机、离心式水泵和压缩机、轻载荷输送机	1.0	1.1	1.2	1.1	1.2	1.3
载荷变动小	带式输送机、旋转式水泵、机床和木工机械	1.1	1.2	1.3	1.2	1.3	1.4
载荷变动较大	往复式水泵和压缩机、冲剪机床、振动筛、纺织机械、重载输送机	1.2	1.3	1.4	1.4	1.5	1.6
载荷变动很大	破碎机（旋转式、颚式等）、起重机、磨碎机	1.3	1.4	1.5	1.5	1.6	1.8

注：在选取工况系数时，在反复起动、正反转频繁、工作条件恶劣等场合 K_A 应乘以 1.2。

(2) 初选带的型号。根据带传动的设计功率 P_C 及小带轮转速 n_1，按图 4-8 所示的普通 V 带选型图来初选带的型号。

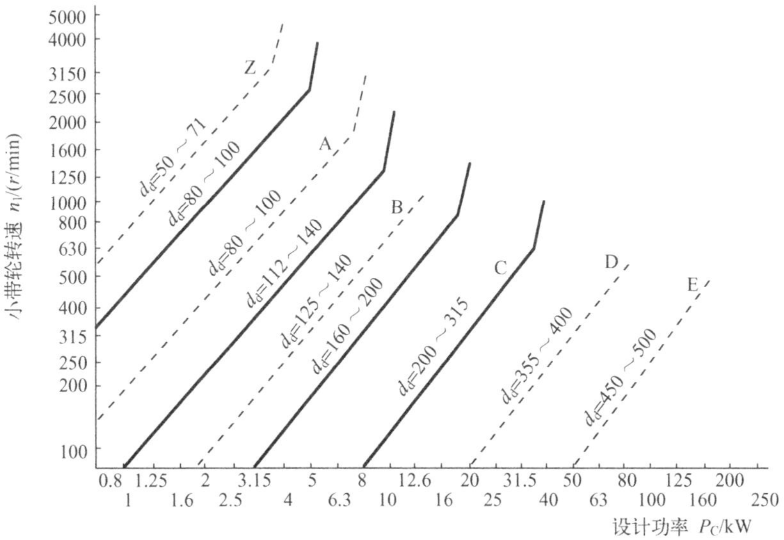

图 4-8　普通 V 带选型图

(3) 带轮的基准直径。当其他条件不变时，带轮基准直径越小，带传动越紧凑，但带内的弯曲应力越大，导致带的疲劳强度下降，传动效率下降。选择小带轮基准直径时，应使 $d_{d1} \geqslant d_{dmin}$，并取标准直径。若传动比要求较精确时，大带轮基准直径 d_{d2} 由下式确定：

$$d_{d2} = i d_{d1}(1-\varepsilon) = \frac{n_1}{n_2} d_{d1}(1-\varepsilon)\ (\text{mm})$$

粗略计算时，可忽略滑动率 ε 的影响，则有

$$d_{d2}=id_{d1}=\frac{n_1}{n_2}d_{d1}(\text{mm})$$

式中，d_{d1}、d_{d2}取标准值，普通 V 带轮的基准直径 d_d见表 4-5。

表 4-5　普通 V 带轮的基准直径 d_d

型号	Y	Z	A	B	C	D	E
d_{dmin}	20	50	75	125	200	355	500
带轮直径系列为：20，22.4，25，28，31.5，35.5，40，45，50，56，63，71，75，80，85，90，95，100，106，112，118，125，132，140，150，160，170，180，200，212，224，236，250，265，280，300，315，335，355，375，400，425，450，475，500，530，560，600，630，670，710，750，800							

（4）验算带速 v。带速的计算公式为

$$v=\frac{\pi d_{d1}n_1}{60\times1000}(\text{m/s})$$

带速 v 不能太高，否则离心力太大，使带与带轮间的正压力减小，传动能力下降，易打滑。同时离心应力大，带易疲劳破坏。

带速 v 不能太低，否则要求有效拉力 F 过大，使带的根数过多。一般要求 v 在 5 ～ 25m/s 之间。当 v 在 10 ～ 20m/s 时，传动效能可得到充分利用。若 v 过高或过低，可调整 d_{d1}。

（5）中心距和带长。初选 a_0的取值范围为

$$0.7(d_{d1}+d_{d2})<a_0<2(d_{d1}+d_{d2})$$

带的长度可由几何条件求得

$$L_{d0}=2a_0+\frac{\pi}{2}(d_{d1}+d_{d2})+\frac{(d_{d2}-d_{d1})^2}{4a_0}$$

根据中心距 a_0计算出带长 L_{d0}，由表 4-2 中取接近基准长度 L_d，再按下式计算实际中心距 a。

$$a=a_0+(L_d-L_{d0})/2$$

（6）小带轮包角 α_1。其计算公式为

$$\alpha_1=180°-\frac{d_{d2}-d_{d1}}{a}\times57.3°$$

一般要求 $\alpha_1\geqslant120°$，若不能满足此条件，可增大中心距或减小两轮直径差，如图 4-9 所示。

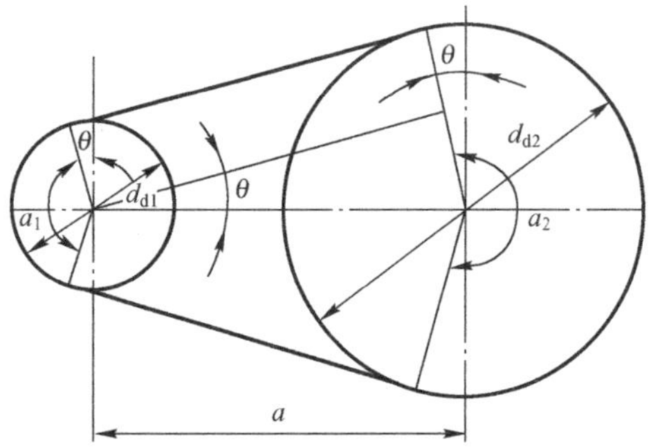

图 4-9

(7) 确定带的根数 z。V 型带的根数 z 可按下式确定：

$$z=\frac{P_C}{(P_0+\Delta P_0)K_\alpha K_L}$$

z 应根据计算值圆整，且不宜过多，否则各根带受力不均，一般取 $z<10$。当 z 过大时，应改选带轮基准直径或改选带型，重新设计。

(8) 初拉力。适当的初拉力是保证带传动正常工作的重要因素，初拉力太小容易打滑，初拉力太大会降低带的寿命，且对轴和轴承的压力增大。单根 V 带的初拉力 F_0 可按下式计算：

$$F_0=500\cdot\frac{P_C}{zv}\left(\frac{2.5-K_\alpha}{K_\alpha}\right)+q\cdot v^2$$

式中，q 为 V 带每米的质量（kg/m）。

新安装的 V 带常易松弛（如非自动张紧）取 $F_0'=1.5F_0$。F_0 初拉力的控制方法为：通过在两带和带轮两切点跨距中点加一载荷 G，测量带的挠度，要求 $L=100$mm，挠度 $y=1.6$mm 合适。

(9) 计算压轴力 F_Q。为了设计轴和轴承，需计算 V 带对轴的压力 F_Q。F_Q 可近似地按带的两边的初拉力 F_0 的合力计算：

$$F_Q\approx 2zF_0\sin\frac{\alpha_1}{2}$$

五、带传动的张紧和维护

1. 传动带的张紧

带经一段时间使用后，会因带的伸长而产生松弛现象，使 F_0 下降。为保证正常工作，应定期检查 F_0 大小。如 F_0 不合格，应重新张紧，必要时安装张紧装置。V 带的张紧方法有：

(1) 定期张紧法，滑道式张紧装置，图 4-10 所示摆架式——或称改变中心距法；

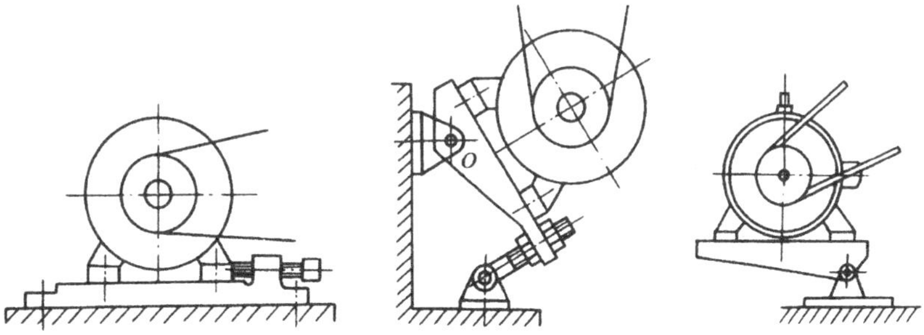

(a)　(b)　(c)

图 4-10

(2) 加张紧轮法（当中心距 a 不能调整时用）。

张紧轮位置：松边常用内侧靠大轮；松边外侧靠小轮。

张紧轮一般放在松边内侧，尽量靠大轮，使带呈单向弯曲且不致使小轮包角 α_1 过小。张紧轮装在松边外侧以增大 α 轮包角 α_1。

2. 带传动安装和维护

正确安装、使用和妥善保养，是保证带传动正常工作延长 V 带寿命的有效措施。一般应注意以下几点：

① 安装时不能硬撬（应先缩小 a 或顺势盘上）。

② 带禁止与矿物油、酸、碱等介质接触，以免腐蚀带，且不能曝晒。

③ 不能新旧带混用（多根带时），以免载荷分布不匀。

④ 加防护罩。

⑤ 定期张紧。

⑥ 安装时两轮槽应对准，处于同一平面。

问题解答

题目见问题引入。

解：

设计项目	计算内容及过程	计算结果
1. 计算功率 P_C	由表4-4（工况系数 K_A）查得 $K_A=1.2$ $P_C=K_AP=1.2\times3.8=4.56(\text{kW})$	$K_A=1.2$ $P_C=4.56\text{kW}$
2. 选择V带型号	根据 $P_C=4.56\text{kW}$，$n_1=1440\text{r/min}$，由图4-8确定为A型V带	A型
3. 确定带轮基准直径	由表4-5（带轮最小基准直径）（普通V带基准直径系列）确定小带轮直径 $d_{d1}=100\text{mm}$，则大带轮直径 d_{d2}： $d_{d2}=\frac{n_1}{n_2}d_{d1}=\frac{1440}{400}\times100=300(\text{mm})$ d_{d2}取标准为355mm，则实际从动轮转速 $n_2=n_1\frac{d_{d1}}{d_{d2}}=1440\times\frac{100}{355}\text{r/min}=405.6\text{ r/min}$ 转速误差为：$[(405.6-400)/400]\times100\%=1.4\%<5\%$，允许	$d_{d1}=100\text{mm}$ $d_{d2}=355\text{mm}$ 转速误差<5%，允许
4. 验算带速 v	$v=\frac{\pi d_{d1}n_1}{60\times1000}=\frac{\pi\times100\times1440}{60\times1000}=7.5(\text{m/s})$	$v=7.54\text{m/s}$ 在 5～25m/s之间，合适
5. 初定中心距 a_0	$0.7(d_{d1}+d_{d2})\leqslant a_0\leqslant2(d_{d1}+d_{d2})$ 得 $318.5\leqslant a_0\leqslant910$ 根据已知条件取中心距 $a_0=450\text{mm}$	$a_0=450\text{mm}$
6. 初算带长 L_{d0}	计算带的基准长度 L_{d0} $L_{d0}=2a_0+\frac{\pi}{2}(d_{d1}+d_{d2})+\frac{(d_{d2}-d_{d1})^2}{4a_0}$ $=2\times450+\frac{\pi}{2}(100+355)+\frac{(355-100)^2}{4\times450}=1650(\text{mm})$ 由表查得相近的基准长度 $L_d=1600\text{mm}$	$L_d=1600\text{mm}$

续表

设 计 项 目	计算内容及过程	计 算 结 果
7. 计算中心距 a	计算实际中心距 a $a \approx a_0 + \frac{L_d - L_{d0}}{2} = 450 + \frac{1600-1650}{2} = 425(\text{mm})$ $a_{min} = a - 0.015L_d = 425 - 0.015 \times 1600 = 401(\text{mm})$ $a_{max} = a + 0.03L_d = 425 + 0.03 \times 1600 = 473(\text{mm})$	$a = 414\text{mm}$ $a_{min} = 401\text{mm}$ $a_{max} = 473\text{mm}$
8. 验算小带轮的包角	$\alpha_1 = 180° - \frac{d_{d2} - d_{d1}}{a} \times 57.3° = 180° - \frac{355-100}{414} \times 57.3° = 144.7°$ 包角 $\alpha_1 = 144.7° > 120°$	$\alpha_1 = 144.7° > 120°$ 合适
9. 确定带的根数 z	查手册得单根V带的基本额定功率 $P_0 = 1.32\text{kW}$； $\Delta P_0 = 0.17\text{kW}$； （按 n_1、i 和A型带查得 $n_1 = 1200\text{r/min}$ 与 $n_1 = 1460\text{r/min}$ 时，ΔP_0 的值分别为0.15kW、0.17kW，故当 $n_1 = 1440\text{r/min}$ 时 $\Delta P_0 = 0.15 + \left(\frac{0.17-0.15}{1460-1200}\right) \times (1440-1200) = 0.168(\text{kW})$ 查表4-3，用插值法求得包角系数 $K_\alpha = 0.91$；查表4-2带长修正系数 $K_L = 0.99$； 由公式得 $z \geq \frac{P_C}{(P_0 + \Delta P_0)K_\alpha K_L} = \frac{4.56}{(1.32+0.168) \times 0.91 \times 0.99} = 3.4$ 取 $z = 4$	$P_0 = 1.32\text{kW}$ $\Delta P_0 = 0.17\text{kW}$ $K_\alpha = 0.91$ $K_L = 0.99$ 取 $z = 4$
10. 单根V带初拉力 F_0	$F_0 = \frac{500P_C}{zv}\left[\frac{2.5}{K_\alpha} - 1\right] + qv^2$ $= \frac{500 \times 4.56}{4 \times 7.54} \times \left(\frac{2.5}{0.91} - 1\right) + 0.1 \times 7.54^2 = 138(\text{N})$ q 由表4-1查得 $q = 0.1\text{kg/m}$	$F_0 = 138\text{N}$
11. 作用在轴的力 F_Q	$F_Q = 2zF_0 \sin\frac{\alpha}{2} = 2 \times 4 \times 138 \sin\frac{144.7°}{2} = 1052(\text{N})$	$F_Q = 1052\text{N}$
12. 带轮的零件图	根据以上确定的尺寸，绘制出从动皮带轮的零件图如图4-11所示	零件图如图4-11所示

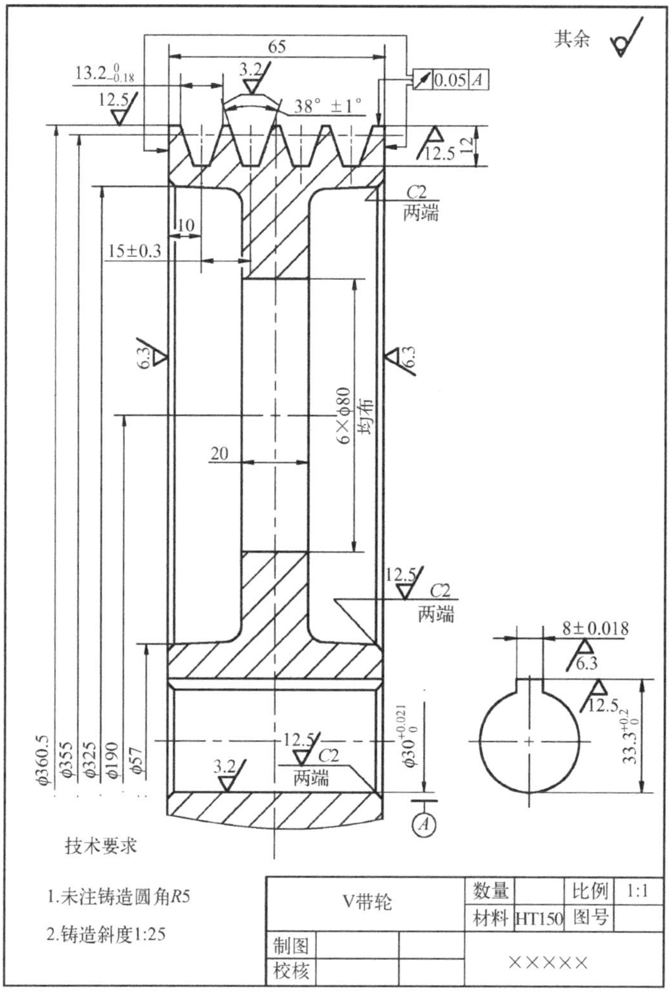

图 4-11

知识拓展：同步带

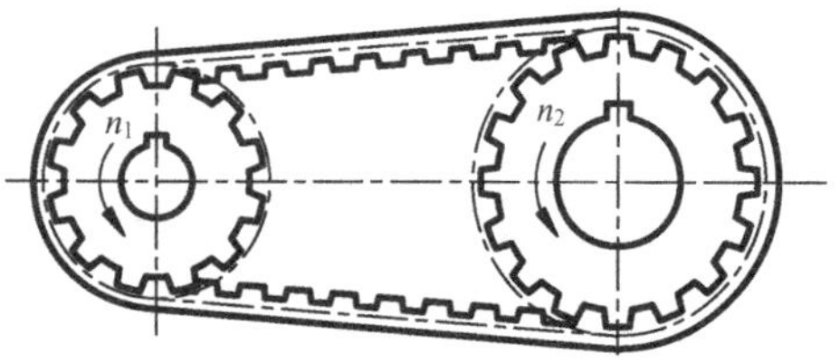

图 4-12

同步带传动是一种新型的机械传动，如图 4-12 所示。由于它具有传动平隐、结构简单、传动比恒定、耗能少、传动效率高等特点，近年来在各国得到广泛应用。同步带传动在我国使用日益广泛，目前已用于各种仪器、计算机、纺织机械、医疗机械、金属切削机床、汽车及其他通用机械中。

同步带传动曾有多种名称，如定时带传动、强制带传动、齿形带传动等。

同步带传动起始于缝纫机的同步传动。但由于同步带其独特的优点及随着类型增多、材质的改进，应用范围日益广泛，并已进入齿轮、链、平皮带、三角带等传统应用的领域。其中受冲击最大的是套筒滚子链和三角带传动。例如，配有顶置式凸轮（OHC）发动机的轿车，其80%的配气机构已用同步带代替了链和三角带传动，并且随着德国、英国等对摩托车、自行车用同步带专利的提出，也有代替滚子链的趋势。在纺织机械上过去多采用三角带传动，目前美、英、德、日本的纺织机械已逐步用同步带来代替。此外在一些要求精密同步传动的打印机、传真机及各种办公自动机械上，同步带更有无可争辩的优势，而得到了广泛采用。随着同步带传动应用范围日益扩大，对同步带传动的要求也随之变化。由过去仅求得同步传动而发展为既要求同步传动又能传递动力。由此使同步带在材质上、尺寸参数上及理论研究上向着高性能高强度的领域发展。

首先在材质组成上，由原采用的聚氨酯橡胶基体—钢丝承载绳发展为有更高强度、更耐磨、耐高温的氯丁橡胶基体—玻璃纤维承载绳—尼龙包布。目前在日本、美国已研制出能耐更高温度（130℃以上）的氯磺化聚乙烯耐热合成胶，在承载绳上也开始采用韧性为涤纶两倍、强度与钢近似的耐腐蚀、耐高温的芳纶合成纤维来代替玻璃纤维，从而使同步带能在大功率传动及各种特殊条件下工作。

同时，随着同步带传动传递动力要求的提出，促使同步带在结构、尺寸参数、齿形上相应有很大变化。在一般工业用的同步带上，由原为许多国家采用的模/数制改采用对强度及传动特性更合理的节距制，并已统一为国际标准。而在齿形上为适应高转矩、高速的需要，由美国尤尼罗尔和固特异橡胶公司提出了STD（高转矩传动），STPD（超转矩准时传动）的圆弧齿同步带齿形系列来代替梯形齿。此种同步带传递功率可达370kW，速度达50m/s。目前已在美、西欧、日本等国成批生产使用。

4.2　链传动的认识及应用

问题引入

1. 与带传动相比，链传动有哪些优缺点？
2. 链速一定时，链轮齿数 z 的多少和链节距 p 的大小对链传动有何影响？

知识分析

在农业、采矿、冶金、石油化工及运输等各种机械中，有一些机械需要在高温、油污、潮湿等环境恶劣情况下工作。在这些情况下，机械就不适合采用带传动，而应采用链传动以适应这些恶劣工作环境，如图4-13所示。链传动是通过具有特殊齿形的主动链轮、从动链轮和一条闭合的中间挠性链条啮合来传递运动和动力。

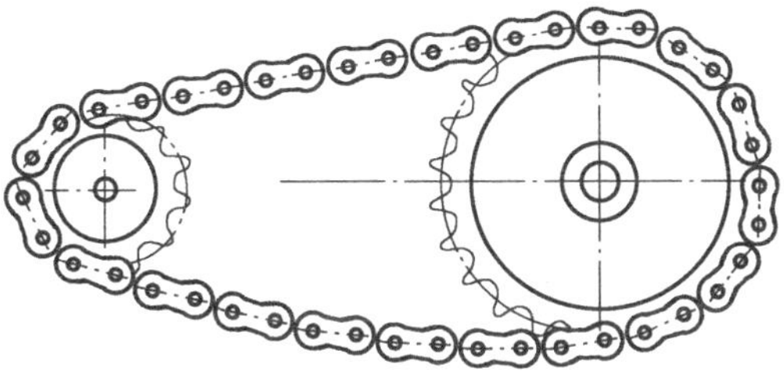

图4-13

【知识目标】

1. 了解链传动的类型、特点和应用场合。
2. 熟悉滚子链的结构及其标准。

【能力目标】

通过链传动工作情况分析掌握滚子链传动的工作原理及运动特点。

知识链接

一、链传动概述

链传动与带传动相似，其主要特点是借助于中间挠性件——链，在距离较远的轴之间传递运动和动力，结构简单、价格低廉。链传动的常用功率范围为100kW以下，传动比≤6（滚子链），开式链传动效率90%～93%，闭式链传动效率97%～98%。

链传动由两轴平行的大、小链轮和链条组成，如图4-13所示。链传动与带传动类似：链轮齿与链条的链节啮合，其中链条相当于带传动中的挠性带，但又不是靠摩擦力传动，而是靠链轮齿和链条之间的啮合来传动。因此，链传动是一种具有中间挠性件的啮合传动。

1. 链传动的类型

链的种类繁多，按用途不同，链可分为传动链、起重链和输送链三类。

在一般机械传动装置中，常用传动链，根据结构的不同，传动链又可分为套筒链、滚子链（见图4-14）、弯板链和齿形链（见图4-15）等。在链条的生产和应用中精密滚子链占有支配地位。

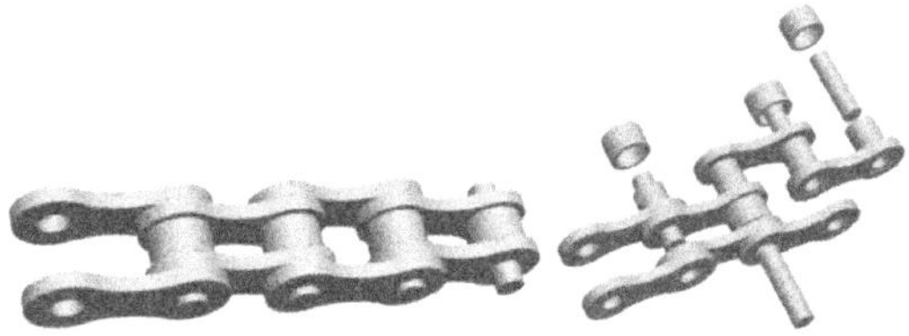

图4-14

图4-15

2. 链传动的特点和应用

链传动的主要优点：与摩擦型带传动相比，链传动无弹性滑动和打滑现象，因而能保持准确的传动比（平均传动比），传动效率较高（润滑良好的链传动的效率为97%～98%）；又因链条不需要像带那样张得很紧，所以作用在轴上的压轴力较小；在同样条件下，链传动的结构较紧凑；同时链传动能在温度较高、有水或油等恶劣环境下工作。与齿轮传动相比，链传动易于安装，成本低廉；在远距离传动时，结构更显轻便。

链传动的主要缺点：运转时不能保持恒定传动比，传动的平稳性差；工作时冲击和噪声较大；磨损后易发生跳齿；只能用于平行轴间的传动。

链传动主要用在要求工作可靠，且两轴相距较远，以及其他不宜采用齿轮传动的场合，且工作条件恶劣等，如农业机械、建筑机械、石油机械、起重机、金属切削机床、摩托车、自行车等。中低速传动：$i \leqslant 8 (I = 2 \sim 4)$，$P \leqslant 100\text{kW}$，$v \leqslant 12 \sim 15\text{m/s}$，无声链 $v_{max} = 40\text{m/s}$。

二、滚子链和链轮

1. 滚子链

滚子链由滚子 5、套筒 4、销轴 3、外链板 2、内链板 1 组成，如图 4-16 所示。

套筒与内链板、销轴与外链板分别用过盈配合（压配）固联，套筒与销轴间则为间隙配合。工作时内、外链节间可相对回转，套筒则绕销轴自由转动。滚子活套在套筒外面，啮合时滚子沿链轮齿廓滚动，以减小链条与链轮轮齿间的磨损。为减轻重量，内、外链板均制成“8”字形，亦有弯板。这样质量小，惯性小，具有等强度。

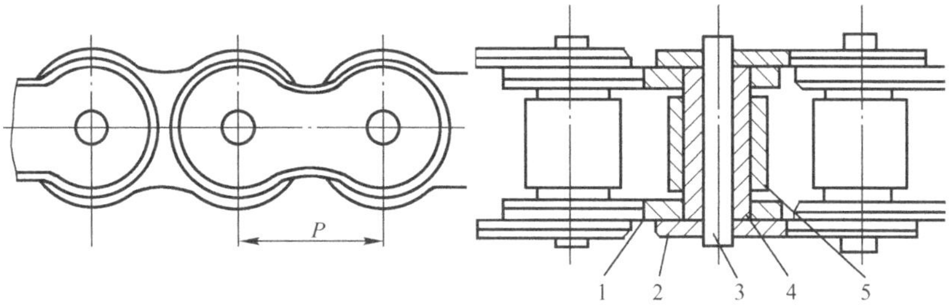

1—内链板；2—外链板；3—销轴；4—套筒；5—滚子

图 4-16

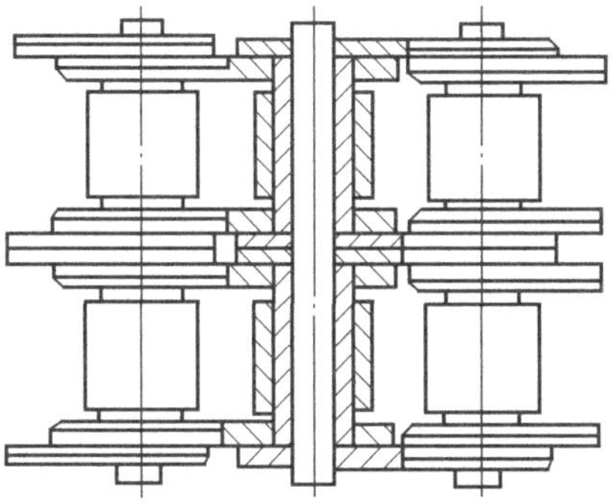

图 4-17

两销轴之间的中心距称为节距，用 p 表示，节距 p 是链传动的一个重要参数。节距 p 越大，销轴的直径也可以做得越大，链条的强度就越大，传动能力越强，但重量也增加，冲击和振动也随之加大。因此，传递功率较大时，为减小尺寸，可采用小节距的多排链，如图 4-17 所示。

为了使链联成封闭环状，链的两端应用联接链节联接起来，联接链节通常有三种形式，如图 4-18 所示。当组成链的总链节为偶数时，可采用开口销或弹簧夹将接头上的活动销轴固定。当链节总数为奇数时，可采用过渡链节联接。过渡链节的链板为了兼作内外链板，形成弯链板，受力时产生附加弯曲应力，易于变形，导致链的承载能力大约降低 20%。因此，链节数应尽量为偶数。

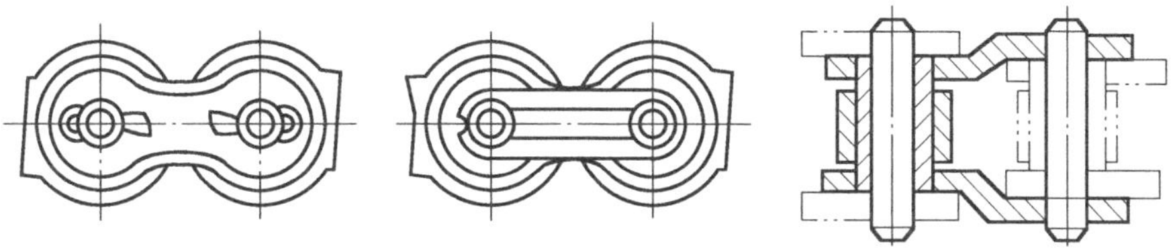

(1) 开口销　　(2) 弹簧夹　　(3) 过渡链节

图 4-18

传动用滚子链已标准化，分A、B两系列，我国以A系列为主体，表4-6列出了几种常用滚子链的基本参数和尺寸。

滚子链标记：链号—排数×链节数 标准号

例如：节距为15.875mm，单排，86节A系列滚子链其标记为：

10A—1—86GB/T 1243—1997

套筒滚子链规格与主要参数见表4-6。

2. 链轮

为了保证链与链齿的良好啮合并提高传动的性能和寿命，应该合理设计链轮的齿形和结构，适当地选取链轮材料。

（1）链轮的尺寸参数。若已知节距p，滚子直径d_r和链轮齿数z，链轮主要尺寸可按表4-6所示的滚子链的主要参数中选取。

表4-6 滚子链的主要参数

链　号	节距 p/mm	滚子外径 d/mm	极限拉伸载荷 Q_B/kN	每米质量/(kg/m)	排距 P_t/mm
06B	9.525	6.35	8.9	0.40	10.24
08A	12.70	7.92	13.8	0.60	14.38
10A	15.825	10.16	21.8	1.00	18.11
12A	19.05	11.91	31.1	1.50	22.78
16A	25.40	15.88	55.6	2.60	29.29
20A	31.75	19.05	86.7	3.80	35.76
24A	38.10	22.23	124.6	5.60	45.44
28A	44.45	25.40	169.0	7.50	48.87
32A	50.80	28.58	222.4	10.10	58.55
40A	63.50	39.68	347.0	16.10	71.55
48A	76.20	47.63	500.4	22.60	87.83

（2）链轮齿形。为了便于链节平稳进入和退出啮合，链轮应有正确的齿形，是目前使用较多的一种，即三圆弧—直线点形，如图4-19所示。当采用这种齿形并用相应的标准刀具加工时，链轮齿形在工作图上可不画出，只需给出链轮的节距p、齿数z和链轮的分度圆直径即可。

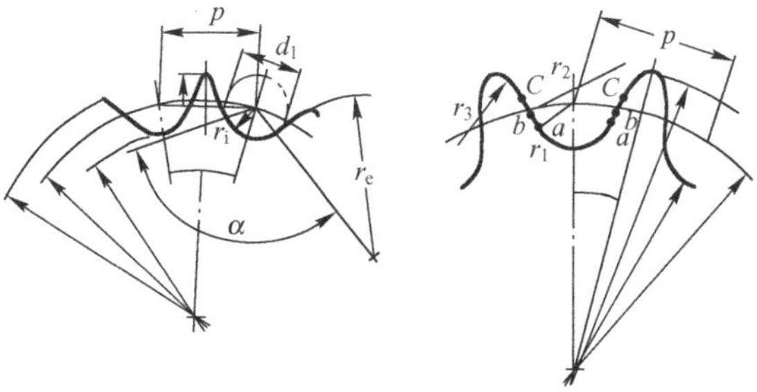

图4-19

（3）链轮结构。链轮的结构有实心式、孔板式、组合式和齿圈与轮心螺栓联结式几种，如图4-20所示。一般小直径链轮可采用实心式（见图4-20（a））；中等直径采用孔板式（见图4-20（b）），较大直径可采用组合式（见图4-20（c））和螺栓联结式（见图4-20（d））。

（4）链轮材料。一般链轮用碳钢、灰铸铁制作，重要的链轮用合金钢制造，齿面要经过热处理。小链轮的啮合次数多于大链轮，故小链轮的材料应优于大链轮。

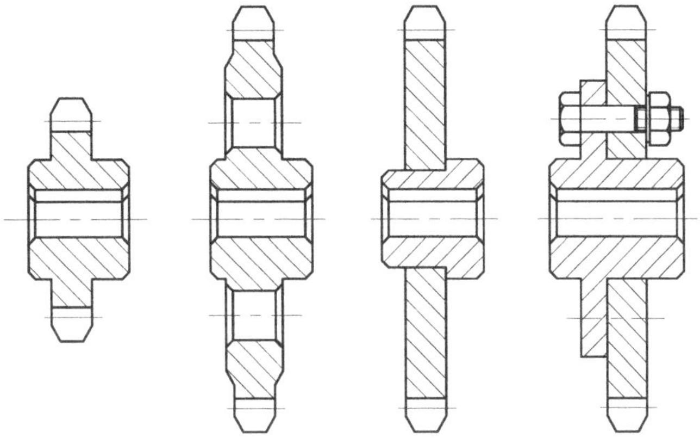

（a）　（b）　（c）　（d）

图4-20

问题解答

1．与带传动相比，链传动有哪些优缺点？

略。

2．链速一定时，链轮齿数 z 的多少和链节距 p 的大小对链传动有何影响？

解：链传动运动不均匀及刚性链节啮入链轮齿间时引起的冲击，必然会引起动载荷。当链啮入链轮齿间时，会形成不断的冲击、振动和噪声，这种现象称为“多边形效应”。链的节距越大，链轮转速越高，“多边形效应”就越严重。在设计时，必须对链速加以限制。此外，选取小节距的链条，也有利于降低链传动的运动不均匀性及动载荷。链速的计算公式为：

$$v=\frac{z_1 n_1 p_1}{60\times 1000}=\frac{z_2 n_2 p_2}{60\times 1000}$$

由于链节数常为偶数，考虑到链条和链轮轮齿的均匀磨损，链轮齿数一般应取与链节数互为质数的奇数。链轮齿数优选数列为：17 、19 、21 、23 、25 、38 、57 、76 、95 、114。当 z_1 确定后，则大链轮齿数 $z_2=iz_1$，并圆整为整数。为避免跳齿和脱链现象，减小传动外廓尺寸和重量，大链轮齿数不宜太多，一般应使 $z_2\leqslant 120$ 。

思考题

一、简答题

1．普通V带传动和平带传动相比，有什么优缺点？

2. 普通V带由哪几部分组成？各部分的作用是什么？

3. 带传动中，弹性滑动是怎样产生的？造成什么后果？

4. 带的楔角 θ 与带轮的轮槽角 φ 是否一样？为什么？

5. 带传动为什么必须张紧？常用的张紧装置有哪些？

6. 带传动的主要失效形式是什么？

7. 与带传动相比，链传动有哪些优缺点？适合于什么场合？

8. 链节数为什么尽量去偶数？滚子链的结构是怎样的？

二、分析计算题

1. 某带传动的大小带轮的基准直径 $d_1=100\text{mm}$，$d_2=400\text{mm}$，小带轮转速 $n_1=1460\text{r/min}$，滑动率 $\varepsilon=0.02$，传递功率 $P=10\text{kW}$，求带速、大带轮的转速、有效拉力。

2. 设一A型普通V带传动，主动轴转速 $n_1=1480\text{r/min}$，从主动轴转速 $n_2=600\text{r/min}$，传递的最大功率 $P=1.5\text{kW}$。假设带速 $v=7.5\text{m/s}$，中心距 $a=800\text{mm}$，当量摩擦系数 $f_v=0.5$，求带轮基准直径 d_1、d_2，以及带基准长度 L_d 和初拉力 F_0。

3. C618车床的电动机和床头箱之间采用垂直布置的V型带传动。已知电动机功率 $P=4.5\text{kW}$，转速 $n=1440\text{r/min}$，传动比 $i=2.1$，二班制工作，根据机床结构，带轮中心距 a 应为900mm左右。试设计此V带传动。

4. 链传动传递的功率 $P=1.2\text{kW}$，主动轮转速为140r/min，主动轮齿数为19。采用08A单排滚子链，工况系数 $K_A=1.3$，试验算此链传动。

模块 5
齿轮传动

5.1 直齿圆柱齿轮传动的设计

问题引入

设计如图 5-1 所示的带式运输机传动方案中的一级直齿圆柱齿轮减速器。该减速器由电动机驱动，载荷平稳，单向运转。传递功率 $P=11\text{kW}$，主动齿轮转速 $n_1=980\text{r/min}$，传动比 $i=3$。

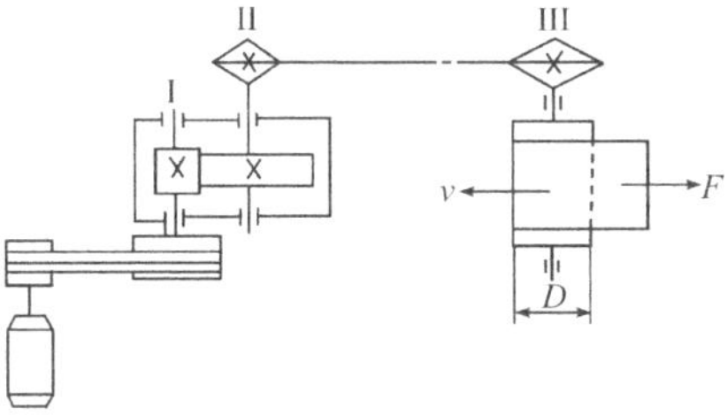

图 5-1

知识分析

齿轮传动是现代机械设备中应用最为广泛的一种机械传动，是传递机器动力和运动的一种主要形式。它由主动齿轮、从动齿轮和支承件等组成，是靠齿轮间的直接啮合来实现传动的，可用于传递空间中任意两轴间的运动和动力，因此在实际中应用广泛。

【知识目标】

1. 了解齿轮传动的类型及其特点。
2. 掌握正常齿制渐开线标准直齿圆柱齿轮啮合原理。
3. 掌握正常齿制渐开线标准直齿圆柱齿轮的几何尺寸计算和强度计算。
4. 掌握正常齿制渐开线标准直齿圆柱齿轮的参数选择以及齿轮加工制造的方法和原理。

【能力目标】

能运用直齿圆柱齿轮传动的设计过程、方法和主要设计参数的选择原则设计出正确的齿轮传动，并绘制出其零件图。

知识链接

一、齿轮传动的认识与应用

齿轮是机械产品的重要基础零件。它与皮带传动和摩擦机械传动相比，具有功率范围大、传动效率高、传动比准确、使用寿命长、安全可靠等特点，因此它已成为许多机械产品不可缺少的传动部件。齿轮的设计与制造水平将直接影响到机械产品的性能和质量。由于它在工业发展中有突出地位，使得齿轮被公认为工业化的一种象征。

齿轮传动的主要优点：

(1) 工作可靠、寿命较长；

(2) 传动比稳定、传动效率高；

(3) 可实现平行轴、任意角相交轴、任意角交错轴之间的传动；

(4) 适用的功率和速度范围广。

齿轮传动的缺点：

(1) 加工和安装精度要求较高，制造成本也较高；

(2) 不适宜于远距离两轴之间的传动。

1. 齿轮传动的基本类型

齿轮传动的类型很多，按照两齿轮轴线的相对位置和齿向不同做如下分类。

(1) 平面齿轮传动（两轴平行的齿轮传动）。两齿轮轴线相互平行，两轮的相对运动为平面运动，一般都为圆柱齿轮传动。它包括直齿圆柱齿轮传动、斜齿圆柱齿轮传动和人字齿传动。直齿圆柱齿轮传动又可以分为外啮合、内啮合和齿轮齿条啮合，如图 5-2 所示。

(2) 空间齿轮传动（两轴不平行的齿轮传动）。两齿轮的轴线不平行，两轮的相对运动为空间运动，包括圆锥齿轮传动、交错轴斜齿轮传动和蜗轮蜗杆传动，如图 5-2 所示。

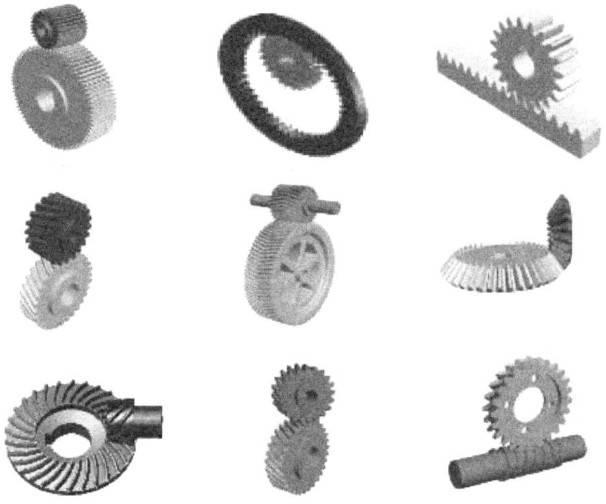

图 5-2

此外，按照工作条件的不同，齿轮传动可分为闭式齿轮传动和开式齿轮传动两种。闭式齿轮传动齿轮安装在刚性很大，并有良好润滑条件的密封箱体内，多用于重要传动。开式齿轮传动轮齿外露，灰尘易落在齿面，致使粉尘容易落入啮合区，导致不能保证良好的润滑，因此轮齿易于磨损，多用于低速传动和不重要的场合。

按照齿轮的齿廓曲线的不同，齿轮可分为渐开线齿轮、摆线齿轮和圆弧齿轮等类型。本书主要讨论制造与安装方便，应用最广的渐开线齿轮。

2. 对齿轮传动的基本要求

齿轮用于传递运动和动力，必须满足以下两个要求。

(1) 传动准确、平稳。齿轮传动的最基本要求之一是瞬时传动比恒定不变，以避免产生动载荷、冲击、振动和噪声。这与齿轮的齿廓形状、制造和安装精度有关。

(2) 承载能力强。齿轮传动在具体的工作条件下，必须有足够的工作能力，以保证齿轮在整个工作过程中不致产生各种失效。这与齿轮的尺寸、材料、热处理工艺因素有关。

二、齿廓啮合基本定律

对齿轮传动的基本要求之一，就是保证瞬时传动比 $i(i=\omega_1/\omega_2)$ 等于一个恒定不变的值，即主动轮匀角速度转动时，从动轮必须匀角速度转动。否则，由于从动轮角速度的变化，齿轮将产生惯性力。这种惯性力不仅影响齿轮的强度和寿命，而且还会引起机器的振动和噪声，影响其工作精度。齿轮的齿廓形状究竟符合什么条件，才能满足齿轮传动的瞬时传动比保持不变的要求呢?

如图5-3所示为一对作平面啮合的齿轮，两轮的齿廓曲线分别为 G_1 和 G_2。设轮1绕轴 O_1 以角速度 ω_1 转动，轮2绕轴 O_2 以角速度 ω_2 转动，图中点 K 为两齿廓的接触点，过点 K 作两齿廓的公法线 nn，公法线 nn 与连心线 O_1O_2 交于点 C。由三心定理可知，点 C 是两轮的相对速度瞬心，故有：$v_C=\overline{O_1C}\omega_1=\overline{O_2C}\omega_2$，由此可得：

$$i_{12}=\frac{\omega_1}{\omega_2}=\frac{\overline{O_2C}}{\overline{O_1C}} \tag{5-1}$$

由以上分析可知：一对齿廓在任一位置啮合时，过接触点作齿廓公法线，必通过节点 C，它们的传动比与连心线 O_1O_2 被节点 C 所分成两个线段成反比。该规律称齿廓啮合基本定律。

上述定点 C 称为节点，以 O_1 和 O_2 为圆心，过节点 C 所作的两个相切圆称为节圆。一对齿轮传动时，两节圆之间作纯滚动。

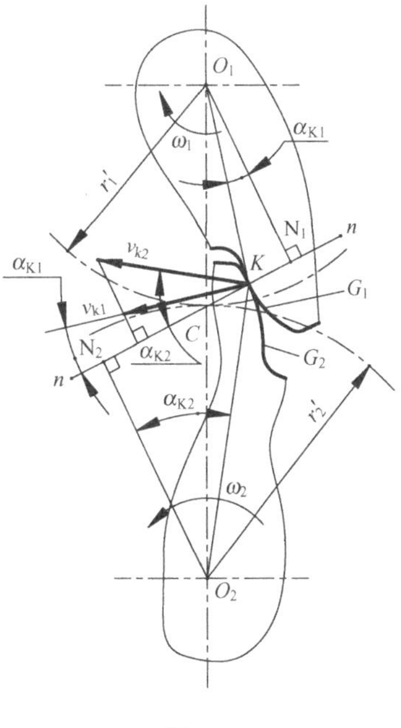

图5-3

应当指出，当只有一对齿轮啮合时，才有节点和节圆，单个齿轮不存在节点和节圆。

能满足齿廓啮合基本定律的一对齿廓均称为共轭齿廓，理论上共轭齿廓是很多的。但是为了满足强度高、磨损小、寿命长、制造与安装方便等要求，机械传动中通常采用的齿廓曲线为渐开线齿廓、摆线齿廓和圆弧齿廓等，其中最常用的是渐开线齿廓，高速重载的机器宜用圆弧齿轮。

三、渐开线齿廓

1. 渐开线的形成及其特性

如图 5-4 所示，当一直线 n—n 沿一个圆的圆周作纯滚动时，直线上任一点 K 的轨迹，称为渐开线。该圆称为基圆，其半径用 r_b 表示，直线 NK 称为发生线。

根据渐开线的形成过程可见，渐开线具有如下性质。

（1）发生线在基圆上滚过的长度等于基圆上被滚过的弧长，即 $\overline{NK}=\overset{\frown}{NA}$。

（2）因为发生线在基圆上作纯滚动，所以它与基圆的切点 N 就是渐开线上 K 点的瞬时速度中心，发生线 NK 就是渐开线在 K 点的法线，同时它也是基圆在 N 点的切线。

（3）渐开线上任一点 K 的受力方向（即该点处的法线方向）与该点速度 v 方向之间所夹的锐角 α_K 称为该点的压力角。

（4）切点 N 是渐开线上 K 点的曲率中心，NK 是渐开线上 K 点的曲率半径。离基圆越近，曲率半径越小。

（5）渐开线的形状取决于基圆的大小。如图 5-5 所示，基圆半径越大，渐开线越趋于平直；当基圆半径为无穷大时，渐开线则成为直线。齿条相当于基圆半径无穷大的渐开线齿轮，因此具有直线齿廓。

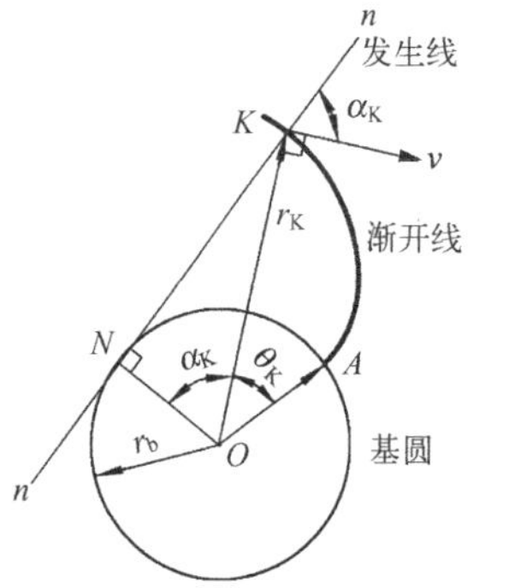

图 5-4

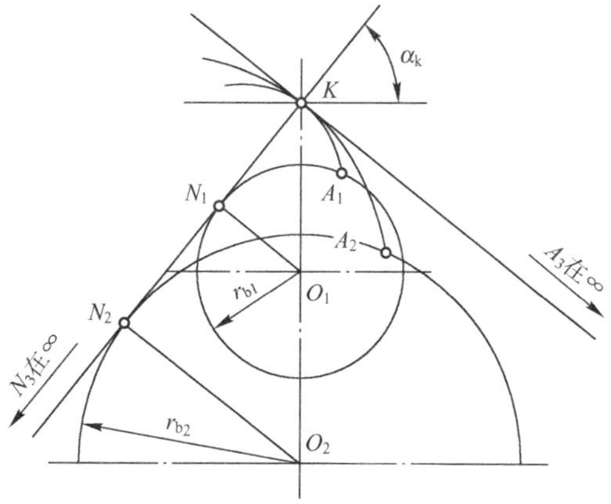

图 5-5

（6）基圆内无渐开线。

2. 渐开线齿廓啮合的特点

（1）渐开线齿廓满足定传动比要求。如上所述，无论两齿廓在何位置啮合，接触点的公法线是一条定直线，而且该直线与连心线 O_1O_2 的交点 C 是固定点。因此，一对渐开线齿廓能实现定传动比传动。因图中 $\triangle O_1N_1C$ 和 $\triangle O_2N_2C$ 相似，则传动比为

$$i_{12}=\frac{\omega_1}{\omega_2}=\frac{\overline{O_2C}}{\overline{O_1C}}=\frac{r_2'}{r_1'}=\frac{r_{b2}}{r_{b1}}=\text{常数} \tag{5-2}$$

(2) 渐开线齿廓间正压力方向的不变性。渐开线齿廓啮合的啮合线是直线——N_1N_2啮合点的轨迹。啮合线、公法线、两基圆的内公切线三线重合。当齿廓不论在什么点啮合，不计摩擦，齿轮之间压力的大小和方向均不变。

(3) 渐开线齿廓啮合具有可分性。由于齿轮制造和安装的误差以及轴承磨损等原因，实际工作中的齿轮中心距与设计中心距往往是不相等的。但由于渐开线齿轮的传动比等于两轮基圆半径的反比，齿轮制成后，基圆大小是不变的。所以，中心距变化了，传动比不变。这个性质称为渐开线齿轮传动的可分离性。可分离性是渐开线齿轮传动的独特优点，也是其得到广泛应用的原因之一。此外，根据渐开线齿轮的可分离性还可以设计变位齿轮。

四、渐开线标准直齿圆柱齿轮的几何尺寸计算

1. 直齿圆柱齿轮各部分的名称及主要尺寸

如图5-6所示为标准直齿圆柱齿轮的一部分。齿轮上每个凸起的部分称为齿，相邻两齿之间的空间称为齿槽。齿轮各部分的名称及符号规定如下。

(1) 齿数 z。齿轮圆周上轮齿的数目称为齿数。

(2) 齿顶圆。齿顶所确定的圆称为齿顶圆，其直径和半径分别用 d_a 和 r_a 表示。

(3) 齿根圆。由齿槽底部所确定的圆称为齿根圆，其直径和半径分别用 d_f 和 r_f 表示。

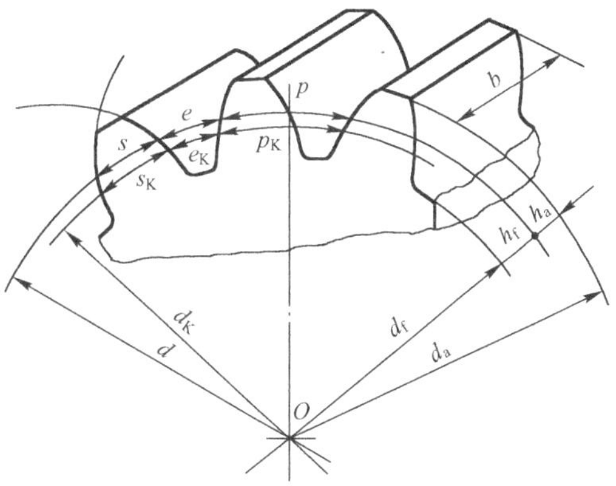

图5-6

(4) 齿槽宽。相邻两齿之间的空间称为齿槽，在任意 d_K 的圆周上，轮齿槽两侧齿廓之间的弧线上称为该圆的齿槽宽，用 e_K 表示。

(5) 齿厚。轮齿两侧齿廓之间的弧长称为该圆的齿厚，用 s_K 表示。

(6) 齿距。相邻两齿同侧齿廓之间的弧长称为该圆的齿距，用 p_K 表示，所以 $p_K = s_K + e_K$。

(7) 分度圆、压力角和模数。在同一圆周上 $\pi d = p_K z$。在不同直径的圆周上，比值 p_K/π 是不同的，又由渐开线特性可知，在不同直径的圆周上，齿廓各点的压力角也是不等的。

为了便于设计、制造及互换，我们将齿轮上某一圆周上的比值和该圆上的压力角均设定为标准值，这个圆就称为分度圆，以 d 表示。分度圆上的压力角简称为压力角，以 α 表示。分度圆上的 p/π 比值称为模数，以 m 表示，即

$$m = p/\pi \tag{5-3}$$

模数是齿轮几何计算的重要参数。显然，m 越大，则 p 越大，即轮齿就越大，轮齿所能承受的载荷也越大。此时分度圆直径

$$d = mz \tag{5-4}$$

我国规定的标准模数系列如表5-1所示。

表5-1 标准模数系列（摘自GB/T 1357—2008）

第一系列	1	1.25	1.5	2	2.5	3	4	5	6
	8	10	12	16	20	25	32	40	50
第二系列	1.125	1.375	1.75	2.25	2.75	3.5	4.5	5.5	(6.5)
	7	9	11	14	18	22	28	36	45

注：1. 本表适用于渐开线圆柱齿轮，对斜齿轮是指法向模数。
2. 应优先选用第一系列。括号内的数尽可能不用。

齿轮上的分度圆是一个十分重要的圆。为了便于说明，对于分度圆上的齿距、齿厚和齿槽宽等，略去分度圆直接称为齿距p、齿厚s及齿槽宽e等，分度圆上的各参数的代号也都不带下标。

（8）齿顶高。在轮齿上，介于齿顶圆和分度圆之间的部分称为齿顶，其径向高度称为齿顶高，用h_a表示。

（9）齿根高。介于齿根圆和分度圆之间的部分称为齿根，其径向高度称为齿根高，用h_f表示。

（10）全齿高。齿顶圆与齿根圆之轮齿的径向高度称为全齿高，用h表示，$h=h_a+h_f$。

（11）齿顶高系数h_a^*和径向间隙系数c^*。

$$h_a=h_a^*m,\quad h_f=(h_a^*+c^*)m \tag{5-5}$$

这两个系数在国家标准中已规定了标准值。正常齿制：$h_a^*=1$，$c^*=0.25$。短齿制：$h_a^*=0.8$，$c^*=0.3$。通常不加以说明的齿轮，均为正常齿制。

2. 标准直齿圆柱齿轮几何尺寸的计算

标准齿轮是指m、α、h_a^*、c^*均取标准值，具有标准的齿顶高和齿根高，且分度圆齿厚等于齿槽宽的齿轮。不能同时具备上述特征的直齿轮都是非标准齿轮。标准直齿圆柱齿轮几何尺寸的计算如表5-2所示。

表5-2 标准直齿圆柱齿轮几何尺寸的计算公式

名　称	符　号	计算公式
分度圆直径	d	$d=mz$
齿顶高	h_a	$h_a=h_a^*m$
齿根高	h_f	$h_f=(h_a^*+c^*)m$
全齿高	h	$h=h_a+h_f=(2h_a^*+c^*)m$
齿顶圆直径	d_a	$d_a=d+2h_a=(z+2h_a^*)m$
齿根圆直径	d_f	$d_f=d-2h_f=(z-2h_a^*-2c^*)m$
基圆直径	d_b	$d_b=d\cos\alpha$
齿距	p	$p=\pi m$
基圆齿距	p_b	$p_b=\pi m\cos\alpha$
齿厚和齿槽宽	s	$s=e=\frac{1}{2}\pi m$
中心距	a	$a=\frac{1}{2}(d_2\pm d_1)=\frac{1}{2}m(z_2\pm z_1)$

五、渐开线齿轮的啮合传动

渐开线齿轮应用广泛的原因主要是该类齿轮具有良好的啮合特性。

1. 渐开线齿轮传动的啮合过程

一对齿轮相互啮合时，两齿轮的中心距是固定不变的。如图 5-7 所示，设齿轮 1、2 分别是主、从动轮。当两轮开始啮合时，主动轮的齿根和从动轮的齿顶相接触，接触点为 K 点（从动轮 2 的齿顶圆与啮合线 N_1N_2 的交点），是一对轮齿啮合的起始点。随着啮合传动的进行，两齿廓的啮合点沿着啮合线移动，直到 K' 点（主动轮 1 的齿顶圆与啮合线的交点）时，两轮齿即将脱离接触，K' 点为轮齿啮合的终止点。

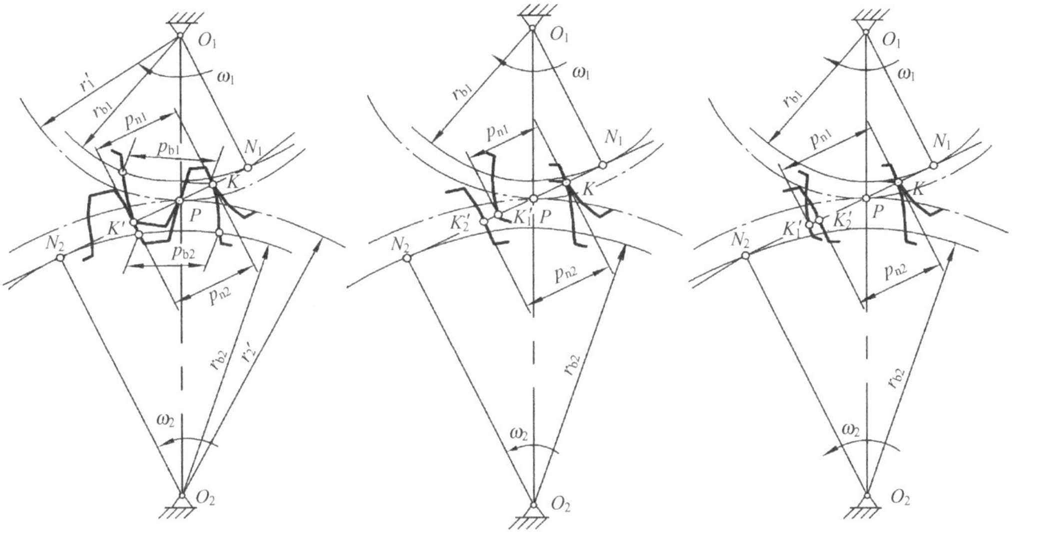

图 5-7

从一对轮齿的啮合过程来看，啮合点实际走过的轨迹只是啮合线上的一段，即 KK'，此段称为实际啮合线。随着两轮齿数的增加，其齿顶圆将加大，则 K、K' 点分别接近于 N_1、N_2。由于基圆内无渐开线，所以 K、K' 点只能在啮合线 N_1N_2 内，N_1N_2 称为理论啮合线，N_1、N_2 称为极限啮合点。

2. 对渐开线齿轮的正确啮合条件

一对渐开线齿轮传动时，两轮齿廓接触点是沿啮合线 N_1N_2 移动的。当前一对齿在啮合线上的 K 点啮合时，后一对齿必须准确地在啮合线上的 K' 点进入啮合，而 KK' 既是齿轮 1 的法向齿距，又是齿轮 2 的法向齿距，两齿轮要想正确啮合，它们的法向齿距必须相等。法向齿距和基圆齿距相等，通常以 p_b 表示基圆齿距。因此，两齿轮要想正确啮合，则必须满足：

$$p_{b1}=p_{b2}$$

即

$$p_b=p\cos\alpha$$

故

$$p_{b1}=p\cos\alpha_1=\pi m_1\cos\alpha_1=p_{b2}=p\cos\alpha_2=\pi m_1\cos\alpha_2$$

整理后，得渐开线直齿圆柱齿轮的正确啮合的（必要）条件为

$$m_1\cos\alpha_1=m_2\cos\alpha_2$$

式中，m_1、m_2分别为两齿轮的模数，α_1、α_2分别为两轮的压力角。

由于齿轮的模数和压力角都已标准化，所以

$$m_1=m_2=m$$

$$\alpha_1=\alpha_2=\alpha$$

即一对渐开线直齿圆柱齿轮正确啮合的条件：两轮的模数和压力角应分别相等。

这样齿轮的传动比计算可为

$$i=\frac{\omega_1}{\omega_2}=\frac{d_2'}{d_1'}=\frac{d_{b2}}{d_{b1}}=\frac{d_2}{d_1}=\frac{z_2}{z_1} \tag{5-6}$$

3. 渐开线齿轮连续传动的条件

一对轮齿啮合到一定位置时将会终止，要使齿轮连续传动，就必须在前一对轮齿尚未脱离啮合时，后一对齿必须在啮合线上的 N_2点进入啮合，这样才能保证传动的连续性，即必须使 $N_1N_2>p_b$。

根据以上分析齿轮连续传动的条件是：两齿轮的实际啮合线 N_1N_2应大于或等于齿轮的基圆齿距 p_b。通常 N_1N_2与 p_b的比值称为重合度，用 ε 表示。

故渐开线齿轮连续传动的条件为

$$\varepsilon=N_1N_2/p_b\geqslant1 \tag{5-7}$$

理论上，使 $\varepsilon=1$ 就能保证连续传动，但由于齿轮的制造和安装误差，以及传动中轮齿的变形等因素，必须使 $\varepsilon>1$。重合度的大小，表明同时参与啮合的齿对数的多少，其值越大表明同时啮合的轮齿对数越多，因而传动越平稳，承载能力越大。

4. 齿轮传动的无侧隙啮合条件及标准中心距

正确安装的齿轮机构在理论上应达到无齿侧间隙（侧隙），否则齿轮啮合过程中就会产生冲击和噪声；反向啮合时会出现空行程。实际上，为了防止齿轮工作时温度升高而卡死以及存储润滑油，应留有侧隙，但此间隙是在制造时以齿厚公差来保证的，理论设计时仍按无间隙来考虑。

一对正确啮合的渐开线标准齿轮，其模数相等，故两轮分度圆上的齿厚和齿槽宽相等，即 $s_1=e_1=s_2=e_2=\pi m/2$ 。显然当两分度圆相切并作纯滚动时（即节圆与分度圆重合），其侧隙为零。一对齿轮节圆与分度圆重合的安装称为标准安装，标准安装时的中心距成为标准中心距，以 a 表示，其计算公式为

$$a=r_1'+r_2'=r_1+r_2=\frac{m(z_1+z_2)}{2} \tag{5-8}$$

标准齿轮安装正确时，啮合角在数值上等于分度圆上的压力角，即 $\alpha'=\alpha$。

六、渐开线齿轮的加工方法及根切现象

1. 齿轮轮齿的加工方法

齿轮的加工方法较多，有铸造、模锻、热轧、冲压和切削加工等。目前切削加工方法应

用最为广泛。切削渐开线齿轮的方法分为仿形法和展成法两种，两种加工的原理不同。利用展成法加工时还会遇到根切（齿轮轮齿根部渐开线被切去一部分）的问题。

(1) 仿形法。这种方法的特点是所采用成形刀具切削刃的形状，在其轴向剖面内与被切齿轮齿槽的形状相同。图5-8所示为用盘状铣刀切制齿轮，图5-9所示为用指状铣刀切制齿轮。切制时，铣刀转动，同时齿轮毛环随铣床工作自沿平行于齿轮轴线的方向直线移动；切出一个齿槽后，由分度机构将轮坯转过360°/z，再切制第二个齿槽，直至整个齿轮加工结束。指状铣刀常用于加工大模数（如$m>10$mm）的齿轮，并可以切制人字齿轮。表5-3所示为圆盘铣刀刀号及加工齿数的范围。

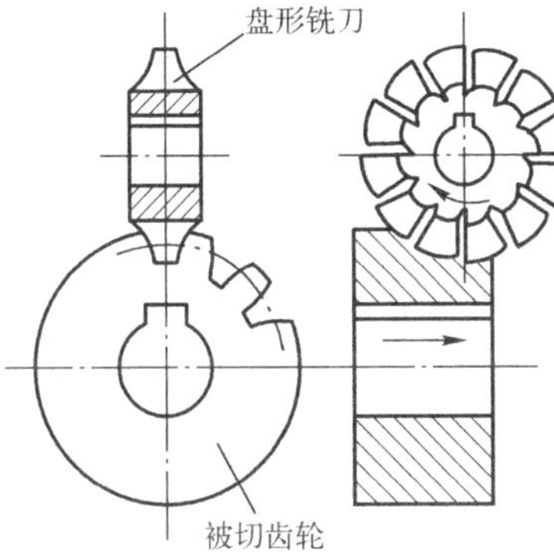

图5-8

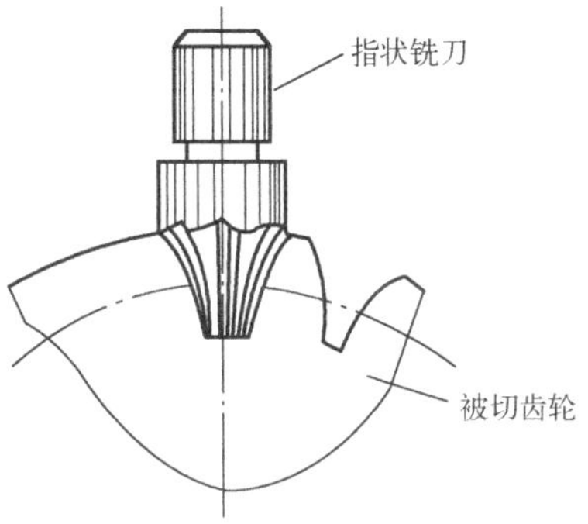

图5-9

表5-3　圆盘铣刀刀号及加工齿数的范围

刀号	1	2	3	4	5	6	7	8
加工齿数范围	12～13	14～16	17～20	21～25	26～34	35～54	55～134	135以上

仿形法的优点是不需要专用机床，但生产率低，精度低。故仅适用于单件或小批量生产，以及精度要求不高的齿轮。

(2) 展成法。展成法是目前齿轮加工中最常用的一种方法。它是运用一对相互啮合齿轮的共轭齿廓互为包络的原理来加工齿廓的。

① 齿轮插刀加工：如图5-10所示为用齿轮插刀加工齿轮的情况。齿轮插刀是一个具有切削刃的渐开线外齿轮。插齿时，插刀与轮坯严格地按定比传动作展成运动（即啮合传动），同时插刀沿轮坯轴线方向作上下往复的切削运动。

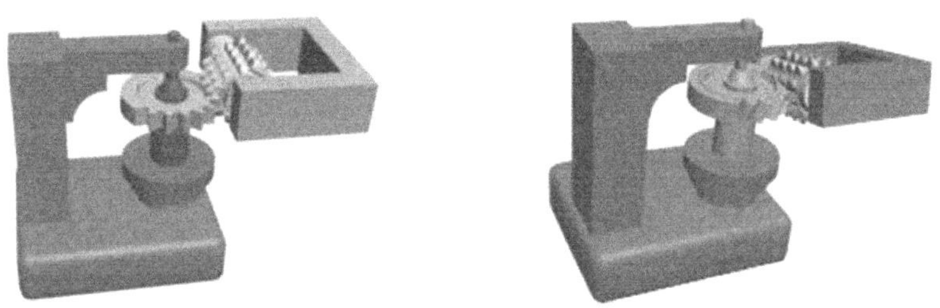
图5-10

② 齿条插刀加工：如图5-11所示为用齿条插刀加工齿轮的情况。其切齿原理与用齿轮

插刀加工齿轮的原理相同。

图 5-11

③ 齿轮滚刀加工：用以上两种刀具加工齿轮，其切削是不连续的，不仅影响生产率的提高，还限制了加工精度。因此，在生产中应用更广泛的是采用齿轮滚刀来切制齿轮。如图 5-12所示为用齿轮滚刀切制齿轮的情况。滚刀形状像一螺旋，它的轴向剖面为一齿条。当滚刀转动时，相当于齿条作轴向移动，滚刀转一周，齿条移动一个导程的距离。所以用滚刀切制齿轮的原理和齿条插刀切制齿轮的原理基本相同。滚刀除了旋转之外，还沿着轮坯的轴线缓慢地进给，以便切出整个齿形。

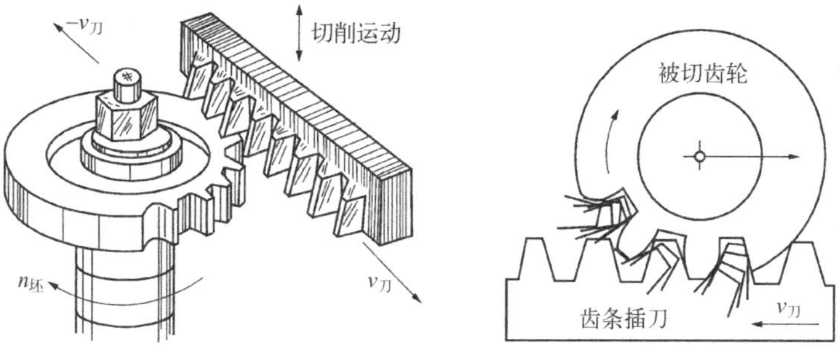

图 5-12

2. 渐开线齿廓的根切现象与最少齿数

（1）根切现象。用展成法加工齿轮时，有时会出现刀具的顶部切入齿根，将齿根部分渐开线齿廓切去的现象，我们称之为根切，如图 5-13（a）所示。产生严重根切的齿轮削弱了轮齿的抗弯强度，导致传动的不平稳，对传动十分不利，因此，应尽力避免根切现象的产生。

（2）不根切的最少齿数。由图 5-13（b）可知，为避免根切现象，刀具的齿顶线与啮合线的交点 B_1 不得超过啮合极限点 N_1，即 $CB_1 \leqslant CN_1$。经过整理得

$$z \geqslant \frac{2h_a^*}{\sin^2\alpha},\quad z_{min} = \frac{2h_a^*}{\sin^2\alpha} \tag{5-9}$$

当 $\alpha = 20°$，$h_a^* = 1$ 时，$z_{min} = 17$。

在实际应用中，为了使齿轮传动结构紧凑，允许有少量根切，可取 $z_{min} = 14$。

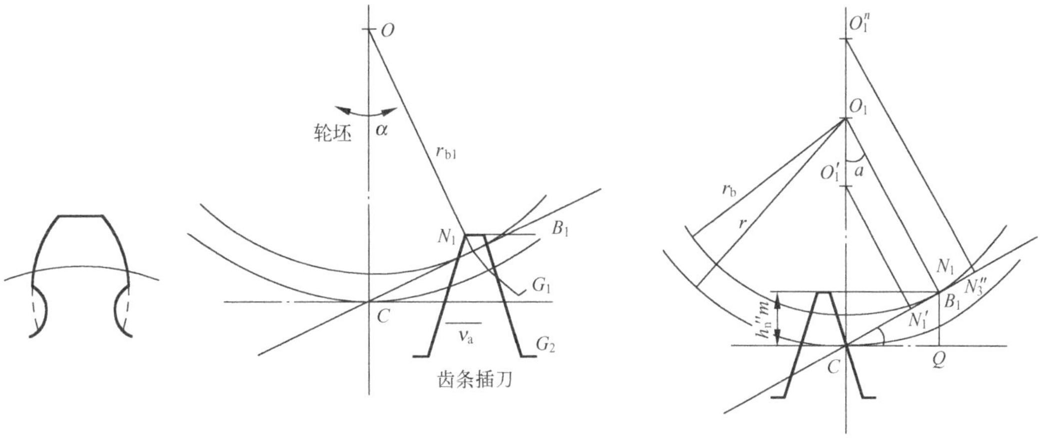

（a）根切齿轮　　（b）避免根切的条件　　（c）齿数与根切的关系

图 5–13

3. 变位齿轮传动

（1）标准齿轮的局限性。标准齿轮存在的主要缺点有以下几点。

① 标准齿轮的齿数必须不能小于最少齿数 z_{min}，否则会产生根切。

② 标准齿轮不适用于实际中心距不等于标准中心距的场合。

③ 一对互相啮合的标准齿轮，小齿轮齿根厚度小于大齿轮齿根厚度，故大小齿轮的抗弯能力存在差别。

为了弥补上述渐开线标准齿轮的不足，我们可以采用变位齿轮。

（2）变位齿轮的切制。在齿轮加工时，产生根切的原因在于刀具的齿顶线超过了极限点 N_1。要避免根切，可以使刀具的齿顶线不超过 N_1 点。在不改变被切齿轮齿数的情况下，只要改变刀具与轮坯的相对位置，可以切出不根切的齿轮，但是此时齿条的分度线与齿轮的分度圆不再相切。这种齿轮称为变位齿轮。

以切制标准齿轮的位置为基准，刀具的移动距离 x_m 称为变位量，x 称为变位系数，并规定刀具离开轮坯中心的变位系数为正，即正变位，$x>0$ 所切出的齿轮为正变位齿轮。反之，当刀具相对接近轮坯中心的变位系数为为负，即负变位，$x<0$ 所加工出的齿轮称为负变位齿轮。

七、轮齿失效和齿轮材料

1. 轮齿的失效形式

由于齿轮的主要工作部位是轮齿，故其失效一般发生在轮齿上，其他部位如齿圈、轮辐、轮毂等一般情况下很少失效。齿轮传动常见的失效形式主要有轮齿折断和齿面损伤两种。齿面损伤又有齿面点蚀、磨损、胶合和塑性变形等之分。

（1）轮齿折断。齿轮在工作时，轮齿受弯矩作用，轮齿根部弯曲应力最大，而且应力集中，故轮齿折断一般发生在齿根部位，如图 5–14 所示。

图 5–14

齿轮的折断的原因有两种：一是因多次重复的弯曲应力和应力集中造成的疲劳折断；二是因短时过载或冲击载荷而造成的过载折断。这两种折断均发生在轮齿受拉应力的一侧。

轮齿折断是轮齿最严重的失效形式，会导致停机甚至造成严重事故。为提高轮齿抗疲劳折断能力，可采用提高材料强度、增加齿根圆角半径、降低齿面的粗糙度，对齿根处进行喷丸、辊压等强化处理工艺。

（2）齿面点蚀。由于齿面的接触应力是交变的，应力经多次重复后，在节线附近靠近齿根部分的表面上，会出现若干小裂纹，封闭在裂纹中的润滑油。在压力作用下，会产生楔挤作用而使裂纹扩大，最后导致表层小片状剥落而形成麻点状凹坑，这种失效形式称为齿面疲劳点蚀，如图 5-15 所示。点蚀出现后，往往会产生强烈的振动和噪声，导致齿轮失效。

通过提高齿面硬度和润滑油的黏度，采用正变位传动等措施，均可防止或减缓点蚀产生。

（3）齿面磨损。当外界的硬屑落入啮合的齿面间，就可能产生磨料磨损，如图 5-16 所示。另外，当表面粗糙的硬齿与较软的轮齿相啮合时，由于相对滑动，较软的齿表面易被划伤，也可能产生齿面磨料磨损。磨损后，正确的齿形遭到破坏，齿厚减薄，最后导致轮齿因强度不足而折断。

图 5-15

图 5-16

改善润滑、密封条件，如在润滑油中加入减磨添加剂，保持润滑油的清洁，提高齿面硬度等，均能提高齿面的抗磨料磨损。

（4）齿面胶合。胶合是比较严重的黏着磨损。在高速重载传动时，因滑动速度高而产生的瞬时高温会使油膜破裂，造成齿面间的黏焊现象，黏焊处被撕脱后，轮齿表面沿滑动方向形成沟痕，这种胶合称为热胶合。在低速重载传动中，不易形成油膜，摩擦热虽不大，但也可能因重载而出现冷焊黏着，这种胶合称为冷胶合，如图 5-17 所示。

通过减小模数、降低齿高、采用角度变位齿轮以减小滑动系数，提高齿面硬度，采用抗胶合能力强的润滑油（如极压油）等措施，均可减缓或防止齿面胶合。

（5）齿面塑性变形。当齿轮材料较软而载荷及摩擦力又很大时，在啮合过程中，齿面表层材料就会沿着摩擦力的方向产生塑性变形从而破坏正确齿形。由于在主动轮齿面节线的两侧，齿顶和齿根的摩擦力方向相背，因此在节线附近形成凹槽。从动轮则相反，由于摩擦力方向相对，因此在节线附近形成凸脊，如图 5-18 所示。这种失效常在低速重载、频繁启动和过载传动中出现。

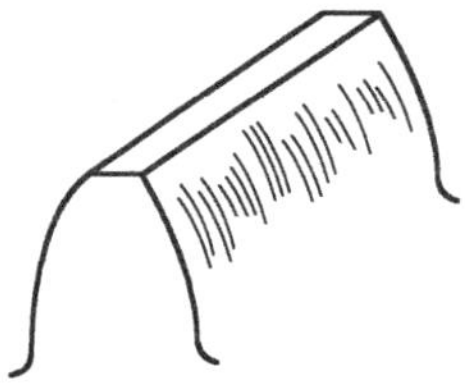

图 5-17

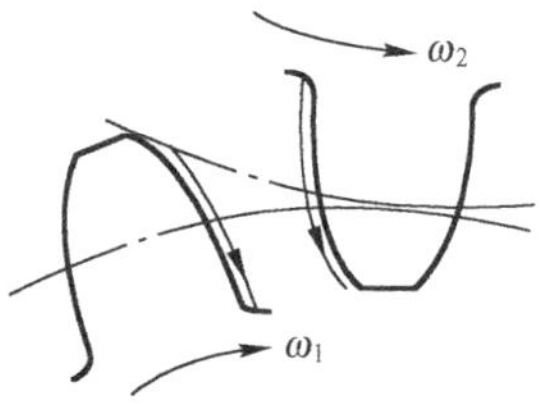

图 5-18

适当提高齿面硬度，采用黏度较大的润滑油，可以防止或减轻齿面塑性流动。

2. 齿轮的材料

（1）对齿轮材料的基本要求。为了保证齿轮工作的可靠性，提高其使用寿命，选择的齿轮的材料应具有以下要求。

① 应有足够的硬度，以抵抗齿面磨损、点蚀、胶合以及塑性变形等。

② 齿芯应有足够的强度和较好的韧性，以抵抗齿根折断和冲击载荷。

③ 应有良好的加工工艺性能及热处理性能，使之便于加工且提高其力学性能。最常用的齿轮材料是钢，此外还有铸铁及一些非金属材料等。

（2）齿轮的常用材料。

① 锻钢。锻钢具有强度高、韧性好、便于制造、便于热处理等特点，大多数齿轮都用锻钢制造。

- 软齿面齿轮。软齿面齿轮的齿面硬度小于350HBS，常用中碳钢和中碳合金钢，如45钢、40Cr、35SiMn等材料，进行调质或正火处理。这种齿轮适用于强度、精度要求不高的场合。轮坯经过热处理后进行插齿或滚齿加工，生产便利、成本较低。在确定大、小齿轮硬度时应注意使小齿轮的齿面硬度比大齿轮的齿面硬度高30～50HBS，这是因为小齿轮受载荷次数比大齿轮多，且小齿轮齿根较薄。为使两齿轮的轮齿接近等强度，小齿轮的齿面应比大齿轮的齿面硬一些。
- 硬齿面齿轮。硬齿面齿轮的齿面硬度大于350HBS，常用的材料为中碳钢或中碳合金钢，经表面淬火处理。

② 铸钢。当齿轮的尺寸较大而不便于锻造时，可用铸造方法制成铸钢齿坯，再进行正火处理以细化晶粒。

③ 铸铁。低速、轻载场合的齿轮可以制成铸铁齿坯。当尺寸大于500mmm时，可制成大齿圈，或制成轮辐式齿轮。

④ 非金属材料。高速、轻载、精度不高的齿轮传动，可采用尼龙等非金属材料。

常用齿轮材料见表5-4。

表5-4 常用齿轮材料

材料牌号	热处理	机械性能/MPa				硬度	应用范围
		强度极限 σ_b	屈服极限 σ_s	许用接触应力 $[\sigma_H]$	许用弯曲应力 $[\sigma_F]$		
45	正火	580	290	468～513	280～310	169～217HBS	低速轻载
	调质	650	360	513～545	301～315	217～255HBS	低速中载
	表面淬火	750	450	972～1053	427～504	48～55HRC	低速中载、重载
40Cr	调质	700	550	612～657	399～427	240～285HBS	中速中载
	表面淬火	900	650	1035～1098	483～518	48～55HRC	高速中载
35SiMn	调质	750	450	585～648	388～420	217～269HBS	高速中载
20Cr	渗碳淬火	650	400	1350	645	56～62HRC	高速中载，冲击
20CrMnTi	渗碳淬火	1100	850	1350	645	56～62HRC	
40MnB	调质	735	490			241～286HBS	高速中载
ZG310～570	正火	580	320	270～301	171～189	160～200HBS	中速中载
HT300		300		290～347	80～105	187～255HBS	低速轻载
QT600～3	正火	600		436～535	262～315	190～270HBS	低、中速轻载

3. 齿轮传动的精度

制造和安装齿轮传动装置时，不可避免地会产生误差（如齿轮加工中的齿形误差、齿向误差、齿轮安装中的轴线不平行等）。这些误差对齿轮传动的影响主要表现在以下3个方面。

(1) 传递运动的准确性。由于相啮合齿轮传动时，实际转角与理论转角不一致，就会造成从动轮的转速变化，即瞬时传动比的变化。

(2) 传动的平稳性。由于瞬时传动比不能保持恒定不变，齿轮在一转范围内会出现多次重复的转速波动，特别在高速传动中会引起振动、冲击和噪声，影响传动的平稳性。

(3) 载荷分布不均匀。由于齿形、齿向误差，会使齿轮上的载荷分布不均匀，当传递较大转矩时，易引起轮齿的折断，降低齿轮的使用寿命。

国家标准GB/T 10095.1—2008对圆柱齿轮及齿轮副规定了13个精度等级，其中0级精度最高，12级精度最低。常用的齿轮是6～9级精度。

齿轮精度等级的选择，应根据齿轮的用途、工作条件、传递的圆周速度和功率的大小，以及其他技术、经济指标等要求来确定。表5-5所示为精度等级的使用范围，供设计时参考。

表5-5 齿轮传动精度等级的选择及应用

精度等级	圆周速度/($m \cdot s^{-1}$)			应用
	直齿圆柱齿轮	斜齿圆柱齿轮	直齿圆锥齿轮	
6级	≤15	≤25	≤9	高速重载的齿轮传动，如飞机、汽车和机床中的重要齿轮传动；分度机构中的齿轮传动
7级	≤10	≤17	≤6	高速中载或中速重载的齿轮传动，如标准系列减速器中的齿轮，汽车和机床中的齿轮
8级	≤5	≤10	≤3	机械制造中对精度无特殊要求的齿轮
9级	≤3	≤3.5	≤2.5	低速及对精度要求低的传动

八、标准直齿圆柱齿轮传动的设计

1. 轮齿强度设计理论

齿轮传动在具体的工作条件下，必须有足够的工作能力，以保证齿轮在整个工作过程中不致失效。齿轮传动的设计计算必须针对齿轮传动某种失效形式进行。

由理论分析和实践证明，对于闭式齿轮传动，当一对齿或其中的一个齿轮为软齿面（HB≤350）时，通常轮齿的齿面接触疲劳强度较低，故应先按齿面接触疲劳强度进行设计，然后校核轮齿的弯曲疲劳强度。当一对齿轮均为硬齿面（HB>350）时，通常轮齿的弯曲疲劳强度较低，故应先按轮齿弯曲疲劳强度进行设计，然后校核齿面接触疲劳强度。当一对齿轮的材料均为铸铁时，则只需计算轮齿的弯曲疲劳强度即可。

对于开式齿轮传动，通常只按轮齿弯曲疲劳强度的设计公式计算模数，然后可根据具体情况，把求得的模数加大10%～20%，以考虑磨损的影响。

2. 轮齿的受力分析

忽略摩擦力，在一对啮合的齿面上，只作用着沿啮合线方向的法向力 F_n，设 F_n 集中作用在分度圆上齿宽中点 C，F_n 与过节点 C 的圆周切向成角度 α，如图 5-19（a）所示。F_n 可分解为切于分度圆的切向力 F_t 和沿半径方向的径向力 F_r。以主动轮为例，其大小分别为

圆周力 $F_{t1}=2T_1/d_1$ (5-10)

径向力 $F_{r1}=F_{t1}/\tan\alpha$ (5-11)

法向力 $F_{n1}=F_{t1}/\cos\alpha$ (5-12)

式中，T_1 为小齿轮上传递的扭矩（N·mm）；d_1 为小齿轮分度圆的直径（mm），$\alpha=20°$。

根据作用力与反作用力关系，作用于主动轮和从动轮上各对力的大小相等，方向相反。

$$F_{t1}=-F_{t2},F_{r1}=-F_{r2},F_{n1}=-F_{n2}$$

主动轮上切向力是工作阻力，其方向与该力作用点线速度方向相反；从动轮上切向力是驱动力，其方向与该力作用点线速度方向相同；两轮的径向力分别指向各自的轮心，如图 5-19（b）所示。

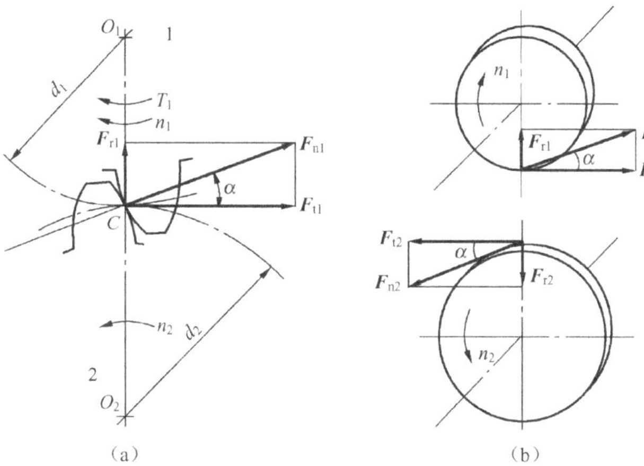

图 5-19

3. 计算轮齿的载荷

上述受力分析是在理想的平稳条件下进行的，其法向力 F_n 为理想情况下的名义载荷。实际上，齿轮传动时，由于齿轮、轴、支承等的制造误差、安装误差以及在载荷作用下的变形等因素的影响，轮齿沿齿宽方向的作用力并非均匀分布，存在着载荷局部集中现象。此外，由于原动机与工作机的载荷变化，以及齿轮传动的各种误差所引起的传动不平稳等，都将引起附加动载荷。因此，在齿轮强度计算时，通常用考虑了各种影响因素的计算载荷 F_{nc} 代替名义载荷 F_n，计算载荷按下式确定：

$$F_{nc}=KF_n$$

式中，K 为载荷系数，其值可根据原动机和工作机的情况查表 5-6 得到。

表 5-6 载荷系数 K

工作机械	载荷性质	原动机		
		电动机	多缸内燃机	单缸内燃机
均匀加料的运输机和加料机、轻型卷扬机、发电机、机床辅助传动	均匀、轻微冲击	1～1.2	1.2～1.6	1.6～1.8

续表

工作机械	载荷性质	原动机		
		电动机	多缸内燃机	单缸内燃机
不均匀加料的运输机和加料机、重型卷扬机、球磨机、机床主运动	中等冲击	1.2～1.6	1.6～1.8	1.9～2.1
冲床、钻床、轧床、破碎机、挖掘机	大冲击	1.6～1.8	1.8～2.0	2.2～2.4

注：1. 直齿、圆周速度高、精度低、齿宽系数大时取大值。

2. 斜齿、圆周速度低、精度高、齿宽系数小时取小值。

3. 齿轮在两轴承间对称布置时取小值，不对称布置时取大值，悬臂布置时取大值。

4. 齿面接触疲劳强度计算

闭式齿轮传动中的主要失效形式是齿面点蚀，这是由于接触应力过大引起的。计算齿面接触疲劳强度是为了防止发生齿面疲劳点蚀失效，由于点蚀绝大多数发生在靠近节线处的齿根面上，所以设计时通常以节点处的接触应力为依据，限制节点处接触应力，即 $\sigma_H \leqslant [\sigma]_H$。

根据弹性力学接触应力计算公式，经整理后，得到一对钢制标准直齿轮圆柱齿轮齿面接触疲劳强度校核的简化公式为

$$\sigma_H = 3.52 Z_E \sqrt{\frac{KT_1(u \pm 1)}{bd_1^2 u}} \leqslant [\sigma_H]\,(\text{MPa}) \tag{5-13}$$

引入齿宽系数 $\phi_d = b/d_1$，代入式（5-13），得设计公式为

$$d_1 \geqslant \sqrt[3]{\frac{KT_1}{\phi_d} \cdot \frac{u \pm 1}{u}\left(\frac{3.52 Z_E}{[\sigma_H]}\right)^2}\,(\text{mm}) \tag{5-14}$$

式中，σ_H 为齿面接触应力（MPa）；Z_E 为材料的弹性系数，按表 5-7 选取；K 为载荷系数，按表 5-6 选取；T_1 为主动轮转矩（N · mm）；ϕ_d 为齿宽系数，按表 5-8 选取；b 为齿宽（mm），考虑到齿轮制造和安装误差，为便于安装，通常取小齿轮齿宽 b_1 比大齿轮齿宽 b_2 宽5～10mm，在设计计算时，齿宽取小值；d_1 为小齿轮分度圆直径（mm）；u 为齿数比，$u = z_2/z_1$，“+”用于外啮合传动，“-”用于内啮合传动；$[\sigma_H]$为许用接触应力（MPa），见表 5-4。

表 5-7 材料的弹性系数 Z_E

小齿轮材料	大齿轮材料			
	钢	铸钢	球墨铸铁	灰铸铁
钢	189.8	188.9	181.4	162.0
铸钢		188.0	180.5	161.4
球墨铸铁			173.9	156.6
灰铸铁				143.7

注：通常，应使大小齿轮强度趋于相等，故表中只取小齿轮材料优于大齿轮材料。

表 5-8　齿宽系数 ϕ_d

齿轮相对于轴承位置	齿面硬度	
	≤350HBS	>350HBS
对称布置	0.8～1.4	0.4～0.9
非对称布置	0.6～1.2	0.3～0.6
悬臂布置	0.3～0.4	0.2～0.25

公式使用说明和参数选择：

(1) 一对齿轮啮合时，两齿面接触处的接触应力相等，即 $\sigma_{H1}=\sigma_{H2}$。但由于两齿轮的材料及齿面硬度可能不同，两齿轮的许用应力$[\sigma_{H1}]$和$[\sigma_{H2}]$也可能不同。故在接触强度计算时，应取较小的许用应力值代入计算公式。

(2) 按齿面接触疲劳强度设计齿轮时，先按式算出小齿轮的分度圆直径，然后选取齿轮的齿数（一般取 $z_1=25\sim40$），再按式求出模数，将模数按表 5-1 标准化，最后计算齿轮其他尺寸。

5. 齿根弯曲疲劳强度计算

齿根弯曲疲劳强度计算是为了防止轮齿产生疲劳折断的一种计算方法。因为轮齿折断一般发生在根部，所以计算准则为保证轮齿根部产生的弯曲应力小于或等于许用弯曲应力。

一对轮齿啮合时，力作用于齿顶时的力学模型尤如悬臂梁，由材料力学可知，受力后齿根处弯曲应力最大，而圆角部分又有应力集中，齿根受拉应力边裂纹易扩展，是弯曲疲劳的危险区，故应限制齿根危险截面拉应力边的弯曲应力，以满足强度条件。

标准直齿圆柱齿轮齿根弯曲强度校核公式为

$$\sigma_F=\frac{2KT_1Y_F}{bm^2z_1}Y_S\leqslant[\sigma_F] \tag{5-15}$$

令齿宽系数 $\phi_d=b/d_1$，则将 ϕ_d 代入上式，整理得齿根弯曲强度的设计公式为：

$$m\geqslant1.26\sqrt[3]{\frac{KT_1}{\phi_d z_1^2}\cdot\frac{Y_FY_S}{[\sigma_F]}} \tag{5-16}$$

式中，K、T_1、b 为的意义同接触疲劳强度公式；σ_F 为齿根危险截面的最大弯曲应力（MPa）；m 为模数（mm）；Y_F 为齿形系数，无单位，其值与齿廓形状有关，齿廓形状又与齿轮的齿数有关，如表 5-9 所列；Y_S 为齿根应力集中系数，由表 5-9 查取；$[\sigma_F]$为许用弯曲应力（MPa），见表 5-4。

表 5-9　齿形系数 Y_F 和齿根应力集中系数 Y_S

z	12	14	16	17	18	19	20	22	25
Y_F	3.47	3.22	3.03	2.97	2.91	2.85	2.80	2.72	2.62
Y_S	1.44	1.47	1.51	1.53	1.54	1.55	1.56	1.58	1.59
Z	28	30	35	40	45	50	60	80	100
Y_F	2.58	2.54	2.47	2.41	2.37	2.35	2.30	2.25	2.18
Y_S	1.61	1.63	1.65	1.67	1.69	1.71	1.73	1.77	1.80

注：当 $z\geqslant200$ 时，Y_S 取值为 2.14，Y_F 取值为 1.88。

公式使用说明和参数选择如下：

（1）由于一对啮合齿轮的齿面硬度和齿数不同，因此两齿轮的 Y_F、Y_S 也不相等，所以应分别验算大、小齿轮的弯曲强度。

（2）为了使计算得到的模数 m 能同时满足一对啮合传动两齿轮的弯曲强度条件，应将 $Y_{F1}Y_{S1}/[\sigma_{F1}]$ 和 $Y_{F2}Y_{S2}/[\sigma_{F2}]$ 中的较大值代入公式计算。

（3）应将计算得到的模数 m 圆整成标准值，然后计算齿轮的各部尺寸。传递动力的齿轮模数 m 一般应不小于 2mm。

6. 齿轮的主要参数选择

（1）模数 m 和齿数 z 选择。模数的大小影响着轮齿的抗弯强度，一般在满足轮齿弯曲疲劳强度的前提下，宜取较小模数，以增大齿数，减少切齿量。对于传递动力的齿轮，可按 $m=(0.007\sim0.02)a$ 初选，但要保证 $m\geqslant 2\text{mm}$。

当中心距确定时，齿数增多，重合度增大，能提高传动的平稳性，并降低摩擦损耗，提高传动效率。因此，对于软齿面的闭式传动，在满足弯曲疲劳强度的前提下，宜采用较多齿数，一般取 $z_1=20\sim40$。对于硬齿面的闭式传动及开式传动，齿根抗弯曲疲劳破坏能力较低，宜取较少齿数，以增大模数，提高轮齿弯曲疲劳强度，但要避免发生根切，一般取 $z_1=17\sim20$。

（2）齿数比 u 的选择。齿数比 u 是大齿轮数与小齿轮齿数之比，其值大于或等于 1。对于一般单级减速器齿轮传动，通常取 $u\leqslant7$。当 $u>7$ 时，宜采用多级传动，以免传动装置的外廓尺寸过大。

一般齿轮传动，若对传动比不做严格要求时，则实际传动 i（或齿数比 u）允许有 $\pm2.5\%$（$i\leqslant4.5$ 时）或 $\pm4\%$（$i>4.5$ 时）的误差。

（3）齿宽因数 ϕ_d 的选择。增大齿宽因数，可减小齿轮传动装置的径向尺寸，降低齿轮的圆周速度。但齿宽因数过大则需提高结构刚度，否则将会出现载荷分布严重不均。齿宽系数小，齿宽小；齿宽系数大，齿宽大。齿宽系数 ϕ_d 按表 5-8 查取。为了便于安装和补偿轴向尺寸的变动，在齿轮减速器中，一般将小齿轮的宽度 b_1 取得比大齿轮的宽度 b_2 大 5～10mm，但在强度计算时，仍按大齿轮的宽度计算。

7. 圆柱齿轮的结构设计

对于齿轮齿顶圆直径小于 500mm 的齿轮，一般采用锻造毛坯，并根据齿轮直径的大小常采用以下几种结构形式。

（1）齿轮轴。当圆柱齿轮的齿根圆至键槽底部的距离 $x\leqslant(2\sim2.5)m$ 时，如图 5-20（a）所示，可以将齿轮与轴做成一体，称为齿轮轴。

（2）实体式齿轮。当齿顶圆直径 $d_a\leqslant200\text{mm}$ 时，齿轮与轴分别制造，可以采用锻造实体式结构，如图 5-20（b）所示。

（3）腹板式结构。当齿顶圆直径 $200\text{mm}<d_a\leqslant500\text{mm}$ 时，为了减轻重量，节约材料，同时由于不易锻出辐条，常采用腹板式结构，考虑到加工时夹紧及搬运的需要，腹板上常对称的开出 4～6 个孔，如图 5-20（c）所示。d_s 为轴径，$d_1=1.6d_s$，$l=(1.2\sim1.5)d_s$，并使 $l\geqslant b$，$c=0.3b$；$\delta=(2.5\sim4)\text{mm}$，但不小于 8mm，$d_0$ 和 D_0 按结构取定，当 d_0 较小时

可不开孔。

对于腹板式结构，当齿顶圆直径接近500mm时，可以在腹板上开出减轻孔，一般也不设加强筋，而是将腹板做的厚一些。

(4) 轮辐结构。当齿顶圆直径大于500mm时，可采用铸造轮辐结构齿轮，如图5-20 (d)所示，轮辐剖面常为“+”字形。具体结构尺寸可查有关机械设计手册。

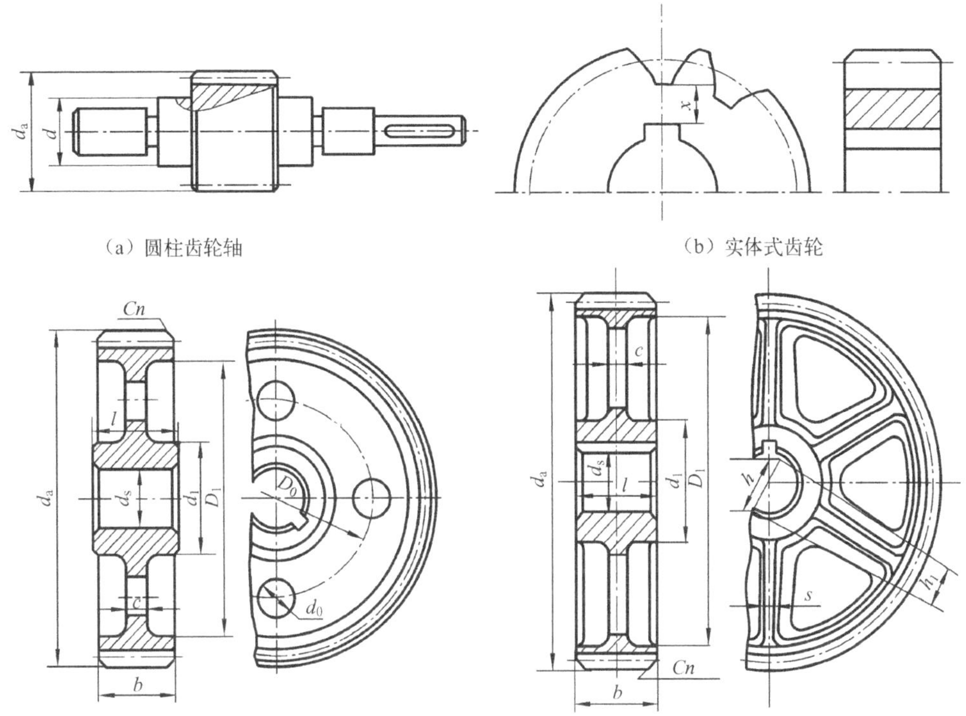

（a）圆柱齿轮轴　（b）实体式齿轮

（c）腹板式齿轮　（d）轮辐式齿轮

图5-20

8. 设计步骤

齿轮传动设计的主要内容有：通过分析明确设计任务要求，合理选择材料和热处理方法，确定齿轮主要参数、几何尺寸、结构形式、精度等级等，最后绘制齿轮零件图。虽然齿轮传动的设计准则不同，但其设计步骤基本相同。现在将一般设计步骤简述如下：

(1) 根据设计任务要求，选择合适的齿轮材料、热处理方法、精度等级。

(2) 根据设计准则，计算齿轮的模数 m 或分度圆直径 d_1。

(3) 确定齿轮传动的主要参数和计算几何尺寸。

(4) 根据设计准则校核接触疲劳强度和弯曲疲劳强度。

(5) 计算齿轮的圆周速度，确定齿轮精度。

(6) 绘制齿轮零件图。

应注意的是，有些参量往往不是经一次选择，就能满足设计要求的，计算过程中，须不断修改或重选，进行多次反复计算，才能得到最佳结果。

问题解答

题目见问题引入。

解：

设计项目	设计内容	设计结果
1. 选择齿轮材料，确定热处理方法	减速器是闭式传动，可以采用齿面硬度不大于350HBS的软齿面钢制齿轮。 该齿轮传动无特殊要求，故可采用普通齿轮材料，根据表5-4，并考虑小齿轮的齿面硬度大于大齿轮的齿面硬度30～50HBS的要求，选小齿轮的材料42SiMn，调质处理，齿面硬度217～286HBS，大齿轮的材料45钢，正火处理，齿面硬度169～217HBS；选用8级精度	小齿轮材料42SiMn，硬度217～286HBS；大齿轮材料45钢，硬度169～217HBS；8级精度
2. 按齿面接触疲劳强度条件计算小齿轮直径 d_1	首先确定式（5-13）中各参数： 查表5-6，取 $K=1.2$ 查表5-8，取 $\phi_d=1$，$u=i=3$ $T_1=9.55\times10^6 P/n_1=9.55\times10^6\times11/980=107\,194$（N·mm） 查表5-7，取 $Z_E=189.8$ 查表5-4，取 $[\sigma_{H1}]=700\text{MPa}$，$[\sigma_{H2}]=540\text{MPa}$， $[\sigma_H]$ 使用较小的 $[\sigma_{H2}]=540\text{MPa}$ 按式（5-14）计算小齿轮直径： $d_1\geqslant 2.32\sqrt[3]{\frac{KT_1}{\phi_d}\times\left(\frac{Z_E}{[\sigma_H]}\right)^2\times\frac{u\pm1}{u}}=2.32\sqrt[3]{\frac{1.2\times107194}{1}\times\left(\frac{189.8}{540}\right)^2\times\frac{3+1}{3}}$ $=64.22$ （m）	$K=1.2$ $\phi_d=1$ $T_1=107\,194$（N·mm） $Z_E=189.8$ $[\sigma_{H1}]=700\text{MPa}$ $[\sigma_{H2}]=540\text{MPa}$ $d_1=64.22\text{mm}$
3. 齿轮的主要参数和计算几何尺寸	（1）确定齿轮齿数：取小齿轮 $z_1=30$，则大齿轮 $z_2=z_1 i=30\times3=90$ （2）确定齿轮模数：$m=d_1/z_1=64.22/30=2.14$（mm），查表5-1，取 $m=2.5\text{mm}$ （3）计算齿轮传动中心距：$a=m(z_1+z_2)/2=2.5(30+90)/2=150(\text{mm})$； （4）计算齿轮的几何参数： 分度圆直径 $d_1=mz_1=2.5\times30=75\text{mm}$，$d_2=mz_2=2.5\times90=225\text{mm}$； 齿宽 $b=\phi_d d_1=1\times75=75\text{mm}$，取 $b_2=75\text{mm}$，$b_1=80\text{mm}$， 齿宽尺寸的尾数应为0或5；为便于安装，$b_1=b_2+5\text{mm}$	$z_1=30$ $z_2=90$ $m=2.5\text{mm}$ $a=150\text{mm}$ $d_1=75\text{mm}$ $d_2=225\text{mm}$ $b_2=75\text{mm}$ $b_1=80\text{mm}$
4. 校核轮齿弯曲疲劳强度	查表5-9，取 $Y_{F1}=2.54$，$Y_{S1}=1.63$；$Y_{F2}=2.20$，$Y_{S2}=1.78$ 查表5-4，取 $[\sigma_{F1}]=550\text{MPa}$，$[\sigma_{F2}]=410\text{MPa}$ 按式（5-14）验算齿根弯曲疲劳强度 $\sigma_{F1}=\frac{2KT_1}{bd_1 m}Y_{F1}Y_{S1}=\frac{2\times1.2\times107194}{80\times75\times2.5}\times2.54\times1.63=70.23<[\sigma_{F1}]$ $\sigma_{F1}=\frac{2KT_1}{bd_1 m}Y_{F2}Y_{S2}=\frac{2\times1.2\times107194}{80\times75\times2.5}\times2.2\times1.78=67.16<[\sigma_{F2}]$ 经验算，齿根弯曲疲劳强度满足要求，故合格	$\sigma_{F1}=70.23\text{MPa}<[\sigma_{F1}]$； $\sigma_{F2}=67.16\text{MPa}<[\sigma_{F2}]$； 齿根弯曲疲劳强度合格
5. 验算齿轮的圆周速度	$v=\frac{\pi d_1 n_1}{60\times1000}=\frac{\pi\times75\times980}{60000}=3.85(\text{m/s})$ 根据 $v=3.85\text{m/s}$，查齿轮的圆周速度查表5-5，可取齿轮传动为8级精度	$v=3.85\text{m/s}$， 齿轮传动为8级精度合适
6. 绘制齿轮零件图	根据以上确定的尺寸，绘制出该减速器的从动齿轮零件图	（图略）

知识拓展：齿轮传动的润滑和传动效率

一、齿轮传动的润滑

1. 润滑方式

(1) 浸油润滑。当齿轮的圆周速度 $v<12\text{m/s}$ 时，通常将大齿轮浸入油池中进行润滑，如图5-21 (a) 所示。在多级齿轮传动中，常采用带油轮将油带到未浸入油池内的轮齿上，如图5-21 (b) 所示。

(2) 喷油润滑：当齿轮的圆周速度 $v>12\text{m/s}$ 时，应采用喷油润滑，即用油泵将具有一定压力的润滑油借喷嘴喷到轮齿啮合处，如图5-21 (c) 所示。

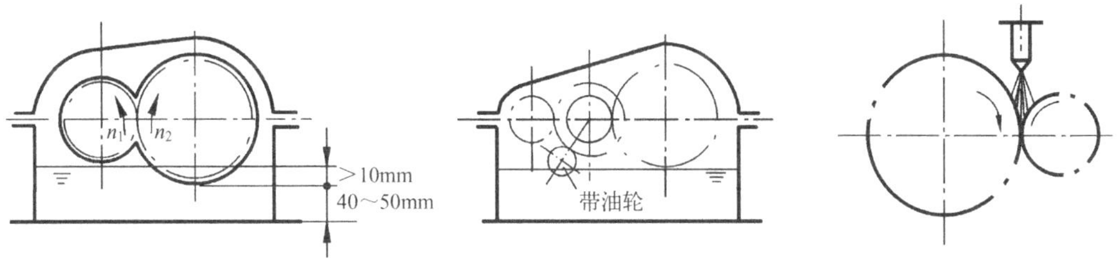

图5-21

2. 润滑剂的选择

齿轮传动的润滑剂多采用润滑油。其运动黏度通常根据齿轮材料和圆周速度选取，并由选定的运动黏度再确定润滑油的牌号。齿轮传动润滑油黏度推荐值如表5-10所示。

表5-10　齿轮传动润滑油黏度推荐值

齿轮材料	强度极限 σ_B/MPa	圆周速度 $v/(\text{m}\cdot\text{s}^{-1})$						
		<0.5	0.5～1	1～2.5	2.5～5	5～12.5	12.5～25	>25
		运动黏度 $\nu_{50℃}$ ($\nu_{100℃}$)/($\text{mm}^2\cdot\text{s}^{-1}$)						
塑料、青铜、铸铁	—	180 (23)	120 (1.5)	85	60	45	34	—
钢	450～1 000	270 (34)	180 (23)	120 (15)	85	60	45	34
	1 000～1 250	270 (34)	270 (34)	180 (23)	120 (15)	85	60	45
渗碳或表面淬火钢	1 250～1 580	450 (53)	270 (34)	270 (34)	180 (23)	120 (15)	85	60

注：1. 多级齿轮传动按各级所选润滑油黏度的平均值来确定润滑油。

2. 对于 $\sigma_B>800\text{MPa}$ 时的镍铬钢制齿轮（不渗碳），润滑油黏度取高一档的数值。

二、齿轮传动的效率

齿轮传动中的损失，主要包括啮合中的摩擦损失、轴承中的摩擦损失和搅动润滑油的功率损失。进行计算时通常使用的是齿轮传动的平均效率。

当齿轮轴上装有滚动轴承，并在满载状态下运转时，传动的平均总效率 η 见表5-11。

表 5-11 装有滚动轴承的齿轮传动的平均效率

传 动 型 式	圆柱齿轮传动	圆锥齿轮传动
6 级或 7 级精度的闭式传动	0.98	0.97
8 级精度的闭式传动	0.97	0.96
开式传动	0.95	0.94

5.2 平行轴斜齿圆柱齿轮传动

问题引入

试设计一级减速器中的斜齿圆柱齿轮传动，载荷平稳，单向运转。传递功率 $P=19\text{kW}$，主动齿轮转速 $n_1=270\text{r/min}$，传动比 $i=4.2$。

知识分析

在实际工程中有许多斜齿圆柱齿轮传动，如图 5-22 所示。斜齿圆柱齿轮传动和直齿圆柱齿轮传动不同。顺着轴线方向看，二者无区别；从垂直于轴的方向看，直齿轮齿与其轴线平行，斜齿轮齿与其轴线不平行。

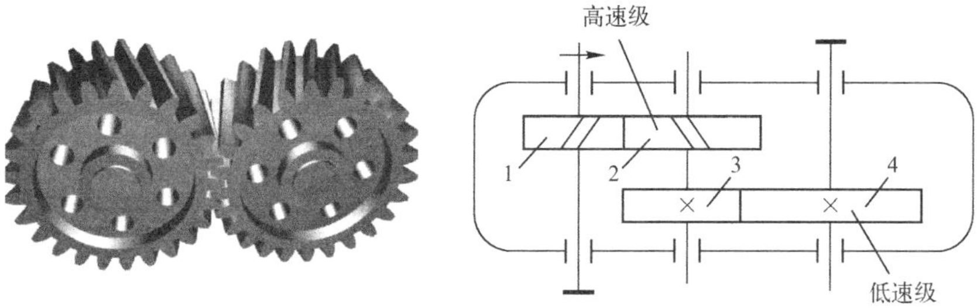

图 5-22 斜齿圆柱齿轮传动

【知识目标】

1. 了解斜齿圆柱齿轮传动正确啮合的条件。
2. 熟悉斜齿圆柱齿轮传动的受力分析和强度计算。

【能力目标】

1. 能运用斜齿圆柱齿轮传动的设计方法设计出正确的齿轮传动。
2. 具备团队协作意识和分析问题、解决问题的能力。

知识链接

一、斜齿轮齿廓曲面的形成及啮合特点

从渐开线的形成过程和齿轮的参数分析我们知道，渐开线是在一个平面里，而且齿轮是有宽度的。因此，前面所讨论的渐开线的概念必须要做进一步的深化。如图 5-23（a）所

示，直齿圆柱齿轮渐开线曲面的形成如下所述：发生面沿基圆柱作纯滚动，发生面上任意一条与基圆柱母线平行的直线在空间所走过的轨迹即为直齿轮的齿廓曲面。

斜齿圆柱齿轮的齿廓曲面又是如何形成的呢？发生面沿基圆柱作纯滚动，发生面上任意一条与基圆柱母线成一倾斜角 β_b 的直线在空间所走过的轨迹为一个渐开线螺旋面，即为斜齿圆柱齿轮的齿廓曲面，如图 5-23（b）所示。β_b 称为基圆柱上的螺旋角。

直齿圆柱齿轮啮合时，齿面的接触线平行于齿轮轴线。因此轮齿是沿整个齿宽方向同时进入啮合、同时脱离啮合的，载荷沿齿宽突然加上及卸下。因此齿轮的传动的平稳性较差，容易产生冲击冲击和噪声。

一对平行轴斜齿圆柱齿轮啮合时，斜齿轮的齿廓是逐渐进入、脱离啮合的，斜齿轮齿廓接触线的长度由零逐渐增加，又逐渐缩短，直至脱离接触，当其齿廓前端面脱离啮合时，齿廓的后端面仍在啮合中，载荷在齿宽方向上不是突然加上及卸下，其啮合过程比直齿轮长，同时啮合的齿轮对数也比直齿轮多，即其重合度较大。因此斜齿轮传动工作较平稳、承载能力强、噪声和冲击较小，适用于高速、大功率的机械。

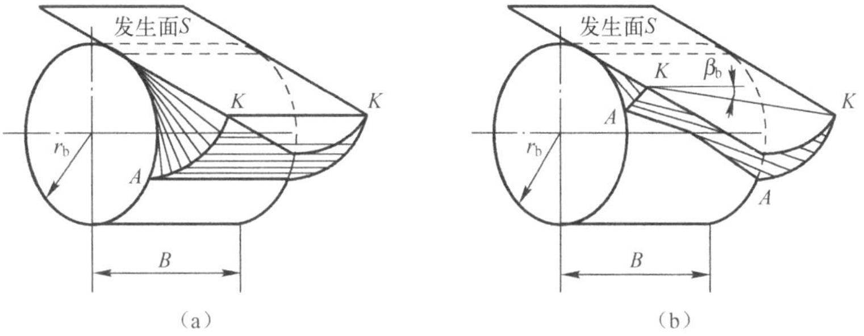

图 5-23

二、斜齿圆柱齿轮的参数及几何尺寸计算

斜齿轮的轮齿为螺旋形，在垂直于齿轮轴线的端面（下标以 t 表示）和垂直于齿廓螺旋面的法面（下标以 n 表示）上有不同的参数。斜齿轮的端面是标准的渐开线，但从斜齿轮的加工和受力角度看，斜齿轮的法面参数应为标准值。

1. 螺旋角 β

图 5-24 为斜齿轮分度圆柱面展开图，螺旋线展开成一直线，该直线与轴线的夹角 β 称为斜齿轮在分度圆柱上的螺旋角，简称斜齿轮的螺旋角，其计算公式为

$$\tan\beta = \pi d/p_z \tag{5-17}$$

对于基圆柱，同理可得其螺旋角 β_b，其计算公式为

$$\tan\beta_b = \pi d_b/p_z = \pi\cos\alpha_t d/p_z$$

所以有

$$\tan\beta_b = \tan\beta\cos\alpha_t \tag{5-18}$$

式中，p_z 为螺旋线的导程，即为螺旋线绕基圆柱一周后上升的高度；α_t 为斜齿轮分度圆端面压力角。

通常用分度圆上的螺旋角 β 来进行几何尺寸的计算。螺旋角 β 越大，轮齿就越倾斜，传

动的平稳性也越好，但轴向力也越大。故 β 的大小，应视工作要求和加工精度而定，通常在设计时取 $\beta = 8° \sim 25°$。

斜齿轮按其齿廓渐开螺旋面的旋向，可分为右旋和左旋两种，如图 5-25 所示。其判别方法是将齿轮轴线垂直放在面前，靠近读者一侧的轮齿，右边高就是右旋。

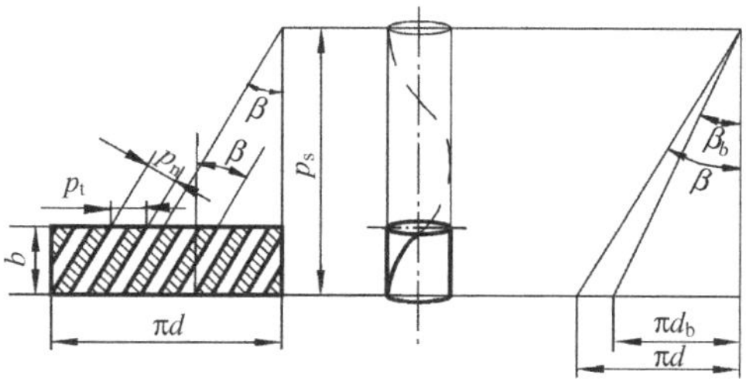

图 5-24

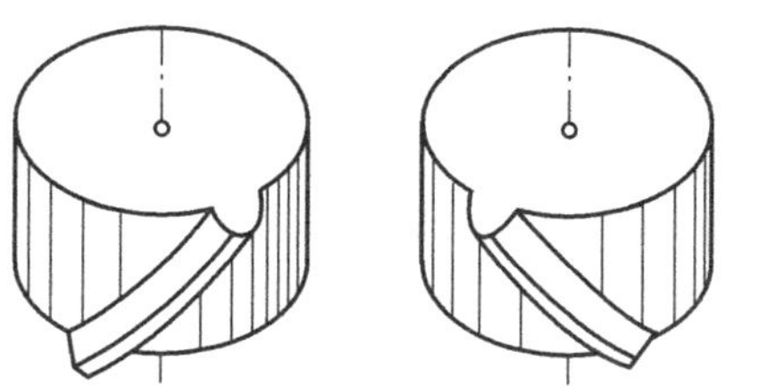

图 5-25

2. 模数

如图 5-25 所示，p_t 为端面齿距，而 p_n 为法面齿距，法面齿距 p_n 与端面齿距 p_t 的关系为

$$p_n = p_t \cdot \cos\beta \tag{5-19}$$

又因为

$$p_n = \pi m_n = p_t \cdot \cos\beta = \pi m_t \cdot \cos\beta$$

故斜齿轮法面模数与端面模数的关系为

$$m_n = m_t \cdot \cos\beta \tag{5-20}$$

3. 压力角

因斜齿圆柱齿轮和斜齿条啮合时，它们的法面压力角和端面压力角应分别相等，所以斜齿圆柱齿轮法面压力角 α_n 和端面压力角 α_t 的关系可通过斜齿条得到。

在图 5-26 所示的斜齿条中，平面 ABD 在端面上，平面 ACE 在法面 S 上，$\angle ACB = 90°$。

在 $\mathrm{Rt}\triangle ABD$、$\mathrm{Rt}\triangle ACE$ 及 $\mathrm{Rt}\triangle ABC$ 中，

$\tan\alpha_t = AB/BD, \tan\alpha_n = AC/CE,$

$AC = AB\cos\beta, BD = CE,$

故

$$\tan\alpha_n = AC/CE = AB\cos\beta/BD = \tan\alpha_t\cos\beta$$

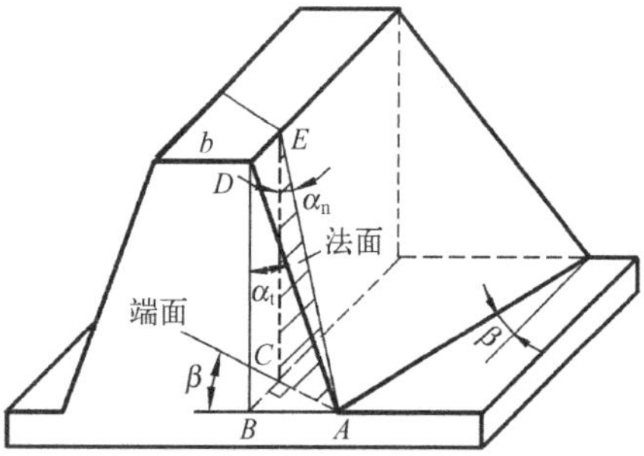

图 5-26

即

$$\tan\alpha_n = \tan\alpha_t\cos\beta \tag{5-21}$$

4. 齿顶高系数 h_{an}^* 和 h_{at}^* 及顶隙系数 c_n^* 和 c_t^*

无论从法向还是从端面来看，轮齿的齿顶高都是相同的，顶隙也是相同的，即

$$h_a = h_{an}^* m_n = h_{at}^* m_t$$

$$c = c_n^* m_n = c_t^* m_t$$

由于斜齿轮的法向参数为标准值，故 m_n 按表 5-1 取值。正常齿制，$h_{an}^* = 1$，$c_n^* = 0.25$。

5. 斜齿轮的几何尺寸计算

只要将直齿圆柱齿轮的几何尺寸计算公式中的各参数看做端面参数，就完全适用于平行轴标准斜齿轮的几何尺寸计算，具体计算公式如表5-12所示。

表5-12 标准斜齿轮的几何尺寸计算

名称	符号	公式
分度圆直径	d	$d=(m_n/\cos\beta)z$
基圆直径	d_b	$d_b=d\cos\alpha_t$
齿顶高	h_a	$h_a=h_{an}^*m_n$
齿根高	h_f	$h_f=(h_{an}^*+c_n^*)m_n$
全齿高	h	$h=h_a+h_f(2h_{an}^*+c_n^*)m_n$
齿顶圆直径	d_a	$d_a=d+2h_{an}$
中心距	a	$a=(d_1+d_2)/2=m_n(z_1+z_2)/2\cos\beta$

从表5-12中可以看出，斜齿轮传动的中心距与螺旋角β有关。当一对斜齿轮的模数、齿数一定时，可以通过改变螺旋角β的方法来凑配中心距。

三、斜齿圆柱齿轮的啮合传动

1. 斜齿圆柱齿轮传动的正确啮合条件

斜齿圆柱齿轮在端面内的啮合相当于直齿轮的啮合。因此斜齿轮传动螺旋角大小应相等，外啮合时旋向相反（“-”号），内啮合时旋向相同（“+”号），同时斜齿轮的法向参数为标准值，所以其正确的啮合条件为

$$m_{n1}=m_{n2}=m_n$$

$$\alpha_{n1}=\alpha_{n2}=\alpha_n$$

$$\beta_1=\pm\beta_2$$

2. 斜齿圆柱齿轮的重合度

图5-27为端面尺寸相同的直齿圆柱齿轮和斜齿圆柱齿轮在分度圆柱上啮合面的展开图。斜齿轮轮齿的方向与齿轮的轴线成一螺旋角β，因此斜齿轮传动的啮合线段增长。

斜齿轮传动的重合度为

$$\varepsilon_\lambda=\varepsilon_\alpha+\varepsilon_\beta=\varepsilon_\alpha+\frac{b\tan\beta}{p_t}=\varepsilon_\alpha+\frac{b\sin\beta}{p_n} \tag{5-22}$$

3. 斜齿圆柱齿轮的当量齿数

加工斜齿轮时，铣刀是沿螺旋齿槽的方向进给的，所以法向齿形是选择铣刀号的依据。在计算斜齿轮轮齿的弯曲强度时，因为力是作用在法向的，所以也需要知道它的法向齿形。用我们已经比较了解的直齿圆柱齿轮来代替斜齿轮。这个直齿轮是一个虚拟的齿轮。这个虚拟的齿轮称为该斜齿轮的当量齿轮。图5-28所示为斜齿轮的分度圆柱，过任一齿厚中点C

作垂直于齿向的平面该平面为法面，此法面与分度圆柱的截交线为一椭圆，其长半轴 $a=r/\cos\beta$，短半轴 $b=r$；法向截面齿形即为斜齿轮的法向齿形。由于标准参数的刀具是过 C 点沿螺旋槽方向切制的，因此唯有 C 点处的法向齿形参数与刀具标准参数最为接近，椭圆所截相邻齿的图形均为非标准齿形。

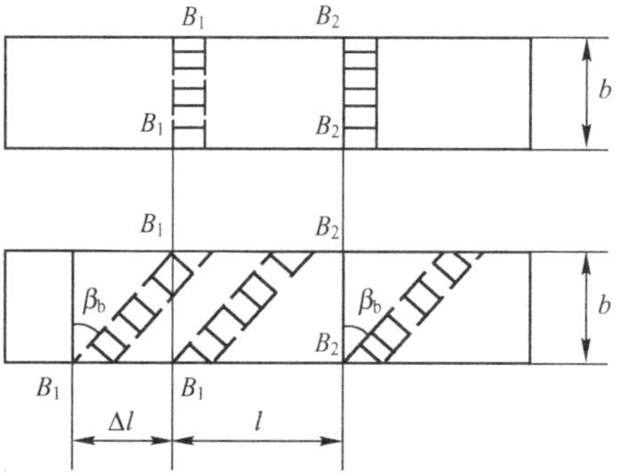

图 5-27

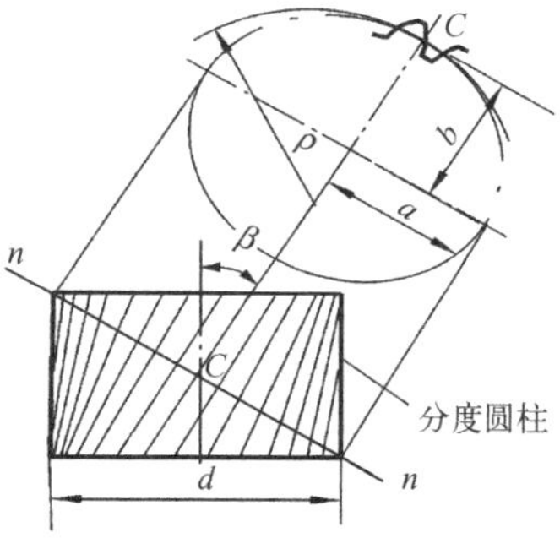

图 5-28

以 C 点处曲率半径为虚拟齿轮的分度圆半径，以 C 点法向齿形为标准齿形，这样的虚拟齿轮称为该斜齿轮的当量齿轮。该齿轮以 ρ 为分度圆半径，用斜齿轮的 m_n 和 α_n 分别为模数和压力角作一虚拟的直齿轮，其齿形与斜齿轮的法面齿形最接近。其齿数为当量齿数，用 z_v 表示：

$$z_v=\frac{z}{\cos^3\beta} \tag{5-23}$$

当量齿数是假想齿轮的齿数，可以不是整数，但是总大于实际齿数。由于当量齿轮不发生切齿干涉的最少齿数为 17，所以标准斜齿圆柱齿轮不发生切齿干涉的最小齿数为

$$z_{\min}=z_{v\min}\cos^3\beta=17\cos^3\beta \tag{5-24}$$

四、斜齿圆柱齿轮的强度计算

1. 斜齿圆柱齿轮的受力分析

如图 5-29 所示为斜齿圆柱齿轮传动的受力情况。当主动齿轮上作用转矩 T_1 时，若接触面的摩擦力忽略不计，由于轮齿倾斜，在切于基圆柱的啮合平面内，垂直于齿面的法向平面作用有法向力 F_n，法向压力角为 α_n。法向力 F_n 分解为三个互相垂直的空间分力，即圆周力 F_t、径向力 F_r及轴向力 F_a。它们之间的关系如下：

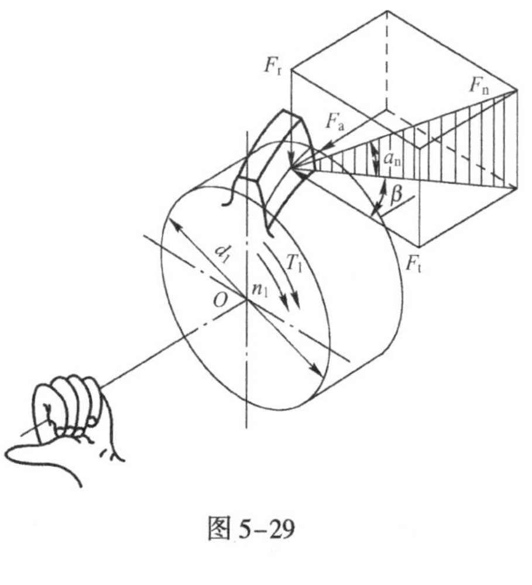

图 5-29

$$F_t=2T_1/d_1, F_{t1}=-F_{t2}$$

$$F_r=F\tan\alpha_n=F_t\tan\alpha_n/\cos\beta, F_{r1}=-F_{r2}$$

$$F_a=F_t\tan\beta, F_{a1}=-F_{a2}$$

$$F_n=F_t/(\cos\alpha_n\cos\beta)=F_t/\cos\alpha_t\cos\beta_b, F_{n1}=F_{n2}$$

式中，α_n 为法向压力角（°）；α_t 为端面压力角（°）；β 为分度圆螺旋角（°）。

作用于主/从动轮上的各对力大小相等、方向相反。圆周力 F_t 和径向力 F_r 方向的判断与直齿轮相同。轴向力 F_a 的方向应沿轴线，指向该齿轮的受力齿面。通常用左/右手法则判断：对于主动轮，左旋时用左手（右旋时用右手），四指顺着齿轮转动方向握住主动轮轴线，则拇指伸直的方向即为轴向力 F_{a1} 的方向。

2. 斜齿圆柱齿轮的强度计算

与直齿圆柱齿轮的计算相似，斜齿圆柱齿轮的强度计算按齿面的接触疲劳强度和齿根弯曲疲劳劳强度计算，但它的受力情况是按轮齿的法向进行的。与直齿圆柱齿轮相比，斜齿圆柱齿轮齿面接触线倾斜，重合度增大，这些提高了接触疲劳强度和弯曲疲劳强度。

（1）齿面接触疲劳强度校核公式为

$$\sigma_H = 3.17 Z_E \sqrt{\frac{KT_1}{bd_1^2} \cdot \frac{u \pm 1}{u}} \leqslant [\sigma_H] \quad (\text{MPa}) \tag{5-25}$$

设计公式为

$$d_1 \geqslant \sqrt[3]{\frac{KT_1}{\phi_d} \cdot \frac{u \pm 1}{u} \left(\frac{3.17 Z_E}{[\sigma_H]}\right)^2} \quad (\text{mm}) \tag{5-26}$$

式中，K 为载荷系数；T_1 为小齿轮的转矩（N·m）；u 为齿数比；ϕ_d 为齿宽系数；Z_E 为材料的弹性系数；b 为轮齿的接触宽度（mm）；$[\sigma_H]$ 为许用接触应力；d_1 为小齿轮分度圆直径（mm）。

（2）齿根弯曲疲劳强度校核公式为

$$\sigma_F = \frac{1.6KT_1}{bd_1 m_n} Y_F Y_S \leqslant [\sigma_F] \quad (\text{MPa}) \tag{5-27}$$

设计公式为

$$m_n \geqslant \sqrt[3]{\frac{KT_1 1.6\cos^2\beta}{\phi_d \cdot z_1^2} \cdot \frac{Y_F Y_S}{[\sigma_F]}} \tag{5-28}$$

公式使用说明及参数选择如下：

① 计算时，应将 $\frac{Y_{F1}Y_{S1}}{[\sigma_{F1}]}$ 和 $\frac{Y_{F2}Y_{S2}}{[\sigma_{F2}]}$ 中较大者代入公式计算，并将计算结果法面模数 m_n 选取标准值；

② 式中齿形系数 Y_F 和应力修正系数 Y_S，应按斜齿轮的当量齿数 z_v 选取。

问题解答

题目见问题引入。

解：

设计项目	设计内容	设计结果
1. 选择齿轮材料，确定热处理方法	减速器采用的是闭式传动，采用齿面硬度 >350HBS 的硬齿面钢制齿轮。该齿轮传动无特殊要求，故可采用普通齿轮材料，根据表5-4，选小齿轮的材料 20CrMnTi，渗碳处理，齿面硬度 56～62HRC，大齿轮的材料 45 钢，表面淬火处理，齿面硬度 48～55HRC；选用 8 级精度	小齿轮的材料 20CrMnTi，齿面硬度 56～62HRC； 大齿轮的材料 45 钢，齿面硬度 48～55HRC； 选用 8 级精度

续表

设计项目	设计内容	设计结果
2. 按齿根弯曲疲劳强度条件计算模数 m_n	先确定式（5-28）中各参数： 查表5-6，取 $K=1.2$ 查表5-8，取 $\phi_d=0.7$ 初选螺旋角 $\beta_0=10°$ $T_1=9.55\times10^6P/n_1=9.55\times10^6\times19/270=672037(\mathrm{N\cdot mm})$ 取小齿轮 $z_1=25$，大齿轮 $z_2=z_1i=25\times4.2=105$ 由当量齿数查表5-9，由插入法得 $Y_{F1}=2.59$，$Y_{S1}=1.596$，$Y_{F2}=2.17$，$Y_{S2}=1.80$； 查表5-4，选取 $[\sigma_{F1}]=820\mathrm{MPa}$，$[\sigma_{F2}]=720\mathrm{MPa}$ 使用较大的 $Y_{FS}/[\sigma_F]$ 带入公式计算（$Y_{F2}Y_{S2}/[\sigma_{F2}]$）； 按式（5-28）计算模数： 查表5-1，取 $m_n=3\mathrm{mm}$	$K=1.2$ $T_1=672037\mathrm{N\cdot mm}$ $z_1=25$ $z_2=105$ $[\sigma_{F1}]=820\mathrm{MPa}$ $[\sigma_{F2}]=720\mathrm{MPa}$ $m_n=3\mathrm{mm}$
3. 齿轮的主要参数和计算几何尺寸	（1）计算齿轮传动中心距： $a=m_n(z_1+z_2)/2\cos\beta$ $=3(25+105)/2\cos10°=198(\mathrm{mm})$； 修正螺旋角 β $\beta=\arccos\dfrac{m_n(z_1+z_2)}{2a}=\arccos\dfrac{3\times(25+105)}{2\times198}\approx10°$ （2）计算齿轮的几何参数： 分度圆直径： $d_1=m_nz_1/\cos\beta$ $=3\times25/\cos10°=76.16(\mathrm{mm})$ $d_2=m_nz_2/\cos\beta$ 齿宽 $b=\phi_dd_1=0.7\times76.16=53.31$（mm），取 $b_2=55\mathrm{mm}$，$b_1=60\mathrm{mm}$， （齿宽尺寸的尾数应为0或5；为便于安装，$b_1=b_2+5\mathrm{mm}$）。 其他几何参数计算从略	$\beta=10°$ $a=198\mathrm{mm}$； $d_1=76.16\mathrm{mm}$； $d_2=319.86\mathrm{mm}$； $b_2=55\mathrm{mm}$； $b_1=60\mathrm{mm}$
4. 校核齿轮传动的齿面接触疲劳强度	按式（5-25）验算齿面接触疲劳强度： $\sigma_H=3.17Z_E\sqrt{\dfrac{KT_1}{bd_1^2}\cdot\dfrac{u\pm1}{u}}\leqslant[\sigma_H]$ （MPa） 首先确定各参数： 由表5-7，选 $Z_E=189.8$ 查表5-4 选取 $[\sigma_{H1}]=1500\mathrm{MPa}$，$[\sigma_{H2}]=1200\mathrm{MPa}$ $\sigma_H=1112.7\mathrm{MPa}$ 经验算，齿根弯曲疲劳强度满足要求，故合格	$[\sigma_{H1}]=1500\mathrm{MPa}$ $[\sigma_{H2}]=1200\mathrm{MPa}$ $\sigma_H=1112.7\mathrm{MPa}$ $<[\sigma_{H2}]=1200\mathrm{MPa}$ 齿根弯曲疲劳强度合格
5. 验算齿轮的圆周速度	$v=\dfrac{\pi d_1n_1}{60\times1000}=\dfrac{\pi\times76.16\times270}{60000}=1.08(\mathrm{m/s})$ 根据圆周速度 $v=1.08\mathrm{m/s}$，查齿轮的圆周速度查表5-5，可取齿轮传动为8级精度	$v=1.08\mathrm{m/s}$ 齿轮传动为8级精度合适
6. 绘制齿轮零件图	根据以上确定的尺寸，绘制出该减速器的从动齿轮零件图	（图略）

5.3 直齿圆锥齿轮传动

问题引入

一对直齿圆锥齿轮传动如图5-30所示，齿轮1主动，$n_1=960\text{r/min}$，转向如图所示，传递功率$P=3\text{kW}$，已知：$m=4\text{mm}$，$z_1=28$，$z_2=48$，$b=30\text{mm}$，$\phi_R=0.3$，$\alpha=20°$，试求两轮所受三个分力的大小并在图中标出方向。

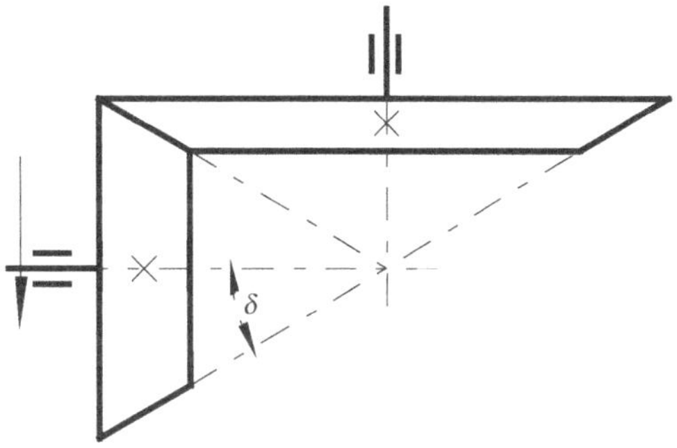

图5-30

知识分析

圆柱齿轮只能用于传递两轴平行的运动，而对于某些机器中需要用到两轴相交的运动，则需要用到圆锥齿轮传动。如图5-29所示为圆锥齿轮传动中的一般形式——直齿圆锥齿轮传动。

【知识目标】

1. 了解圆锥齿轮传动正确啮合的条件。
2. 熟悉圆锥齿轮传动的受力分析和有关尺寸计算。

【能力目标】

1. 能完成圆锥齿轮传动的相关计算。
2. 具备团队协作意识和分析问题、解决问题的能力。

知识链接

一、圆锥齿轮传动的特点及其齿廓曲面的形成

1. 圆锥齿轮传动的特点及应用

锥齿轮用于传递两相交轴的运动和动力。其传动可看成是两个锥顶共点的圆锥体相互作

纯滚动，如图 5-31 所示。两轴交角 $\sum=\delta_1+\delta_2$，由传动要求确定，常用轴交角 $\sum=90°$。

锥齿轮有直齿、斜齿和曲线齿之分，其中直齿锥齿轮最常用，斜齿锥齿轮已逐渐被曲线齿锥齿轮代替。与圆柱齿轮相比，直齿锥齿轮的制造精度较低，工作时振动和噪声都较大，适用于低速轻载传动；曲线齿锥齿轮传动平稳，承载能力强，常用于高速重载传动，但其设计和制造较复杂。

2. 圆锥齿轮传动齿廓曲面的形成

直齿锥齿轮齿廓曲面的形成与圆柱齿轮类似。如图 5-32 所示，发生平面 1 与基锥 2 相切并作纯滚动，该平面上过锥顶点 O 任一直线 OK 的轨迹即为渐开锥面。渐开锥面与以 O 为球心，以锥长 R 为半径的球面的交线 AK 为球面渐开线，它应是锥齿轮的大端齿廓曲线。但球面无法展开成平面，给锥齿轮的设计制造带来困难。为此产生了代替球面渐开线的近似方法。

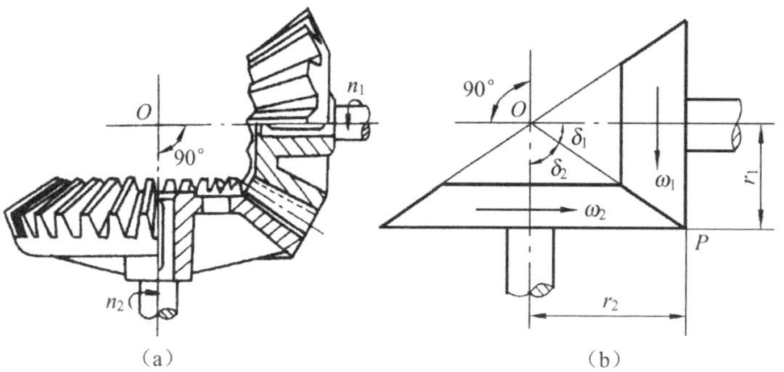

图 5-31

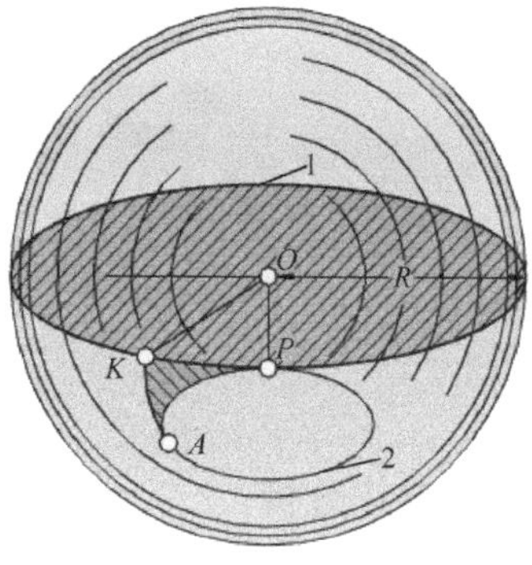

图 5-32

二、锥齿轮大端背锥、当量齿轮及当量齿数

1. 背锥和当量齿轮

图 5-33 为锥齿轮的轴向半剖面图，$\triangle OBA$ 表示锥齿轮的分度圆锥。过点 A 作 $AO_1 \perp AO$ 交锥齿轮的轴线于点 O_1，以 OO_1 为轴线，O_1A 为母线作圆锥 O_1AB。这个圆锥称为背锥。背锥母线与球面切于锥齿轮大端的分度圆上，并与分度圆锥母线以直角相接。

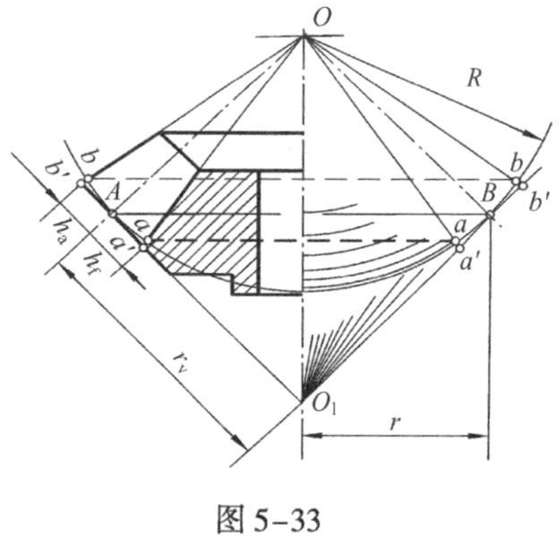

图 5-33

将两背锥展成平面后得到两个扇形齿轮，如图 5-34 所示，该扇形齿轮的模数、压力角、齿顶高、齿根高及齿数，就是锥齿轮的相应参数，而扇形齿轮的分区圆半径 r_{v1} 和 r_{v2} 就是背锥的锥矩。

现将两扇形齿轮的轮齿补足，使其成为完整的圆柱齿轮，那么它们的齿数将增大为 z_{v1} 和 z_{v2}。将这两个假想的直齿圆柱齿轮称为当量齿轮，其齿数为锥齿轮的当量齿数。

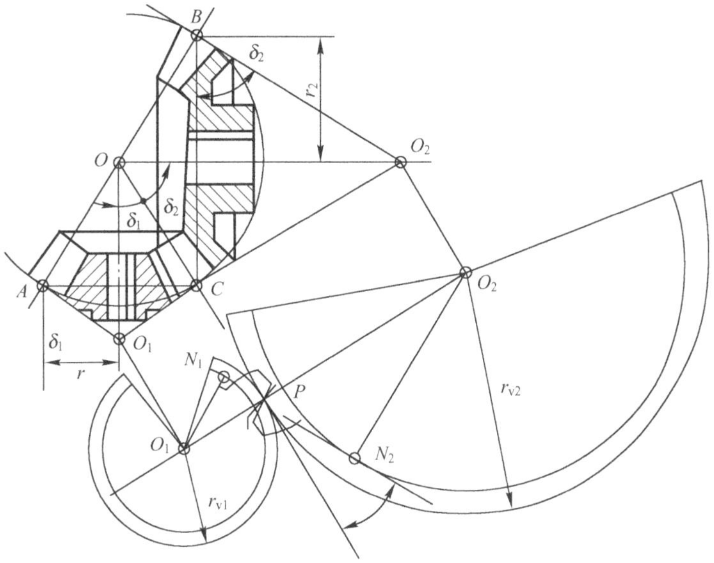

图 5-34

由图 5-33 可知：

$$r_{v1}=\frac{r_1}{\cos\delta_1}=\frac{mz_1}{2\cos\delta_1}$$

即

$$z_{\min}=z_{v\min}\cos\delta$$

因

$$r_{v1}=\frac{mz_1}{2}$$

$$z_{v1}=\frac{z_1}{\cos\delta_1},z_{v2}=\frac{z_2}{\cos\delta_2}$$

式中，δ_1 和 δ_2 分别为两锥轮的分度圆锥角。

因为 $\cos\delta_1$、$\cos\delta_2$ 总小于1，所以当量齿数总大于锥齿轮的实际齿数，但当量齿数不一定是整数。

2. 基本参数

由于直齿锥齿轮大端的尺寸最大，测量方便，因此，规定锥齿轮的参数和几何尺寸均以大端为准。大端的模数 m 的值为标准值，按表 5-13 选取。在 GB/T 12369—1990 中规定了大端的压力角 $\alpha=20°$，齿顶高系数 $h_a^*=1$，顶隙系数 $c^*=0.2$。

表 5-13 锥齿轮模数系列

锥齿轮模数（摘自 GB/T 12368—1990）									
…	1.125	1.25	1.375	1.5	1.75	2	2.25	2.5	2.75
3	3.25	3.5	3.75	4	4.5	5	5.5	6	6.5
7	8	9	10	11	12	14	16	18	20

标准直齿圆锥齿轮的常用几何尺寸计算公式见表5-14。

表5-14 $\sum=90°$标准直齿圆锥齿轮常用计算公式

名 称	代 号	公 式
分度圆锥角	δ	$\delta_1=\arctan z_2/z_1$；$\delta_2=90°-\delta_1$
齿顶高	h_a	$h_a=h_a^* m$
顶隙	c	$c=c^* m$
齿根高	h_f	$h_f=(h_a^*+c^*)m$
分度圆直径	d	$d=zm$
分度圆齿厚	s	$s=m/2$
顶圆直径	d_a	$d_a=d+2h_a\cos\delta$
根圆直径	d_f	$d_f=d-2h_f\cos\delta$
齿顶角	θ_a	$\theta_a=\arctan h_a/R$
齿根角	θ_f	$\theta_f=\arctan h_f/R$
顶锥角	δ_a	$\delta_a=\delta+\theta_a$；
根锥角	δ_f	$\delta_f=\delta-\theta_f$
锥距	R	$R=\frac{1}{2}\sqrt{d_1^2+d_2^2}=\frac{m}{2}\sqrt{z_1^2+z_2^2}$
齿宽	b	$b=\phi_R R, \phi_R\approx0.25\sim0.3$（齿宽系数）

三、直齿圆锥齿轮的啮合传动特点

1. 正确啮合条件

直齿锥齿轮的正确啮合条件为：两锥齿轮的大端模数和压力角分别相等且等于标准值，即

$$\begin{cases} m_1=m_2=m \\ \alpha_1=\alpha_2=\alpha \end{cases}$$

2. 传动比

当 $\sum=\delta_1+\delta_2=90°$时，

$$i_{12}=\frac{\omega_1}{\omega_2}=\frac{z_2}{z_1}=\frac{r_2}{r_1}=\frac{OP\sin\delta_2}{OP\sin\delta_1}=\frac{\sin\delta_2}{\sin\delta_1}$$

四、直齿圆锥齿轮传动的强度计算

1. 直齿锥齿轮传动的受力分析

锥齿轮的受力从小端到大端是不均匀的，但为了计算方便，工程上仍将沿齿宽分布的载荷简化成集中作用在分度圆锥齿宽中点处的法向力 F_{n1}，如图5-35所示。忽略齿面间的摩擦，法向力 F_{n1}可分解成三个互相垂直的分力：

切向力 $F_{t1}=\dfrac{2T_1}{d_{m1}}=-F_{t2}$

径向力 $F_{r1}=F_t\tan\alpha\cos\delta_1=-F_{a2}$

轴向力 $F_{a1}=F_t\tan\alpha\sin\delta_1=-F_{r2}$

式中，T_1 为作用在小锥齿轮上的转矩；d_{m1} 为小锥齿轮平均直径，$d_{m1}=(1-0.5\phi_R)\ d_1$；$\delta_1$ 为小锥齿轮分度圆锥角。

主动轮上圆周力与其转向相反，从动轮圆周力与其转向相同；径向力 F_r 分别指向各自轮心；轴向力 F_a 分别由各轮的小端指向大端，如图 5-35 所示。

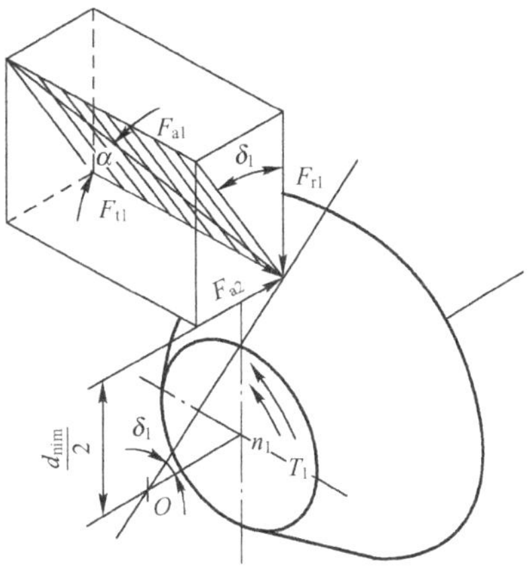

图 5-35

2. 直齿锥齿轮传动的强度计算

直齿锥齿轮传动的强度计算比较复杂，通常是把直齿锥齿轮传动转化为齿宽中点处的一对当量直齿圆柱齿轮传动作近似计算。将齿宽中点处当量直齿圆柱齿轮的有关参数代入式（5-13）和式（5-14），经过适当变换，即可得到下述相应的计算公式。

齿面接触疲劳强度校核式和设计式分别为

$$\sigma_H=Z_EZ_H\sqrt{\frac{4KT_1}{\phi_R(1-0.5\phi_R)^2d_1^3i}}\leqslant[\sigma_H]$$

$$d_1\geqslant\sqrt[3]{\frac{4KT_1}{\phi_R(1-0.5\phi_R)^2i}\left(\frac{Z_EZ_H}{[\sigma_H]}\right)^2}$$

齿根弯曲疲劳强度校核式和设计式分别为

$$\sigma_F=\frac{4KT_1}{\phi_R(1-0.5\phi_R)^2z_1^2m^3\sqrt{i^2+1}}Y_FY_S\leqslant[\sigma_F]$$

$$m\geqslant\sqrt{\frac{4KT_1}{\phi_R(1-0.5\phi_R)^2z_1^2\sqrt{i^2+1}}\ \frac{Y_{FS}}{[\sigma_F]}}$$

式中，Y_F为齿形系数；Y_S为应力修正系数，应按圆锥齿轮的当量齿数 z_v 从表 5-9 中查取。

问题解答

题目见问题引入。

解：

（1）两轮所受分力的方向如图 5-36 所示。

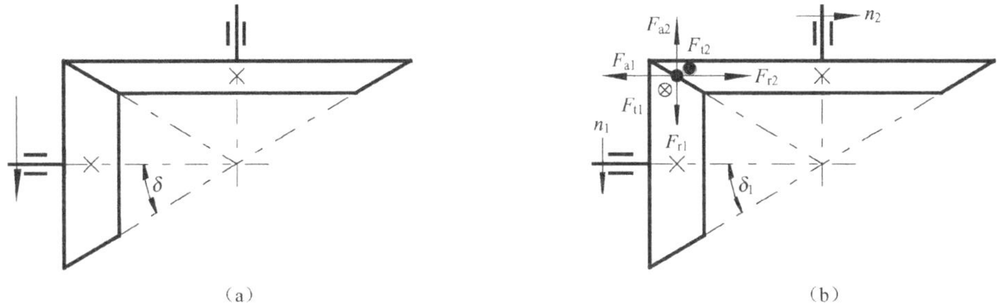

图 5-36

（2）求各个分力的大小：

$$T_1 = 9550\frac{P}{n_1} = 9550 \times \frac{3}{960} = 29.844\text{N} \cdot \text{m}$$

$$d_{m1} = mz_1(1 - 0.5\phi_R) = 4 \times 28 \times (1 - 0.5 \times 0.3) = 95.2\text{mm}$$

$$\tan\delta_1 = z_1/z_2 = 0.5833, \delta_1 = 30.2564° = 30°15'23''$$

$$F_{t1} = \frac{2T_1}{d_{m1}} = \frac{2 \times 29.844 \times 10^3}{95.2} = 627\text{N}$$

$$F_{r1} = F_{t1}\tan\alpha\cos\delta_1 = 627 \times \tan20° \times \cos30.2564° = 197\text{N}$$

$$F_{a1} = F_{t1}\tan\alpha\sin\delta_1 = 627 \times \tan20° \times \sin30.2564° = 115\text{N}$$

知识拓展：谐波齿轮传动

谐波齿轮传动是指由波发生器、柔性件和刚性件 3 个基本构件组成的机械传动。这种传动是在波发生器的作用下，使柔性件产生弹性变形并与刚性件相互作用而达到传递运动或动力的目的。图 5-37 所示为一个外周有许多齿的柔轮与一个内周有齿的刚轮相啮合进行传动，称为谐波齿轮传动。

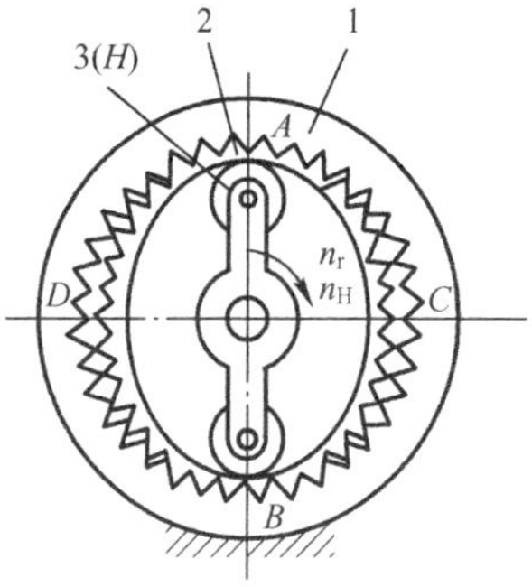

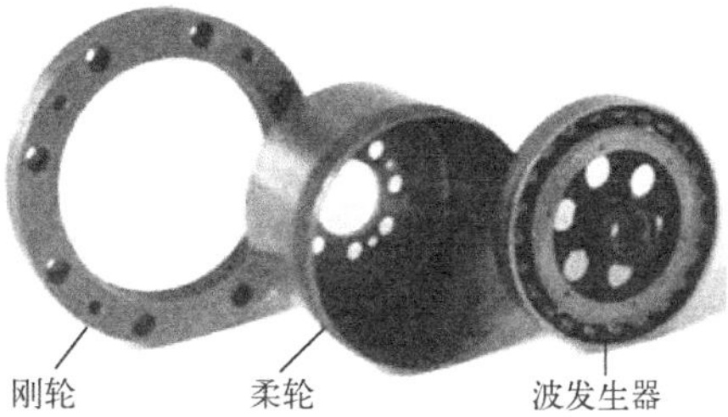

图 5-37

谐波齿轮传动是利用柔轮、刚轮和波发生器的相对运动，特别是柔轮的可控弹性变形来实现运动和动力传递的。在这 3 个基本构件中可任意固定一个，其余一个为主动件，另一个为从动件。如以刚轮固定不变，以波发生器为主动件，柔轮为从动件，波发生器内的椭圆形凸轮在柔轮内旋转便使柔轮产生变形。在波发生器的椭圆形凸轮长轴两端处的柔轮轮齿和刚轮轮齿进入啮合时，短轴两端处的柔轮轮齿与刚轮轮齿脱开。对于波发生器长轴和短轴之间的齿，沿柔轮和刚轮周长的不同区段内处于逐渐进入啮合的半啮合状态，称为啮入；处于逐渐退出啮合的半啮合状态，称为啮出。波发生器的连续转动，使啮入、啮合、啮出和脱开等 4 种运动不断改变各自原来的工作状态，这种运动称为错齿运动。错齿运动使输入转动变为输出运动。若刚轮固定不动，柔轮则相对于波发生器作反方向的转动。反之，若柔轮固定不动，刚轮则相对于波发生器作同方向的转动，如图 5-38 所示。

谐波齿轮传动的结构有多种形式，图 5-39 所示为单级双波谐波齿轮减速器的结构。

波发生器：与输入轴相联，对柔轮的齿圈的变形起产生和控制的作用。它由一个椭圆形凸轮和一个薄壁的柔性轴承组成。柔性轴承不同于普通轴承，它的外环很薄，容易产生径向变形，在未装入凸轮之前环是圆形的，装上之后为椭圆形。

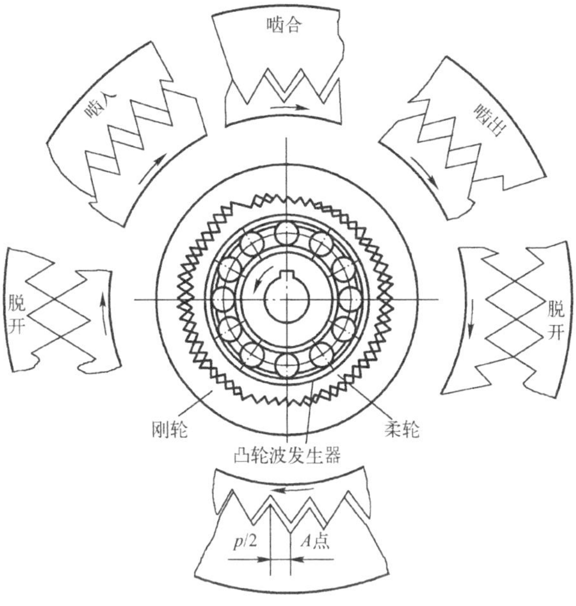

图5-38

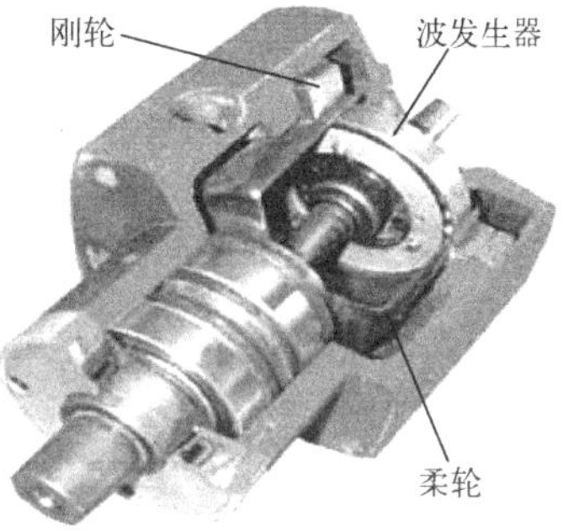

图5-39

柔轮：有薄壁杯形、薄壁圆筒形或平嵌式等多种。薄壁圆筒形柔轮的开口端部外面有齿圈，它随波发生器的转动而变形，筒底部分与输出轴联接。

刚轮：是一个刚性的内齿轮。双波谐波传动的刚轮通常比柔轮多两齿。谐波齿轮减速器多以刚轮固定，外部与箱体连接。

谐波传动的特点：①传动比大，选择范围广。单级谐波齿轮的传动比一般为60 ～ 320，其中以80 ～ 200最为常用。②传递扭矩的同时啮合的齿数多，一般双波传动啮合齿数可占总齿数的30%左右，三波传动则更多。因此传动轮之间的接触为面接触，而齿面上的比压小，因而承载能力高。③由谐波齿轮构成的减速器重量轻、体积小，传动装置含有的零件少。④传动平稳，噪声小。⑤传动效率高。⑥运动精度高，在启动或反转时，输出轴瞬时跟动，没有空程，可实现零回差转动。⑦可构成密封传动，因此可在高温、高压、高真空、有害气体或原子能辐射的环境中传递运动。⑧输出轴和输入轴位于同一轴心线上。⑨维修方便，便于保养、检查和更换零件。

由于谐波传动具有其他传动无法比拟的诸多独特优点，近几十年来，它已被迅速推广到能源、通信、机床、仪器仪表、机器人、汽车、造船、纺织、冶金、常规武器、精密光学设备、印刷机构以及医疗器械等领域，并获得了广泛的应用。国内外的应用实践表明，无论是作为高灵敏度随动系统的精密谐波传动，还是作为传递大转矩的动力谐波传动，都表现出了良好的性能；作为空间传动装置和用于操纵高温、高压管路以及在有原子辐射或其他有害介质条件下工作的机构，更是显示出一些其他传动装置难以比拟的优越性。

5.4 蜗杆传动

问题引入

设计用于带式运输机的一级闭式蜗杆传动。蜗杆轴输入功率 $P_1 = 4\text{kW}$，转速 $n = 960\text{r/min}$，

传动比 $i=20$，连续单向运转，载荷平稳，一班制，预期寿命 10 年。

知识分析

蜗杆传动由蜗杆和蜗轮组成，如图 5-40 所示，用于传递空间两交错轴之间的运动和动力，通常两轴交错角为 90°。一般用做减速传动，广泛应用于各种机械设备和仪表中。

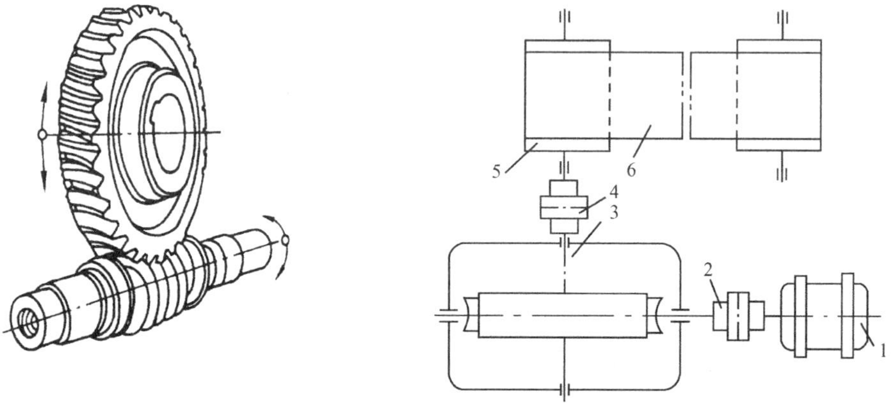

1—电动机；2，4—联轴器；3—减速器；5—滚筒；6—传送带

图 5-40

【知识目标】

1. 熟练掌握蜗杆的传动特点、失效形式和计算准则。
2. 熟练掌握蜗杆和蜗轮的结构特点。
3. 掌握蜗杆传动的受力分析、滑动速度和效率。
4. 了解蜗杆传动的强度计算。

【能力目标】

1. 能完成蜗杆传动的相关尺寸计算。
2. 具备团队协作意识和分析问题、解决问题的能力。

知识链接

一、蜗杆传动的认识及应用

1. 蜗轮/蜗杆的形成

蜗轮/蜗杆传动是由交错轴斜齿圆柱齿轮传动演变而来的。小齿轮的每个轮齿可在分度圆柱面上缠绕一周以上，这样的小齿轮外形像一根螺杆，称为蜗杆，大齿轮则称为蜗轮。为了改善啮合状况，将蜗轮分度圆柱面的母线改为圆弧形，使之将蜗杆部分包住，并用与蜗杆形状和参数相同的滚刀展成加工蜗轮，这样齿廓间为线接触，可传递较大的动力。

蜗杆/蜗轮传动的特征为：

（1）一种特殊的交错轴斜齿轮传动，交错角为 $\sum=90°$，z_1 很小，一般情况下，$z_1=1 \sim 4$；

（2）具有螺旋传动的某些特点，蜗杆相当于螺杆，蜗轮相当于螺母，蜗轮部分包容蜗杆。

2. 蜗杆传动的类型

根据蜗杆形状的不同，蜗杆传动可分为圆柱面蜗杆传动（见图5-41（a））、环面蜗杆传动（见图5-41（b））和锥蜗杆传动（见图5-41（c））三种。圆柱蜗杆传动包括普通圆柱蜗杆传动和圆弧圆柱蜗杆传动。

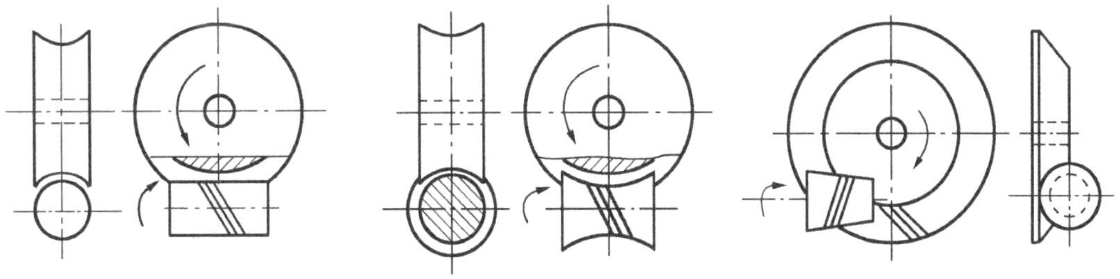

（a）圆柱面蜗杆传动　（b）环面蜗杆传动　（c）锥蜗杆传动

图5-41

圆柱蜗杆按其齿廓曲线形状不同，又可分为阿基米德蜗杆（ZA型）、渐开线蜗杆（ZI型）、法面直廓蜗杆（ZN型）等几种。其中阿基米德蜗杆由于加工方便，应用最为广泛。

如图5-42所示为阿基米德蜗杆，其端面齿廓为阿基米德螺旋线，轴向齿廓为直线。一般在车床上用成形车刀切制。这种蜗杆加工和测量方便，故应用广泛；缺点是不易磨削，加工精度和传动效率较低，故多用于蜗杆头数较少、载荷较少、低速或不重要的场合。

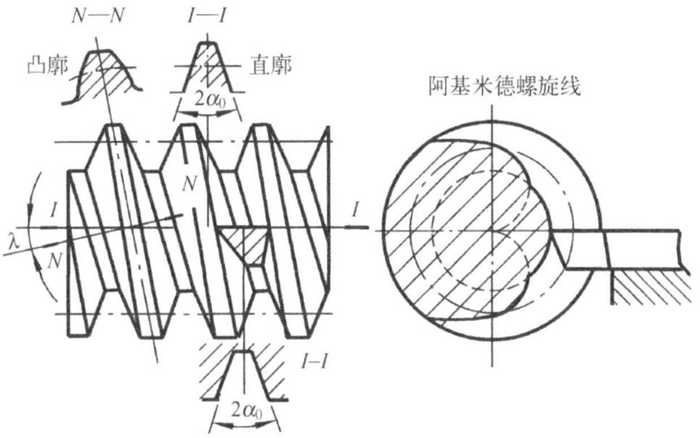

图5-42

3. 蜗杆传动的特点

（1）传动比大，结构紧凑。单级传动比一般为10～40（<80），分度传动时，传动比可达1000。

（2）传动平稳，噪声小。由于蜗杆上的齿是连续的螺旋齿，蜗轮轮齿和蜗杆是逐渐进入啮合又逐渐退出啮合的，故传动平稳，噪声小。

（3）有自锁性。当蜗杆导程角小于当量摩擦角时，蜗轮不能带动蜗杆转动，呈自锁状态。手动葫芦和浇铸机械常采用蜗杆传动满足自锁要求。

（4）传动效率低。蜗杆蜗轮啮合处有较大的相对滑动，摩擦剧烈、发热量大，故效率低。一般 $\eta=0.7\sim0.9$，具有自锁性能的蜗杆效率仅为0.4。

（5）蜗轮造价较高。为了减少摩擦并使之更耐磨，蜗轮常用青铜制造，材料成本较高。

由上述特点可知：蜗杆传动适用于传动比大、传递功率不大或两轴空间交错的场合。

4. 蜗杆传动的应用

由于蜗杆蜗轮传动具有以上特点，故常用于两轴交错、传动比较大、传递功率不太大或间歇工作的场合。此外，由于蜗杆传动具有自锁性，故常用在卷扬机等起重机械中，起安全保护作用。它还广泛应用在机床、汽车、仪器、冶金机械及其他机器或设备中。

二、蜗杆传动的基本参数与几何尺寸

垂直于蜗轮轴线且通过蜗杆轴线的平面，称为中间平面。在中间平面内蜗杆与蜗轮的啮合就相当于渐开线齿条与齿轮的啮合。在蜗杆传动的设计计算中，均以中间平面上的基本参数和几何尺寸为基准，如图 5-43 所示。

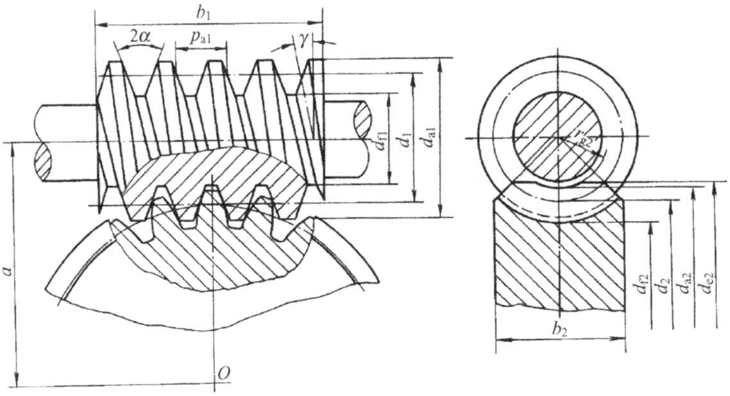

图 5-43

1. 基本参数

(1) 模数 m 和压力角 α。蜗轮蜗杆啮合时，蜗杆的轴向齿距应与蜗轮端面分度圆齿距相等，即在中间平面上蜗杆的轴向模数和轴向压力角应分别与蜗轮的端面模数和端面压力角相等，亦取标准值（标准模数值，见表 5-1）。由于两轴线相交，蜗杆分度圆上的导程角应与蜗轮分度圆上的螺旋角大小相等且旋向相同，即蜗杆传动的正确啮合条件为

$$m_{x1}=m_{t2}=m$$

$$\alpha_{x1}=\alpha_{t2}=\alpha$$

$$\gamma=\beta_2$$

(2) 传动比 i、蜗杆头数 z_1 和蜗轮齿数 z_2。蜗杆传动的传动比 i 为主动的蜗杆（蜗轮）角速度与从动蜗轮（蜗杆）角速度的比值，通常蜗杆为主动件，即

$$i=\frac{\omega_1}{\omega_2}=\frac{n_1}{n_2}$$

式中，n_1 和 n_2 分别为蜗杆和蜗轮的转速（r/min）。

在蜗杆传动中，蜗杆每分钟转动的齿数应等于蜗轮每分钟转动的齿数，即

$$z_1n_1=z_2n_2$$

故

$$i=\frac{n_1}{n_2}=\frac{z_2}{z_1}$$

但应注意，蜗杆传动比 i 不等于蜗轮和蜗杆分度圆直径之比。

（3）蜗杆导程角 γ。蜗杆螺旋线有左、右旋之分，一般多为右旋。按照螺纹形成原理，如图5-44所示，蜗杆分度圆上的导程角 γ 为

$$\tan\gamma = \frac{z_1 p_{x1}}{\pi d_1} = \frac{z_1 m}{d_1}$$

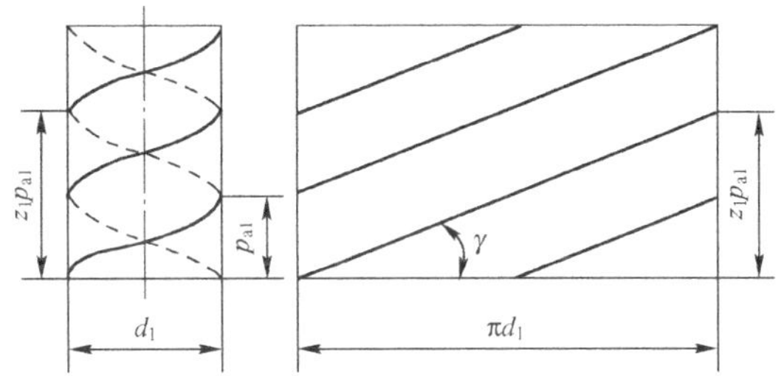

图5-44

导程角的大小与传动效率有关，导程角越大传动效率越高。$\gamma = 3.5° \sim 55°$。传动效率高时，常取 $\gamma = 15° \sim 30°$，采用多头蜗杆。若要求传动时反向自锁时，取 $\gamma \leqslant 3°40'$。蜗杆传动的基本参数如表5-15所示。

表5-15　蜗杆传动的基本参数（$\sum = 90°$）（摘自GB/T 10085—1998）

模数 m /mm	分度圆直径 d_1/mm	蜗杆头数 z_1	直径系数 q	$m^2 d_1$ /mm^3
1	18	1	18.000	18
1.25	20	1	16.000	31.25
	22.4	1	17.920	35
1.6	20	1, 2, 4	12.500	51.2
	28	1	17.500	71.68
2	(18)	1, 2, 4	9.000	72
	22.4	1, 2, 4, 6	11.200	89.6
	(28)	1, 2, 4	14.000	112
	35.5	1	17.750	142
2.5	(22.4)	1, 2, 4	8.960	140
	28	1, 2, 4, 6	11.200	175
	(35.5)	1, 2, 4	14.200	221.9
	45	1	18.000	281
3.15	(28)	1, 2, 4	8.889	278
	35.5	1, 2, 4, 6	11.27	352
	45	1, 2, 4	14.286	447.5
	56	1	17.778	556
4	(31.5)	1, 2, 4	7.875	504
	40	1, 2, 4, 6	10.000	640
	(50)	1, 2, 4	12.500	800
	71	1	17.750	1136
5	(40)	1, 2, 4	8.000	1000
	50	1, 2, 4, 6	10.000	1250
	(63)	1, 2, 4	12.600	1575
	90	1	18.000	2250
6.3	(50)	1, 2, 4	7.936	1985
	63	1, 2, 4, 6	10.000	2500
6.3	(80)	1, 2, 4	12.698	3175
	112	1	17.778	4445
8	(63)	1, 2, 4	7.875	4032
	80	1, 2, 4, 6	10.000	5376
	(100)	1, 2, 4	12.500	6400
	140	1	17.500	8960
10	(71)	1, 2, 4	7.100	7100
	90	1, 2, 4, 6	9.000	9000
	(112)	1, 2, 4	11.200	11200
	160	1	16.000	16000
12.5	(90)	1, 2, 4	7.200	14062
	112	1, 2, 4	8.960	17500
	(140)	1, 2, 4	11.200	21875
	200	1	16.000	31250
16	(112)	1, 2, 4	7.000	28672
	140	1, 2, 4	8.750	35840
	(180)	1, 2, 4	11.250	46080
	250	1	15.625	64000
20	(140)	1, 2, 4	7.000	56000
	160	1, 2, 4	8.000	64000
	(224)	1, 2, 4	11.200	89600
	315	1	15.750	126000
25	(180)	1, 2, 4	7.200	112500
	200	1, 2, 4	8.000	125000
	(280)	1, 2, 4	11.200	175000
	400	1	16.000	250000

注：1. 表中模数和分度圆直径仅列出了第一系列的较常用数据。

2. 括号内的数字尽可能不用。

（4）蜗杆分度圆直径 d_1，蜗杆直径系数 q。为保证蜗杆传动的正确啮合，切制蜗轮的滚刀直径及齿形参数与相应的蜗杆基本相同。蜗杆分度圆直径不仅与模数有关，而且与头数和导程角有关，加工同一模数的蜗轮要求准备多把蜗轮滚刀，给刀具的制造带来了困难，而且也不经济。为了减少滚刀规格，并使刀具标准化，国家标准规定蜗杆分度圆直径 d 为标准值，见表5-15。

蜗杆分度圆直径与模数的比值称为蜗杆直径系数，用 q 表示，即

$$q=\frac{d_1}{m}$$

$$\tan\gamma=\frac{z_1}{q}$$

$$d_1=qm$$

式中，d_1 和 m 均为标准值，导出的 q 不一定为整数。

（5）中心距 a。标准蜗杆传动中心距为

$$a=\frac{d_1+d_2}{2}=\frac{m}{2}(q+z_2)$$

规定标准中心距为40、50、63、80、100、125、160、（180）、200、（225）、250、（280）、315、（355）、400、（450）、500。在蜗杆传动设计时中心距应按上述标准圆整。

2. 蜗杆传动的几何尺寸

标准圆柱蜗杆传动的几何尺寸的计算公式见表5-16。

表5-16 标准圆柱蜗杆传动的几何尺寸

名　　称	符号	计算公式	
		蜗杆	蜗轮
分度圆直径	d_1	$d_1=mq$	$d_2=mz_2$
齿顶高	h_a	$h_{a1}=h_a^*m=1/[2(d_{a1}-d_1)]$	$h_{a2}=1/[2(d_{a2}-d_2)]=m(h_a^*+x_2)$
齿顶圆直径	d_a	$d_{a1}=d_1+2h_{a1}=d_1+2h_a^*m$	$d_{a2}=d_2+2h_{a2}$
齿根高	h_f	$h_{f1}=(h_a^*+c^*)m=1/[2(d_1-d_{f1})]$	$h_{f2}=1/[2(d_2-d_{f2})]=m(h_a^*-x_2+c^*)$
齿根圆直径	d_{f1}	$d_{f1}=d_1-2h_{f1}=d_a-2(h_a^*m+c)$	$d_{f2}=d_2-2h_{f2}$
导程角	γ	$\tan\gamma=mz_1/d_1=z_1/q$	
蜗轮螺旋角	β	$\beta=\gamma$，与蜗杆螺旋线方向相同	
蜗杆轴向齿距（蜗轮端面齿距）		$p_{a1}=p_{t2}=\pi m$	
顶隙	c	$c=c^*m$	
标准中心距	a	$a=\frac{d_1+d_2}{2}=\frac{m}{2}(q+z_2)$	

三、蜗杆传动的失效形式和设计准则

1. 齿面相对滑动速度 v_s

蜗杆传动中蜗杆的螺旋面和蜗轮齿面之间有较大的相对滑动。滑动速度 v_s 沿蜗杆螺旋线

的切线方向。如图 5-45 所示，v_1 为蜗杆的圆周速度，v_2 为蜗轮的圆周速度，作速度三角形得

$$v_s = \sqrt{v_1^2 + v_2^2} = \frac{v_1}{\cos\gamma} \tag{5-29}$$

较大的滑动速度 v_s，对齿面的润滑情况、齿面的失效形式及传动效率都有很大的影响，其概略值如图 5-46 所示。

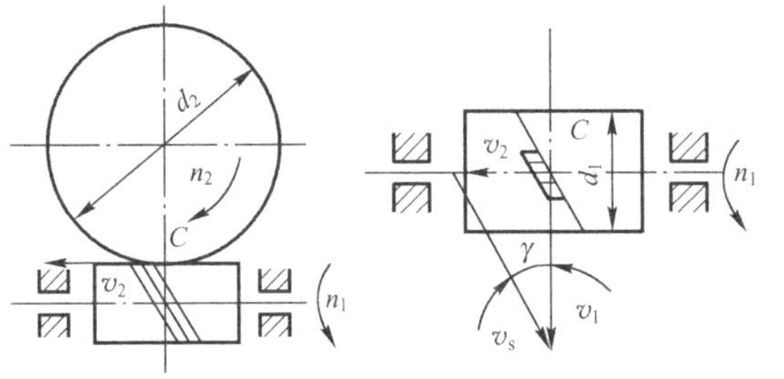

图 5-45

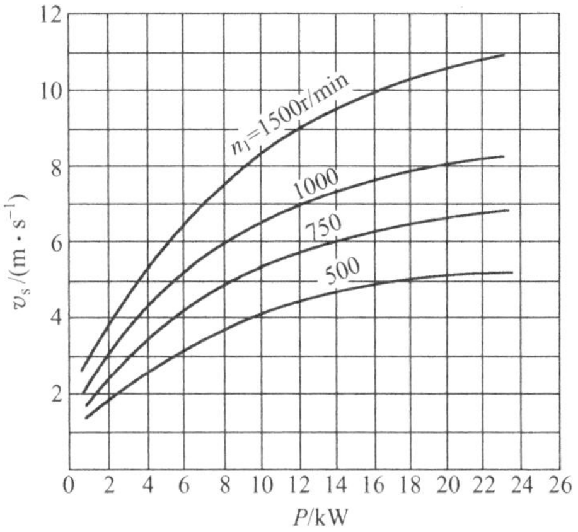

图 5-46

2. 轮齿的失效形式和设计准则

蜗杆传动的失效形式与齿轮传动相似，有轮齿折断、齿面点蚀、齿面磨损和胶合等，但由于蜗杆、蜗轮的齿廓间相对滑动速度较大、发热量大而效率低，因此传动的主要失效形式为胶合、磨损和点蚀。由于蜗杆的齿是连续的螺旋线，且蜗杆的强度高于蜗轮，因而失效多发生在蜗轮轮齿上。在闭式传动中，蜗轮的主要失效形式是胶合与点蚀；在开式传动中，主要失效形式是磨损。

综上所述，蜗杆传动的设计准则为：闭式蜗杆传动按齿面接触疲劳强度设计，并校核齿根弯曲疲劳强度，为避免发生胶合失效还必须作热平衡计算；对开式蜗杆传动通常只需按齿根弯曲疲劳强度设计。实践证明，闭式蜗杆传动，当载荷平稳无冲击时，蜗轮轮齿因弯曲强度不足而失效的情况多发生于齿数 z_2 大于 100 时，所以在齿数少于以上数值时，弯曲强度校核可不考虑。

3. 蜗杆、蜗轮的材料和结构

（1）蜗杆、蜗轮的材料选择。根据蜗杆传动的主要失效形式可知，蜗杆和蜗轮材料不仅要求有足够的强度，更重要的是要具有良好的减磨性、耐磨性和抗胶合能力。

蜗杆一般用碳钢或合金钢制造。对高速重载传动常用 15Cr、20Cr、20CrMnTi 等，经渗碳淬火，表面硬度 56 ～ 62HRC，须经磨削。对中速中载传动，蜗杆材料可用 45、40Cr、35SiMn 等，表面淬火，表面硬度 45 ～ 55HRC，须经磨削。对速度不高，载荷不大的蜗杆，材料可用 45 钢调质或正火处理，调质硬度 220 ～ 270HBS。

蜗轮材料可参考相对滑动速度 v_s 来选择。铸造锡青铜抗胶合性、耐磨性好，易加工，允许的滑动速度 v_s 高，但强度较低，价格较贵。一般 ZCuSn10P1 允许滑动速度可达 25m/s，ZCuSn5Pb5Zn5 常用于 v_s <12m/s 的场合。铸造铝青铜，如 ZCuAl10Fe3，其减磨性和抗胶合

性比锡青铜差，但强度高，价格便宜，一般用于 $v_s \leqslant 4\text{m/s}$ 的传动。灰铸铁（HT150、HT200），用于 $v_s \leqslant 2\text{m/s}$ 的低速轻载传动中。

（2）蜗杆、蜗轮的结构。蜗杆常和轴做成一体，称为蜗杆轴，如图 5-47 所示（只有当 $d_f/d \geqslant 1.7$ 时才采用蜗杆齿圈套装在轴上的形式）。车制蜗杆须有退刀槽，$d = d_f - (2 \sim 4)$ mm，故刚性较差（见图 5-47（a））；铣削蜗杆无退刀槽时 d 可大于 d_f（见图 5-47（b）），刚性较好。

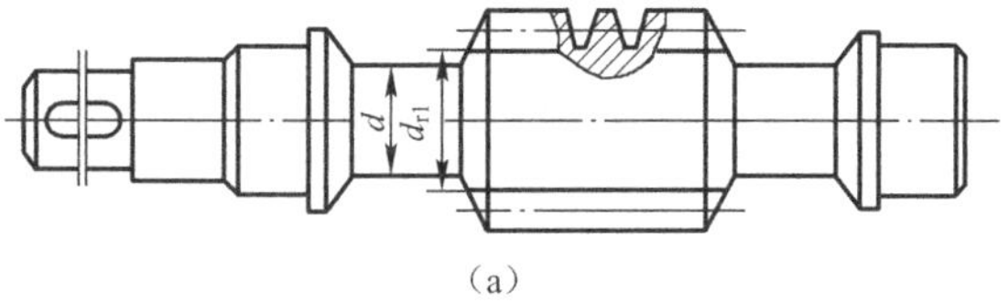

图 5-47

蜗轮结构分为整体式和组合式两种，如图 5-48 所示。图 5-48（a）所示的整体式蜗轮用于铸铁蜗轮及直径小于 100mm 的青铜蜗轮。图 5-48（b）、（c）、（d）所示均为组合式结构，其中图 5-48（b）所示为齿圈式蜗轮，轮芯用铸铁或铸钢制造，齿圈用青铜材料，二者均采用过盈配合（H7/s6 或 H7/r6），并沿配合面安装 4 ～ 6 个紧定螺钉，该结构用于中等尺寸而且工作温度变化较小的场合。图 5-48（c）所示为螺栓式蜗轮，齿圈和轮芯用普通螺栓或铰制孔螺栓连接，常用于尺寸较大的蜗轮。图 5-48（d）所示为镶铸式蜗轮，将青铜轮缘铸在铸铁轮芯上然后切齿，适用于中等尺寸批量生产的蜗轮。

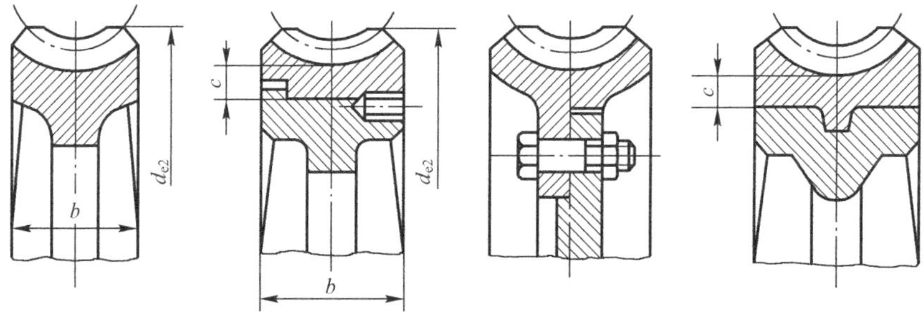

图 5-48

四、蜗杆传动的强度计算

1. 蜗杆传动的受力分析

蜗杆传动受力分析与斜齿圆柱齿轮的受力分析相似，齿面上的法向力 F_n 可分解为三个相互垂直的分力：圆周力 F_t、轴向力 F_a、径向力 F_r，如图 5-49 所示。蜗杆为主动件，轴向力 F_{a1} 的方向由左/右手定则确定。图 5-49 所示为右旋蜗杆，用右手四指指向蜗杆转向，拇指所指方向就是轴向力 F_{a1} 的方向。圆周力 F_{t1} 与主动蜗杆转向相反；径向力 F_{r1} 指向蜗杆中心。

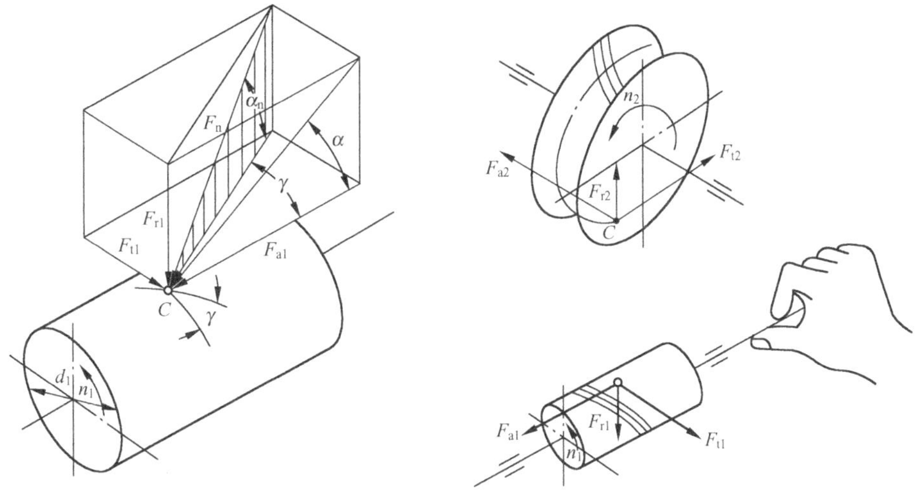

图 5-49

蜗轮受力方向，由 F_{t1} 与 F_{a2}、F_{a1} 与 F_{t2}、F_{r1} 与 F_{r2} 的作用力与反作用力关系确定（见图 5-49）。各力的大小可按下式计算：

$$F_{t1} = -F_{a2} = \frac{2T_1}{d_1} \quad (\mathrm{N}) \tag{5-30}$$

$$F_{a1} = -F_{t2} = \frac{2T_2}{d_2} \quad (\mathrm{N}) \tag{5-31}$$

$$F_{r1} = -F_{r2} = F_{t2}\tan\alpha \quad (\mathrm{N}) \tag{5-32}$$

$$T_2 = T_1 i\eta \quad (\mathrm{N \cdot mm}) \tag{5-33}$$

式中，T_1、T_2 分别为作用在蜗杆和蜗轮上的转矩；η 为蜗杆传动的总效率。

2. 蜗轮齿面接触疲劳强度计算

蜗轮齿面接触疲劳强度计算与斜齿轮相似，以赫兹公式为计算基础，按节点处的啮合条件计算齿面接触应力，可推出对钢制蜗杆与青铜蜗轮或铸铁蜗轮的校核公式如下：

$$\sigma_H = 520\sqrt{\frac{KT_2}{d_1 d_2^2}} = 520\sqrt{\frac{KT_2}{m^2 d_1 z_2^2}} \leqslant [\sigma_H] \tag{5-34}$$

设计公式为

$$m^2 d_1 \geqslant KT_2\left(\frac{520}{z_2[\sigma_H]}\right)^2 \tag{5-35}$$

式中，T_2 为蜗轮轴的转矩（N·mm）；K 为载荷系数，$K=1 \sim 1.5$，当载荷平稳相对滑动速度较小时（$v_S<3\mathrm{m/s}$）取较小值，反之取较大值，严重冲击时取 $K=1.5$；$[\sigma_H]$ 为蜗轮材料的许用接触应力（MPa），当蜗轮材料为锡青铜（$\sigma_b<300\mathrm{MPa}$）时，其主要失效形式为疲劳点蚀，$[\sigma_H]=Z_N[\sigma_{0H}]$，$[\sigma_{0H}]$ 为蜗轮材料的基本许用接触应力，如表 5-17 所示；Z_N 为寿命系数，$Z_N=\sqrt[8]{10^7/N}$，其中 N 为应力循环次数，$N=60n_2L_h$，n_2 为蜗轮转速（r/min）、L_h 为工作寿命（h）；$N>25\times10^7$ 时应取 $N=25\times10^7$，$N<2.6\times10^5$ 时应取 $N=2.6\times10^5$。

当蜗轮的材料为铝青铜或铸铁（$\sigma_b>300\mathrm{MPa}$）时，蜗轮的主要失效形式为胶合，许用应力与应力循环次数无关，其值如表 5-18 所示。

表 5-17 锡青铜蜗轮的基本许用接触应力 $[\sigma_{0H}]$ ($N=10^7$) MPa

蜗轮材料	铸造方法	适用的滑动速度 v_S/ (m·s^{-1})	蜗杆齿面硬度	
			≤350HB	>45HRC
ZCuSn10P1	砂 型 金属型	≤12 ≤25	180 200	200 220
ZCuSn5Pb5Zn5	砂 型 金属型	≤10 ≤12	110 135	125 150

表 5-18 铸铝青铜及铸铁蜗轮的许用接触应力 $[\sigma_H]$ MPa

蜗轮材料	蜗杆材料	滑动速度 v_S/m·s^{-1})						
		0.5	1	2	3	4	6	8
ZCuAl10Fe3	淬火钢	250	230	210	180	160	120	90
HT150；HT200	渗碳钢	130	115	90	—	—	—	—
HT150	调质钢	110	90	70	—	—	—	—

3. 蜗轮轮齿的齿根弯曲疲劳强度计算

由于蜗轮轮齿的齿形比较复杂，要精确计算轮齿的弯曲应力比较困难，通常近似地将蜗轮看做斜齿轮按圆柱齿轮弯曲强度公式来计算，化简后齿根弯曲强度的校核公式为

$$\sigma_F=\frac{2.2KT_2}{d_1d_2m\cos\gamma}Y_{F2}\leqslant[\sigma_F] \tag{5-36}$$

设计公式为

$$m^2d_1\geqslant\frac{2.2KT_2}{z_2[\sigma_F]\cos\gamma}Y_{F2} \tag{5-37}$$

式中，Y_{F2}为蜗轮的齿形系数，按蜗轮的实有齿数 z_2 来确定，查表 5-19；$[\sigma_F]$ 为蜗轮材料的许用弯曲应力，$[\sigma_F]=Y_N[\sigma_{0F}]$，其中 $[\sigma_{0F}]$ 为蜗轮材料的基本许用弯曲应力，如表 5-20 所示，Y_N 为寿命系数 $Y_N=\sqrt[9]{10^6/N}$，$N=60N_2L_h$，当 $N>25\times10^7$ 时，取 $N=25\times10^7$，当 $N<10^5$时，取 $N=10^5$。

表 5-19 蜗轮的齿形系数 Y_{F2} ($\alpha=20°$，$h_a^*=1$)

z	10	11	12	13	14	15	16	17	18	19	20	22	24	26
Y_{F2}	4.55	4.14	3.70	3.55	3.34	3.22	3.07	2.96	2.89	2.82	2.76	2.66	2.57	2.51
z_2	28	30	35	40	45	50	60	70	80	90	100	150	200	300
Y_{F2}	2.48	2.44	2.36	2.32	2.27	2.24	2.20	2.17	2.14	2.12	2.10	2.07	2.04	2.04

表 5-20 蜗轮材料的基本许用弯曲应力 $[\sigma_{0F}]$ ($N=10^6$) MPa

材 料	铸造方法	σ_b	σ_s	蜗杆硬度≤45HRC		蜗杆硬度>45HRC	
				单向受载	双向受载	单向受载	双向受载
ZCuSn10P1	砂 模 金属模	200 250	140 150	51 58	32 40	64 73	40 50

续表

材　　料	铸造方法	σ_b	σ_s	蜗杆硬度≤45HRC		蜗杆硬度>45HRC	
				单向受载	双向受载	单向受载	双向受载
ZCuSn5Pb5Zn5	砂　模 金属模	180 200	90 90	37 39	29 32	46 49	36 40
ZCuAi10Fe3	金属模	500	200	90	80	113	100
HT150	砂　模	150	—	38	24	48	30
HT200	砂　模	200	—	48	30	60	38

五、蜗杆传动的效率、润滑和热平衡计算

1. 蜗杆传动的效率

闭式蜗杆传动的总效率 η 包括啮合效率 η_1、搅油效率 η_2 和轴承效率 η_3，即

$$\eta = \eta_1 \eta_2 \eta_3 \tag{5-38}$$

啮合效率 η_1 是总效率的主要部分，蜗杆为主动件时啮合效率按螺旋传动公式求出：

$$\eta_1 = \frac{\tan\gamma}{\tan(\gamma + \rho_v)}$$

通常取 $\eta_2 \eta_3 = 0.95 \sim 0.97$，故有

$$\eta = (0.95 \sim 0.97)\frac{\tan\gamma}{\tan(\gamma + \rho_v)} \tag{5-39}$$

式中，γ 为蜗杆螺旋升角（导程角）；ρ_v 为当量摩擦角，$\rho_v = \arctan f_v$，其值如表 5-21 所示。

在初步计算时，蜗杆的传动效率可按表 5-22 选取。

表 5-21　当量摩擦系数 f_v 和当量摩擦角 ρ_v

蜗轮材料	锡　青　铜				铝　青　铜		灰　铸　铁			
蜗杆齿面硬度	≥45HRC		<45HRC		≥45HRC		≥45HRC		<45HRC	
滑动速度 $v_s/(\mathrm{m \cdot s^{-1}})$	f_v	ρ_v	f_v	ρ_v	f_v	ρ_v	f_v	ρ_v	f_v	ρ_v
0.01	0.110	6°17′	0.120	6°51′	0.180	10°12′	0.018	10°12′	0.190	10°45′
0.05	0.090	5°09′	0.100	5°43′	0.140	7°58′	0.140	7°58′	0.160	9°05′
0.10	0.080	4°34′	0.090	5°09′	0.130	7°24′	0.130	7°24′	0.140	7°58′
0.25	0.065	3°43′	0.075	4°17′	0.100	5°43′	0.100	5°43′	0.120	6°51′
0.50	0.055	3°09′	0.065	3°43′	0.090	5°09′	0.090	5°09′	0.100	5°43′
1.00	0.045	2°35′	0.055	3°09′	0.070	4°00′	0.070	4°00′	0.090	5°09′
1.50	0.040	2°17′	0.050	2°52′	0.065	3°43′	0.065	3°43′	0.080	4°34′
2.00	0.035	2°00′	0.045	2°35′	0.055	3°09′	0.055	3°09′	0.070	4°00′
2.50	0.030	1°43′	0.040	2°17′	0.050	2°52′				
3.00	0.028	1°36′	0.035	2°00′	0.045	2°35′				
4.00	0.024	1°22′	0.031	1°47′	0.040	2°17′				
5.00	0.022	1°16′	0.029	1°40′	0.035	2°00′				
8.00	0.018	1°02′	0.026	1°29′	0.030	1°43′				
10.0	0.016	0°55′	0.024	1°22′						
15.0	0.014	0°48′	0.020	1°09′						
24.0	0.013	0°45′								

注：对于硬度不小于 45HRC 的蜗杆，ρ_v 值系指 R_a < 0.32～1.25μm，经跑合并充分润滑的情况。

表 5-22 蜗杆传动的总效率 η

闭式传动					开式传动	自锁传动
z_1	1	2	4	6	1 - 2	<0.5
η	0.7～0.75	0.75～0.82	0.82～0.92	0.86～0.95	0.60～0.70	

2. 蜗杆传动的润滑

润滑对蜗杆传动特别重要，因为润滑不良时，蜗杆传动的效率将显著降低，并会导致剧烈的磨损和胶合。通常采用黏度较大的润滑油，为提高其抗胶合能力，可加入油性添加剂以提高油膜的刚度，但青铜蜗轮不允许采用活性大的油性添加剂，以免被腐蚀。

闭式蜗杆传动的润滑油黏度和润滑方法可参考表 5-23 选择。开式传动则采用黏度较高的齿轮油或润滑脂进行润滑。闭式蜗杆传动用油池润滑，在 $v_S \leq 5\text{m/s}$ 时常采用蜗杆下置式，浸油深度约为一个齿高，但油面不得超过蜗杆轴承的最低滚动体中心，如图 5-50（a）、（b）所示；$v_S > 5\text{m/s}$ 时常用上置式，如图 5-50（c）所示，油面允许达到蜗轮半径 1/3 处。

表 5-23 蜗杆传动的润滑油黏度及润滑方法

滑动速度 $v_S/(\text{m}\cdot\text{s}^{-1})$	<1	<2.5	<5	>5～10	>10～15	>15～25	>25
工作条件	重载	重载	中载	—	—	—	—
运动黏度 $\nu_{40℃}/(\text{mm}^2\cdot\text{s}^{-1})$	1000	680	320	220	150	100	68
润滑方法	浸油			浸油或喷油	喷油润滑，油压（MPa）		
					0.07	0.2	0.3

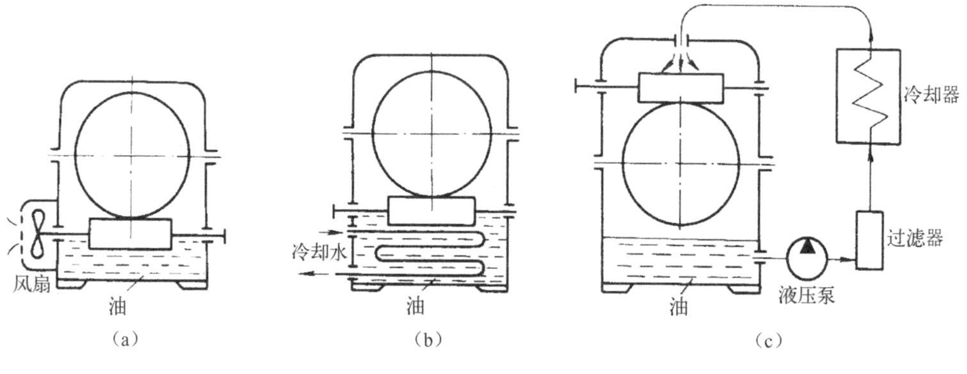

图 5-50

3. 蜗杆传动的热平衡计算

蜗杆传动效率低，发热量大，若产生的热量不能及时散逸，将使油温升高，油黏度下降，油膜破坏，磨损加剧，甚至产生胶合破坏。因此对连续工作的蜗杆传动应进行热平衡计算。在单位时间内，蜗杆传动由于摩擦损耗产生的热量为

$$Q = 1000P_1(1-\eta) \quad (\text{W})$$

式中，P_1 为蜗杆传动的输入功率（kW）；η 为蜗杆传动的效率。

自然冷却时单位时间内经箱体外壁散逸到周围空气中的热量为

$$Q_2 = K_s A(t_1 - t_0) \quad (\text{W})$$

式中，K_s 为散热系数，可取 $K_s = (8 \sim 17)\ \text{W/m}^2\text{℃}$，通风良好时取大值；$A$ 为散热面积（m^2）；t_1 为箱体内的油温，一般取许用油温 $[t_1] = 60 \sim 80$℃，最高不超过 90℃；t_0 为周围空气的温度，通常取 $t_0 = 20$℃。

按热平衡条件 $Q_1 = Q_2$，可得工作条件下的油温为

$$t_1 = \frac{1000(1-\eta)P_1}{K_s A} + t_0 \leqslant [t_1] \tag{5-40}$$

若工作温度超过许用温度，可采用下列措施：

（1）在箱体壳外铸出散热片，增加散热面积 A。

（2）在蜗杆轴上装风扇（见图 5-50（a）），提高散热系数，此时 $K_s \approx 20 \sim 28\ \text{W/m}^2\text{℃}$。

（3）加冷却装置。在箱体油池内装上蛇形冷却管（见图 5-50（b）），或用循环油冷却（见图 5-50（c））。

问题解答

题目见问题引入。

解：设计计算过程如下所示。

计算项目	计算与说明	计算结果
1. 选择材料确定许用应力	（1）选择材料 蜗杆：45 钢表面淬火 45～50HRC 蜗轮：ZCuSn10P1 砂模铸造（由图 5-43 初估 $v_s = 4\text{m/s}$） （2）确定许用应力 $[\sigma_{0H}] = 200\text{MPa}$（表 5-17） $n_2 = \frac{n_1}{i} = \frac{960}{20} = 48\text{r/min}$ $L_h = 8 \times 300 \times 10 = 24000\text{h}$ $N = 60 \times n_2 \times L_h = 60 \times 48 \times 24000 = 6.9 \times 10^7$ $Z_N = \sqrt[8]{\frac{10^7}{N}} = \sqrt[8]{\frac{10^7}{6.9 \times 10^7}} \approx 0.79$ $[\sigma_H] = Z_N[\sigma_{0H}] \approx 200 \times 0.79 = 158\text{MPa}$	$[\sigma_H] = 158\text{MPa}$ 蜗杆 45 钢表面淬火 45～50HRC；蜗轮 ZCuSn10P1 砂模铸造
2. 确定 z_1、z_2	$z_1 = 2$（表 5-15）　$z_2 = i \times z_1 = 20 \times 2 = 40$	$z_1 = 20$　$z_2 = 40$
3. 计算蜗轮转矩 T_2	$T_2 = 9.55 \times 10^6 (P_1 \eta / n_2)$ $= 9.55 \times 10^6 (4 \times 0.8/48) = 6.37 \times 10^5 \text{N} \cdot \text{mm}$ （取 $\eta = 0.8$）	$T_2 = 6.37 \times 10^5 \text{N} \cdot \text{mm}$
4. 按齿面接触疲劳强度计算	$K = 1.1$（工作载荷稳定速度较低） $m^2 d_1 \geqslant KT_2 \left(\frac{520}{z_2[\sigma_H]}\right)^2$ $= 1.1 \times 6.37 \times 10^5 \left(\frac{520}{40 \times 158}\right)^2 = 4744\text{mm}^3$ 由表 5-16 取 $m^2 d = 5376\text{mm}^3$，得：$m = 8$、$q = 10$、$d_1 = 80\text{mm}$ $d_2 = mz_2 = 8 \times 40 = 320\text{mm}$ $\gamma = \arctan(z_1 m/d_1) = \arctan(2 \times 8/80) = 11.31°$	$m = 8$ $q = 10$ $d_1 = 80\text{mm}$ $d_2 = 320\text{mm}$ $\lambda = 11.31°$

续表

计算项目		计算与说明	计算结果
5. 校核齿根弯曲疲劳强度（略）			
6. 验算传动效率 η		$v_1=\pi d_1 n_1/(60\times1000)$ $=3.14\times80\times960/(60\times1000)\approx4.02\mathrm{m/s}$ $v_s=v_1/\cos\gamma=4.02/\cos11.31°\approx4.1\mathrm{m/s}$ 查表5-21，得：$\rho_v=1.36°$ $\eta=(0.95\sim0.97)\dfrac{\tan\gamma}{\tan(\gamma+\rho_v)}$ $=(0.95\sim0.97)\dfrac{\tan11.31°}{\tan(11.31°+1.36°)}$ $=0.84\sim0.86$	$\eta=0.84\sim0.86$ 与初估值 $\eta=0.8$ 相近
7. 几何尺寸计算	蜗杆	$d_1=80\mathrm{mm}$ $d_{a1}=m(q+2)=8(10+2)=96\mathrm{mm}$ $d_{f1}=m(q-2.4)=8(10-2.4)=60.8\mathrm{mm}$ $p_{a1}=\pi m=3.14\times8=25.12\mathrm{mm}$ $L\geqslant(11+0.06z_2)m$ $=(11+0.06\times40)\times8\approx107\mathrm{mm}$	$d_1=80\mathrm{mm}$ $d_{a1}=96\mathrm{mm}$ $d_{f1}=60.8\mathrm{mm}$ $p_{a1}=25.12\mathrm{mm}$ $L\geqslant107\mathrm{mm}$
	蜗轮	$d_2=mz_2=8\times40=320\mathrm{mm}$ $d_{a2}=m(z_2+2)=8(40+2)=336\mathrm{mm}$ $d_{f2}=m(z_2-2.4)=8(40-2.4)=300.8\mathrm{mm}$ $d_{e2}=d_{a2}+1.5m=336+1.5\times8=348\mathrm{mm}$ $b\leqslant0.75d_{a1}=0.75\times96=72\mathrm{mm}$	$d_2=320\mathrm{mm}$ $d_{a2}=336\mathrm{mm}$ $d_{f2}=300.8\mathrm{mm}$ $d_{e2}=348\mathrm{mm}$ $b\leqslant72\mathrm{mm}$
	中心距	$a=m(q+z_2)/2=8(10+40)/2=200\mathrm{mm}$	$a=200\mathrm{mm}$
8. 热平衡计算		取 $t_0=20℃$，$t_1=65℃$，$k_s=14\mathrm{W/m^2℃}$ $A=\dfrac{1000}{K_s}\times\dfrac{(1-\eta)P_1}{(t_1-t_0)}=\dfrac{1000\times(1-0.85)\times4}{14\times(65-20)}\approx0.95\mathrm{m^2}$	所需散热面积： $A\approx0.95\mathrm{m^2}$
9. 结构设计绘制工作图（略）			

知识拓展：蜗杆传动的类型

根据蜗杆形状的不同，蜗杆传动可以分为圆柱蜗杆传动、环面蜗杆传动和锥蜗杆传动，如图5-53所示。

1. 圆柱蜗杆传动

圆柱蜗杆传动包括普通圆柱蜗杆传动和圆弧圆柱蜗杆传动两类。

（1）普通圆柱蜗杆传动。普通圆柱蜗杆的齿面（除ZK型蜗杆外）一般是在车床上用直线刀刃的车刀车制的。根据车刀安装位置的不同，所加工出的蜗杆齿面在不同截面中的齿廓曲线也不同。根据不同的齿廓曲线，普通圆柱蜗杆可分为阿基米德蜗杆（ZA蜗杆）、渐开线蜗杆（ZI 蜗杆）、法向直廓蜗杆（ZN 蜗杆）和锥面包络蜗杆（ZK 蜗杆）等 4 种。GB/T 10085—1988 推荐采用 ZI 蜗杆和 ZK 蜗杆两种。

① 阿基米德蜗杆（ZA 蜗杆）。这种蜗杆，在垂直于蜗杆轴线的平面（即端面）上，齿廓为阿基米德螺旋线，在包含轴线的平面上的齿廓（即轴向齿廓）为直线，其齿形角 $\alpha_0 = 20°$。它可在车床上用直线刀刃的单刀（当导程角 $\lambda \leqslant 30$ 时）或双刀（当 $\lambda > 30$ 时）车削加工。安装刀具时，切削刃的顶面必须通过蜗杆的轴线，如图 5-42 所示。这种蜗杆磨削困难，当导程角较大时加工不便。

② 法向直廓蜗杆（ZN 蜗杆）。这种蜗杆的端面齿廓为延伸渐开线（见图 5-51），法面（N—N）齿廓为直线。ZN 蜗杆也是用直线刀刃的单刀或双刀在车床上车削加工。刀具的安装形式如图 5-51 所示。这种蜗杆磨削起来也比较困难。

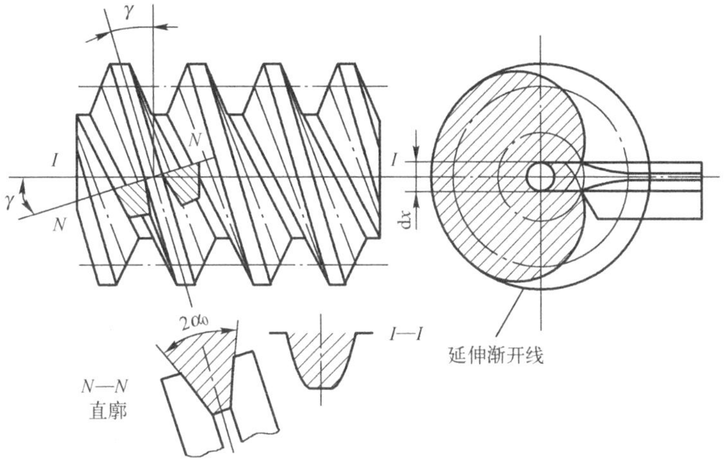

（a）车刀对中齿厚中线法面

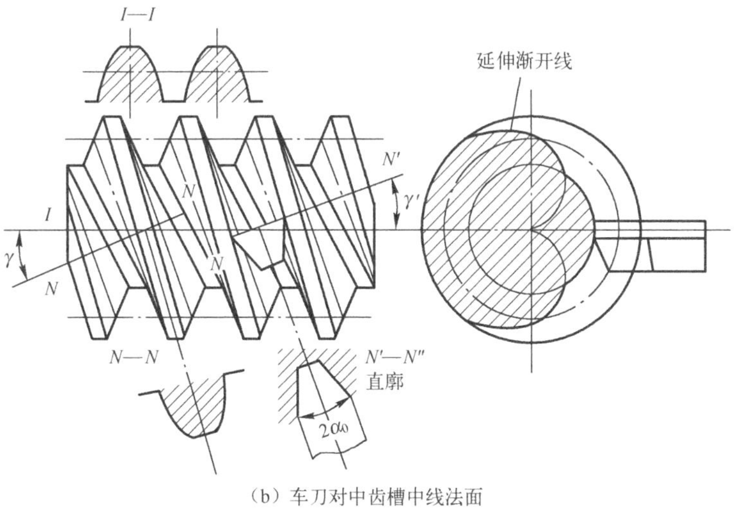

（b）车刀对中齿槽中线法面

图 5-51

③ 渐开线蜗杆（ZI 蜗杆）。这种蜗杆的端面齿廓为渐开线（见图 5-52），所以它相当于一个少齿数（齿数等于蜗杆头数）、大螺旋角的渐开线圆柱斜齿轮，ZI 蜗杆可用两把直线刀刃的车刀在车床上车削加工。刀刃顶面应与基圆柱相切，其中一把刀具高于蜗杆轴线，另

一把刀具则低于蜗杆轴线。刀具的齿形角应等于蜗杆的基圆柱螺旋角。这种蜗杆可以在专用机床上磨削。

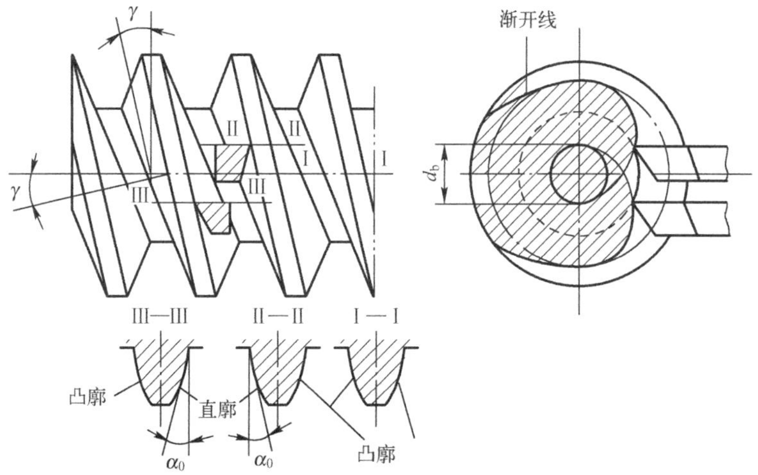

图 5-52

④ 锥面包络圆柱蜗杆（ZK 蜗杆）。这是一种非线性螺旋齿面蜗杆。它不能在车床上加工，只能在铣床上铣制并在磨床上磨削。加工时，除工件作螺旋运动外，刀具同时绕其自身的轴线作回转运动。这时，铣刀（或砂轮）回转曲面的包络面即为蜗杆的螺旋齿面（见图 5-53），在 *I—I* 及 *N—N* 截面上的齿廓均为曲线（见图 5-53（a））。这种蜗杆便于磨削，蜗杆的精度较高，应用日渐广泛。

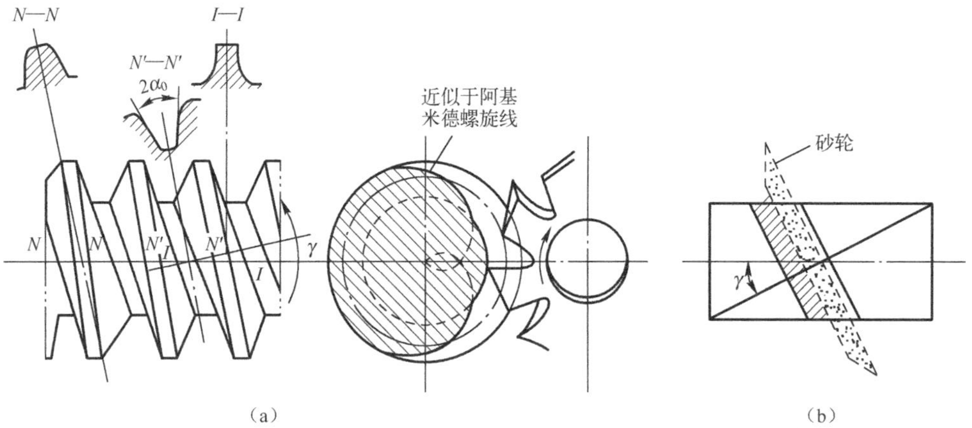

图 5-53

至于与上述各类蜗杆配对的蜗轮齿廓，则完全随蜗杆的齿廓而异。蜗轮一般是在滚齿机上用滚刀或飞刀加工的。为了保证蜗杆和蜗轮能正确啮合，切削蜗轮的滚刀齿廓，应与蜗杆的齿廓一致；滚切时的中心距，也应与蜗杆传动的中心距相同。

（2）圆弧圆柱蜗杆传动（ZC 蜗杆）。图 5-54 所示的圆弧圆柱蜗杆传动与普通圆柱蜗杆传动相似，只是齿廓形状有所区别。这种蜗杆的螺旋面是用刃边为凸圆弧形的刀具切制的，而蜗轮是用展成法制造的。在中间平面上，蜗杆的齿廓为凹弧形（见图5-54（b）），而与之相配的蜗轮的齿廓则为凸弧形。所以，圆弧圆柱蜗杆传动是一种凹凸弧齿廓相啮合的传动，也是一种线接触的啮合传动。其主要特点为：效率高，一般可达90%以上；承载能力大，一般可较普通圆柱蜗杆传动高出50%～150%；体积小；质量小；结构紧凑。这种传动已广泛应用到冶金、矿山、化工、建筑、起重等机械设备的减速机构中。

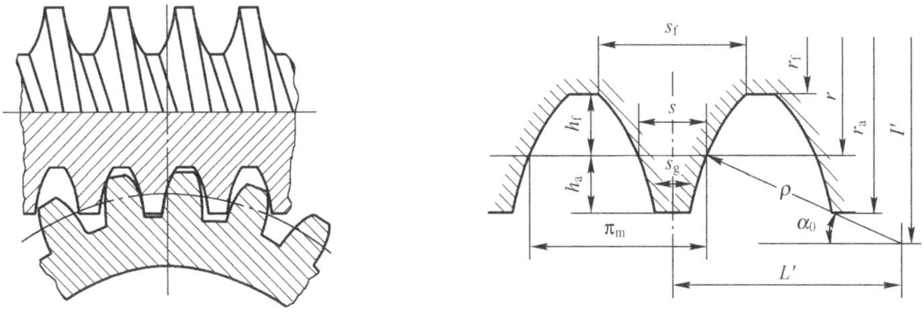

（a）　　　　（b）

图5-54

2. 环面蜗杆传动

环面蜗杆传动的特征是，蜗杆体在轴向的外形是以凹圆弧为母线所形成的旋转曲面，所以把这种蜗杆传动叫做环面蜗杆传动。在这种传动的啮合带内，蜗轮的节圆位于蜗杆的节弧面上，亦即蜗杆的节弧沿蜗轮的节圆包着蜗轮。在中间平面内，蜗杆和蜗轮都是直线齿廓。由于同时相啮合的齿对多，而且轮齿的接触线与蜗杆齿运动的方向近似于垂直，这就大大改善了轮齿受力情况和润滑油膜形成的条件，因而承载能力约为阿基米德蜗杆传动的2～4倍，效率一般高达0.85～0.9；但它需要较高的制造和安装精度。

3. 锥蜗杆传动

锥蜗杆传动也是一种空间交错轴之间的传动，两轴交错角通常为90°。蜗杆是由在节锥上分布的等导程的螺旋所形成的，故称为锥蜗杆。而蜗轮在外观上就像一个曲线齿锥齿轮，它是用与锥蜗杆相似的锥滚刀在普通滚齿机上加工而成的，故称为锥蜗轮。锥蜗杆传动的特点是：同时接触的点数较多，重合度大；传动比范围大（一般为10～360）；承载能力和效率较高；侧隙便于控制和调整；能作离合器使用；可节约有色金属；制造安装简便，工艺性好。但由于结构上的原因，传动具有不对称性，因而正、反转时受力不同，承载能力和效率也不同。

5.5　轮系

问题引入

1. 在图5-55所示的轮系中，已知双头右旋蜗杆的转速 $n_1 = 900\text{r/min}$，转向如图所示，各齿轮的齿数为：$z_2 = 60$，$z_2' = 25$，$z_3 = 20$，$z_3' = 25$，$z_4 = 20$，$z_4' = 45$，$z_5 = 25$，$z_5' = 28$，$z_6 = 135$，试求齿轮6转速 n_6 的大小及其转动方向。

2. 在图5-56所示的电动卷扬机传动简图中，已知各齿轮齿数 $z_1=24$，$z_2=48$，$z_2'=30$，$z_3=90$，$z_3'=20$，$z_5=100$，电动机转速 $n_1=1450\text{r/min}$，试求传动比 i_{1H} 和卷筒转速 n_H。

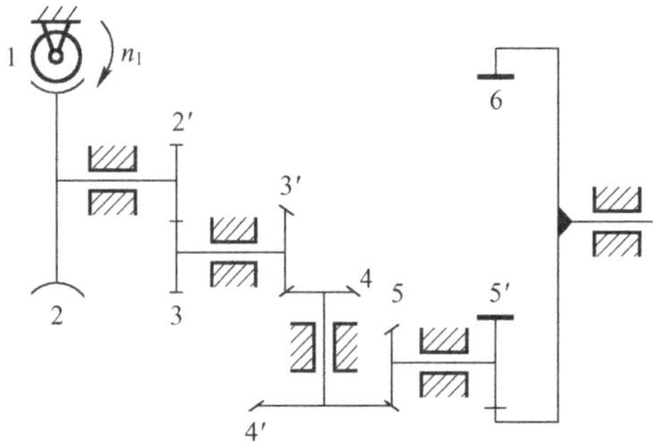

图5-55

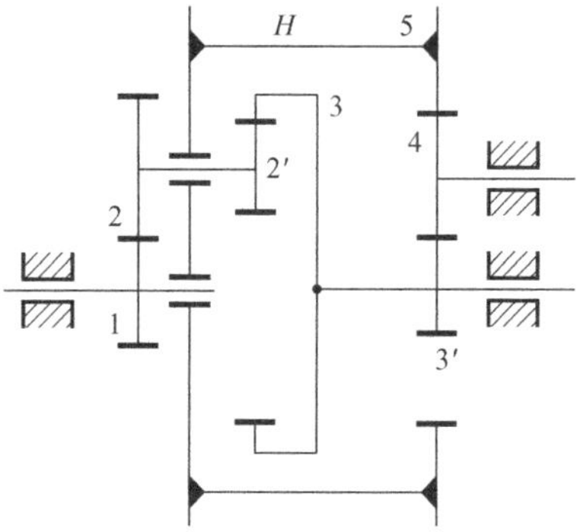

图5-56

知识分析

在现代机械中，为了满足不同的工作要求，仅用一对齿轮传动或蜗杆传动往往是不够的，通常需要采用一系列相互啮合的齿轮（包括蜗杆传动）组成的传动系统将主动轴的运动传给从动轴。这种由一系列齿轮组成的传动系统成为轮系（齿轮系）。

【知识目标】

1. 了解轮系的类型、特点和传动比的计算方法。
2. 掌握判断轮系各轮转向的方法。
3. 掌握定轴轮系传动比的计算方法。

【能力目标】

1. 使用相应的计算公式对其进行传动比计算。
2. 具备团队协作意识和分析问题、解决问题的能力。

知识链接

一、轮系的认识及应用

1. 轮系的分类

按照齿轮系运转时齿轮的轴线位置相对于机架是否固定，可将齿轮系分为两大类：定轴齿轮系和行星齿轮系。

（1）定轴轮系。如果齿轮系运转时所有齿轮的轴线保持固定，称为定轴齿轮系。在定轴齿轮系中各齿轮的轴线相互平行的齿轮系，称为平面定轴齿轮系，如图5-57所示；如果轮系中包含圆锥齿轮、螺旋齿轮或蜗轮/蜗杆等包含相交轴或交错轴的齿轮，这种定轴轮系称为空间定轴轮系，如图5-58所示。

（2）行星齿轮系。在齿轮系运转时，若至少有一个齿轮的几何轴线绕另一齿轮固定几何轴线转动，则该齿轮系称为行星齿轮系，如图5-59所示，其主要由行星轮、行星架（或系杆）和中心轮（或太阳轮）组成。

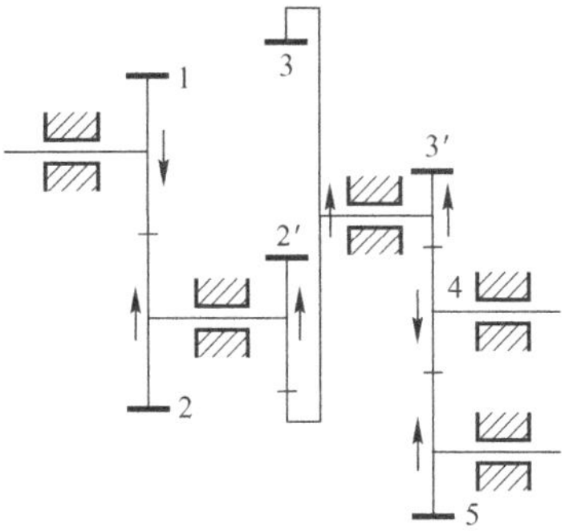

图5-57

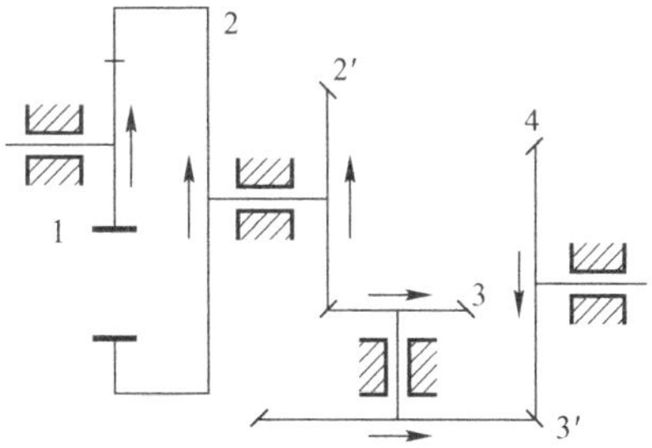

图5-58

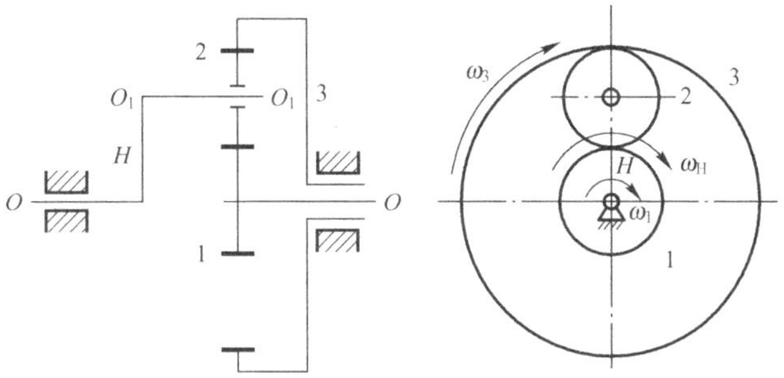

图5-59

2. 轮系的特点及应用

（1）轮系的特点。

① 实现大传动比。用一对相互啮合的齿轮传动，受结构的限制，传动比不能太大（$i_{max} \leqslant 8$），如果采用多对齿轮组成的齿轮系则可以很容易就获得较大的传动比。在如图5-60所示的行星轮系中，$i_{H1}=1000$。

② 实现分路传动。利用轮系可以使一根主动轴带动若干根从动轴同时转动，获得所需的各种转速。

如图5-61所示为滚齿机上滚刀与轮坯之间作展成运动的传动简图。主动轴Ⅰ通过锥齿轮1、轮齿轮2将运动传给滚刀；同时主动轴又通过直齿轮3轮经齿轮4—5、6、7—8传至蜗轮9，带动被加工的轮坯转动，以满足滚刀与轮坯的传动比要求。

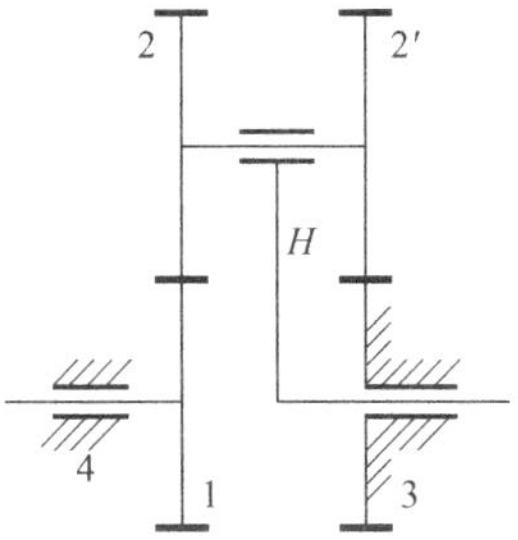

图5-60

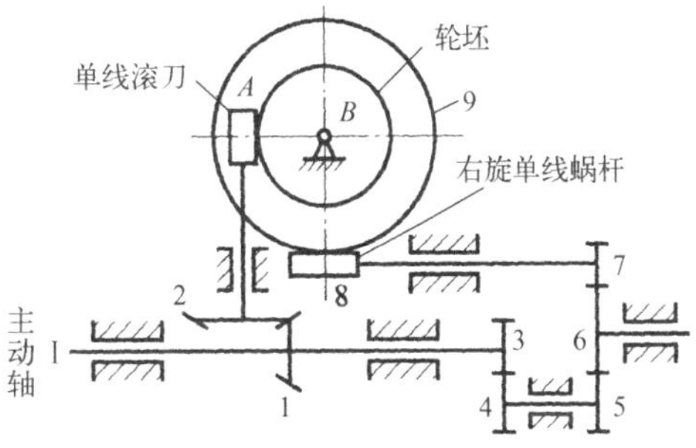

图5-61

③ 实现换向传动。在主动轴转向不变的情况下，利用惰轮、三星轮等机构可以改变从动轴的转向，实现从动轴正、反转变向。

④ 实现变速传动。在主动轴转速不变的情况下，利用轮系可使从动轴获得多种工作转速。图 5-62 所示的汽车变速箱，可使输出轴得到 4 个档次的转速。

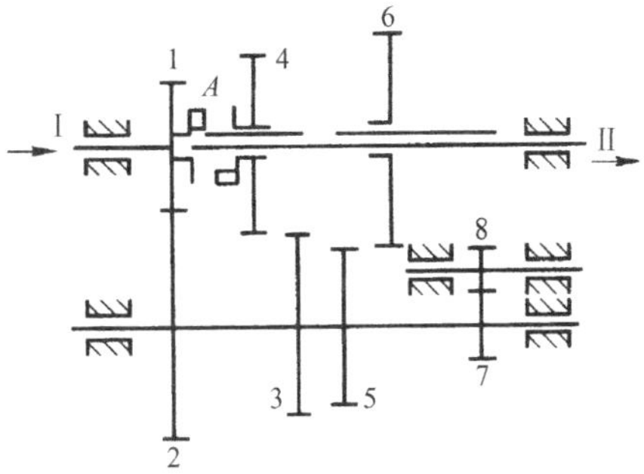

图 5-62

⑤ 实现运动的合成和分解。利用周转轮系可以将两个独立的回转运动合成为一个回转运动，也可以将一个回转运动分解为两个独立的回转运动。

（2）轮系的应用。正是基于以上特点，轮系广泛应用于汽车、机床中的变速和变向传动，以及船用航向指示器传动装置、汽车转弯时的差速装置、钟表传动系统和机械式运算机构等。

二、定轴轮系传动比计算

1. 轮系的传动比

在轮系中，轮系的传动比为输入轴与输出轴角速度（或转速）之比。即

$$i_{1K}=\frac{n_1}{n_K}$$

式中用字母 i 表示传动比，并在下角表明其对应的两轴。例如 i_{17}表示轴 1 与轴 7 的传动比，其中轴 1 为输入轴，轴 7 为输出轴。

确定轮系的传动比包含以下两个方面：一是计算传动比的大小，二是确定输出轴（轮）的转动方向。

2. 一对齿轮啮合的传动比

先来讨论一对平行轴圆柱齿轮传动比。设主动齿轮 1 的转速和齿数分别为 n_1 和 z_1，从动齿轮 2 转速和齿数分别为 n_2 和 z_2，则传动比为

$$i_{12}=\frac{n_1}{n_2}=\pm\frac{z_2}{z_1}$$

式中，正号表示一对内啮合圆柱齿轮传动，从动轮转向与主动轮转向相同。负号表示一对外啮合圆柱齿轮传动，从动轮转向与主动轮转向相反。两轮的转向也可以在图中用箭头表示，如图 5-63（a）、（b）所示。

对于非平行轴传动，公式同样适用，但正、负号无意义，转向只能用箭头表示。锥齿轮传动，二者转向关系同时指向节点或同时背离节点，如图 5-63（c）所示。蜗轮蜗杆传动时，若已知蜗杆转向，蜗轮的转向只能用左/右手定则来判断。对右旋蜗杆，用右手法则，即用右手握住蜗杆的轴线，使四指弯曲方向与蜗杆转动方向一致，则与拇指的指向相反的方向就是蜗轮在节点处圆周速度的方向。对左旋蜗杆，用左手法则，方法同上，如图 5-63（d）所示。

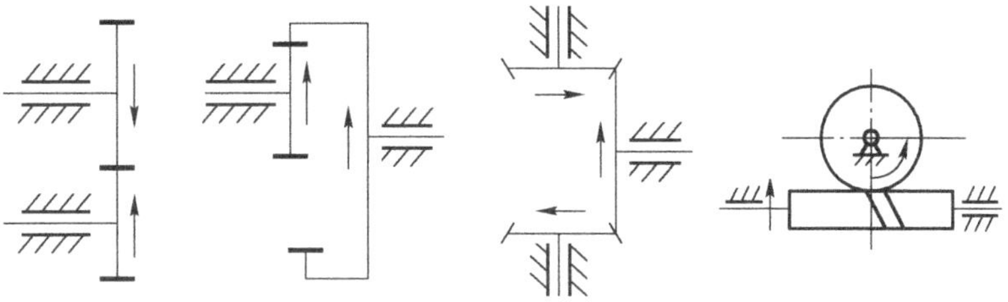
（a）　（b）　（c）　（d）

图 5-63

3. 平面定轴轮系传动比的计算

平面定轴轮系传动比的大小等于组成该轮系的各对啮合齿轮传动比的连乘积，也等于各对啮合齿轮中所有从动轮齿数的连乘积与所有主动轮齿数的连乘积之比。

设轮 1 为起始主动轮，轮 K 为最末从动轮，则平面定轴轮系的传动比的一般公式为

$$i_{1K}=\frac{n_1}{n_2}=\pm\frac{\text{所有从动轮齿数积}}{\text{所有主动轮齿数积}}$$

式中，“ + ”表示外啮合齿轮对数为偶数，“ - ”表示外啮合齿轮对数为奇数。

传动比正、负号规定：两轮转向相同（内啮合）时传动比取正号，两轮转向相反（外啮合）时传动比取负号，轮系中从动轮与主动轮的转向关系，可根据其传动比的正、负号确定。外啮合次数为偶数（奇数）时轮系的传动比为正（负），进而可确定从动件的转向。如图 5-60所示，外啮合次数为 3 次，所以传动比为负，说明轮 5 与轮 1 转向相反。平面定轴轮系从动轮的转向，也可以采用画箭头的方法确定。

在图 5-64 中，齿轮系中齿轮 4 同时与齿轮 3′和 5 啮合，因此它的齿数不影响齿轮系传动比的大小，但却增加了外啮合的次数，改变从动轮的转向，称齿轮 4 为惰轮。

4. 空间定轴齿轮系传动比

一对空间齿轮传动比的大小也等于两齿轮齿数的反比，所以也可用前面讲的计算公式来计算空齿轮系的传动比，但其首/末轮的转向用在图上画箭头的方法，如图 5-65 所示。

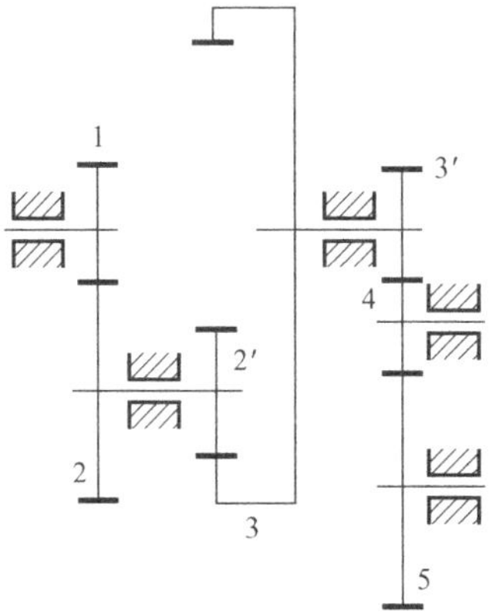

图 5-64

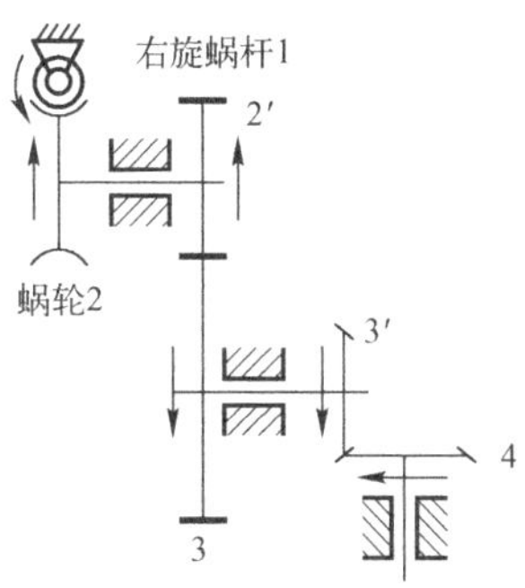

图 5-65

三、行星齿轮系传动比的计算

1. 行星齿轮系的组成

在图 5-66 所示的轮系中，轴线位置固定的齿轮 1、3 称为太阳轮（或中心轮），既绕 O_2 自转，又绕 O_1 轴作公转的齿轮 2 称为行星轮；支持行星轮的构件 H 称为行星架（系杆），它绕固定几何轴 O_H 转动。

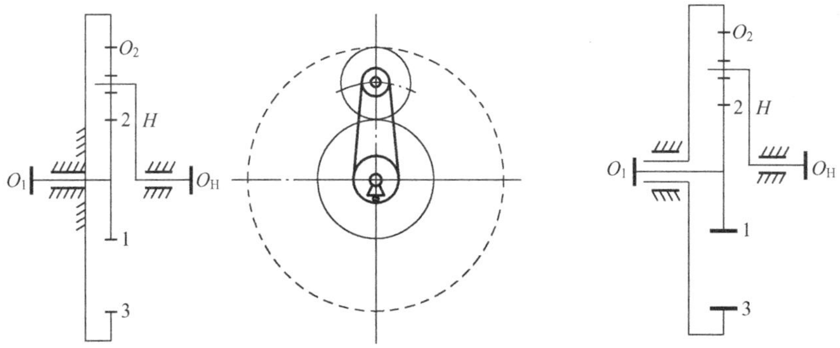

（a）简单行星齿轮系　　（b）差动齿轮系

图 5-66

2. 行星齿轮系的分类

根据行星齿轮系自由度数将行星齿轮系分为两大类：

（1）简单行星齿轮系。如图 5-66（a）所示，若齿轮 3 固定不动，即 $n_3=0$，则轮系的运动是确定的，这种齿轮系称为简单行星齿轮系（若齿轮 1 固定，则也是简单行星齿轮系）。

（2）差动齿轮系。如图 5-66（b）所示，若两个太阳轮都能转动，则必须有两个原动件，齿轮系的运动才能确定，这种轮系称为差动齿轮系。

3. 行星齿轮系传动比的计算

对于行星齿轮系，其传动比的计算显然不能直接利用定轴齿轮系传动比的计算公式。这是由于行星轮除绕本身轴线自转外，还随行星架固定轴线做公转。

为了利用定轴齿轮系传动比的计算公式，间接求出单级行星齿轮系的传动比，可采用转化机构法。假设给整个单级行星齿轮系加上一个与行星架 H 的转速大小相等、方向相反的附加转速 $-n_H$，则根据相对运动原理，此时单级行星齿轮系中各构件间的相对运动关系不变。反转后行星架的转速为零，即原来运动的行星架转化为静止。原单级行星齿轮系就转化为一个假想的定轴齿轮系。该假想的定轴齿轮系称为原单级行星齿轮系的转化机构。转化机构中，各构件的转速如表 5-24 所示。

表 5-24　转化前后轮系中各构件的转速

构　件	原轮系中的转速	转化机构中的转速
1	n_1	$n_1^H=n_1-n_H$
2	n_2	$n_3^H=n_3-n_H$
3	n_3	$n_H^H=n_H-n_H=0$

对于转化机构的传动比，则可用定轴齿轮系传动比的计算方法求出，即

$$i_{13}^{H}=\frac{n_1^{H}}{n_3^{H}}=\frac{n_1-n_H}{n_3-n_H}=-\frac{z_3}{z_1}$$

式中，负号表示齿轮1和齿轮3在转化机构中的转向相反。

推广后一般情况，可得

$$i_{GK}^{H}=\frac{n_G^{H}}{n_K^{H}}=\frac{n_G-n_H}{n_K-n_H}=(-1)^m\frac{\text{从 G 到 K 之间所有从动轮齿数的连乘积}}{\text{从 G 到 K 之间所有主动轮齿数的连乘积}}$$

求行星齿轮系传动比时，必须注意以下几点。

(1) n_G，n_K，n_H 必须是轴线平行或重合的相应齿轮的转速。

(2) 将 n_G，n_K，n_H 的已知值代入公式时必须带正号或负号。

(3) i_{GK}为转化机构中轮G与轮K的转速之比，其大小与正负号应按定轴齿轮传动比的计算方法确定。而 i_{GK}则是行星齿轮系中轮G与轮K的绝对转速之比，其大小与正负号必须由计算结果确定。

四、简单混合齿轮系的传动比

机械中除广泛使用的定轴齿轮系和行星齿轮系外，还大量使用由定轴齿轮系和行星齿轮系或由几个行星齿轮系组合而成的齿轮系，这种齿轮系称为混合齿轮系。

计算混合轮系传动比一般步骤如下。

(1) 区别轮系中的定轴轮系部分和行星轮系部分。

(2) 分别列出定轴轮系部分和行星轮系部分的传动比公式，并代入已知数据。

(3) 找出定轴轮系部分与行星轮系部分之间的运动关系，并联立求解即可求出组合轮系中两轮之间的传动比。

五、减速器

减速器又称减速机或减速箱，是一台独立的传动装置。它由密闭的箱体、相互啮合的一对或几对齿轮（或蜗轮/蜗杆）、传动轴及轴承等所组成。常安装在电动机（或其他原动机）与工作机之间，起降低转速和相应增大转矩的作用。在某些情况下，也可用来增速，这时则称其为增速器。

减速器由于结构紧凑，传递功率范围大，工作可靠，寿命长，效率较高，使用和维护简单，因而应用非常广泛。它的主要参数已经标准化，并由专门工厂进行生产。一般情况下，按工作要求，根据传动比、输入轴功率和转速、载荷工况等，可选用标准减速器；必要时也可自行设计制造。

减速器按传动原理可分为普通减速器和行星减速器两大类。全部为定轴轮系传动的减速器为普通减速器；主要是行星轮系传动的减速器称为行星减速器。普通减速器的类型很多，一般可分为圆柱齿轮减速器、圆锥齿轮减速器、蜗杆减速器以及齿轮—蜗轮减速器等类型。按照减速器的级数不同，又有单级、两级和三级减速器之分。此外，还有立式与卧式之分。各种减速器在工业生产中有着广泛的用途。常用的减速器的类型、特点和应用见表5-25。

表 5-25 常用的减速器的类型、特点和应用

类型	简图及特点
一级圆柱齿轮减速器	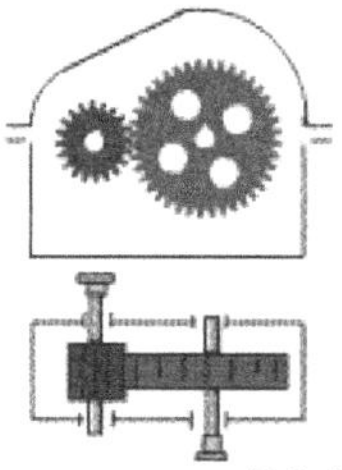 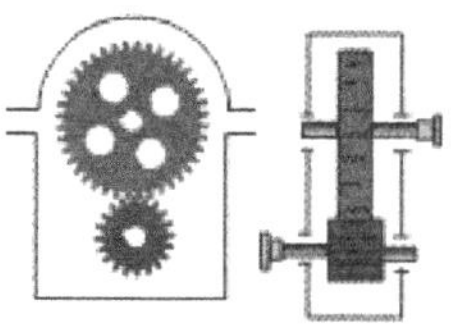 （轴线上下布置） 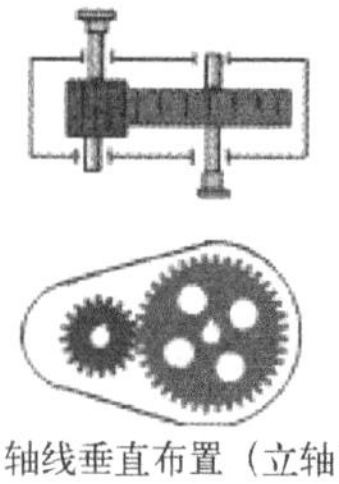 轴线水平布置（水平轴） 轴线垂直布置（立轴） 传动比一般小于5，可用直齿、斜齿或人字齿，传递功率可达数万千瓦、效率较高、工艺简单，精度易于保证，一般工厂均能制造，应用广泛
二级圆柱齿轮减速器	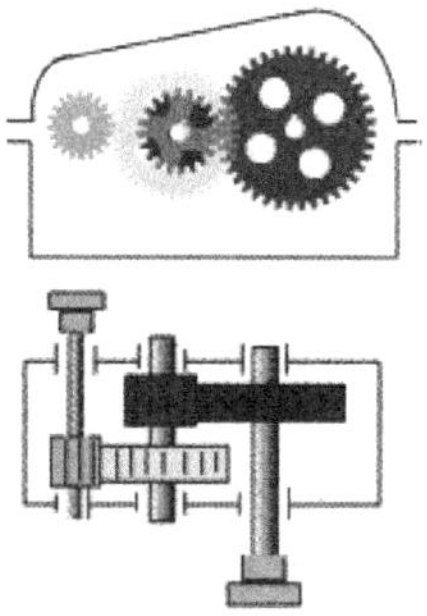 展开式 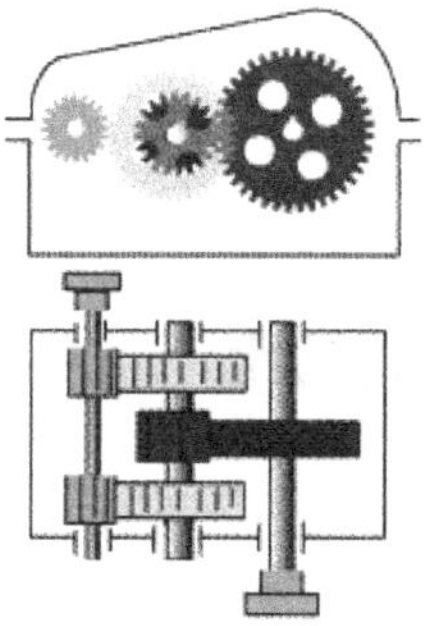 分流式 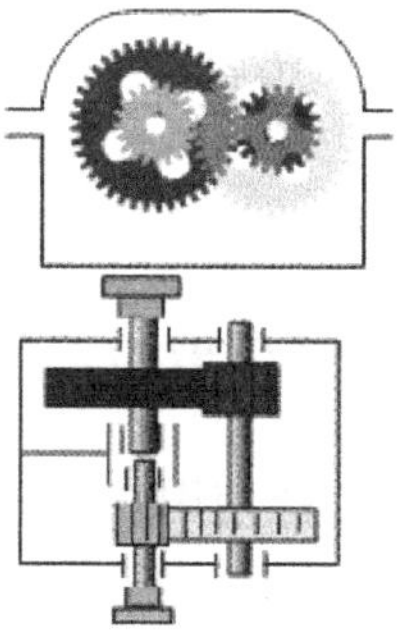 同轴式 传动比一般为8～40，用斜齿、直齿或人字齿。结构简单，应用广泛。 展开式由于齿轮相对于轴承为不对称布置，因而载荷沿齿向分布不均，要求轴有较大刚度；分流式齿轮相对于轴承对称布置，常用于较大功率、变载荷场合；同轴式减速器长度方向尺寸较小，但轴向尺寸较大，中间轴较长，刚度较差，两级大齿轮直径接近，有利于浸油润滑。轴线可多为水平
一级圆锥齿轮减速器	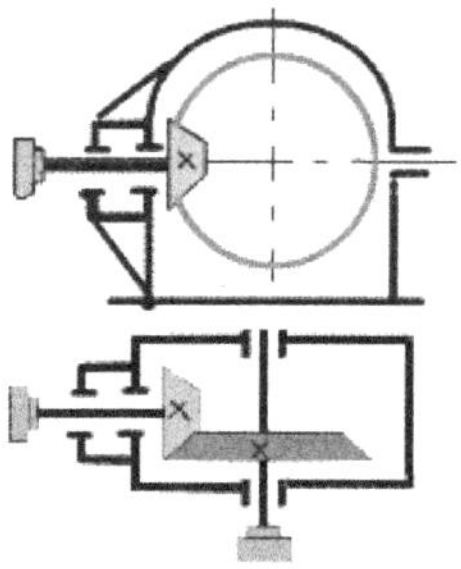 水平轴 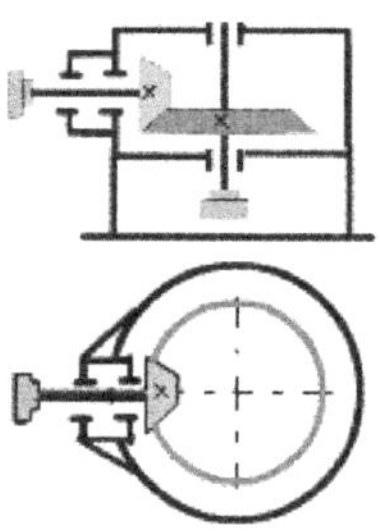 立轴 传动比一般小于3，可用直齿、斜齿或螺旋齿。制造、安装复杂，成本高。用于输入轴与输出轴相交、传递功率不大和速度不高的场合
二级圆锥—齿轮减速器	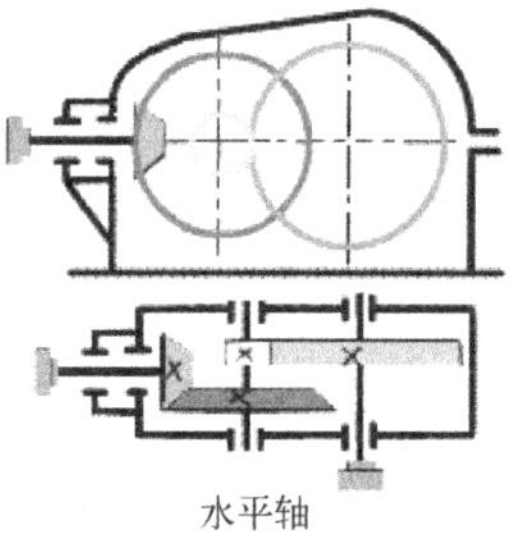 水平轴 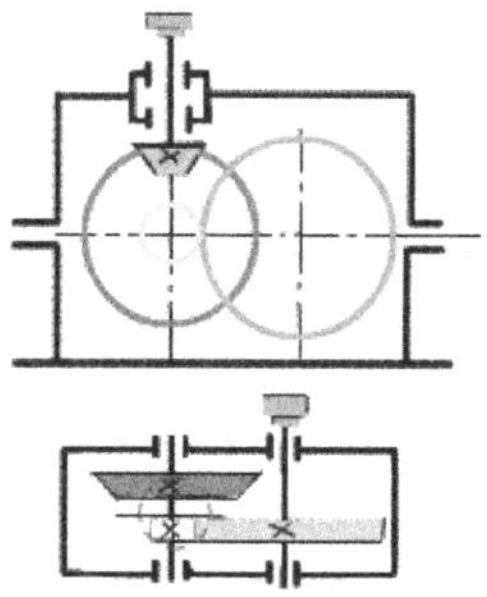 立轴 传动比一般为8～40，圆柱齿轮可做成直齿或斜齿，锥齿轮可用直齿、斜齿或螺旋齿。锥齿轮应布置在高速级，使其直径不致过大，以便于加工

续表

类型	简图及特点
一级蜗杆减速器	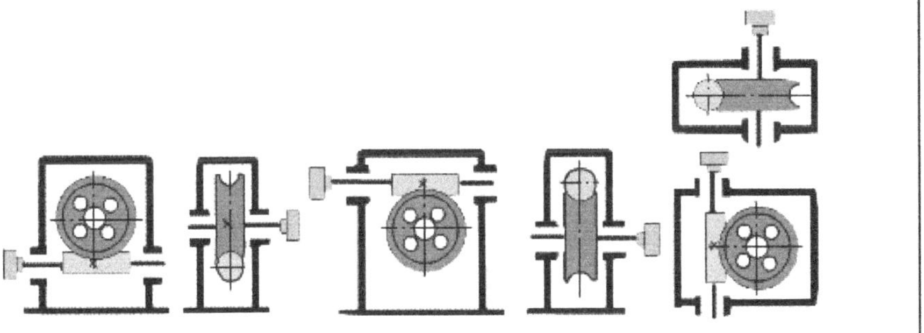 蜗杆下置　　蜗杆上置　　立轴布置 结构简单、尺寸紧凑，但效率较低，适用于载荷较小，间歇工作的场合。蜗杆圆周速度 n 在 4～5m/s 时用下置蜗杆，$n>5$m/s 时用上置式。采用立轴布置时密封要求高
齿轮－蜗杆减速器	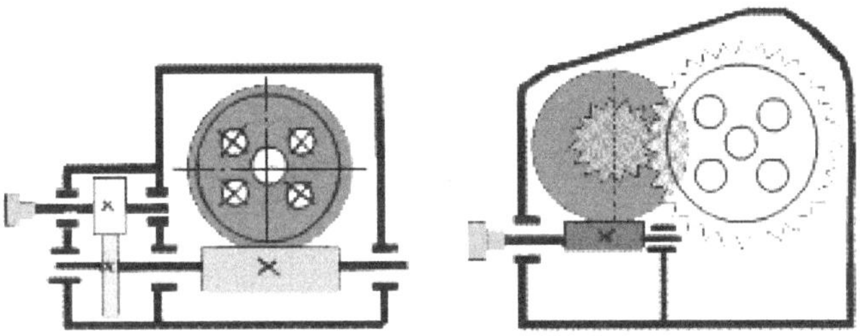 传动比一般为 60～90。齿轮传动在高速级时结构比较紧凑，蜗杆传动在高速级时则传动效率较高
NGW 型行星齿轮减速器	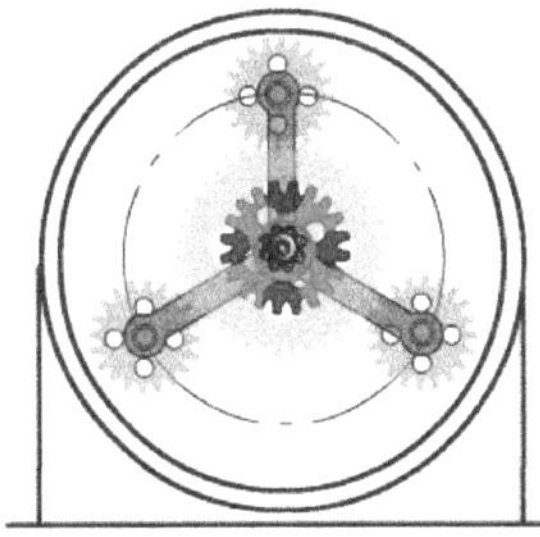 一级传动比一般为 3～9，二级为 10～60。通常固定内齿轮，也可以固定太阳轮或转臂。体积小、重量轻，但制造精度要求高，结构复杂

问题解答

1. 题目见问题引入。

解： 分析可知，该轮系为定轴轮系，故

$$i_{16}=\frac{z_2\times z_3\times z_4\times z_5\times z_6}{z_1\times z_{2'}\times z_{3'}\times z_{4'}\times z_{5'}}$$

$$=\frac{60\times 20\times 20\times 25\times 135}{2\times 25\times 25\times 45\times 28}=\frac{360}{7}$$

又因为

$$i_{16}=\frac{n_1}{n_6}$$

故

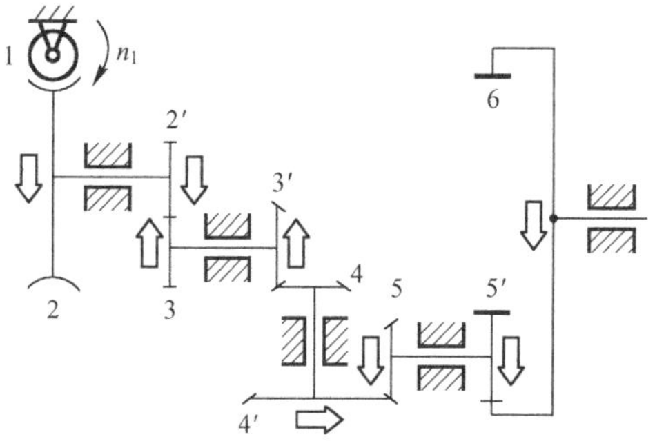

图 5-67

$$n_6=\frac{n_1}{i_{16}}=\frac{900}{\frac{360}{7}}=17.5\text{r/min}$$，方向如图 5-67 所示。

2. 题目见问题引入。

解：对于 1-2-2′-3 行星齿轮系

$$i_{13}^{\mathrm{H}}=\frac{n_1^{\mathrm{H}}}{n_3^{\mathrm{H}}}=\frac{n_1-n_{\mathrm{H}}}{n_3-n_{\mathrm{H}}}=-\frac{z_2z_3}{z_1z_{2'}}=-\frac{48\times90}{24\times30}=-6 \tag{a}$$

对于 3′-4-5 定轴齿轮系

$$i_{53'}=\frac{n_5}{n_{3'}}=(-1)^1\frac{z_{3'}}{z_5}=-\frac{20}{100}=-\frac{1}{5}$$

因

$$n_5=n_{\mathrm{H}},\ n_{3'}=n_3,$$

故

$$\frac{n_{\mathrm{H}}}{n_3}=-\frac{1}{5} \tag{b}$$

将（b）式代入（a）式，解得

$$i_{1\mathrm{H}}=37,\ n_{\mathrm{H}}=\frac{1450}{37}=39.19\text{r/min}$$

思考题

一、简答题

1. 欲使一对齿廓在其啮合过程中保持传动比不变，该对齿廓应符合什么条件？

2. 与带传动相比，齿轮传动的主要优点是什么（至少答出三条）？

3. 一对闭式直齿圆柱齿轮传动，若其中心距 a、传动比 i 和其他条件都不变，减小模数 m（相应增加齿数 z_1、z_2），对齿轮的接触强度有无影响？这样做有什么好处？

4. 有一闭式齿面传动，满载工作几个月后，发现在硬度为 220 ～ 240HBS 的齿面上出现小的凹坑，问：

（1）这是什么现象？

（2）如何判断该齿轮是否可以继续使用？

（3）应采取什么措施？

5. 如图 5-68 所示为蜗杆传动，已知蜗杆的螺旋线旋向和旋转方向，试求蜗轮的转向。

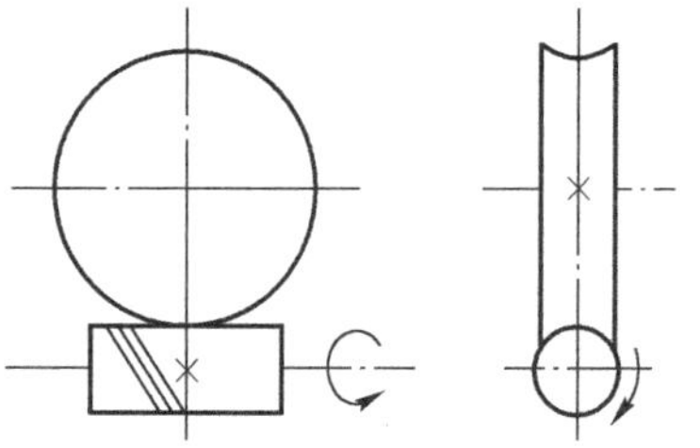
图 5-68

二、分析计算题

1. 现有两个渐开线标准直齿圆柱齿轮，测出齿数 $z_1=22$，$z_2=98$，小齿轮齿顶圆直径 $d_{a1}=240\text{mm}$，大齿轮的全齿高 $h=22.5\text{mm}$（因大齿轮太大，不便测其齿顶圆直径），试问：

这两个齿轮能否正确啮合传动？

2. 某运输机单级标准直齿作圆柱齿轮传动，已知：$i=4.6$，$n_1=1440\text{r/min}$，传递功率 $P=5\text{kW}$，单班工作制，每班8小时，工作期限10年，单方向传动，载荷平稳。试设计该齿轮传动。

3. 一对渐开线标准斜齿圆柱齿轮作外啮合传动，已知齿轮的法向模数 $m_n=4\text{mm}$，小齿轮的齿数 $z_1=19$，大齿轮的齿数 $z_2=60$，标准中心距 $a=160\text{mm}$，试：（1）求该对斜齿轮的螺旋角 β；（2）计算两齿轮的分度圆直径 d_1、d_2 和齿顶圆直径 d_{a1}、d_{a2}。

4. 一轴交角为90°的标准直齿锥齿轮传动，已知 $Z_1=32$，$Z_1=70$，$m=3\text{mm}$，试计算两锥齿轮的分度圆锥角，分度圆直径，顶圆直径，根圆直径，锥距和当量齿数。

5. 经测量得知：一阿基米德蜗杆传动的中心距 $a=48\text{mm}$，蜗杆顶圆直径 $d_{a1}=30\text{mm}$，齿数（头数）$z_1=1$，蜗轮齿数 $z_2=35$。试确定：（1）蜗杆的模数 m 及蜗杆的直径系数 q；（2）蜗杆和蜗轮分度圆的直径 d_1、d_2。

6. 在图5-69所示的定轴轮系中，已知各齿轮的齿数分别为 $z_1=20$，$z_2=25$，$z_2'=18$，$z_3=22$，$z_4=24$，$z'_4=30$，$z_5=28$，$z'_5=25$，$z_6=40$，求传动比 i_{16}。

7. 在图5-70所示的轮系中，已知各齿轮的齿数分别为 $z_1=18$，$z_2=20$，$z_2'=25$，$z_3'=2$（右旋），$z_4=40$，且已知 $n_1=100$ 转/分（转向见图），求轮4的转速及其转向。

8. 如图5-71所示为驱动输送带的行星减速器，动力由电动机输给轮1，由轮4输出。已知$z_1=18$，$z_2=36$，$z_2'=33$，$z_3=90$，$z_4=87$，求传动比 i_{14}。

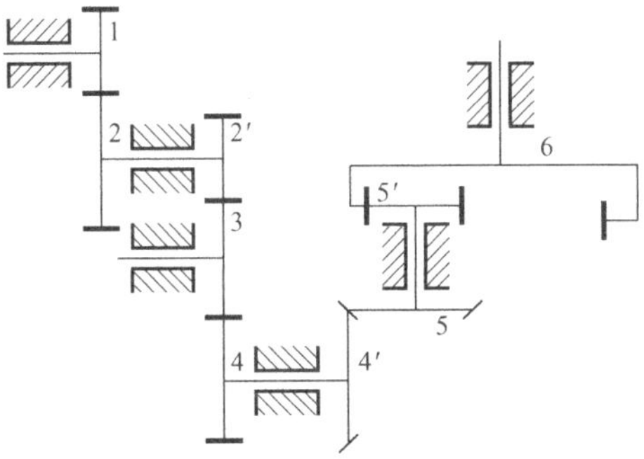

图5-69

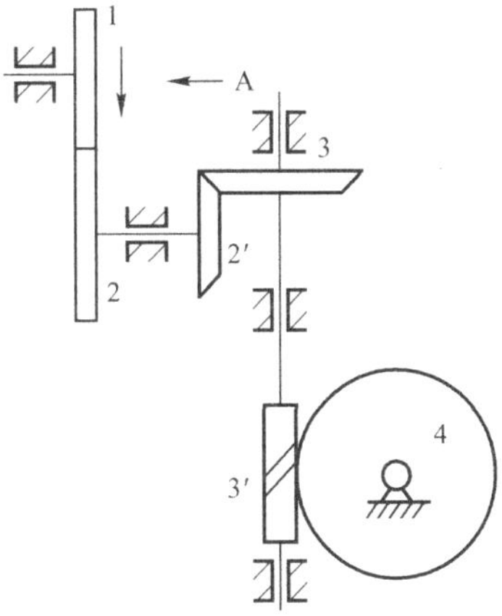

图5-70

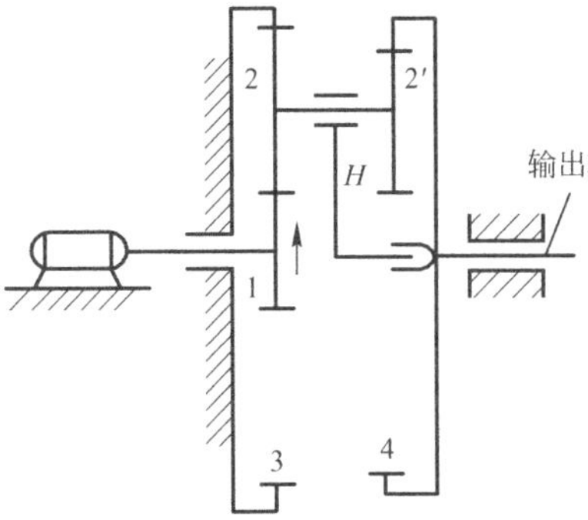

图5-71

模块 6
常用联接

为了便于机器的制造、安装、维修和运输，在机器和设备的各零、部件间广泛采用各种联接。所谓联接，就是指被联接件与联接件的组合。起联接作用的零件，如键、销、铆钉、螺栓、螺母等称为联接件，被联接起来的零件，如轴、齿轮、箱盖和箱座等称为被联接件。但也有的联接中可以通过过盈联接来实现。联接可以使被联接件提高刚性、紧密性和疲劳强度，因此在机械设备中得到广泛应用。

联接的类型可按以下两种方式进行划分。

(1) 按组成联接件工作中相对位置是否变动，分为静联接和动联接。静联接如变速箱中箱盖与箱座的联接；动联接如变速箱中滑移齿轮与轴的联接。

(2) 按拆开有无损伤，分为可拆联接和不可拆联接。可拆联接如键、销、螺纹联接等；不可拆联接如焊接、黏接、铆接等。

如图 6-1 所示为一机械手的手部结构，当液压缸里充满液压油时，在油压的作用下推动活塞杆 4 运动，实现手指 5 的松开和夹紧动作。液压缸缸体和缸盖之间的紧密连接由螺钉 2 来实现。通过本模块的学习，便可设计出相关联接。

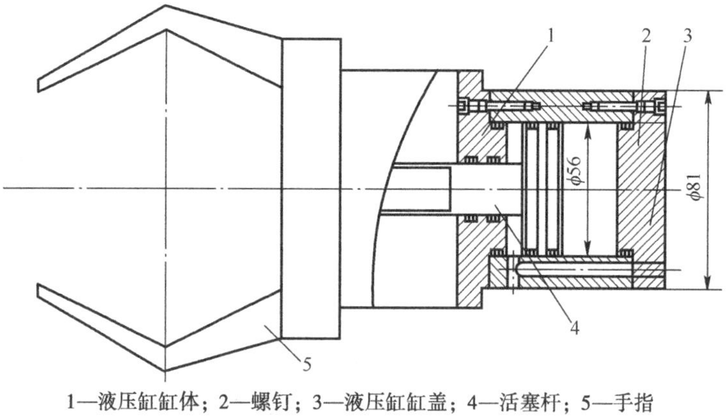

1—液压缸缸体；2—螺钉；3—液压缸缸盖；4—活塞杆；5—手指

图 6-1

6.1 螺栓联接的设计

问题引入

1. 如图 6-2 所示，一钢制液压油缸螺纹联接，油压 $p=1.6\text{MPa}$，$D=160\text{mm}$，试确定其

上盖的螺栓公称直径 d。

2. 如图6–3所示，钢板 $\delta=20\text{mm}$，用2个螺栓（螺栓间距 $a=200\text{mm}$）联接到机架上。已知作用于板的负荷 $F_P=5000\text{N}$，其他尺寸如图所示，钢板和机架材料为Q235。

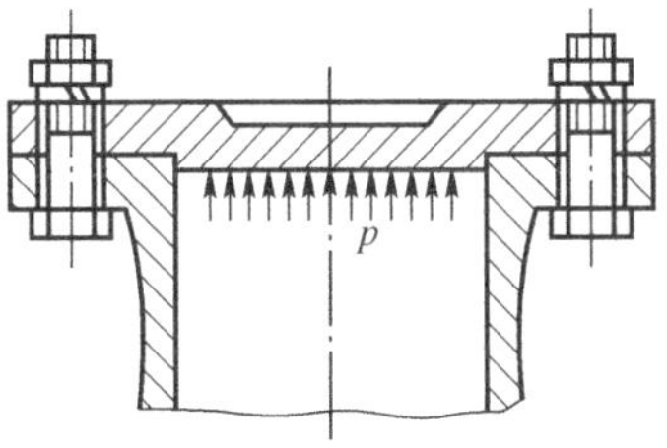

图6–2

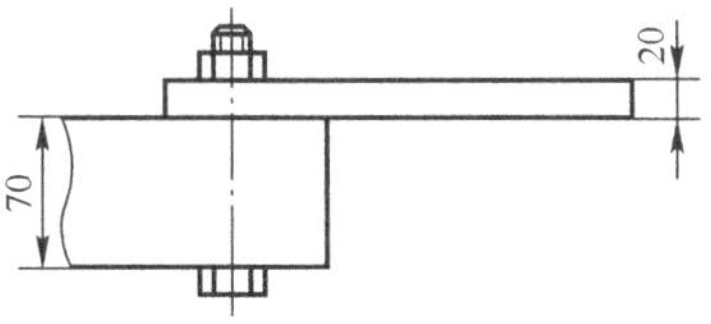

图6–3

(1) 分析螺栓的失效形式。

(2) 分析螺栓的受力。

(3) 按强度设计螺栓直径。

知识分析

螺纹联接广泛地应用于机器和工程结构中。本任务要求学生熟悉不同类型螺纹联接的特点和应用场合，能够正确选用螺纹联接，并能在接合面上合理布置，必要时能够进行强度验算。

【知识目标】

1. 螺纹联接的基本类型、应用、预紧与防松。
2. 螺纹联接结构设计中应注意的事项。
3. 螺纹联接的强度计算。

【能力目标】

1. 能正确选用螺纹联接，并能在接合面上合理布置，必要时进行强度验算。
2. 具备团队协作意识和分析问题、解决问题的能力。

知识链接

一、螺纹联接的基本知识

螺纹联接是机械中应用最为广泛的静联接方式之一，它具有结构简单、工作可靠、装拆方便、形式多样、能满足各种要求等优点。同时，螺纹和螺纹紧固件绝大多数已经标准化。

1. 螺纹的类型

按螺旋线的数目，可分为单线螺纹、双线螺纹和多线螺纹，联接一般多用单线螺纹。按牙型螺纹可分为矩形螺纹、三角形螺纹、梯形螺纹和锯齿形螺纹，如图6–4所示，联接一般用三角形螺纹。按螺旋线的旋向，可分为左旋螺纹和右旋螺纹，如图6–5所示。按螺纹是分布在外表面还是在内表面，可分为外螺纹和内螺纹，内、外螺纹组成螺旋副。螺纹的线数、螺距与导程如图 6-6 所示。

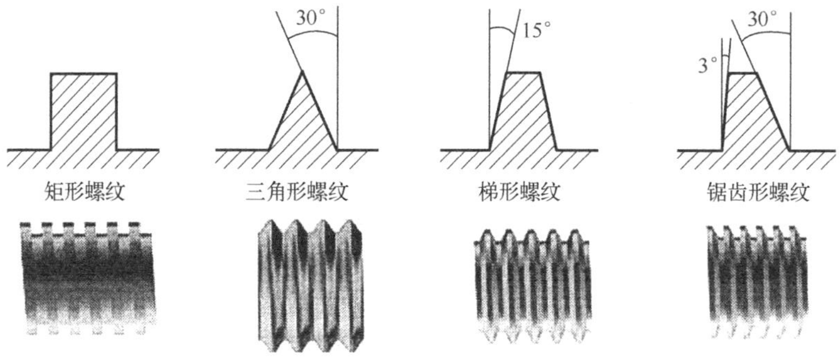

图 6-4

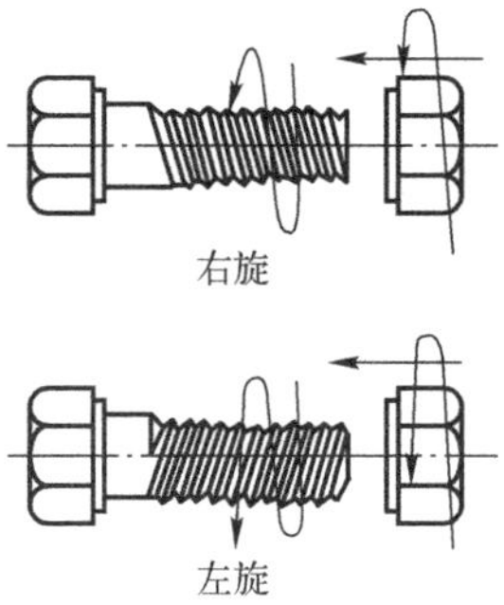

图 6-5

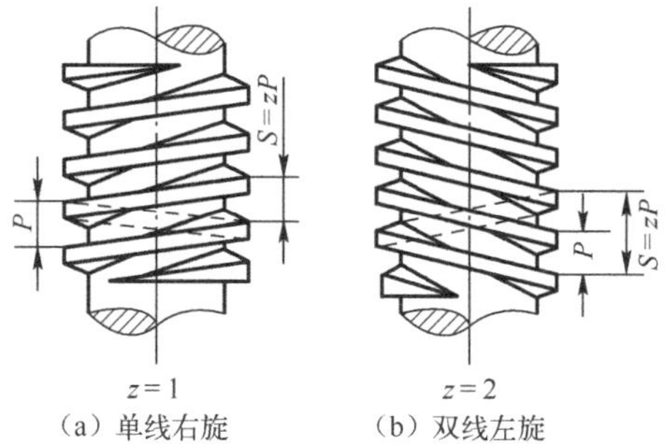

图 6-6

2. 螺纹的主要参数

现以圆柱普通螺纹为例，说明螺纹的主要几何参数（见图 6-7）。

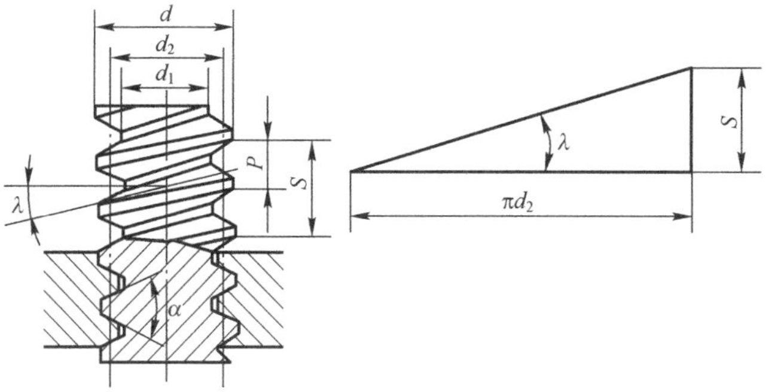

图 6-7

(1) 大径 D、d。与外螺纹牙顶或内螺纹牙底相重合的假想圆柱体的直径，在有关螺纹的标准中称为公称直径。

(2) 小径 D_1、d_1。与外螺纹牙底或内螺纹牙顶相重合的假想圆柱体的直径，是螺纹的最小直径，常作为强度计算直径。

(3) 中径 D_2、d_2。在螺纹的轴向剖面内，牙厚和牙槽宽相等处的假想圆柱体的直径。

(4) 螺距 P。螺纹相邻两牙在中径线上对应两点间的轴向距离。

（5）导程 S。同一条螺旋线上相邻两牙在中径线上对应两点间的轴向距离。设螺纹线数为 n，则对于单线螺纹有 $S=P$，对于多线螺纹则有 $S=nP$。

（6）升角 λ。在中径 d_2 的圆柱面上，螺旋线的切线与垂直于螺纹轴线的平面间的夹角，有

$$\tan\lambda=\frac{S}{\pi d_2}=\frac{nP}{\pi d_2} \tag{6-1}$$

（7）牙型角 α、牙型斜角 β。在螺纹的轴向剖面内，螺纹牙型相邻两侧边的夹角称为牙型角 α。牙型侧边与螺纹轴线的垂线间的夹角称为牙型斜角 β，对称牙型的 $\beta=\alpha/2$。

3. 螺纹的类型、特点及应用

常用螺纹类型主要有普通螺纹、管螺纹、梯形螺纹、矩形螺纹和锯齿形螺纹。前两种主要用于联接，后三种主要用于传动。其中除矩形螺纹外，都已标准化。表6-1列出了机械中常用螺纹的类型、特点及应用。

表6-1 机械中常用螺纹的类型、特点及应用

类型	截面牙型	特点及应用
三角螺纹	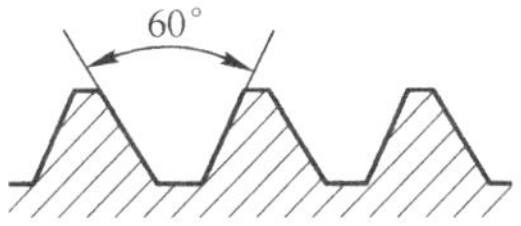	牙型为等边三角形，牙型角 $\alpha=60°$，牙根强度较高，自锁性能好，是最常用的联接螺纹。同一公称直径按螺距大小分为粗牙和细牙螺纹。 一般情况下用粗牙螺纹，细牙螺纹常用于薄壁零件或变载荷的联接，也可作为微调机构的调整螺纹用
矩形螺纹	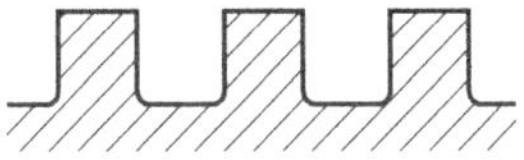	牙型为正方形，牙型角 $\alpha=0°$，牙厚为螺距的一半，尚未标准化。 传动效率较其他螺纹高，故多用于传动。缺点是牙根强度较低，磨损后间隙难以补偿，传动精度较低
梯形螺纹	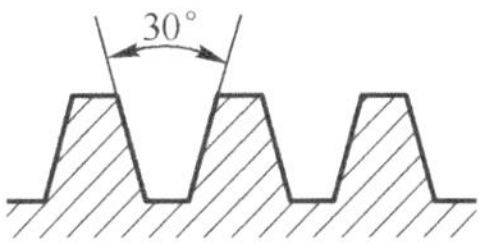	牙型为等腰梯形，牙型角 $\alpha=30°$。传动效率比矩形螺纹略低，但工艺性好，牙根强度高，避免了矩形螺纹的缺点，是最常用的传动螺纹
锯齿形螺纹	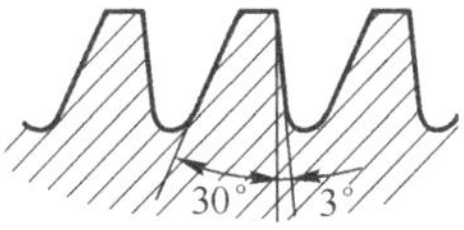	牙型为不等腰梯形，工作面牙型角为3°，非工作面牙型角为30°。它兼有矩形螺纹传动效率高和梯形螺纹牙根强度高的优点，但只能用于单方向的螺旋传动中
管螺纹	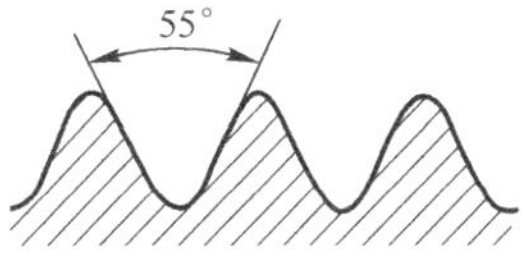	牙形角 $\alpha=55°$，联接紧密，内、外螺纹无间隙。英制螺纹，常用于密封性要求较高的场合，如管道的联接，管子的内径为公称直径

机械制造中除上述常用螺纹外，还制订有特殊用途的螺纹，以适应各行业的特殊工作要求，需要时可查阅有关专用标准。

二、螺纹联接的基本类型及其预紧和防松

利用带螺纹的零件组成的可拆联接称为螺纹联接。螺纹联接结构简单、紧固可靠、装拆方便、成本低廉。在各类机械中应用极为广泛。

1. 螺纹联接的基本类型

常用的螺纹联接类型包括螺栓联接、铰制孔用螺栓联接、双头螺柱联接、螺钉联接、紧定螺钉联接。它们的结构、特点及应用见表6–2。

表6–2 常用的螺纹联接类型、特点及应用

类 型	结构图	特点及应用
螺栓联接	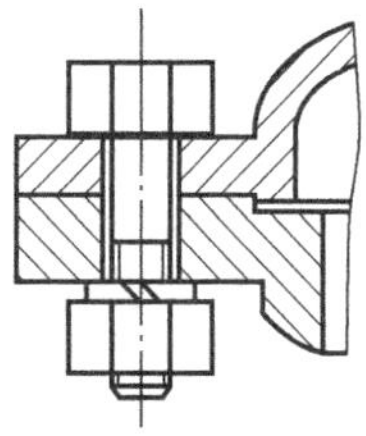	螺栓杆和通孔间留有间隙，故通孔的加工精度低，结构简单，装拆方便，成本低，使用时不受被联接件材料的限制。因此它是最常用的一种联接型式
铰制孔用螺栓联接	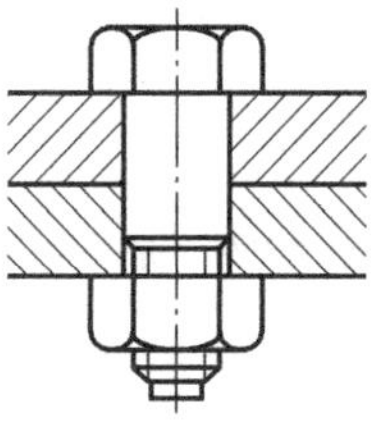	孔与螺栓杆多采用基孔制过渡配合（H7/m6、H7/n6）。这种联接能精确固定被联接件的相对位置，并能承受横向载荷，但孔的加工精度要求较高
双头螺柱联接	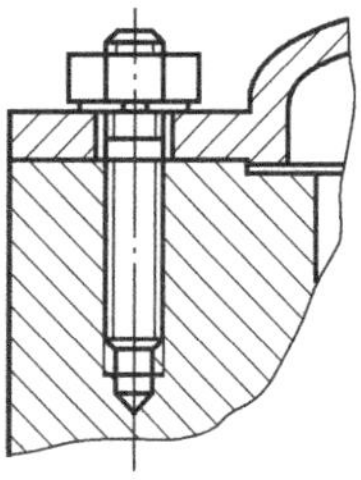	双头螺柱的一端旋入较厚的被联接件中，另一端与螺母旋合，拆卸时只拧下螺母，不拧下螺柱。一般适用于被联接件之一较厚不便穿孔，或由于结构限制必须采用盲孔的场合
螺钉联接	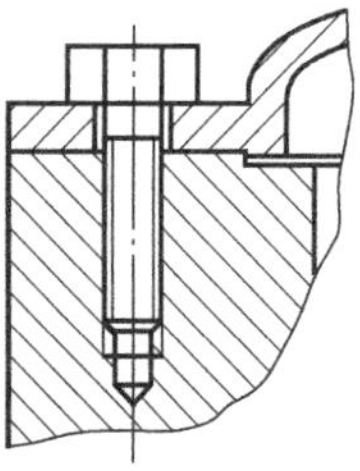	螺钉直接拧入被联接件的螺纹孔中。这种联接在结构上比双头螺柱简单、紧凑，其用途和双头螺柱相似，但不宜经常装拆，以免损坏被联接件的螺孔
紧定螺钉联接	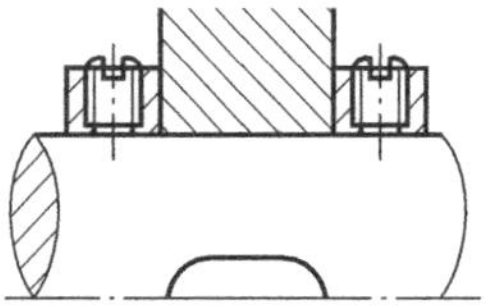	一般把紧定螺钉拧入被联接件的螺孔中，其末端顶入另一被联接件的表面或凹坑中，以固定两零件的相对位置，并可传递不大的轴向力或转矩

2. 常用螺纹联接件

螺纹联接件的类型很多，在机械制造中常用的有螺栓、双头螺柱、螺钉、螺母和垫圈等。这些零件多为标准件，其结构、尺寸都已标准化，设计时可根据有关标准选用。常用螺纹联接件的类型、结构特点及应用如表 6-3 所示。

表 6-3 常用螺纹联接件的类型、结构特点及应用

类型	图例	特点与应用
螺栓	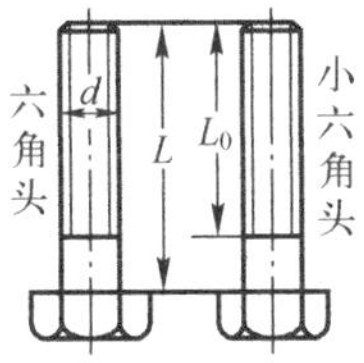	应用广泛。螺栓的头部形状很多，最常用的有六角头和小六角头两种。小六角头螺栓具有材料利用率高，生产率高，力学性能高和成本低等优点，但由于头部尺寸较小，不宜用于装拆频繁、被联接件强度低和易锈蚀的地方
双头螺柱	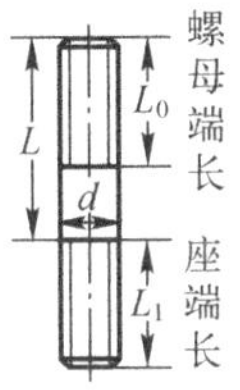	双头螺柱旋入被联接件螺纹孔的一端称为座端，另一端为螺母端，其公称长度为 L
螺钉、紧定螺钉	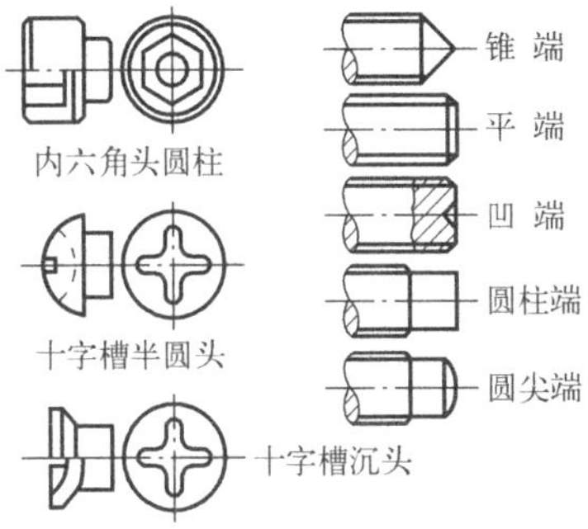	螺钉的头部有内六角头、十字槽头等多种形式，以适应不同的拧紧程度。 紧定螺钉末端要顶住被联接件之一的表面或相应的凹坑，其末端具有平端、锥端、圆尖端等各种形状
六角螺母	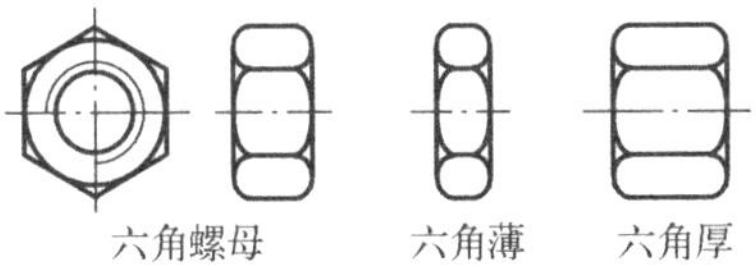	螺母的形状有六角形、圆形等。六角螺母有三种不同厚度，薄螺母用于尺寸受到限制的地方，厚螺母用于经常装拆易磨损处
圆螺母	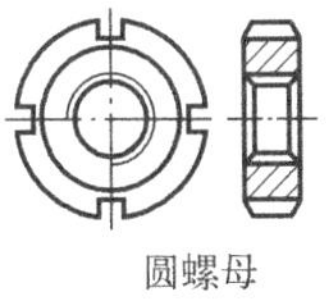	圆螺母与止动垫圈配用，装配时将垫圈内舌插入轴上的槽内，将垫圈外舌嵌入圆螺母的槽内，螺母即被锁紧。常用于轴上零件的轴向固定
垫圈	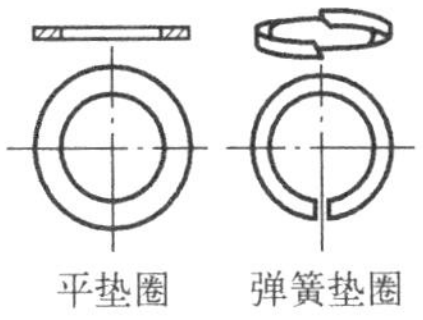	垫圈的作用是增加被联接件的支承面积以减小接触处的压强（尤其当被联接件材料强度较差时）和避免拧紧螺母时擦伤被联接件的表面。弹簧垫圈还有防松的作用

3. 螺纹联接的预紧和防松

(1) 螺纹联接的预紧。一般螺纹联接在装配时都必须拧紧，使各零件在承受工作载荷前就受到力的作用，这种方式就称为预紧，这个预加的作用力就称为预紧力。预紧力过小，会使联接不可靠；预紧力过大，容易将螺栓拉断。

显然，螺纹联接预紧的目的是增强联接的刚性，提高紧密性和防松能力，确保联接安全地工作。一般联接对预紧力不加控制，拧紧程度靠经验控制。但对于重要的联接（如汽缸盖的螺栓联接），在装配时常用测力矩扳手（见图6-8）和定力矩扳手控制预紧力的大小。

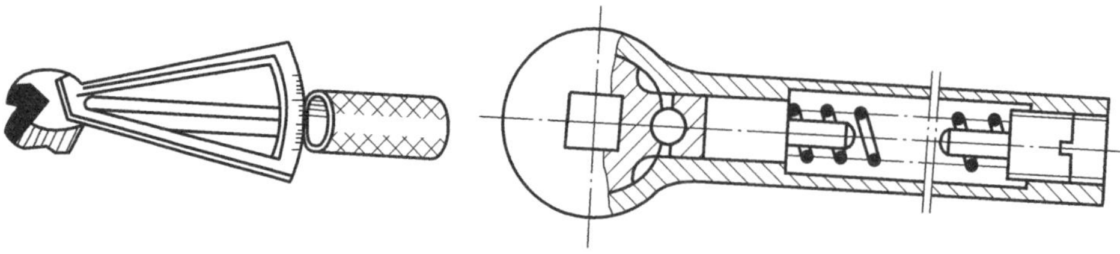

（a）指针式扭力扳手　　（b）定力矩扳手

图6-8

（2）螺纹联接的防松。松动是螺纹联接中最常见的失效形式之一。一般联接用螺纹标准件都能满足自锁条件。在受静载荷和工作温度变化不大时，不会自行脱落。但在实际工作中，外载荷有振动、变化、材料高温蠕变等会造成摩擦力减小，螺纹副中正压力在某一瞬间消失、摩擦力为零，从而使螺纹联接松动，如经反复作用，螺纹联接就会松弛而失效。因此，必须进行防松，否则会影响正常工作，造成事故。

所谓防松就是消除（或限制）螺纹副之间的相对运动，或增大相对运动的难度。按其工作原理可分为摩擦防松、机械防松、永久防松等。常用的防松方法如表6-4所示。

表6-4　常用的防松方法

方式		图例	特点与应用
摩擦力防松	弹簧垫圈	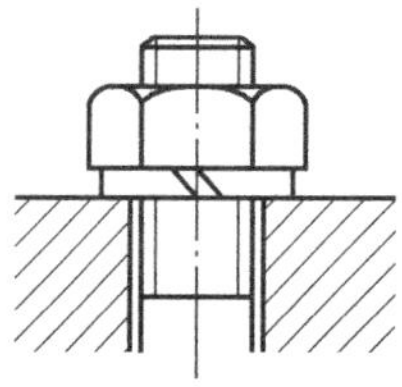	弹簧垫圈材料为弹簧钢，装配后垫圈被压平，其反弹力使螺纹间保持压紧力和摩擦力。 特点：结构简单，使用方便。但垫圈弹力不均，因而不十分可靠。多用于不重要的联接
	对顶螺母	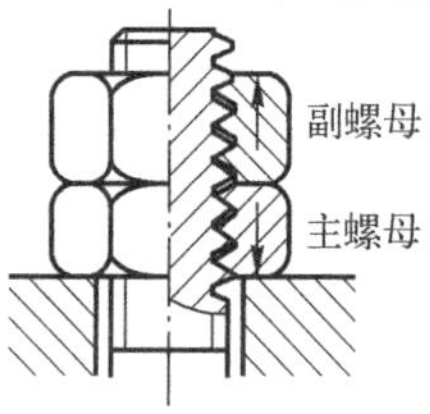	利用主、副螺母的对顶作用使螺栓始终受到附加的拉力和附加的摩擦力。 特点：结构简单，用于低速重载场合，但多用一个螺母，增加了外廓尺寸大，且工作不是十分可靠，较少使用
机械方法防松	槽形螺母和开口销	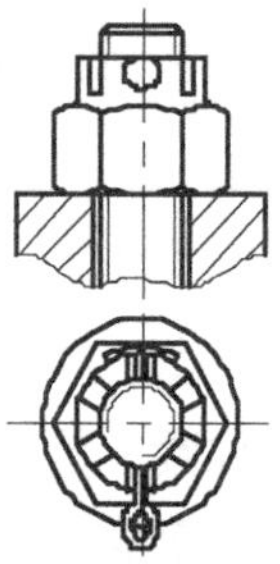	旋紧槽形螺母后，用开口销穿过螺栓尾部小孔和螺母的槽，使螺母和螺栓不能产生相对转动。 特点：安全可靠，应用较广。可用于承受冲击或载荷变化较大的联接

续表

方式		图例	特点与应用
机械方法防松	止动垫片	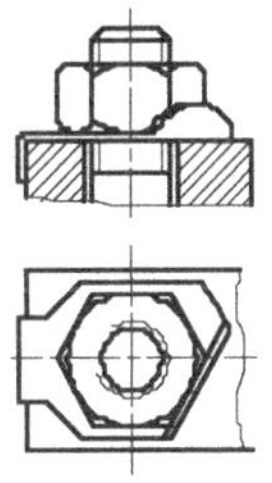	旋紧螺母后，止动垫圈一侧折转紧贴螺母的侧面，另一侧折于贴在被联接件的侧壁上，从而防止螺母转动。 特点：安全可靠，但只能用于联接部分可容纳弯耳的联接。
	圆螺母和止动垫圈	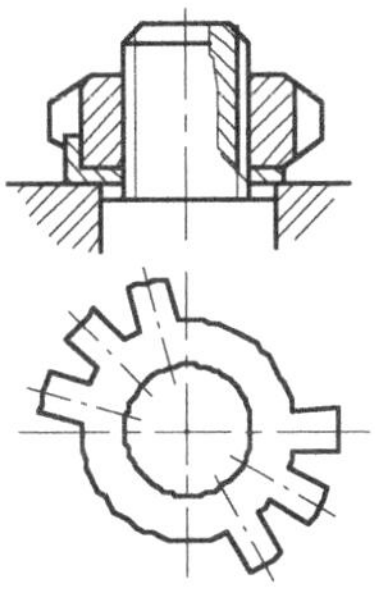	将垫圈内翅嵌入螺栓的槽内，拧紧螺母后，将外翅翻入圆螺母的沟槽中，使螺母和螺杆没有相对运动。 常用于滚动轴承的固定
	串金属丝	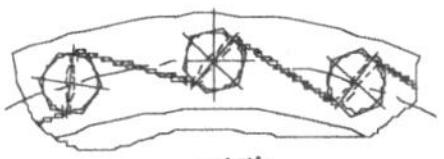 正确  错误	螺钉紧固后，在螺钉头部小孔中串入铁丝，两端拉紧打结。但应注意串孔方向为旋紧方向。 特点：防松效果较好，但安装较费时。常用于无螺母的螺钉联接
永久防松	冲点防松	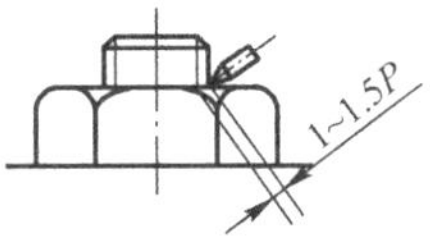 	拧紧后在端面或侧面螺纹的小径处用冲头冲 2～3 点，成永久性防松。 常用于无须拆卸的联接，必要时可点焊
	黏结法防松	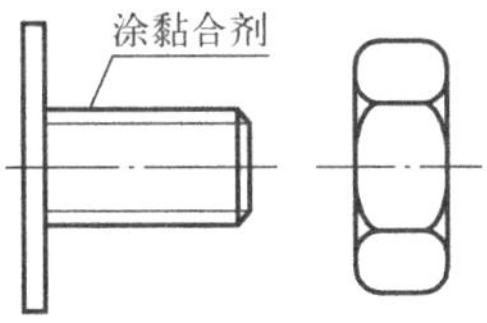 	用黏合剂涂于螺纹旋合表面，拧紧螺母后黏合剂能自行固化，防松效果良好。 常用于无须拆卸的联接，又称永久防松方式

三、螺纹联接的强度计算

螺纹联接包括螺栓联接、双头螺柱联接和螺钉联接等类型。下面以螺栓联接为代表讨论螺纹联接的设计计算。

对于重要的螺栓联接应该进行强度计算，螺栓与螺母的螺纹牙及其他各部尺寸是根据等强度原则及使用经验规定的，采用标准件时，这些部分都不需要进行强度计算。螺栓联接的计算主要是确定螺纹小径 d_1，然后按照标准选定螺纹公称直径（大径）d 及螺距 P 等。

单个螺栓联接的强度计算是螺纹联接设计的基础。根据联接的工作情况，可将螺栓按受力形式分为受拉螺栓和受剪螺栓。下面介绍这两种螺栓的强度计算方法。

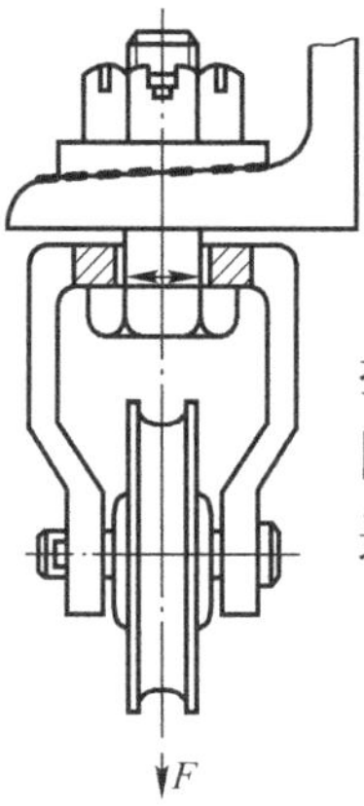

图 6-9

1. 受拉螺栓的强度计算

受拉螺栓的主要失效形式是螺栓杆和螺纹可能发生塑性变形或断裂。

（1）只受工作载荷作用的螺栓强度计算。在承受工作载荷以前螺栓不拧紧，即不受力，只有在工作载荷作用时，螺栓才受到轴向力的作用，如图 6-9 所示的起重吊钩尾部的螺栓联接。这类螺栓通常按照拉伸强度条件进行计算，螺纹根部截面是螺栓的危险截面。

螺栓工作时受轴向力 F 作用，其强度条件为

$$\sigma=\frac{F}{A}=\frac{F}{\frac{\pi d_1^2}{4}}\leqslant[\sigma] \tag{6-2}$$

式中，F 为轴向工作载荷（N）；d_1 为螺栓危险截面的直径（即螺纹的小径）（mm）；$[\sigma]$ 为螺栓材料的许用拉应力（MPa），$[\sigma]=\sigma_s/S$；σ_s 为材料的屈服极限，见表 6-5；S 为安全系数，见表 6-6。

由上式可得设计公式为

$$d_1\geqslant\sqrt{\frac{4F}{\pi[\sigma]}} \tag{6-3}$$

计算得出 d_1 值后再从有关设计手册中查得螺纹的公称直径 d。

表 6-5 螺栓联接件常用材料的机械性能（MPa）

钢号	抗拉强度极限	屈服极限 σ_s	钢号	抗拉强度极限	屈服极限 σ_s
10	340～420	210	35	540	320
Q215	340～420	220	45	610	360
Q235	410～470	240	40Cr	750～1000	650～900
25	500	300			

表 6-6 普通螺栓联接的许用应力和安全系数

载荷性质	许用拉力	不受预紧力时安全系数 S				控制预紧力时安全系数 S
		直径 材料	M6—M16	M16—M30	M30—M60	
静载荷	$[\sigma]=\sigma_s/S$	碳钢 合金钢	4～3 5～4	3～2 4～2.5	2～1.3 2.5～2	1.2～1.5
变载荷		碳钢 合金钢	10～6.5 7.5～5	6.5 5	—	

注：只受工作载荷的螺栓联接未经淬火钢 $S=1.2$，经淬火钢 $S=1.6$。

（2）只受预紧力作用的螺栓强度计算。如图 6-10 所示，在横向载荷作用下，被联接件在接合面有相对滑移的趋势。为防止滑移，需拧紧螺母，使螺栓产生预紧力 F_0。此时，螺栓危险截面上同时受到预紧力 F_0 引起的拉应力 σ 和由螺纹副间摩擦力矩 T_1 引起的扭剪应力 τ 的作用。因此在计算螺栓强度时，按照第四强度理论，螺栓的当量应力 σ_e 约为拉应力的 1.3 倍，即

$$\sigma_e=\sqrt{\sigma^2+3\tau^2}=\sqrt{\sigma^2+3(0.5\sigma)^2}=1.3\sigma$$

螺栓的强度条件为

$$\sigma_e = \frac{1.3F_0}{\frac{\pi}{4}d_1^2} \leqslant [\sigma] \tag{6-4}$$

由上式可得设计公式为

$$d_1 \geqslant \sqrt{\frac{4 \times 1.3F_0}{\pi[\sigma]}} \tag{6-5}$$

(3) 既承受预紧力又承受工作载荷作用的螺栓强度计算。这种受力形式的紧螺栓联接应用最广，也是最重要的一种螺栓联接形式。图6-11所示为汽缸端盖的螺栓组，在螺栓拧紧后，又受到轴向工作载荷的作用。

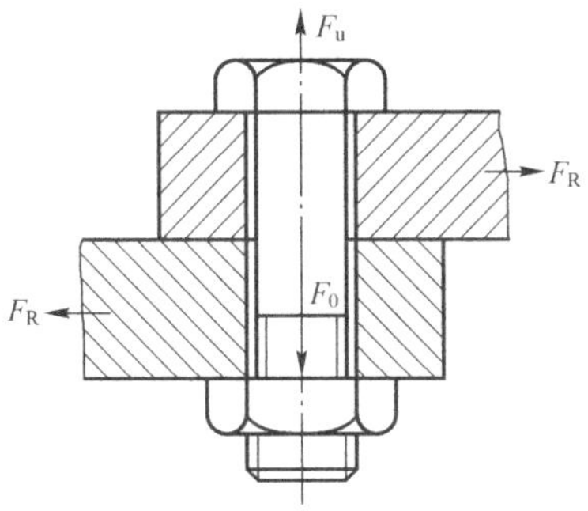

图6-10

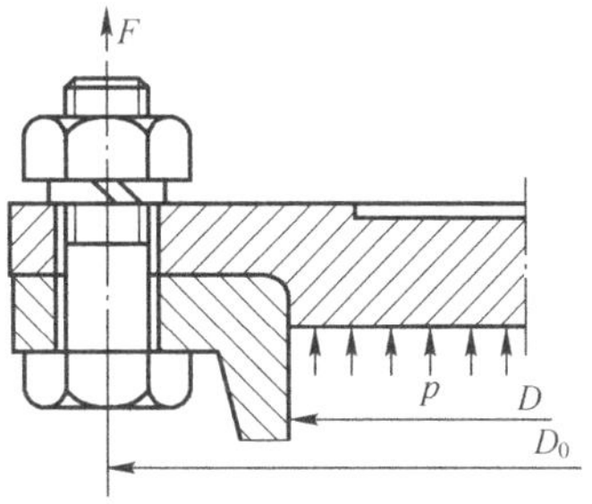

图6-11

现取螺栓组中的一个螺栓联接来分析其受力与变形情况。如图6-12所示，假定所有零件材料都服从胡克定律，零件中的应力没有超过比例极限。图6-12（a）所示为螺栓未被拧紧，螺栓与被联接件均不受力时的情况。图6-12（b）所示为螺栓被拧紧后，螺栓受预紧力 F_0，被联接件受预紧压力 F_0 的作用而产生压缩变形 δ_1 的情况。图6-12（c）所示为螺栓受到轴向外载荷（由汽缸内压力而引起的）F 作用时的情况，螺栓被拉伸，变形增量为 δ_2，根据变形协调条件，δ_2 即等于被联接件压缩变形的减小量。此时被联接件受到的压缩力将减小为 F_0'，称为残余预紧力。显然，为了保证被联接件间密封可靠，应使 $F_0' > 0$，即 $\delta_1 > \delta_2$。此时螺栓所受的轴向总拉力 F_Σ 应为其所受的工作载荷 F 与残余预紧力 F_0' 之和，即

$$F_\Sigma = F + F_0'$$

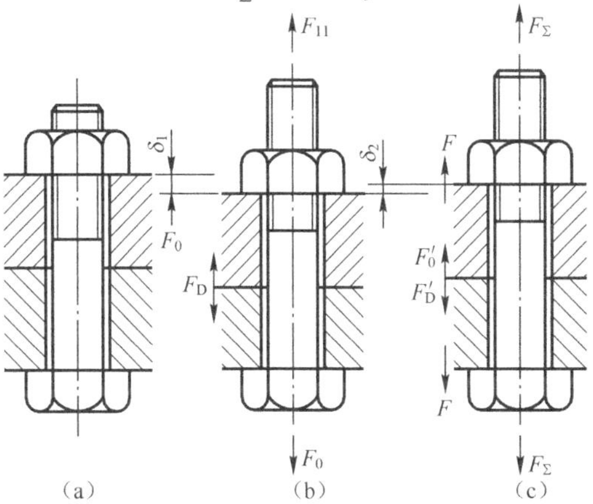

图6-12

不同的应用场合，对残余颈紧力 F_0' 有着不同的要求，一般可参考表6-7来确定。

表6-7 剩余预紧力 F_0' 的选取

工作情况		剩余预紧力 F_0'
无密封性要求	工作载荷稳定	$F_0'=(0.2\sim0.6)F$
	工作载荷有变化	$F_0'=(0.6\sim1.0)F$
有密封性要求		$F_0'=(1.5\sim1.8)F$

当选定残余预紧力 F_0' 后，即可按上式求出螺栓所受的总拉力 F_Σ，同时考虑到可能需要补充拧紧及扭转剪应力的作用，将 F_Σ 增加30%，则螺栓危险截面的拉伸强度条件为

$$\sigma=\frac{1.3F_\Sigma}{\pi d_1^2/4}\leqslant[\sigma] \tag{6-6}$$

设计公式为

$$d_1\geqslant\sqrt{\frac{4\times1.3F_\Sigma}{\pi[\sigma]}} \tag{6-7}$$

2. 受剪切螺栓联接

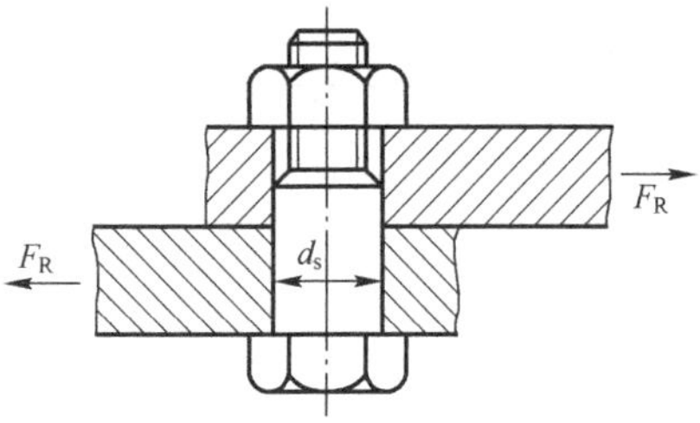

图6-13

如图6-13所示，利用铰制孔用螺栓来承受横向载荷 F_R，螺杆与孔间紧密配合，无间隙，由光杆直接承受挤压和剪切来传递外载荷 F_R 进行工作。这种联接的主要失效形式：螺栓被剪断；栓杆或孔壁被压溃。

铰制孔用螺栓在装配时，只需对螺栓施加很小的预紧力，因此在计算时，这种联接的预紧力和摩擦力可忽略不计。

螺栓的剪切强度条件为

$$\tau=\frac{F_R}{m\pi d_s^2/4}\leqslant[\tau] \tag{6-8}$$

螺栓与孔壁接触表面的挤压强度条件为

$$\sigma_p=\frac{F_R}{d_s\delta}\leqslant[\sigma_p] \tag{6-9}$$

式中，d_s 为螺栓抗剪面直径；m 为螺栓抗剪面数目；δ 为栓杆与孔壁挤压面最小高度；$[\tau]$ 为螺栓的许用切应力，见表6-8；$[\sigma_p]$ 为栓杆或孔壁材料中强度较弱者的许用挤压应力，见表6-8。

表6-8 受剪螺栓的许用应力及安全系数

静载荷	变载荷
螺栓许用切应力 $[\tau]=\frac{\sigma_s}{2.5}$	螺栓许用切应力 $[\tau]=\frac{\sigma_s}{3.5\sim5}$
螺栓许用挤压应力 钢 $[\sigma_p]=\frac{\sigma_s}{1\sim1.25}$ 铸铁 $[\sigma_p]=\frac{\sigma_b}{2\sim2.5}$	螺栓许用挤压应力 钢 $[\sigma_p]=\frac{\sigma_s}{1.6\sim2}$ 铸铁 $[\sigma_p]=\frac{\sigma_b}{2.5\sim3.5}$

四、螺栓组联接的结构设计和受力分析

工程中螺栓成组使用，单个使用极少。因此，必须研究螺栓组设计和受力分析，它是单个螺栓计算基础和前提条件。

设计螺栓组联接时，首先需要选定螺栓的数目及布置形式；然后确定螺栓联接的结构尺寸。在确定螺栓尺寸时，对于不重要的螺栓联接，可以参考现有的机械设备，用类比法确定，不进行强度校核。但对于重要的螺栓联接，应根据联接的工作载荷，分析各螺栓的受力状况，找出受力最大的螺栓进行强度计算。

1. 螺栓组联接的结构设计

螺栓组结构设计的目的，在于合理地确定接合面的几何形状和螺栓的布置形式，力求使各螺栓受力均匀，便于加工和装配等。为此，设计时应综合考虑以下问题。

(1) 螺栓组接合面的几何形状。联接接合面的几何形状通常设计成轴对称的简单几何形状，如圆形、环形、矩形、三角形等，这样不但便于加工制造，而且便于对称布置螺栓，使螺栓组的对称中心和联接接合面的形心重合，从而保证联接接合面受力比较均匀，如图6-14所示。

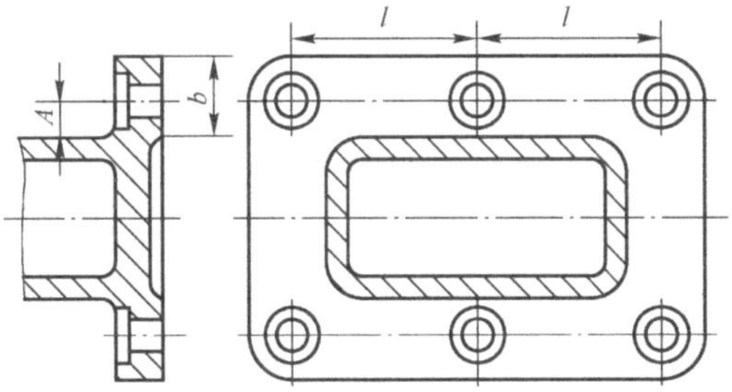

图6-14

(2) 合理间距，适当边距，以利于扳手装拆。扳手空间的尺寸可查阅相关标准。对于密封性要求较高的重要联接（压力容器等），螺栓的间距 t_0 不得大于表6-9推荐的数值。

表6-9　螺栓的间距 t_0

	工作压力/MPa					
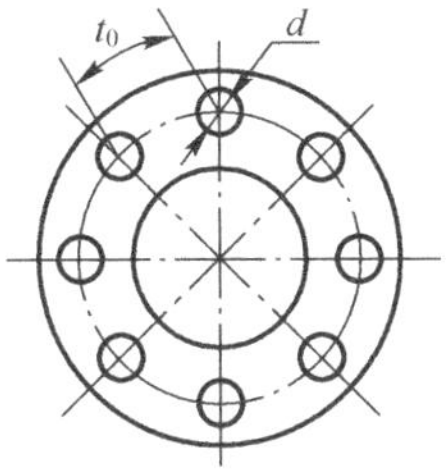	≤1.6	1.6～4	4～10	10～16	16～20	20～30
	t_0/mm					
	$7d$	$4.5d$	$4.5d$	$4d$	$3.5d$	$3d$

注：d 为螺纹公称直径。

(3) 螺栓直径的选择。一般是先根据经验，或采用类比的方法，或依据相关的规范进行选取，然后再进行强度的计算。对于一般联接，初选螺栓直径 d 时，约可取为被联接件的厚度。

(4) 螺栓数量的选择。分布在同一圆周上的螺栓数应取为3、4、6、8、12等易于分度的数目，以利于画线钻孔和加工。当然，如果自动化程度较高，也可以采用其他的分度

方法。

(5) 螺栓规格的选择。在通用机械中，为简化设计、制造，对同一螺栓组内的螺栓及配套件而言，不管受力的大小差异，应该选择同样材料、规格的同一标准的螺栓，便于采购、管理和装配。

(6) 对联接支承面的要求。被联接件上与螺母或螺栓头接触的支承面应该平整，并且要求与螺栓轴线垂直，以免引起偏心载荷而削弱螺栓强度。为便于加工，经常将支承面作成凸台或沉头（鱼眼坑）。

(7) 其他应注意的问题。

① 一般情况下，螺栓与钉孔之间应留有间隙，由于螺栓是标准件，在螺栓选定之后螺栓的直径就已经确定。所以，必须依照螺栓直径选择其钉孔直径（可以查阅国家标准 GB/T 5277—1985）。

② 拧入螺纹深度、螺纹伸出长度、螺孔加工深度、光孔深度等尺寸同样也可以查阅相关的标准或手册，不能凭空想象。

③ 螺栓联接的预紧及防松问题的考虑（前面已有详细的讲述）。

2. 螺栓组联接的受力分析

螺栓组受力分析的目的是，根据螺栓组联接的结构和受载情况，求出受载最大的螺栓及其受力，以便进行螺栓联接的强度计算。

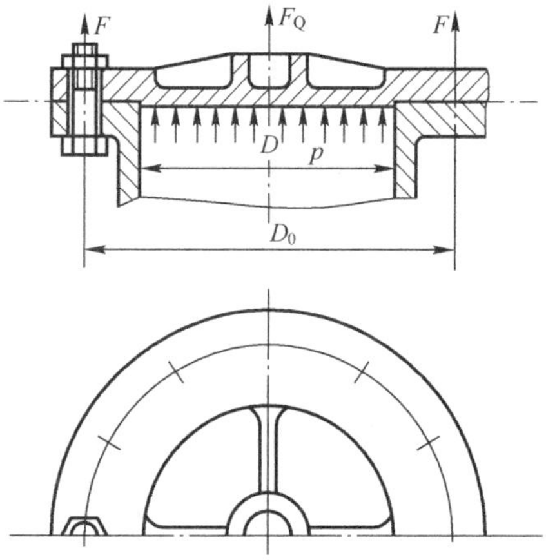

图 6-15

为简化计算，受力分析是在作如下假设条件下进行的，即：同组中的各螺栓都受相同的预紧力；螺栓组的对称中心与被联接接合面的形心重合；被联接件为刚体，联接接合面为刚性平面；螺栓的变形在弹性范围内。

(1) 受轴向力 F_z 的螺栓组联接。如图 6-15 所示为汽缸盖螺栓组联接，其载荷 F_Q 的作用线平行于螺栓轴线并通过螺栓组的对称中心。假定螺栓平均受载，螺栓数目为 z，则每个螺栓所受的轴向载荷为

$$F=\frac{F_Q}{z}$$

(2) 受横向载荷的螺栓组联接。若载荷的作用方向与螺栓的轴线垂直，并通过螺栓组的对称中心，则为横向载荷。

① 普通螺栓联接。靠连接预紧后在接合面间产生的摩擦力来抵抗横向载荷。每个螺栓上所受的预紧力 F_0 为 $F_0=\frac{K_f F_Q}{fzm}$，z 为联接螺栓的个数。其他符号意义同前。

② 铰制孔用螺栓联接。靠螺栓杆受剪切和挤压来抵抗横向载荷。每个螺栓所受的横向工作剪力为 $F_s=\frac{F_Q}{z}$。

(3) 受旋转力矩的螺栓组联接。如图 6-17 所示，转矩作用在联接接合面内，在转矩 T 的作用下，底板有绕螺栓组几何中心轴线 $O—O$ 旋转的趋势。

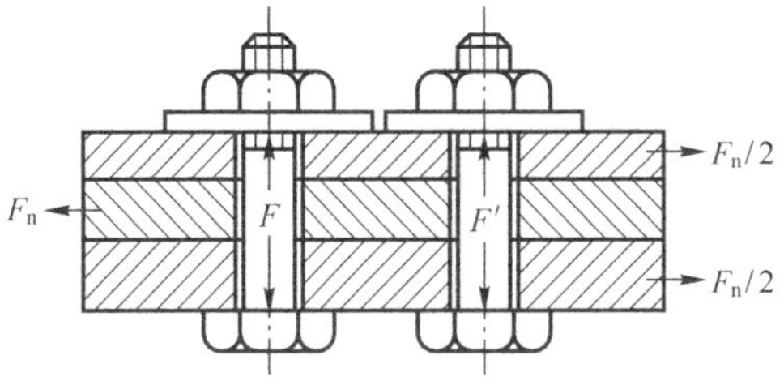

（a）受拉螺栓联接　（b）受剪螺栓联接

图6-16

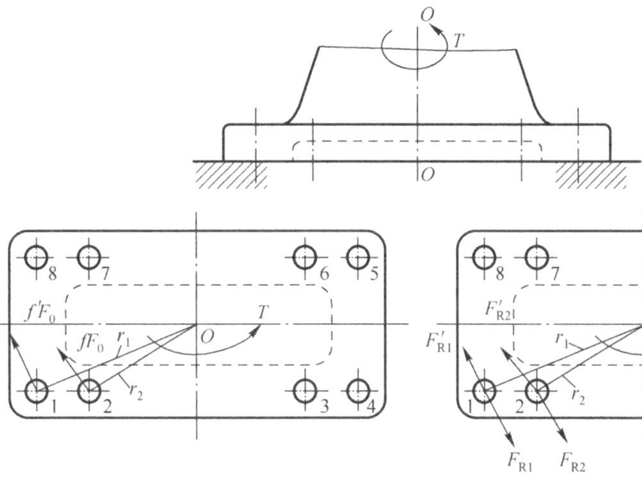

（a）普通螺栓　（b）铰制孔用螺栓

图6-17

① 普通螺栓联接。如图6-17（a）所示，各螺栓所受预紧力均为 F_0，由预紧力产生的摩擦力 fF_0 集中作用在各螺栓的中心处，并垂直于螺栓中心与底板旋转中心的连线，根据底板的力矩平衡条件得

$$fF_0r_1+fF_0r_2+\cdots+fF_0r_n\geqslant K_fT$$

$$F_0\geqslant\frac{K_fT}{f(r_1+r_2+\cdots+r_n)}$$

式中，f 为接合面间的摩擦系数；r_i（$i=1, 2, \cdots, n$）为各螺栓轴线至底板中心 O 的距离；K_f 为可靠性系数，取1.1～1.5。

② 铰制孔用螺栓联接。如图6-17（b）所示，在转矩 T 的作用下各螺栓受到剪切和挤压作用，各螺栓所受的剪力为 F_R，其方向与该螺栓轴线至底板旋转中心的连线相垂直。假定底板与座体均为刚体，则各螺栓的剪切变形虽与其至底板旋转中心 O 的距离 r 成正比。若各螺栓刚度相同，螺栓所受剪力也与此距离成正比，即

$$\frac{F_{R_1}}{r_1}=\frac{F_{R_2}}{r_2}=\cdots=\frac{F_{R_n}}{r_n}=\frac{F_{R_{max}}}{r_{max}} \tag{6-10}$$

由底板的力矩平衡条件得

$$T=F'_{R_1}r_1+F'_{R_2}r_2+\cdots+F'_{R_n}r_n \tag{6-11}$$

联立式（6-10）和式（6-11），并根据反作用力定律 $F_{R_i}=F'_{R_i}$ 方向相反，可得距离旋转中心 O 最远处的螺栓所受得最大工作剪力为

$$F_{R_{max}} = \frac{Tr_{max}}{r_1^2 + r_2^2 + \cdots + r_n^2} \tag{6-12}$$

(4) 受翻转力矩的螺栓组联接。如图6-18所示，M在铅直平面内，绕$O—O$回转，只能用普通螺栓，取板为受力对象，设单个螺栓工作载荷为F_i，由静平衡条件

$$M = F'_1 l_1 + F'_2 l_2 + \cdots + F'_n l_n$$

同理，由变形协调条件：

$$\frac{F_1}{l_1} = \frac{F_2}{l_2} = \cdots = \frac{F_n}{l_n} = \frac{F_{max}}{l_{max}}$$

联立两式可得

$$F_{max} = \frac{M l_{max}}{l_1^2 + l_2^2 + \cdots + l_n^2}$$

接合面最小受压处不出现间隙的条件为

$$\sigma_{min} = \frac{zF_0}{A} - \frac{M}{W} > 0 \tag{6-13}$$

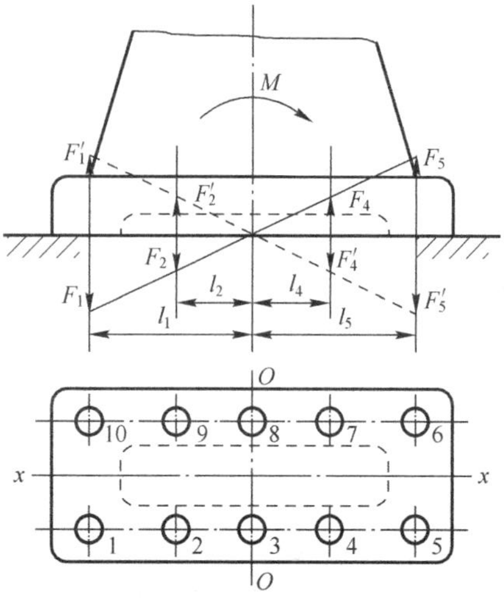

图6-18

接合面最大受压处不发生压溃的条件为

$$\sigma_{max} = \frac{zF_0}{A} + \frac{M}{W} \leqslant [\sigma_p] \tag{6-14}$$

实际使用中螺栓组联接所受的载荷是以上4种简单受力状态的不同组合。计算时只要分别计算出螺栓组在这些简单受力状态下每个螺栓的工作载荷，然后按向量叠加起来，便得到每个螺栓的总工作载荷，再对受力最大的螺栓进行强度计算即可。

说明：① 工程中受力情况很复杂，但均可转化为4种典型情况进行解决。

② 计算公式在对称分布情况下推导，但不对称也可以用。

③ 取转轴不同，公式计算精度不同。

总设计思路：螺栓组结构设计（布局、数目）→螺栓组受力分析（载荷类型、状态、形式）→求单个螺栓的最大工作载荷（判断哪个最大）→按最大载荷的单个螺栓设计（求d_1-标准）→全组采用同样尺寸螺栓（互换的目的）。

问题解答

1. 题目见问题引入。

解：(1) 确定螺栓工作载荷F：暂取螺栓数$z=8$，则每个螺栓承受的平均工作载荷F为

$$F = \frac{p\pi D^2/4}{z} = 1.6 \times \frac{\pi \times 160^2}{4 \times 8} = 4.02\text{kN}$$

(2) 确定螺栓总拉伸载荷F_0：根据前面所述，对于压力容器取残余预紧力$=1.8F$，则

$$F_0 = F + 1.8F = 2.8 \times 4.02 = 11.3\text{kN}$$

(3) 求螺栓直径：选取螺栓材料为45钢，$\sigma_s = 360\text{MPa}$，(见表6-5)，装配时不要求严格控制预紧力，则螺栓的许用拉应力与其公称直径有关，故采用试算法。

假定螺栓公称直径$d=16\text{mm}$，则由表6-6取$S=3$，可求得螺栓得许用拉应力为

$$[\sigma] = \sigma_s/s = 360/3 = 120\text{MPa}$$

得螺纹的小径为：

$$d_1 \geqslant \sqrt{\frac{4\times1.3F_0}{\pi[\sigma]}}=\sqrt{\frac{4\times1.3\times11.3\times10^3}{\pi\times120}}=12.48\text{mm}$$

由手册查得，普通粗牙螺栓公称直径 $d=16\text{mm}$ 时，$d_1=13.835\text{mm}$，合适。

2. 题如“问题引入”所示。

解：（1）采用铰制孔用螺栓联接

① 铰制孔用螺栓的主要失效形式为剪切和挤压失效。

② 螺栓受力分析。将外载荷 F_p 向螺栓组对称中心 O 简化后，螺栓组受有横向力 $F_p=5000\text{N}$ 及转矩 $T=F_p\cdot L=5000\text{N}\times300\text{mm}=15\times10^5\text{N}\cdot\text{mm}$。

每个螺栓由横向力产生工作载荷相同

$$F_R=\frac{F_p}{z}=\frac{5000\text{N}}{2}=2500\text{N}$$

每个螺栓由转矩 T 产生工作载荷相同

$$F_T=\frac{T}{z\times\frac{a}{2}}=\frac{15\times10^5\text{N}\cdot\text{mm}}{200\text{mm}}=7500\text{N}$$

每个螺栓所受的工作载荷的方向如图 6-19 所示。经分析可知，两螺栓所受工作载荷相同。根据力的叠加原理，每个螺栓所受的横向工作载荷

$$F'_R=\sqrt{F_R^2+F_T^2}=\sqrt{2500^2+7500^2}\text{N}=7906\text{N}$$

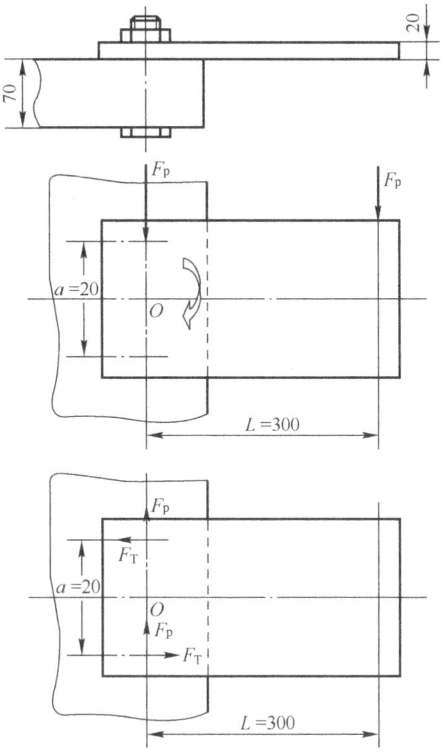

图 6-19

（2）采用普通螺栓联接

① 普通螺栓的主要失效形式为螺纹部分断裂失效。

② 螺栓受力分析。螺栓受力分析和上述铰制孔用螺栓的分析与计算相同，即每个螺栓的横向工作载荷也是 $F'_R=7906\text{N}$，其不同之处在于：普通螺栓联接，靠预紧力产生的摩擦力来传递横向力，其预紧力：

$$F'=\frac{k_f F'_R}{f}=\frac{1.2\times7906\text{N}}{0.15}=63248\text{N}$$

（3）按抗拉强度计算螺栓直径。仍选螺栓材料为 Q235，$\sigma_s=235\text{MPa}$。由表 6-6 得 $[\sigma]=\frac{\sigma_s}{S}$，再由表 6-6 试选 $S=2$，则 $[\sigma]=\frac{235}{2}=117.5\text{MPa}$。由式（6-7）可得普通螺栓的小径为：

$$d_1 \geqslant \sqrt{\frac{4\times1.3F'}{\pi[\sigma]}}=\sqrt{\frac{4\times1.3\times63248}{\pi\times117.5}}\text{mm}=29.85\text{mm}$$

查表，取 M36 螺栓（小径 $d_1=31.670\text{mm}$）。查表 6-6 可知，所取安全系数 $S=2$ 是正确的。故可选用 2 个 M36×100 六角头螺栓。

小结：通过以上两种情况的分析和计算，可以看出，虽然受到的外载荷相同，但由于螺栓联接的类型不同，单个螺栓的受力情况会有很大差异，致使所选螺栓直径相差很大。为了

避免采用普通螺栓时螺栓直径太大的缺点，可采用减载装置，来传递横向力，这样所需的预紧力较小，不但减小了螺栓直径，使结构紧凑，而且工作可靠。因此在机械设计中，结构设计的优劣必须给予足够重视。

6.2 螺旋传动的认识

一、滑动螺旋传动简介

螺旋传动是利用螺杆和螺母组成的螺旋副来实现传动的。它既能将回转运动转变为直线运动，又能将直线运动转变为回转运动，主要用于将回转运动转变为直线运动，同时传递运动和动力的场合。

螺旋传动常见的运动形式有：螺杆转动螺母移动，多用于机床进给机构，如图 6-20（a）所示。螺母固定，螺杆转动并移动，多用于螺旋起重机等，如图 6-20（b）所示。

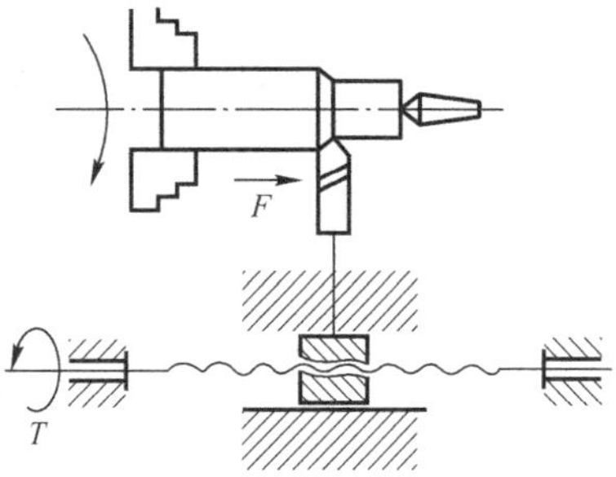

（a）机床进给机构

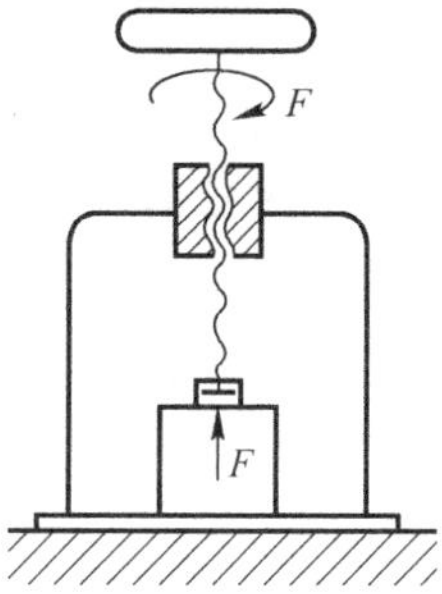

（b）螺旋起重机

图 6-20

（一）螺旋传动的类型

1. 按用途分

（1）传力螺旋，以传力为主，用于举起重物或克服很大工作阻力的机械。如举重器、千斤顶、加压螺旋。特点：低速、间歇工作，传递轴向力大、自锁。

（2）传导螺旋，以传递运动为主，常用作机床刀架或工作台的进给机构间距较长，工作速度较高，要求传动精度也较高。

（3）调整螺旋，用于零件位量的调整和固定，如机床、仪器及测试装置中的微调螺旋。特点：受力较小且不经常转动。

2. 按螺旋副摩擦性质分

（1）滑动螺旋，结构简单，便于制造，易于自锁，应用范围较广。但主要缺点是摩擦阻力大，传动效率低（一般为 30%～40%），磨损快，传动精度低。

（2）滚动螺旋，传动效率高，启动力矩小，传动灵敏平稳，工作寿命长。常用于机床、汽车、航空、航天等制造业中。缺点是制造工艺比较复杂。

(二) 螺旋传动的结构及材料

1. 螺母结构

(1) 整体螺母——结构简单，但由磨损产生的轴向间隙不能补偿，只能用于精度要求较低的螺旋，如图 6-21（a）所示。

(2) 组合螺母——结构复杂，但可以定期地调整，以消除轴向间隙，避免反向转动时的空行程，如图 6-21（b）所示。

(3) 剖分螺母——结构复杂，但可以补偿旋合螺纹的磨损，如图 6-21（c）所示。

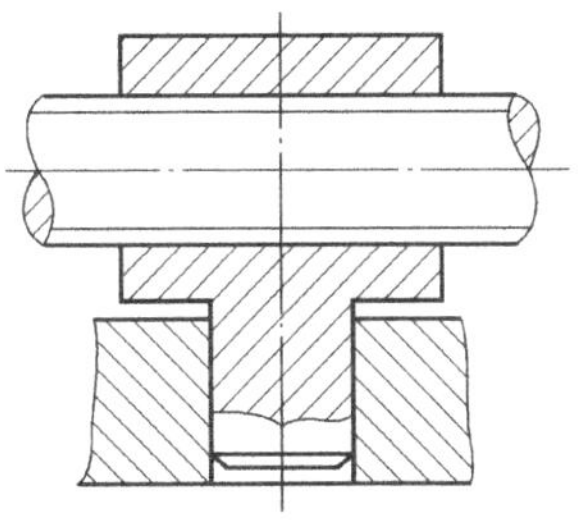

（a）整体螺母

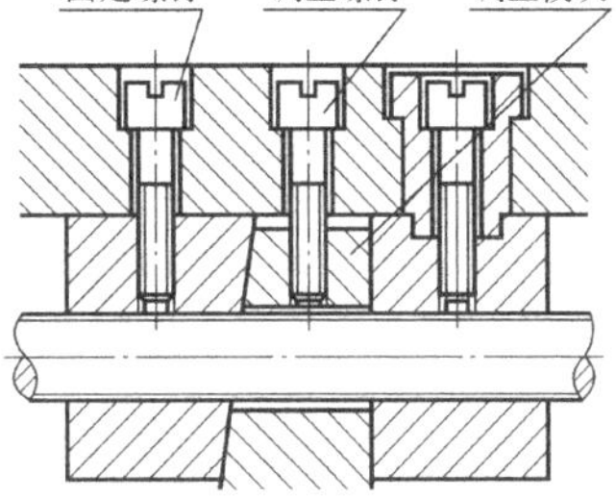

（b）组合螺母

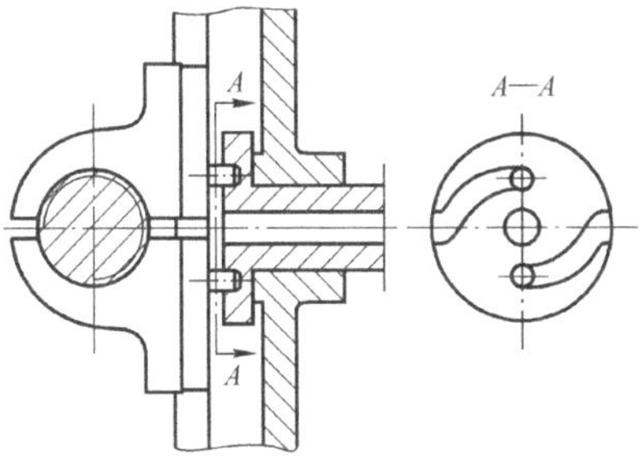

（c）剖分螺母

图 6-21

2. 螺杆结构

通常采用牙型为矩形、梯形或锯齿形的右旋螺纹。以梯形和锯齿形螺纹应用最广。特殊情况下也采用左旋螺纹。

3. 材料

螺杆和螺母材料具有足够的强度和良好的耐磨性，两者配合时摩擦系数须小。螺杆和螺母常用材料如表 6-10 所示。

表 6-10　螺杆和螺母常用材料

名　称	用　途	材　料	是否进行热处理
螺杆	一般常用	Q235、Q275、45 和 50 钢	是
	重载、高速的重要传动	T12、40Cr、65Mn 等	是
	精密传导螺旋传动中	9Mn2V、38CrMoAl 等	否
螺母	一般常用	ZCuSn10Pb1、ZCuAl9Fe4Ni4Mn2 等	否
	低速轻载	可选用耐磨铸铁	否

（三）螺旋传动的应用

螺旋传动是利用螺杆和螺母组成的螺旋副来实现传动要求的。它主要用于将回转运动变为直线运动或将直线运动变为回转运动，同时传递运动或动力。

二、滚动螺旋传动简介

在螺杆和螺母之间设有封闭循环的滚道，在滚道间填充钢珠，使螺旋副的滑动摩擦变为滚动摩擦，提高传动效率，这种传动称为螺旋传动，又称滚珠丝杠副。

（一）滚珠丝杠的分类

（1）按用途分。

定位滚珠丝杠：通过旋转角度和导程控制轴向位移量，称 P 类滚珠丝杠。

传动滚珠丝杠：用于传动动力的滚珠丝杠，称为 T 类滚珠丝杠。

（2）按循环方式分。内循环、外循环两种。

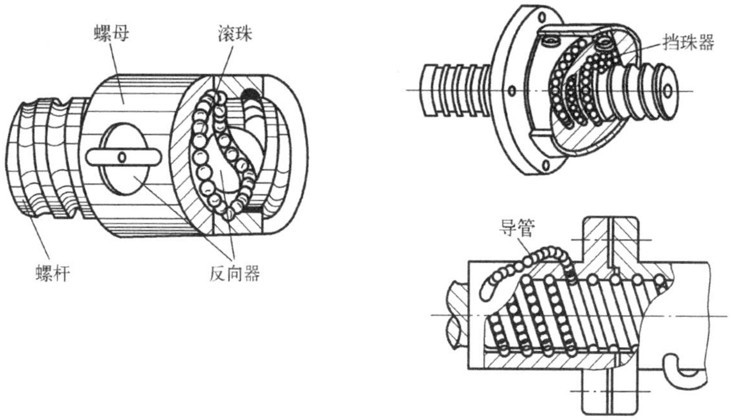

图 6-22

（二）滚珠丝杠的特点及应用

优点：传动效率高（可达 90%），起动力矩小，传动灵活平稳，低速不爬行，同步性好，定位精度高，正逆运动效率相同，可实现逆传动。

缺点：不自锁，需附加自锁装置，抗震性差，结构复杂，制造工艺要求高，成本较高。

广泛应用于数控机床、自动化设备、测量仪器、印刷包装机械、纺织机械、制药机械、玻璃机械以及其他需要精密路径定位的领域。

6.3 键联接的选择计算

问题引入

已知某减速器中的齿轮安装在轴的两支点之间，构成静联接。齿轮与轴的材料均为锻钢，齿轮精度为 7 级，安装齿轮处的轴径 = 60mm，齿轮轮毂宽度为 110mm。要求传递的转矩，载荷有轻微冲击。试设计此平键联接，如图 6-23 所示。

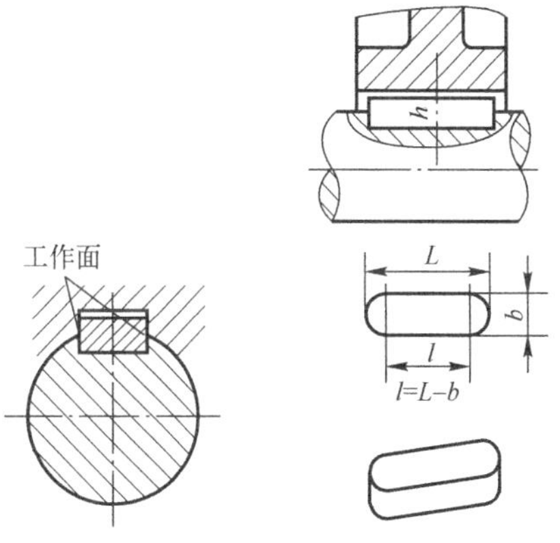

图 6-23 平键联接

任务分析

键是标准零件，通常用来实现轴与轮毂之间的周向固定以传递转矩，还能实现轴上零件的轴向固定或轴向移动的导向。本任务要求学生完成键联接的类型及尺寸的选择，并验算其强度是否足够。

销在机器中可以起定位和联接的作用。本任务要求学生掌握其类型及用途。

知识链接

一、键联接的类型和应用

键是标准零件，通常用来实现轴与轮毂之间的周向固定以传递转矩，还能实现轴上零件的轴向固定或轴向移动的导向。键联接的主要类型有：平键联接、半圆键联接、楔键联接和切向键联接。平键联接和半圆键联接为松键联接，楔键联接和切向键联接为紧键联接。

1. 平键联接

平键的两侧面是工作面。这种键联接定心性好，装拆方便，能承受冲击或变载荷。工作时靠键与键槽互相挤压与键的剪切传递转矩。按工作情况不同，平键又分为普通平键、导向平键和滑键三种。

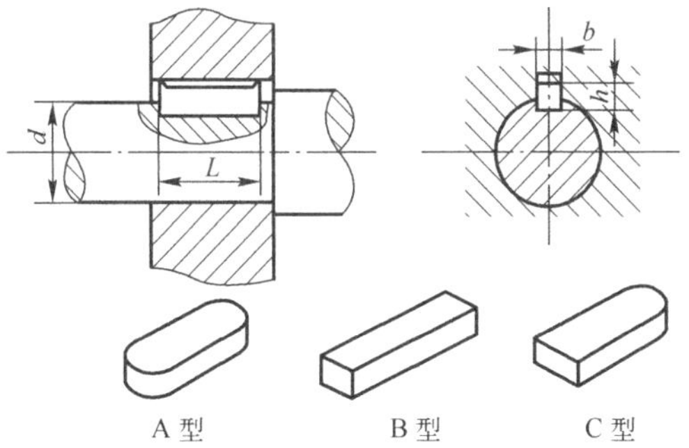

图 6-24

（1）普通平键。普通平键，应用最广，构成静联接，如图 6-24 所示。普通平键按端部形状不同分为 A 型（圆头）、B 型（方头）、C 型（单圆头）三种。A 型键和 C 型键在轴上的键槽用端铣刀加工（见图 6-25（a）），B 型键在轴上的键槽用盘状铣刀加工（见图 6-25（b））。与 B 型键相比，A 型键在键槽中易于固定，但轴上键槽的应力集中较大。C 型键常用于轴端处。

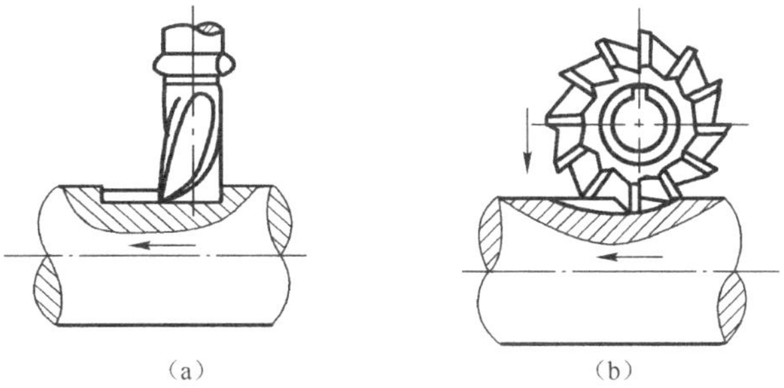

图 6-25

(2) 导向平键和滑键。当轴与轮毂之间有相对轴向移动时，可采用导向平键和滑键联接，如图 6–26 所示。导向平键较长，需用螺钉固定在轴槽中，为便于装拆，在键上制出起键螺纹孔，以便拆卸时拧入螺钉使键退出键槽。当轴上零件滑移距离较大时，为避免导向平键过长，宜采用滑键。滑键固定在轮毂上并随轮毂一起在轴槽中作轴向滑动。

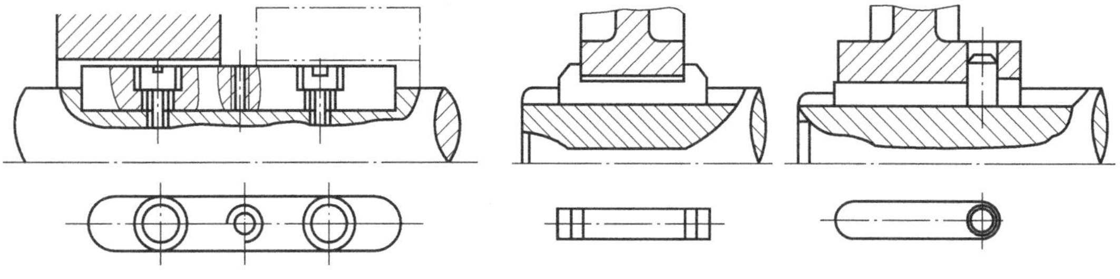

(a) 导向平键连接　　(b) 滑键连接

图 6–26

2. 半圆键联接

半圆键的两侧面是工作面，如图 6–27 所示，半圆键能在轴槽中摆动，可适应轮毂键槽的倾斜，对中性好，装卸方便；但轴上键槽较深，对轴的强度削弱较大。半圆键主要用于轻载和锥形轴端的联接。

3. 楔键联接

如图 6–28 所示，楔键上、下面是工作面，常用的有普通楔键和钩头楔键两种。键的上表面和轮毂键槽底面均具有 1∶100 的斜度，装配时把楔键打入轴和轮毂的键槽内，使在工作面上产生很大的压紧力。工作时主要靠楔紧的摩擦力传递转矩，并能承受单方向的轴向力。由于楔键打入时迫使轴和轮毂产生偏心，因此多用于对中性要求不高、载荷平稳和转速较低的场合。

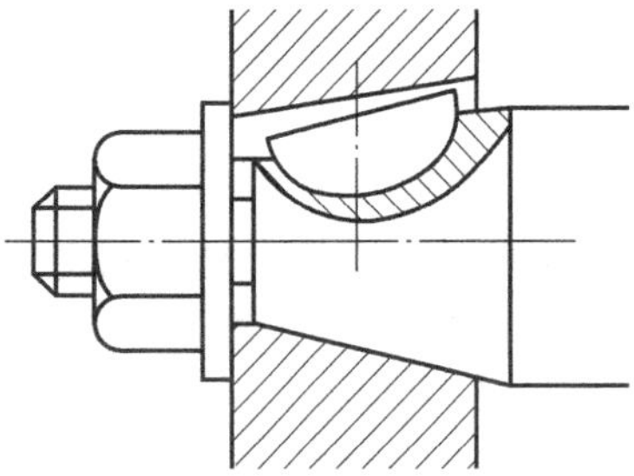

图 6–27

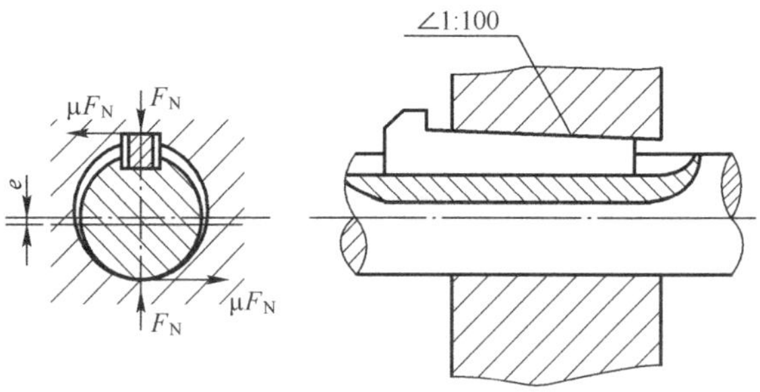

图 6–28

4. 平键联接尺寸选择和强度计算

(1) 键的选择。键的选择主要考虑以下几项。

① 材料选择。键一般采用抗拉强度极限 $s_B < 600\text{MPa}$ 的碳钢制造，通常用 45 钢。

② 类型选择。键的类型应根据键联接的结构、使用特性及工作条件来选择。选择时应考虑以下情况：需要传递转矩的大小；联接于轴上的零件是否需要沿轴滑动及滑动距

离的长短；对于联接的对中性要求；键是否需要具有轴向固定的作用，以及键在轴上的位置等。

③ 尺寸选择：键的剖面尺寸 $b \times h$ 按轴的直径 d 由标准（普通平键和键槽的尺寸见表6-11）中选定。键的长度 L 一般按轮毂宽度设定，要求键长等于或比轮毂略短5～10mm，且符合长度系列值。

表6-11　普通平键和键槽的尺寸

轴的直径 d	键的尺寸				键槽		
	b	h	C或r	L	t	t_1	半径r
自6～8	2	2	0.16～0.25	6～20	1.2	1	0.08～0.16
>8～10	3	3		6～36	1.8	1.4	
>10～12	4	4		8～45	2.5	1.8	
>12～17	5	5	0.25～0.4	10～56	3.0	2.3	0.16～0.25
>17～22	6	6		14～70	3.5	2.8	
>22～30	8	7		18～90	4.0	3.3	
>30～38	10	8	0.4～0.6	22～110	5.0	3.3	0.25～0.4
>38～44	12	8		28～140	5.0	3.3	
>44～50	14	9		36～160	5.5	3.8	
>50～58	16	10		45～180	6.0	4.3	
>58～65	18	11		50～200	7.0	4.4	
>65～75	20	12	0.5～0.8	56～220	7.5	4.9	0.4～0.6
>75～85	22	14		63～250	9.0	5.4	

注：L系列为6，8，10，12，14，18，20，22，25，28，32，36，40，45，50，56，63，70，80，90，100，110，125，140，160，180，200，250……

标记示例：圆头普通平键（A型），b=16，h=10，L=100的标记为：键16×100 GB/T 1096—2003

方头普通平键（B型），b=16，h=10，L=100的标记为：键B16×100 GB/T 1096—2003

单圆头普通平键（C型），b=16，h=10，L=100的标记为：键C16×100 GB/T 1096—2003

（2）平键的强度计算。图6-29所示为普通平键联接工作时受力情况的示意图，在切向力 F 的作用下，键和键槽的两侧面受挤压，键的 a—a 面受剪切。除非严重过载，否则不会出现键的剪切破坏。因此，通常只按工作面上的挤压应力进行强度校核计算。

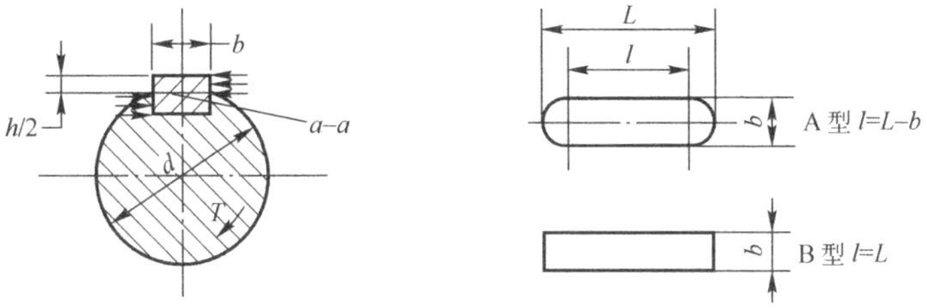

图6-29

假定载荷在键的工作面上均匀分布，不计摩擦，普通平键联接的强度条件为

$$\sigma_p = \frac{4T}{dhl} \leq [\sigma_p] \tag{6-15}$$

式中，d 为轴的直径（mm）；h 为键的高度（mm）；l 为键的工作长度（mm）；T 为传递转矩（N·mm）；$[\sigma_p]$ 为许用挤压应力（MPa），见表6-12。

表6-12 键联接的许用挤压应力

许用应力	零件材料	载荷性质		
		静载荷	轻微冲击载荷	冲击载荷
$[\sigma_p]$ /MPa	钢	125～150	100～120	60～90
	铸铁	70～80	50～60	30～45

注：1. $[\sigma_p]$ 值与该零件材料的机械性能有关，σ_b 值较高的材料可取偏上限值，反之则取偏下限值。

2. 与键有相对滑动的被联接件表面若经过淬火，则 $[\sigma_p]$ 值可提高2～3倍。

国家标准规定，键的材料采用抗拉强度不低于600MPa的钢制造，常用45钢。

当1个普通平键联接不能满足强度要求时，采用两个平键，相隔180°布置，考虑到载荷分布不均匀，按1.5倍单键键长计算联接的强度。

若强度仍不满足，则应考虑设计花键联接。

二、花键联接

当轴、轮毂联接传递的载荷较大或定心精度要求较高时，采用花键联接。花键联接是由轴和轮毂孔沿周向均布的许多键齿构成的联接，如图6-30所示，键齿的两侧面为工作面。适用于静联接或动联接。

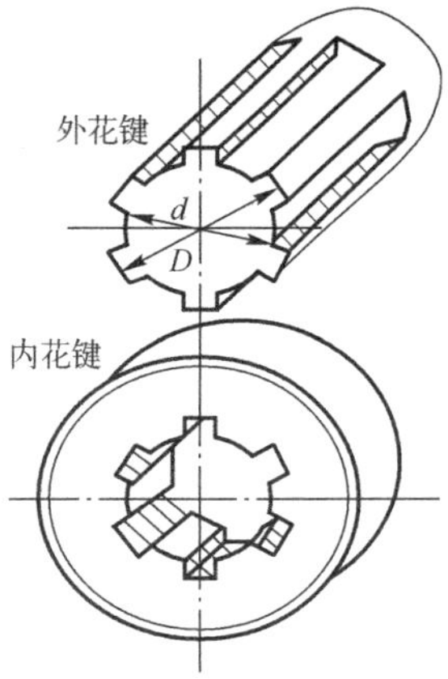

图6-30

1. 花键联接的特点

(1) 优点。花键联接的优点如下。

① 因为在轴上和轮毂孔上直接而匀称地制出较多的齿与槽，故联接受力较均匀。

② 因槽较浅，齿根处应力集中较小，轴与毂强度削弱较少。

③ 齿数较多，总接触面积较大，因而可承受较大载荷。

④ 轴上零件与轴的对中性好。

⑤ 导向性好。

⑥ 可用磨削的方法提高加工精度及联接质量。

(2) 缺点。花键联接的缺点如下。

① 齿根仍有应力集中。

② 需用专门机床加工，成本较高。

花键联接适用于定心精度要求高、载荷大或经常滑移的联接。花键已标准化，花键联接的齿数、尺寸、配合等均应按标准选取。

2. 花键联接的类型

花键联接按齿形不同，可分为矩形花键和渐开线花键两种。

(1) 矩形花键。如图6-31所示，矩形花键的齿廓为直线，容易制造，应用广泛。按键数和键高的不同，矩形花键分为轻、中两个系列：轻系列用于较轻载荷的静联接；中系列用于中等载荷的联接。

(2) 渐开线花键。如图6-32所示，渐开线花键的齿廓为渐开线，受载时齿面上有径向力，起自动定心作用，使各齿均匀承载，根部强度高。渐开线花键可以用制造齿轮的方法来加工，工艺性好，加工精度高。因此，渐开线花键联接常用于传递载荷较大、轴径较大、大批量及重要的场合。

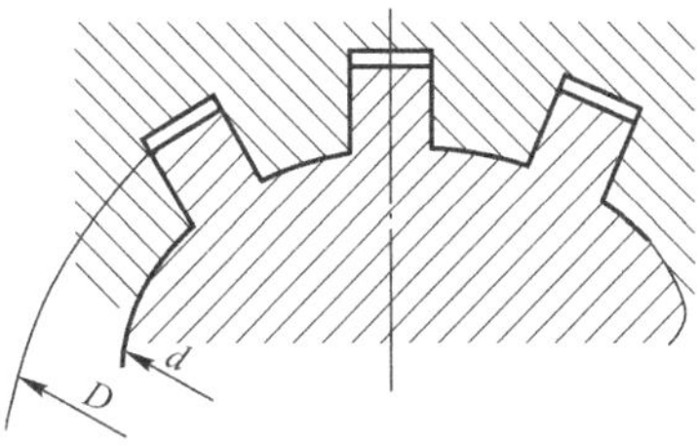

图6-31

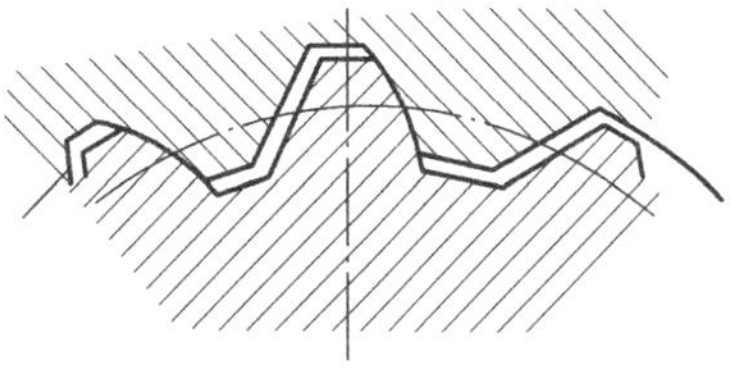

图6-32

3. 花键联接强度计算

花键联接的强度计算与键联接相似，首先根据联接的结构特点、使用要求和工作条件选定花键类型和尺寸，然后进行必要的强度校核。

花键联接主要失效形式是工作面的压溃（静联接）或工作面的过度磨损（动联接）。因此，键联接按工作面上的挤压应力进行强度计算；动联接按工作面上的压强进行条件性的计算。

计算时，假定载荷在键的工作面上均匀分布，各齿面上压力的合力 F 作用在平均直径处，如图6-33所示，并引入系数 ψ 来考虑实际载荷在各花键齿处分配不均的影响，则花键联接强度条件如下。

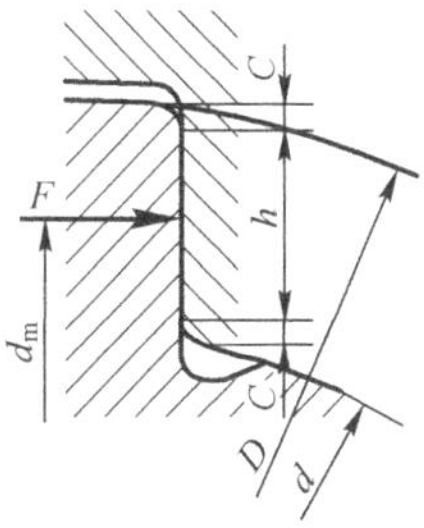

图6-33

静联接

$$\sigma_p = \frac{2T\times 10^3}{\psi zhld_m} \leqslant [\sigma_p]\,\text{MPa} \qquad (6\text{-}16)$$

动联接

$$p = \frac{2T\times 10^3}{\psi zhld_m} \leqslant [p]\,\text{MPa} \qquad (6\text{-}17)$$

式中，ψ 为载荷分布不均系数，一般 $\psi=0.7\sim0.8$，齿数多时取偏小值；z 为花键的齿数；l 为齿的工作长度；h 为花键齿侧面的工作高度；矩形花键：$h=\frac{D-d}{2}-2C$，其中，D 为外花键大径，d 为内花键的小径，C 为倒角尺寸；渐开线花键：$\alpha=30°$，$h=m$，$\alpha=45°$，$h=0.8m$，m 为模数；d_m 为花键平均直径；矩形花键：$d_m=\frac{D+d}{2}$；渐开线花键：$d_m=d_f$，d_f 为分度圆直径（mm）。

$[\sigma_p]$、$[p]$ 分别为许用挤压应力、许用压力，见表6-13。

表 6-13 花键联接的许用挤压应力 $[\sigma_p]$、许用压力 $[p]$

许用挤压应力、许用压力	联接工作方式	使用和制造情况	齿面未经热处理	齿面经热处理
$[\sigma_p]$	静联接	不良	35～50	40～70
		中等	60～100	100～140
		良好	80～120	120～200
$[p]$	空载下移动的动联接	不良	15～20	20～35
		中等	20～30	30～60
		良好	25～40	40～70
	在载荷下移动的动联接	不良	—	3～10
		中等	—	5～15
		良好	—	10～20

注：1. 使用和制造情况不良系指受变载荷、双向冲击载荷、振动频率高和振幅大、润滑不良（对滑动联接）、材料硬度不高或精度不高等。

2. 相同情况下，$[\sigma_p]$ 或 $[p]$ 的较小值用于工作时间长和较重要的场合。

3. 花键材料的抗拉强度极限不低于 600MPa。

三、销联接

销在机器中可以起定位和联接的作用，用来固定零件之间的相对位置的销，称为定位销，如图 6-34 所示，它是组合加工和装配时的重要辅助零件；用来联接的销称为连接销，如图 6-35 所示，可传递不大的载荷。

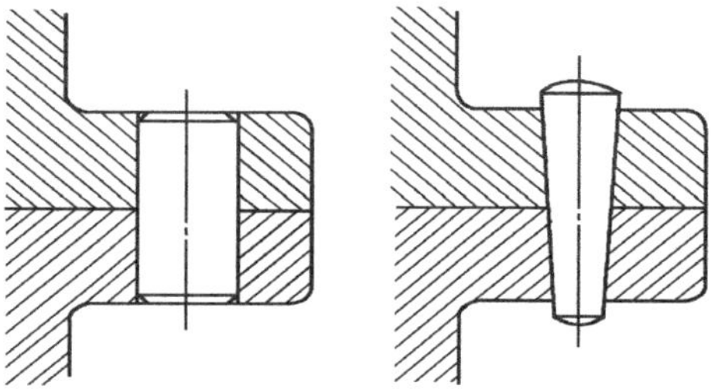

图 6-34

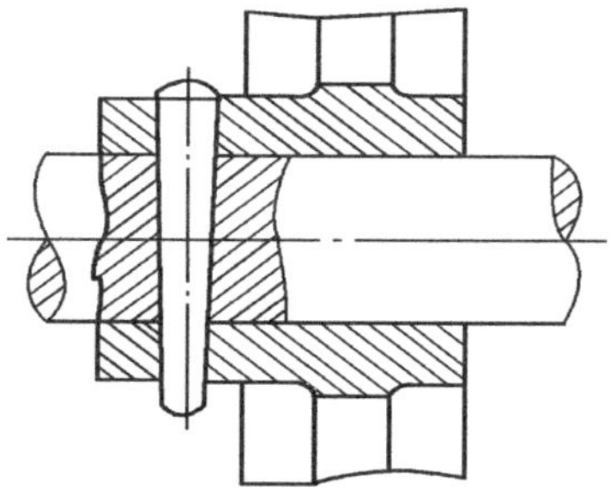

图 6-35

销有圆柱销和圆锥销两种基本类型，这两类销均已标准化。圆柱销利用微量过盈固定在销孔中，经过多次装拆后，联接的紧固性及精度降低，只适用于不常拆卸处。圆锥销有 1∶50 锥度，装拆比圆柱销方便，多次装拆对联接的紧固性及定位精度影响较小，应用广泛。

销还有许多特殊形式。图 6-36（a）所示为大端具有外螺纹的圆锥销，便于装拆，可用于盲孔；图 6-36（b）所示为小端带外螺纹的圆锥销，可用螺母锁紧，适用于有冲击的场合。图 6-37 所示为带槽的圆柱销，称为槽销，用弹簧钢滚压或模锻而成。销上有三条压制的纵向沟槽，槽销压入销孔后，它的凹槽即产生收缩变形，借助材料的弹性而固定在销孔中，销孔无须铰光可多次装拆，适用于承受振动和变载荷的联接。开尾圆锥销（见图 6-38）销尾可分开，能防止松脱，多用于振动冲击场合。弹性圆柱销（见图 6-39）用弹簧钢带卷制而成，具有弹性，用于冲击振动场合。开口销（见图 6-40）是一种防松零件，用于锁紧其他紧固件。

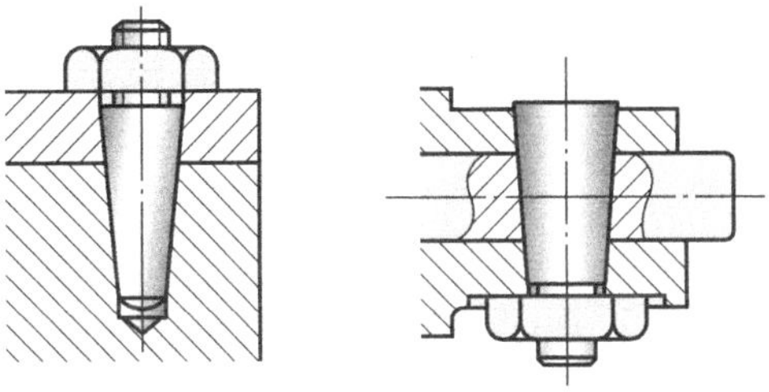

(a)　(b)

图 6-36

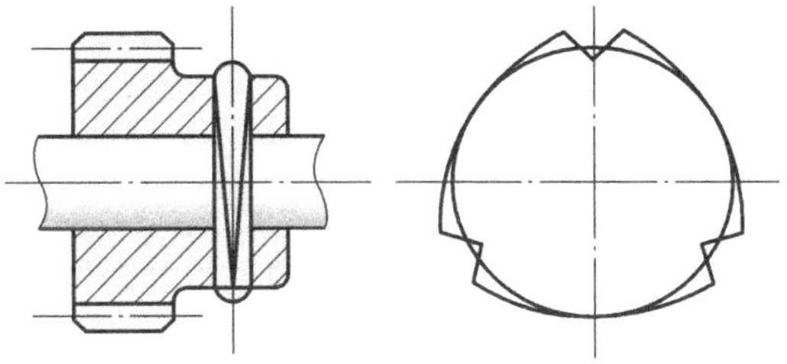

图 6-37

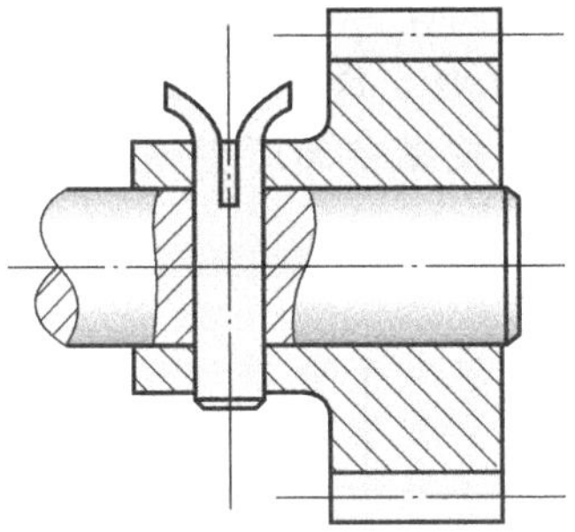

图 6-38

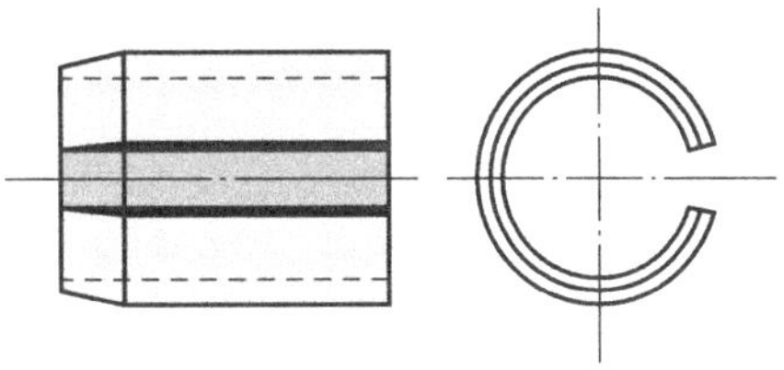

图 6-39

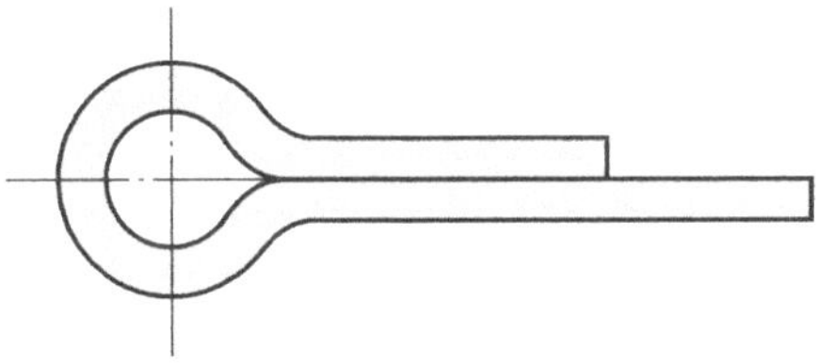

图 6-40

问题解答

题目见问题引入。

解:

(1) 由于8级精度以上的齿轮要求具有一定的定心精度，故该轴毂联接应选择普通平键联接。又因为该齿轮位于两支点之间，所以选择A型键（圆头）。

根据键所在的轴径选择键的截面尺寸。轴径 $d=60$mm，从表6-11查得键宽 $b=18$mm，键高 $h=11$mm。键长 $L=100$mm。

(2) 键联接的强度计算。因为键、轴和毂的材料均为钢，查表6-12得许用应力 $[\sigma_p]=100\sim120$MPa，取 $[\sigma_p]=110$MPa。

键的工作长度 $l=L-b=100-18=82$mm，

由式（6-15）得

$$\sigma_p=\frac{4T\times10^3}{dhl}\leqslant[\sigma_p]\quad(\text{MPa})$$

结论：强度满足。

键的标记：键 18×100GB/T 1096—2003（A 型键不用标出 A，而 B 或 C 则应标明）。

知识拓展：无键联接

一、过盈联接

过盈联接是利用零件间的过盈配合形成的联接，其配合表面多为圆柱面，也有圆锥或其他形式的配合面。过盈联接使配合面间产生一定的压力，工作时靠此压力产生的摩擦力传递转矩或轴向力。

过盈联接的特点是结构简单，同轴性好，轴上不开孔或槽，对轴削弱小，承载能力高，耐冲击性能好。但配合表面的加工精度要求高，且装拆不方便。图 6-41（a）所示为蜗轮齿圈与轮心的过盈配合联接。图 6-41（b）所示为一种螺母使结合面产生相对轴向位移和压紧的圆锥面过盈联接。

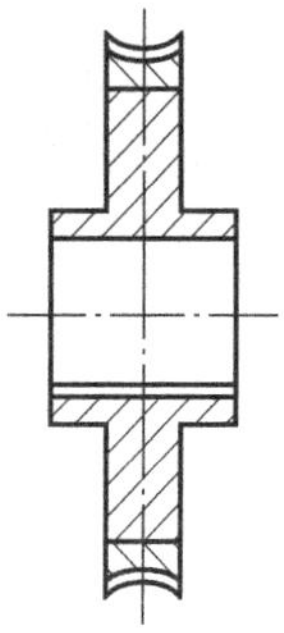

（a）

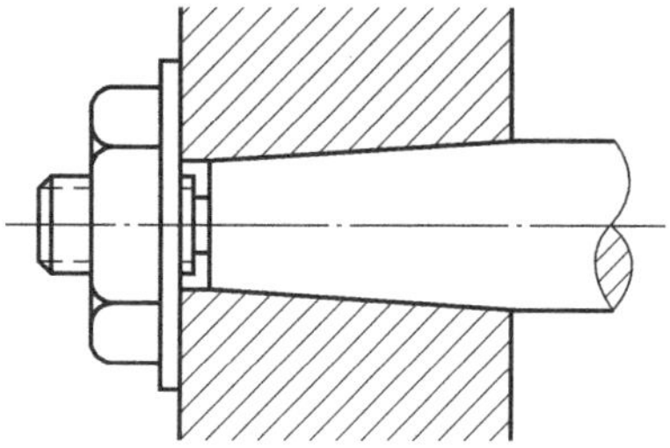

（b）

图 6-41

过盈联接装配时可采用压入法和温差法两种装配方法。压入法将较大的轴强制压入较小的毂孔中，压入过程中不可避免地会损伤配合表面，故会降低联接的紧固性。为了减少过大损伤，装配时配合表面应涂润滑油。用温差法装配时，将毂孔加热使其膨胀，或者将轴冷却使其收缩，也可以同时加热毂孔及冷却轴，以形成装配间隙顺利实现装配，从而达到联接的目的。温差法配合表面损伤较小，紧固性高，承载能力强。一般尺寸小或过盈量小时可采用压入法装配，尺寸大或过盈量大时采用温差法装配。

过盈配合设计要点是按载荷选择适用的配合并校核其最小过盈能传递所承受的载荷，最大过盈不会引起轴或轮毂失效。还可以计算压入力、压出力和加热温度。

二、成形联接

成形联接是利用非圆截面的轴与相应轮廓的毂孔配合而构成的联接，如图 6-42 所示。因这种联接不用键或花键，故又称无键联接。

轴和毂孔可以是柱形的（见图 6-42（a）），也可以是锥形的（见图 6-42（b））。前者只能传递转矩，后者除可传递转矩外，还能传递轴向力，制造过程较为复杂。成形联接也有采用方形、六方形等截面形状的。成形联接对中良好，又没有键槽及尖角引起的应力集中，故可传递较大的转矩，装拆也很方便，但加工比较复杂，应用不普遍。

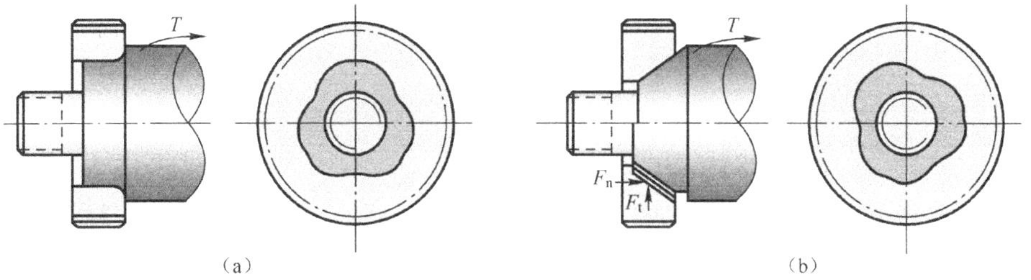

图6-42

思考题

一、简答题

1. 螺纹的主要参数是什么？螺距和导程有何不同？

2. 螺纹联接为什么要防松？防松的根本问题是什么？防松的基本原理有哪几种？

3. 螺纹联接的主要失效形式和计算准则是什么？

4. 为什么联接螺纹多用三角形螺纹，而传动螺纹多用梯形螺纹？

5. 圆头（A型）、平头（B型）及单圆头（C型）普通平键各有何优缺点？它们分别用在什么场合？轴上的键槽是如何加工出来的？

6. 导向平键联接和滑键联接有什么不同？各适用于何种场合？

二、分析计算题

1. 液压缸的普通螺栓连接，布置有8个螺栓，材料为45钢。汽缸内径 $D=80$mm，油压 $P=12$MPa，如图6-43所示，橡胶垫片，安装时要控制预紧力，试确定螺杆的直径。

2. 图6-44所示为减速器的低速轴与凸缘联轴器及圆柱齿轮之间分别采用键联接。已知轴传递的转矩 $T=1000$N·m，齿轮的材料为锻钢，凸缘联轴器材料为HT200，工作时有轻微冲击，联接处轴及轮毂尺寸如图所示。试选择键的类型和尺寸，并校核联接的强度。

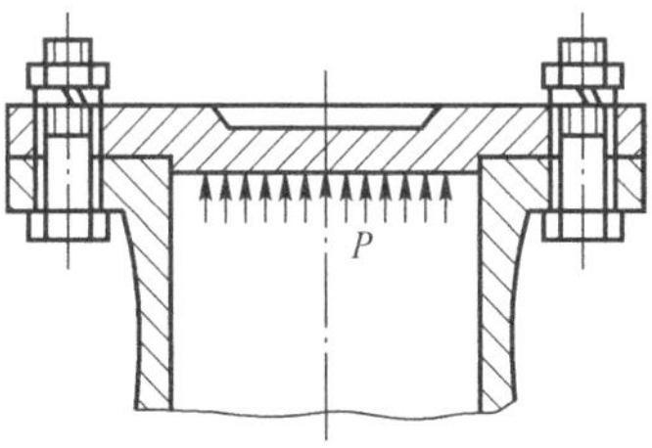

图6-43

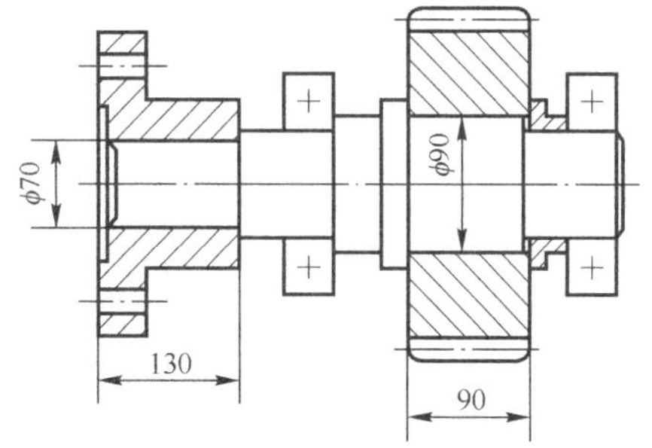

图6-44

3. 轴与轮毂分别采用B型普通平键联接和中系列矩形花键联接。已知轴的直径（花键的大径）$d=102$mm，轮毂宽度 $L=150$mm，轴和轮毂的材料均为碳钢，取许用挤压应力 $[\sigma_p]=100$MPa，试计算两种联接各允许传递的转矩。

模块 7

轴系零件

7.1 滚动轴承的选择计算

问题引入

如图 7-1 所示，已知一单级圆柱齿轮减速器中，相互啮合的一对齿轮为渐开线圆柱直齿轮，传动轴轴颈直径为 $d=55\text{mm}$，转速 $n=1450\text{rpm}$，拟采用滚动轴承，轴承所承受的径向载荷 $F_r=2400\text{N}$，外传动零件传递给轴的轴向载荷为 $F_a=520\text{N}$，载荷平稳，工作温度正常要求预期寿命 25000h，试确定轴承型号。

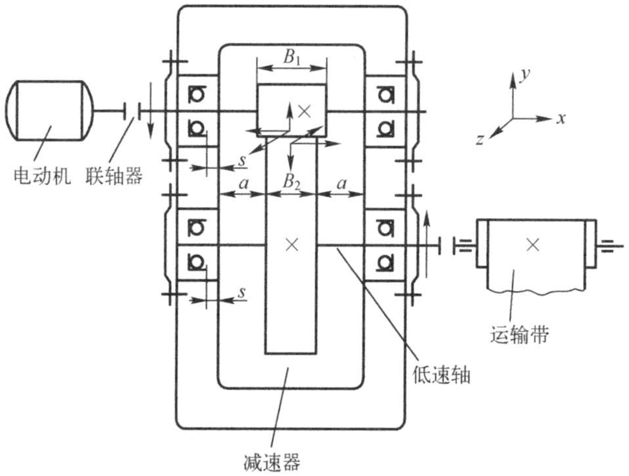

图 7-1

知识分析

轴承是机器中主要用来支承轴的部件，用以保证轴的旋转精度，并减少轴与支承物间的摩擦和磨损。有时轴承也被用来支承轴上的旋转零件。机械装置效率、寿命以及经济性等与轴承有着密切的联系。按照轴承工作的摩擦性质，轴承可分为滑动摩擦轴承（简称滑动轴承）、滚动摩擦轴承（简称滚动轴承）。

通过本模块的学习，能完成对轴承的特点、主要结构及材料的认识，且能进行滚动轴承的选用和组合设计，以及完成设计说明书。

知识链接

一、滑动轴承的认识及应用

1. 滑动轴承的分类

(1) 按承受载荷的方向，可分为径向滑动轴承和推力滑动轴承。

① 径向滑动轴承，如图7-2（a）所示。轴承上的反作用力与轴线垂直的轴承称为径向滑动轴承。

② 推力滑动轴承，如图7-2（b）所示。轴承上的反作用力与轴线方向一致的轴承称为推力滑动轴承。

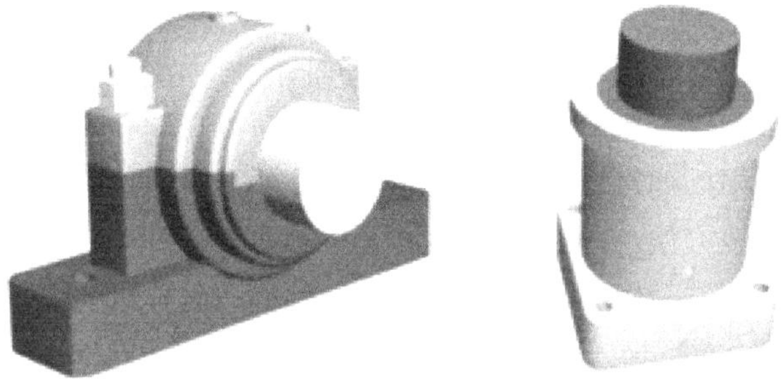

（a）径向滑动轴承　　（b）推力滑动轴承

图7-2

(2) 按轴承工作表面的摩擦状态，可分为液体摩擦滑动轴承和非液体摩擦滑动轴承。

① 液体摩擦滑动轴承（见图7-3（a））。其工作原理是在轴颈和轴瓦的摩擦面间有充足的润滑油，润滑油的厚度较大，将轴颈和轴瓦表面完全隔开。这种轴承适用于高速、高精度和重载等场合。

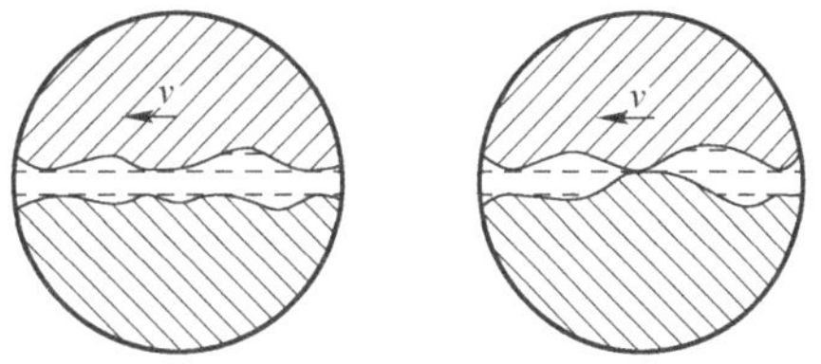

（a）液体摩擦滑动轴承　　（b）非液体摩擦滑动轴承

图7-3

② 非液体摩擦滑动轴承（见图7-3（b））。其工作原理是依靠吸附于轴和轴承孔表面的极薄油膜，但不能完全将两摩擦表面隔开，有一部分表面直接接触。如果润滑油完全流失，将会出现干摩擦、剧烈摩擦、磨损等，甚至发生胶合破坏。

2. 滑动轴承的结构

(1) 径向滑动轴承的结构。常用滑动轴承的结构形式及其尺寸已经标准化，应尽量选用标准形式。这类轴承可分为整体式滑动轴承、剖分式滑动轴承、自动调心式滑动轴承、间隙可调式滑动轴承。

① 整体式径向滑动轴承。如图7-4所示为整体式滑动轴承，它由轴承座、减摩材料制成的整体轴套和润滑装置组成。轴承套压装在轴承座孔中，一般配合为H8/s7。轴承座用螺栓与机座联接，顶部设有安装注油油杯的螺纹孔。轴套上开有油孔，并在其内表面开油沟以输送润滑油。

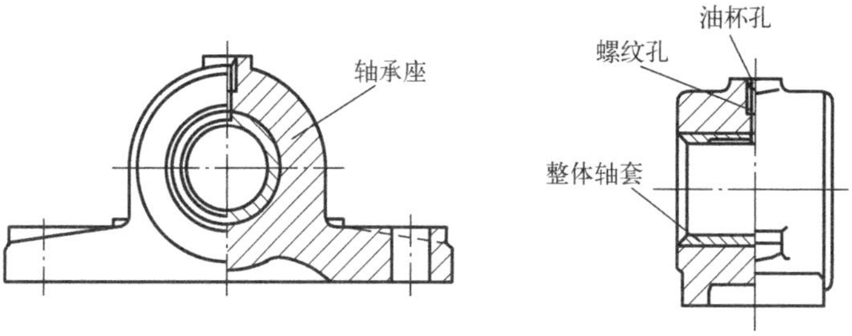

图 7-4

这种轴承结构简单、成本低廉。但轴套磨损后，轴颈与轴套之间的间隙无法调整，且轴颈只能从端部装入，对于重型机器的轴或具有中间轴颈的轴（如内燃机的曲轴），装拆不便或无法安装，所以整体式轴承常用于低速、轻载、间歇工作且不重要的场合，如手动机械、农业机械等。

② 剖分式滑动轴承。如图 7-5 为剖分式滑动轴承，它由轴承座、轴承盖、剖分轴瓦及双头螺柱等组成，在轴承座和轴承盖的剖分面上设有阶梯形定位止口，防止其错位，便于装配时对中，同时轴瓦磨损后的轴承间隙可用剖分面处的金属垫片来调整。在拆装轴时，轴颈不需要轴向移动，故拆装方便。

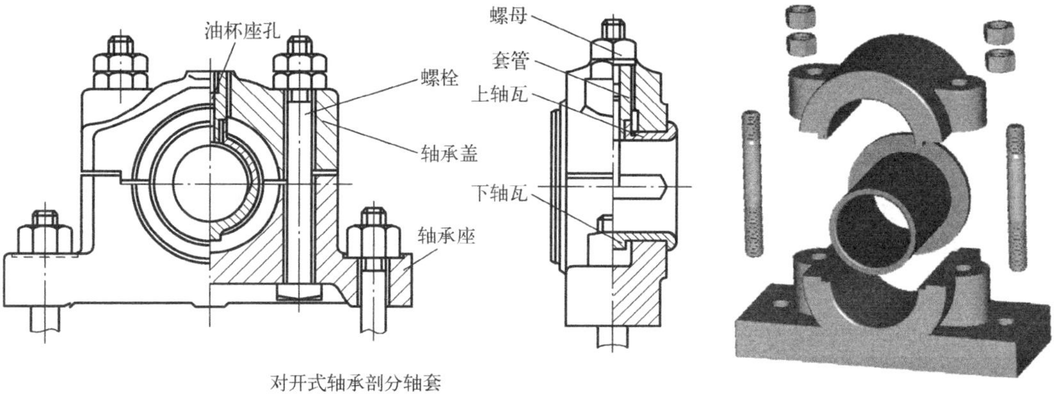

对开式轴承剖分轴套

图 7-5

③ 自动调心式滑动轴承。如图 7-6 为自动调心滑动轴承，将轴瓦的瓦背制成凸球面，并将支承面制成凹球面，利用两者之间的球面配合使轴瓦能在一定角度范围内摆动，以适应轴受力后的弯曲变形。但球面不易加工，故只用于轴承宽径比 b/d 为 1.5 ～ 1.75 的轴承。

（2）推力滑动轴承的结构。推力滑动轴承用来承受轴向载荷，主要由轴承座和止推轴瓦等组成，如图 7-7 所示。为了便于对中，止推轴瓦底部制成球面形式，并用销钉来防止它随轴颈转动，润滑油从底部进入，上部流出。

按轴颈支承面的结构形式不同，可分为实心式、空心式、单环式和多环式 4 种。如图 7-8（a）为实心推力轴颈，由于其工作时轴心与边缘磨损不均匀，以致当载荷较大时，可采用多环轴颈，如图 7-8（c）所示，这种结构的轴承能承受双向载荷。轴向接触环数目不宜过多，一般为 2 ～ 5 个，否则载荷分布不均现象更为严重。上述结构形式的轴向接触轴承不易形成液体动力润滑，通常处在非液体摩擦状态。故多用于低速、轻载的场合。

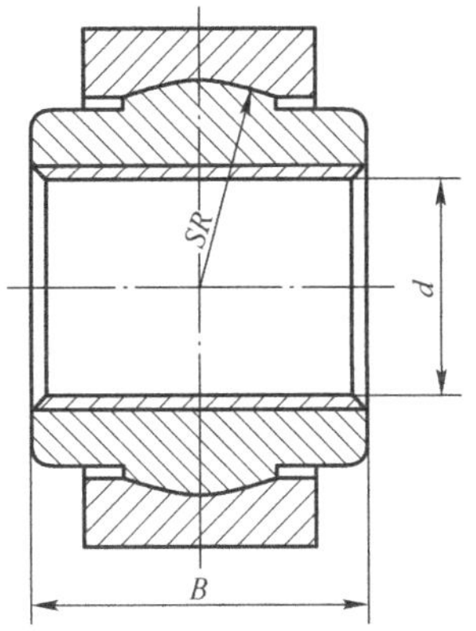

图 7-6

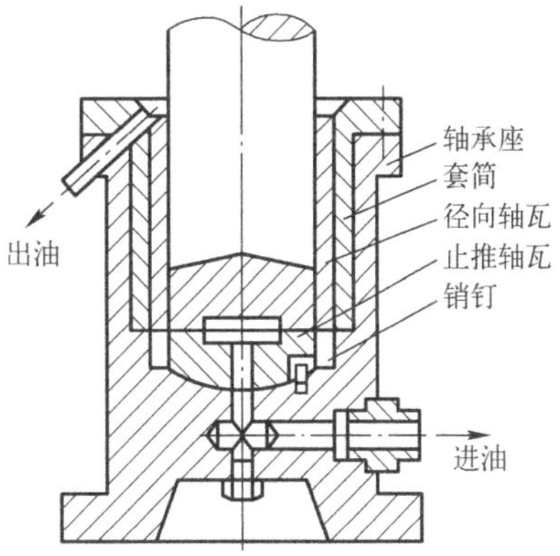

图 7-7

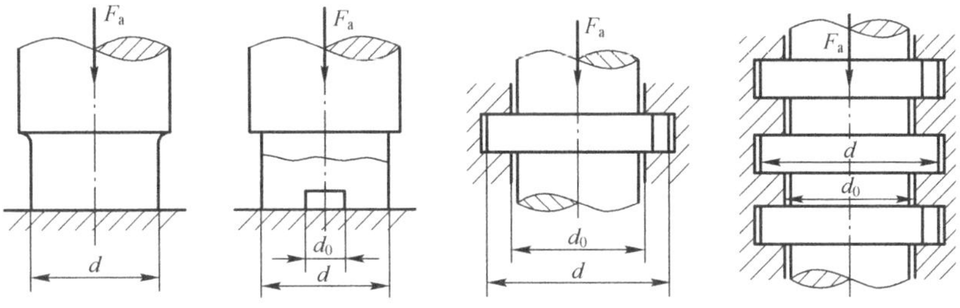

图 7-8

（3）轴瓦的结构。轴瓦是轴承与轴颈直接接触的零件，对于重要轴承，在轴瓦内表面还浇铸一层减摩性能好的轴承衬。轴承衬应可靠地贴合在轴瓦基体表面上，为此可采用如图 7-9 所示的结合形式。

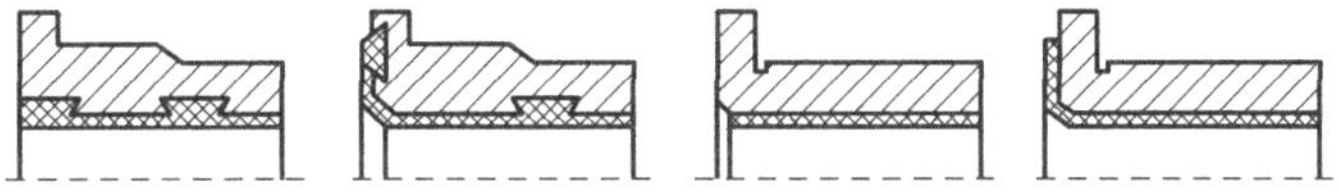

图 7-9

常用的轴瓦结构有整体式和剖分式。整体式轴承采用整体式轴瓦，整体式轴瓦又称轴套。剖分式轴承采用部分式轴瓦。为了使轴承与轴瓦结合牢固，可在轴瓦基体内壁制出沟槽，使其与合金轴承衬结合更牢。

为了将润滑油引入轴承，并布满于工作表面，常在其上开有供油孔和油沟；供油孔和油沟应开在轴瓦的非承载区，否则会降低油膜的承载能力。轴向油沟也不应在轴瓦全长上开通，以免润滑油自油沟端部大量泄漏。常见的油沟形式如图 7-10 所示。

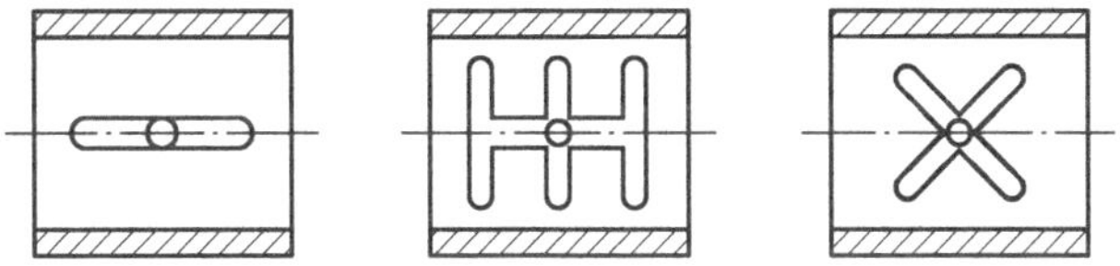

图 7-10

3. 滑动轴承的材料

(1) 对轴承材料性能的基本要求。轴瓦和轴承衬的材料统称为轴承材料。由于轴瓦是轴承中与轴颈直接接触的零件，其主要失效形式为磨损、胶合和疲劳破坏等，对轴承材料性能的基本要求有：

① 具有良好的减摩性、耐磨性和抗胶合性。

② 具有足够的强度，包括抗冲击强度、抗压强度和抗疲劳强度。

③ 具有良好的塑性、摩擦顺应性、嵌入性和磨合性。

④ 具有良好的导热性、润滑性及耐腐蚀性，较小的热膨胀性系数。

⑤ 良好的工艺性和经济性等。

(2) 常用的轴承材料。常用的轴承材料分为三大类：金属材料（如轴承合金、铜合金、铝基合金和铸铁等）、多孔质金属材料（粉末冶金材料）和非金属材料（如塑料、橡胶、石墨等）。

① 金属材料。金属材料如轴承合金、铜合金等。

- 轴承合金。主要是锡、铅、锑、铜的合金，具有良好的减摩性和抗胶合能力，顺应性、嵌入性和跑合性也很好，但强度低、硬度低、价格高，不能单独制成轴瓦，只能作为轴承衬材料使用。主要用于重载和中、高速的工作场合。
- 铜合金。它是铜与锡、铅、锌、铝的合金，是广泛使用的轴承材料。铜合金分青铜和黄铜两类。铜合金具有较高的强度、较好的减摩性和耐磨性，但顺应性、嵌入性和跑合性不如轴承合金。青铜的减摩性和耐磨性比黄铜好，故是最常用的轴承材料。青铜有锡青铜、铅青铜和铝青铜等几种，其中锡青铜的减摩性、耐磨性和抗腐蚀性能最好，适用于中速、重载的场合。铅青铜具有较高的抗胶合能力和冲击强度，适用于高速、重载的场合。铝青铜的强度和硬度都较高，适用于低速、重载的场合。黄铜适用于低速、中载的场合。
- 铸铁包括普通灰铸铁或加有镍、铬、钛等合金成分的耐磨铸铁和球墨铸铁，铸铁具有一定的减摩性和耐磨性，价格低廉，易于加工；但塑性、顺应性、嵌入性差，故适用于轻载、低速和不受冲击的工作场合。

② 粉末冶金材料。粉末冶金材料是指金属粉末经压制和烧结而成的多孔结构材料。该材料制成的轴承工作前经热油浸泡，使孔隙内充满润滑油，又称含油轴承，具有自润滑作用。工作时由于热膨胀以及轴颈转动的抽吸作用，使油自动进入润滑表面；不工作时因毛细管作用，油被吸回轴承内部，若能定期浸油，效果更佳。这种材料耐磨性好，价格比青铜低，但强度较差，故适用于不便加油的中低速、平稳无冲击载荷的工作场合。

③ 非金属材料。非金属材料主要有塑料、石墨、陶瓷、木材和橡胶等。塑料轴承的塑性、跑合性、耐腐蚀性、耐磨性好，具有一定的自润滑作用；但其导热性差，所以要注意冷却，可用于不宜使用润滑油的机器中。

橡胶轴承是用硬化橡胶制成，由于橡胶弹性大，所以可用于有振动的机器，也用于水润滑且有灰尘或泥沙的场合。

4. 滑动轴承的应用场合

(1) 工作转速极高的轴承。

(2) 要求轴的支承位置特别精确、回转精度要求特别高的轴承。

(3) 特重型轴承。

(4) 承受巨大冲击和震动载荷的轴承。

(5) 必须采用剖分结构的轴承。

(6) 要求径向尺寸特别小以及特殊工作条件的轴承。

滑动轴承在内燃机、汽轮机、铁路机车、轧钢机、金属切削机床以及天文望远镜等设备中应用很广泛。

二、滚动轴承的认识及应用

滚动轴承是机器上一种重要的通用部件。它依靠主要元件间的滚动接触来支撑转动零件，具有摩擦阻力小、容易起动、效率高、轴向尺寸小等优点，而且由于大量标准化生产，具有制造成本低的优点。因而在各种机械中得到了广泛的使用。

滚动轴承已经标准化，由专门的工厂大量生产。在机械设计中，我们的主要工作就是根据具体的工作条件正确的选用轴承的类型和尺寸，并进行轴承安装、调整、润滑、密封等轴承组合的结构设计。

1. 滚动轴承的基本结构

滚动轴承的基本结构如图 7-11 所示。它主要有外圈 1、内圈 2、滚动体 3 和保持架 4 等 4 个部分所组成。通常内圈与轴颈配合装配与轴一起转动，外圈的外径与轴承座或机架座孔相配合固定不转动。有时也有轴承内圈与轴固定不动、外圈转动的场合。工作时，滚动体在内外圈间滚动，保持架将滚动体均匀隔开，以减少滚动体之间的摩擦和磨损。

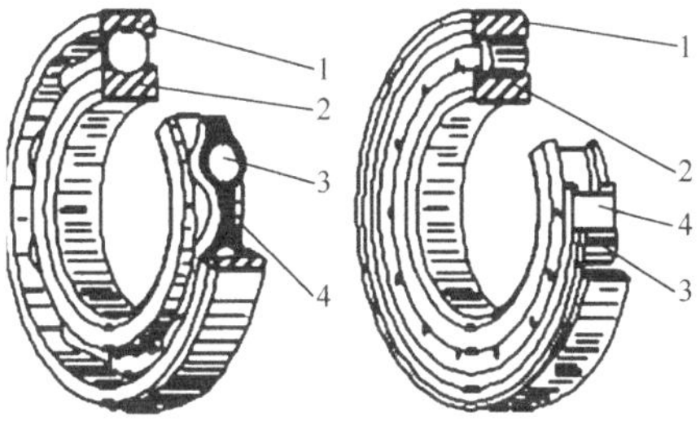

1—外圈；2—内圈；3—滚动体；4—保持架

图 7-11

作为转轴支撑的滚动轴承，显然其中的滚动体是必不可少的元件；有时为了简化结构，降低成本造价，可根据需要而省去内圈、外圈，甚至保持架等。这时滚动体直接与轴颈和座孔滚动接触。例如自行车上的滚动轴承就是这样的简易结构。

2. 滚动轴承的材料

轴承的内、外圈和滚动体，一般是用强度高、耐磨性好的铬锰高碳钢制造。常用牌号如 GCr15，GCr15SiMn 等（G 表示滚动轴承钢），热处理后硬度可达到 62 ～ 65HRC。由于一般轴承的这些元件都经过 150℃ 的回火处理，所以通常当轴承的工作温度不高于 120℃ 时，零件的硬度不会下降。保持架一般用低碳钢板、铜合金、铝合金、酚醛胶布或塑料做成。

3. 滚动轴承的类型及特点

滚动轴承的分类依据主要是其所能承受的载荷方向（或公称接触角）和滚动体的种类。所以滚动轴承的一个重要参数就是接触角。滚动体和套圈接触处的法线与轴承径向平面（垂至于轴承轴心线的平面）之间的夹角 α 称为公称接触角。α 越大，则轴承承受轴向载荷的能力就越大。

（1）按轴承的内部结构和所能承受的外载荷或公称接触角的不同，滚动轴承分为：向心轴承和推力轴承。

① 向心轴承（也称径向轴承）：主要或只能承受径向载荷，其公称接触角为 0°～45°。其中 $\alpha=0$ 的向心轴承称为径向接触轴承，如深沟球轴承；公称接触角在 0°～45°的向心轴承称为向心角接触轴承，如角接触球轴承、圆锥滚子轴承、调心轴承等。

② 推力轴承：主要用于承受轴向载荷的滚动轴承，其公称接触角为 45°～90°。其中 $\alpha=90°$ 的推力轴承，称为轴向接触轴承，如推力球轴承等。公称接触角为 45°～90°的推力轴承，称为推力角接触轴承，如推力角接触轴承等，如图 7-12 所示。

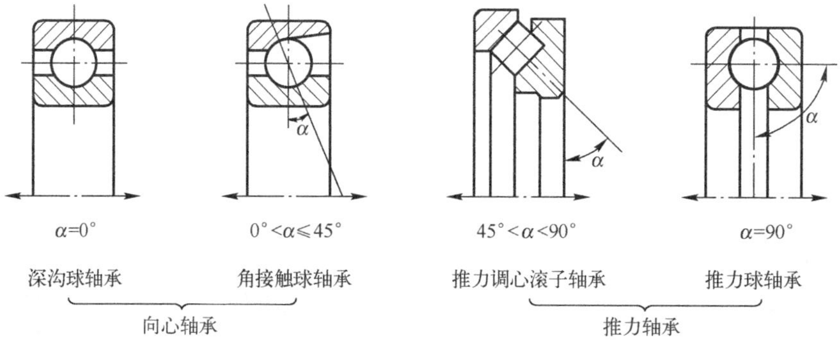

图 7-12

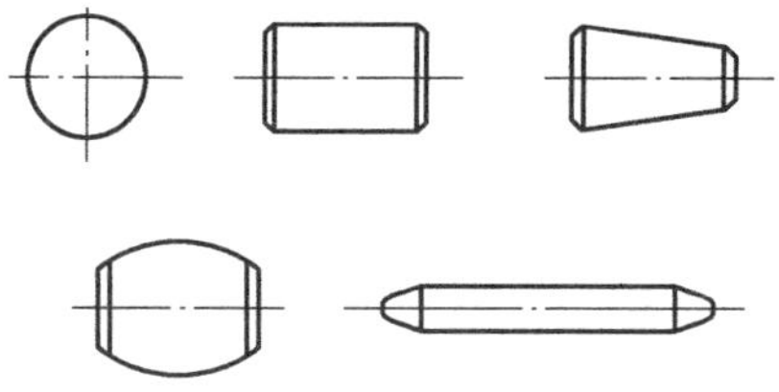

图 7-13

（2）滚动轴承按照滚动体的种类分为：球轴承和滚子轴承。而滚子又有圆柱滚子、鼓形滚子、圆锥滚子和滚针等，常见的滚动体如图 7-13 所示。在外轮廓尺寸相同的情况下，滚子轴承比球轴承的承载能力和抗冲击能力强。表 7-1 所示为球轴承和滚子轴承的一般特性比较。常用轴承的类型和性能见表 7-2。

表 7-1　球轴承和滚子轴承的一般特性比较

项　　目	球　轴　承	滚 子 轴 承
负荷	较小负荷	大负荷
转速	高速	较低速
摩擦	小	较大
耐冲击性	较小	较大

表 7-2　滚动轴承的主要类型和特性

轴 承 类 型	简　　图	极 限 转 速	允许角偏差	特　　性
调心 球轴承	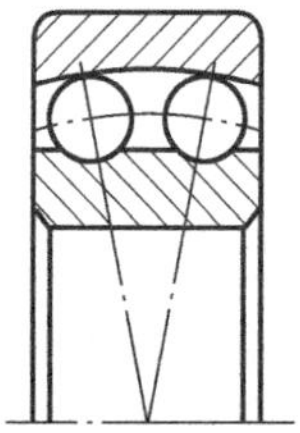	中	2°～3°	主要承受径向载荷，也可同时承受少量的双向轴向载荷。外圈滚道为球面，具有自动调心性能，适用于弯曲刚度小的轴

续表

轴承类型	简图	极限转速	允许角偏差	特性
调心滚子轴承	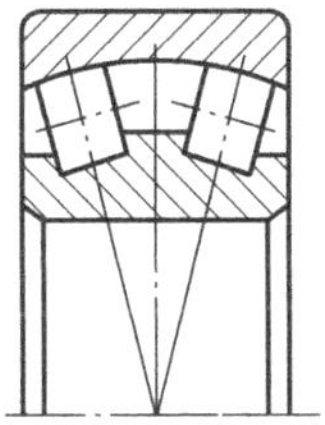	低	0.5°～2°	用于承受径向载荷，其承载能力比调心球轴承大，也能承受少量的双向轴向载荷。具有调心性能，适用于弯曲刚度小的轴
圆锥滚子轴承	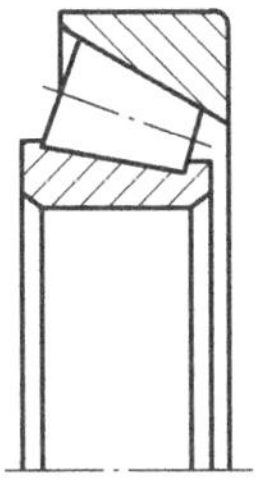	中	2′	能承受较大的径向载荷和轴向载荷。内外圈可分离，故轴承游隙可在安装时调整，通常成对使用，对称安装
双列深沟球轴承	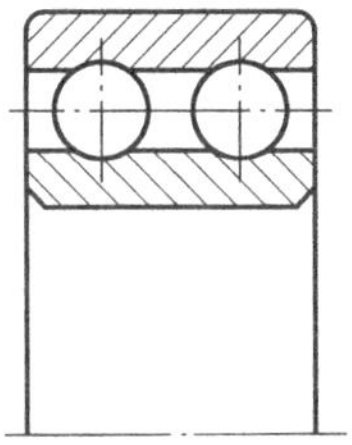	中	2′～10′	主要承受径向载荷，也能承受一定的双向轴向载荷。它比深沟球轴承具有更大的承载能力
推力球轴承	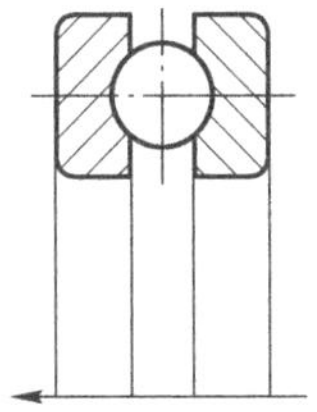 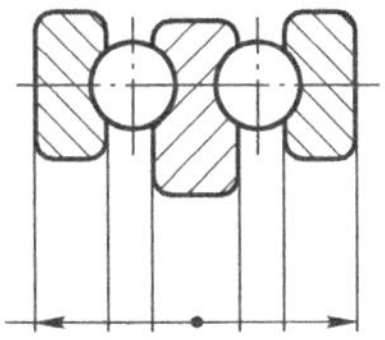	低	不允许	单向结构只能承受单向轴向载荷，适用于轴向力大而转速较低的场合 双向结构可承受双向轴向载荷，常用于轴向载荷大、转速不高处
深沟球轴承	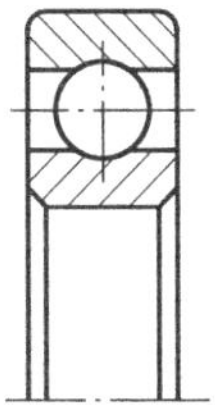	高	2′～10′	主要承受径向载荷，也可同时承受少量双向轴向载荷。摩擦阻力小，极限转速高，结构简单，价格便宜，应用最广泛
角接触球轴承	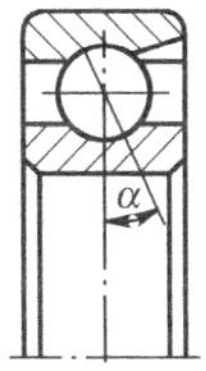	较高	2′～10′	能同时承受径向载荷与轴向载荷，接触角 α 有15°、25°、40°三种。适用于转速较高、同时承受径向和轴向载荷的场合

续表

轴承类型	简图	极限转速	允许角偏差	特性
推力圆柱滚子轴承	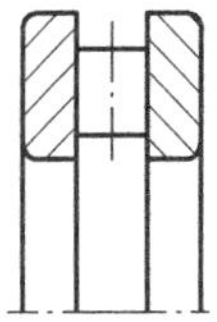	低	不允许	只能承受单向轴向载荷，承载能力比推力球轴承大得多，不允许轴线偏移。适用于轴向载荷大而不需调心的场合
圆柱滚子轴承	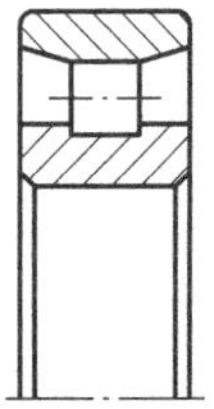	较高	2′～4′	只承受径向载荷，不能承受轴向载荷。承受载荷能力比同尺寸的球轴承大，尤其是承受冲击载荷能力大

4. 滚动轴承的代号

滚动轴承的类型很多，每一种类型的轴承，在结构、尺寸、精度和技术要求等方面又各不相同，为了便于生产和选用滚动轴承，国家标准规定了滚动轴承的代号用字母和数字表示，并由基本代号、前置代号和后置代号组成，其排列顺序如表 7-3 所示。

表 7-3　滚动轴承代号的构成

<table>
<tr><td>前置代号</td><td colspan="5">基本代号</td><td colspan="8">后置代号</td></tr>
<tr><td rowspan="3">轴承分部件代号</td><td>一</td><td>二</td><td>三</td><td>四</td><td>五</td><td rowspan="3">内部结构代号</td><td rowspan="3">密封与防尘结构代号</td><td rowspan="3">保持架及材料代号</td><td rowspan="3">特殊轴承材料代号</td><td rowspan="3">公差等级代号</td><td rowspan="3">游隙代号</td><td rowspan="3">多轴承配置代号</td><td rowspan="3">其他代号</td></tr>
<tr><td rowspan="2">类型代号</td><td colspan="2">尺寸系列代号</td><td colspan="2" rowspan="2">内径系列代号</td></tr>
<tr><td>宽度系列代号</td><td>直径系列代号</td></tr>
</table>

(1) 基本代号。基本代号表示滚动轴承的类型、结构与尺寸等主要特征，是滚动轴承代号的基础。自左向右，由类型代号、宽（高）度系列代号、直径系列代号和内径系列代号组成。一般最多为 5 位数字或 4 位数字和字母组成。

① 类型代号。用数字或大写拉丁字母表示。当用字母表示时，则类型代号与右边的数字代号之间空半个汉字的宽度。

② 宽（高）度系列代号。用基本代号左起第二位数字表示。它反映了具有相同内径和外径尺寸的轴承，对向心轴承，配有不同宽度尺寸系列，代号取 8、0、1、2、3、4、5、6，宽度依次增大，正常宽度的轴承此代号为“0”。

③ 直径系列代号。基本代号左起第三位数字表示。它反映了具有相同内径的轴承在外径方面的变化。按 7、8、9、0、1、2、3、4、5 的顺序，外径依次增大，轴承的承载能力也相应增大。

④ 内径系列代号。内径在 10 ～ 20mm 之间时，有 10mm、12mm、15mm、17mm 4 个直径尺寸，它们的代号分别为 00、01、02、03；内径在 20 ～ 480mm 之间时，代号为内径除以 5 的商数；公称内径为 500 以及 22、28、32 特殊值时，代号直接用公称内径表示，加“/”与尺寸系列代号隔开。

(2) 后置代号。后置代号用字母和数字等表示轴承的内部结构、公差等级和材料等方面的特殊要求，处于基本代号之后。表7-4中列出部分轴承内部结构代号。

表7-4 部分滚动轴承内部结构代号

代号	含义	代号	含义
AC	角接触球轴承，$\alpha=25°$	C	角接触球轴承，$\alpha=15°$；调心滚子轴承，C型
B	角接触球轴承，$\alpha=40°$； 圆锥滚子轴承，接触角加大	E	加强型

滚动轴承共有6个公差等级，其代号由低到高为/P0、/P6、/P6x、/P5、/P4、/P2，/P0在轴承代号中可省略不标。0级为普通级，可省略标注，6x级仅适用于圆锥子轴承。

(3) 前置代号。前置代号用字母表示，用来说明成套轴承部件特点的补充代号。如用L表示可分离轴承的可分离套圈，K表示轴承的滚动体与保持架组件等。可参阅GB/T 272—1993。

例：解释轴承代号7208 AC、N2210/P6的含义。

① 7208 AC。

7——角接触球轴承；

2——尺寸系列02：宽度系列0（省略），直径系列2；

08——轴承内径 $d=8\times5=40\text{mm}$；

AC——角接触球轴承，公称接触角 $\alpha=25°$；

公差等级为普通级0（省略）。

② N2210/P6。

N——圆柱滚子轴承；

22——尺寸系列22：宽度系列2，直径系列2；

10——轴承内径 $d=10\times5=50\text{mm}$；

P6——公差等级为P6。

5. 滚动轴承的类型选择

选用滚动轴承时，首先是选择轴承类型。由前所述，我国常用的滚动轴承的基本特点已在表7-1中说明。选择轴承类型时应考虑的主要因素如下。

(1) 轴承的载荷。轴承所受载荷是选择轴承类型的主要依据。

① 根据载荷的大小选择轴承类型。载荷较小时，应优先选用球轴承。因为球轴承中的主要元件间的接触是点接触，适于承受较轻或中等载荷，而滚子轴承中则主要为线接触，故用于承受较大的载荷或冲击载荷，承载后的变形也较小。

② 根据载荷的方向选择轴承类型。主要承受径向载荷时，选用深沟球轴承；同时承受径向载荷和轴向载荷时，选用角接触轴承；只承受轴向载荷时，选用推力轴承；承受的轴向载荷比径向载荷大很多时，选用推力轴承和深沟球轴承的组合。

(2) 轴承的转速。一般转速下，转速的高低对类型的选择不发生什么影响，只有在转速较高时，才会有比较显著的影响。从工作转速对轴承的要求来看，可以确定以下几点。

① 球轴承与滚子轴承相比，球轴承允许的极限转速高于滚子轴承，故在高速时应优先选用球轴承。

② 在内径相同的条件下，外径越小，则滚动体越小，质量越轻，运转时滚动体加在外圈滚道上的离心力也就越小，因而也就更适于在更高的转速下工作。故在高速时，宜选用轻系列的轴承。

③ 轴向接触球轴承允许的工作转速很低。当工作转速高时，若轴向载荷不十分大，可采用深沟球轴承或角接触球轴承。

④ 可以用提高轴承的精度等级，选用循环润滑，加强对循环油的冷却等措施来改善轴承的高速性能。

（3）轴承的调心性能。当轴的刚度较低或两轴承孔同轴度较低时，导致轴的中心线与轴承座中心线不重合，会造成轴承的内外圈轴线发生偏斜。这时，应采用有适当调心性能的调心球轴承。

圆柱滚子轴承和滚针轴承对轴承的偏斜最为敏感，这类轴承在偏斜状态下的承载能力可能低于球轴承。因此在轴的刚度和轴承座孔的支撑刚度较低时，应尽量避免使用这类轴承。

（4）轴承的安装和拆卸。便于装拆也是选择轴承类型时应考虑的一个因素。在轴承座无剖分面而必须沿轴向安装和拆卸轴承部件时，优先选用内圈、外圈可分离的轴承。

（5）轴承的经济性。低精度轴承比高精度轴承便宜。同型号滚动轴承尺寸公差等级由低到高依次为6（6x只适用于圆锥滚子轴承）、5、4、2，精度每提高一个等级，其价格就要提高几倍。因此在满足使用要求的情况下，尽量选用价格低廉的轴承，以降低成本。

6. 滚动轴承主要失效形式和设计准则

（1）滚动轴承主要失效形式。在一般机械设备传动系统中，由于滚动轴承的失效而造成整个传动系统的损坏所占的比例很大。因此，在滚动轴承的设计中如对各种因素考虑不周，就将降低实际的使用寿命。表7–5给出滚动轴承的主要失效形式及其失效原因。

（2）滚动轴承设计准则。设计准则是为预防失效所作的各类设计计算。为保证轴承正常工作，应针对其主要失效形式进行计算。

对于一般运转的滚动轴承，其主要失效形式是疲劳点蚀。为了防止疲劳点蚀，以疲劳强度计算为依据，进行轴承的寿命计算。

对于不回转、转速极低（$n<10\text{r/min}$）或间歇摆动的轴承，其失效形式塑性变形，为了防止塑性变形，以静强度为依据，进行轴承的强度计算。

表7–5　滚动轴承的主要失效形式

失效形式	现　象	失效原因
点蚀	内、外圈的滚道及滚动体的表面出现许多点蚀坑	过载、装配不当（配合过紧、内外圈不正）和润滑不良
磨粒磨损 黏着磨损	滚道表面、滚动体与保持架接触部位发生磨损，引起内部松动 在滚道及滚动体表面上有黏着痕迹	轴承内部有研磨物、润滑不良 速度太高、润滑不良；不适当的装配；内外圈配合柱面松动
断裂	内外圈上发生轴向、周向裂纹； 保持架开裂	配合太紧；装配面不均匀；轴承座畸变；旋转爬行或微动磨损
塑性变形	滚动体或套圈滚道上出现不均匀的塑性变形凹坑	静载荷或冲击载荷过大
其他	锈蚀、电腐蚀、不正常温升	轴承内有湿气或酸液；有电流连续或简短通过；润滑剂太多、内部游隙不当等

7. 滚动轴承的寿命计算

（1）基本额定寿命和基本额定动载荷。

① 寿命。轴承中任一滚动体或内、外圈滚道上出现疲劳点蚀失效前所经历的总转数（以 10^6 转为单位），或轴承在某一给定的恒定转速下的总工作小时数称为轴承的寿命。

② 基本额定寿命。一批相同的轴承，在相同条件下运转，其中90%的轴承不出现疲劳点蚀的总转数或在给定转速下工作的小时数。寿命的单位若为转速，用 L_{10} 表示；若为工作小时数，用 L_h 表示。

$$L_h = \frac{10^6}{60n}\left(\frac{f_t C}{P}\right)^{\varepsilon} \tag{7-1}$$

式中，f_t 为温度系数，见表7-6；C 为轴承的基本额定动载荷值，可在相关轴承标准中查得；ε 为指数，对于球轴承，$\varepsilon=3$；对于滚子轴承，$\varepsilon=10/3$。

表7-6 温度系数 f_t

轴承工作温度/℃	≤120	125	150	175	200	225	250	300	350
f_t	1.00	0.95	0.90	0.85	0.80	0.75	0.70	0.6	0.5

③ 基本额定动载荷。所谓轴承的基本额定动载荷，就是使轴承的基本额定寿命为 10^6 转时，轴承所能承受的最大载荷，用 C 表示。对向心轴承而言，基本额定动载荷是径向载荷，称为径向基本额定动载荷，用 C_r；对于推力轴承，基本额定动载荷是指轴向载荷，称为轴向基本额定动载荷，用 C_a；对于向心推力轴承（角接触球轴承和圆锥滚子轴承），基本额定动载荷是指载荷中的径向分量，也用 C_r 表示。常用轴承的基本额定动载荷值可在相关轴承标准中查得。

（2）当量动载荷。在计算轴承寿命时，为了能和基本额定动载荷进行比较，必须把实际作用在轴承上的双向载荷折算成与基本额定动载荷方向相同的假想载荷，在该假想载荷作用下轴承的寿命与在实际载荷作用下轴承的寿命相同，则该假想载荷称为当量动载荷，用 P 表示。

对于只承受径向载荷 F_r 的向心轴承，当量动载荷 P 为

$$P = F_r \tag{7-2}$$

对于只承受轴向载荷 F_a 的推力轴承，当量动载荷 P 为

$$P = F_a \tag{7-3}$$

对于同时受径向载荷 F_r 和轴向载荷 F_a 的轴承，当量动载荷 P 为

$$P = f_p(XF_r + F_a) \quad (F_a/F_r > e\text{时}) \tag{7-4}$$

$$P = f_p F_r \quad (F_a/F_r \leq e\text{时}) \tag{7-5}$$

式中，f_p 为载荷系数，见表7-7；F_r 为径向载荷（N）；F_a 为轴向载荷（N）。X、Y 为径向动载荷系数和轴向动载荷系数，见表7-8。e 为轴向载荷影响系数，是判断轴向载荷 F_a 对当量动载荷 P 影响程度的参数。

表7-7 载荷系数表

载荷性质	举　例	f_p
无冲击或轻微冲击	电机、汽轮机、水泵、通风机	1.0～1.2
中等冲击	机床、车辆、内燃机、冶金机械、起重机械、减速器	1.2～1.8
强烈冲击	轧钢机、破碎机、钻探机、剪床	1.8～3.0

表 7-8　径向动载荷系数和轴向动载荷系数

轴承类型		F_a/C_{0r}	e	$F_a/F_r>e$		$F_a/F_r\leqslant e$	
				X	Y	X	Y
深沟球轴承（60000 型）		0.014	0.19	0.56	2.30	1.0	0
		0.028	0.22		1.99		
		0.056	0.26		1.71		
		0.084	0.28		1.55		
		0.11	0.30		1.45		
		0.17	0.34		1.31		
		0.28	0.38		1.15		
		0.42	0.42		1.04		
		0.56	0.44		1.00		
角接触球轴承	（70000C 型）	0.015	0.38	0.44	1.47	1.0	0
		0.029	0.40		1.40		
		0.058	0.43		1.30		
		0.087	0.46		1.23		
		0.12	0.47		1.19		
		0.17	0.50		1.12		
		0.29	0.55		1.02		
		0.44	0.56		1.00		
		0.58	0.56		1.00		
	（70000AC 型）	—	0.68	0.41	0.87	1.0	
	（70000B）	—	1.14	0.35	0.57	1.0	0
圆锥滚子轴承（30000 型）		—	见轴承手册	0.4	见轴承手册	1.0	0
调心球轴承（10000 型）		—	见轴承手册	0.65	见轴承手册	1.0	见轴承手册

8. 滚动轴承静载荷的计算

对于在工作载荷下基本不旋转或缓慢旋转或缓慢摆动的轴承，其失效形式不是疲劳点蚀，而是因滚动接触面上的接触应力过大而产生的过大的塑性变形，此时应按基本额定静载荷进行静强度的计算。

（1）额定静载荷。滚动轴承受载后，使受载最大的滚动体与滚道接触中心处的接触应力达到一定值（调心球轴承为 4600MPa，其他球轴承为 4200MPa，滚子轴承为 4000MPa），这个载荷称为额定静载荷，用 C_0表示。

对于径向接触和轴向接触轴承，C_0分别是径向载荷和中心轴向载荷，对于向心角接触轴承，C_0是载荷的径向分量。各型号轴承的基本额定静载荷值可查相关手册。

（2）当量静载荷 P_0。当轴承同时承受径向载荷和轴向载荷时，应将实际载荷转化成假想的当量静载荷，在该载荷作用下，滚动体与滚道上的接触应力与实际载荷作用相同。当量静载荷 P_0按如下公式计算：

$$P_0 = X_0F_r + Y_0F_a \tag{7-6}$$

式中，X_0、Y_0为静载荷径向和静轴向载荷系数，见表7-9；F_r、F_a为轴承上的径向载荷和轴向载荷。

表7-9 静载荷径向载荷系数X_0和静轴向载荷系数Y_0

轴承类型		单列轴承		双列轴承	
		X_0	Y_0	X_0	Y_0
深沟球轴承		0.6	0.5	0.6	0.5
角接触球轴承	$\alpha=15°$	0.5	0.46	1	0.92
	$\alpha=25°$	0.5	0.38	1	0.76
	$\alpha=40°$	0.5	0.26	1	0.52
调心球轴承		0.5	$0.22\cos\alpha$	1	$0.44\cot\alpha$
圆锥滚子轴承		0.5	$0.22\cos\alpha$	1	$0.44\cot\alpha$

（3）静强度计算。轴承的当量静载荷应满足静强度要求，即

$$\frac{C_0}{P_0}\geqslant S_0 \tag{7-7}$$

式中，S_0为轴承的静强度安全系数，见表7-10。

表7-10 静强度安全系数S_0

使用场合	载荷性质、使用要求	S_0	
		球轴承	滚子轴承
旋转轴承	对旋转精度及平衡性要求高，或承受冲击载荷	1.5～2	2.5～4
	正常使用	0.5～2	1～3.5
	对旋转精度及平稳性要求较低，没有冲击和振动	0.5～2	1～3
静止或摆动轴承	水坝闸门装置，大型起重吊钩（附加载荷小）	≥1	
	吊桥，小型起重吊钩（附加载荷大）	≥1.5～1.6	

9. 滚动轴承的组合设计

正确选用轴承类型和型号之后，为了保证轴与轴上旋转零件正常运行，还应解决轴承组合的结构问题。其中包括：轴承组合的轴向固定，轴承与相关零件的配合，间隙调整、装拆、润滑等一系列问题。

（1）保证支撑部分的刚性和同心度。也就是说支撑部分必须有适当的刚性和安装精度。刚性不足或安装精度不够，都会导致变形过大，从而影响滚动体的滚动而导致轴承提前破坏。

增大轴承装置刚性的措施很多。例如机壳上轴承装置部分及轴承座孔壁应有足够的厚度；轴承座的悬臂应尽可能缩短，并采用加强筋提高刚性；对于轻合金和非金属机壳应采用钢或铸铁衬套。对于采用剖分式结构的，应该采用组合加工方法；一组轴承的支撑应该一次加工出来。

（2）轴承的配置。一般来说，一根轴需要两个支点，每个支点可由一个或一个以上的轴承组合。合理的轴承配置应考虑轴在机器中有正确的位置、防止轴工作时发生轴向窜动以及轴受热膨胀不至将轴承卡死等因素。常用轴承部件的典型支承方式有三类如图7-14所示。

① 双支点单侧固定（两端固定式）。两个轴承分别限制一个方向的轴向移动，这种固定方式称为两端固定式，如图7-14（a）所示。考虑到轴受热伸长，对于深沟球轴承可在轴承盖与外圈端面之间，留出热补偿间隙 $c=0.2\sim0.3$mm。间隙量的大小可用一组垫片来调整。这种支承结构简单，安装调整方便，它适用于工作温度变化不大的短轴。

② 单支点双侧固定，另一支点游动（固定、游动式）。一端支承的轴承，内、外圈双向固定，另一端支承的轴承可以轴向游动，如图7-14（b）所示。双向固定端的轴承可承受双向轴向载荷，游动端的轴承端面与轴承盖之间留有较大的间隙。以适应轴的伸缩量，这种支承结构适用于轴的温度变化大和跨距较大的场合。

③ 双支点游动（两端游动）。两端游动支承结构轴承，分别不对轴作精确的轴向定位。两轴承的内、外圈双向固定，以保证轴能作双向游动，如图7-14（c）所示。两端采用圆柱滚子轴承支承，适用于人字齿轮主动轴。但与其啮合的另一轴系必须两端固定。

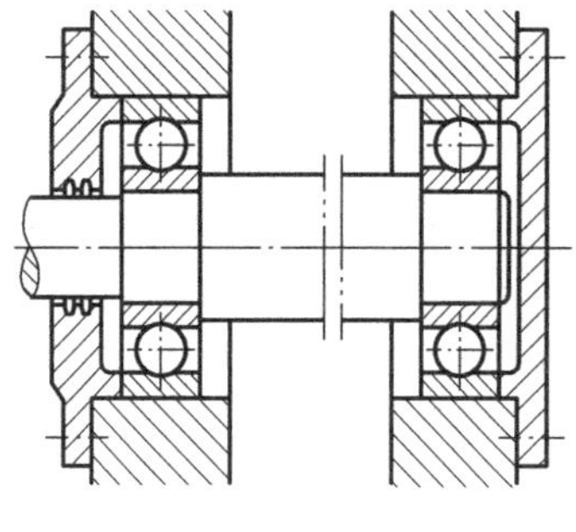

（a）两端固定式

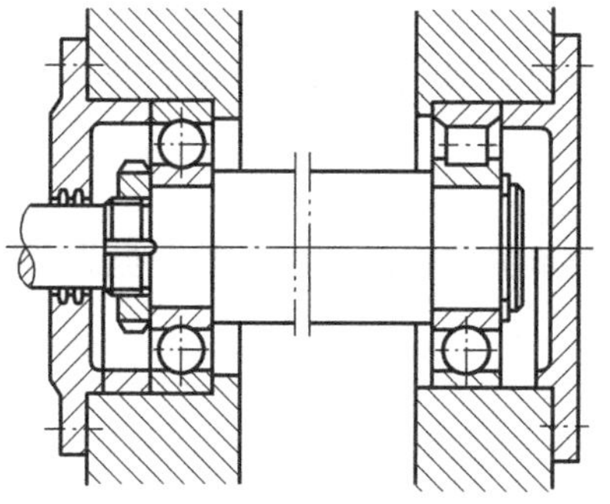

（b）固定、游动式

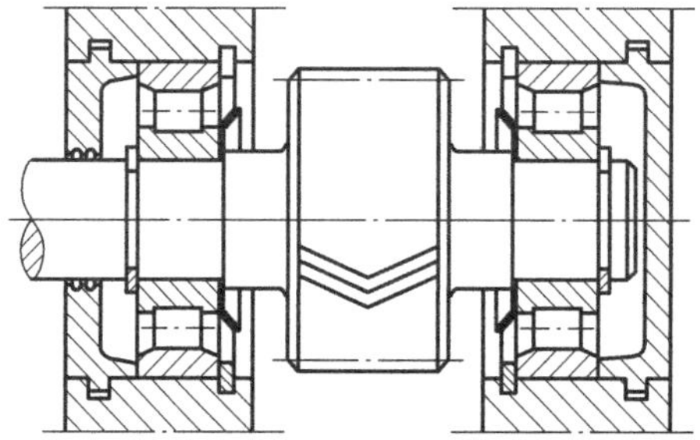

（c）两端游动式

图7-14

（3）滚动轴承的轴向紧固。为防止轴承在承受轴向负荷时相对轴或座孔产生轴向移动，轴承内圈与轴、轴承外圈与座孔必须进行轴向定位。

轴承内圈常用的轴向固定方法，如图7-15所示。利用轴肩作单向固定，它能承受大的单向的轴向力（见图7-15（a））；利用轴肩和轴用弹性挡圈作双向固定，挡圈能承受的轴向力不大（见图7-15（b））；利用轴肩和轴端挡板作双向固定，挡板能承受中等的轴向力（见图7-15（c））；利用轴肩和圆螺母、止动垫，作双向固定，能受大的轴向力（见图7-15（d））；利用开口圆锥紧定套和圆螺母、止动垫圈固定，用于光轴、轴承转速不高、载荷平稳且轴向载荷不大的调心轴承的固定（见图7-15（e））。

轴承外圈常用的轴向固定方法，如图7-16所示，孔用弹性挡圈（见图7-16（a）），多用于圆柱滚子轴承和轴向载荷不大的深沟球轴承；轴承端盖（见图7-16（b）），适用于转速高、轴向载荷大的各类轴承；轴承外圈止动槽内嵌入止动环固定（见图7-16（c））这种方法仅适用于外圈带止动槽的深沟球轴承，且外壳为剖分式结构；轴承座孔凸肩（见图7-16（c））；螺纹环固定（见图7-16（d）），适用于转速高、轴向载荷大、且不宜于用轴承盖固定的场合；轴承套环固定（见图7-16（e）），适用于两轴承座孔难于保证同轴线的场合。

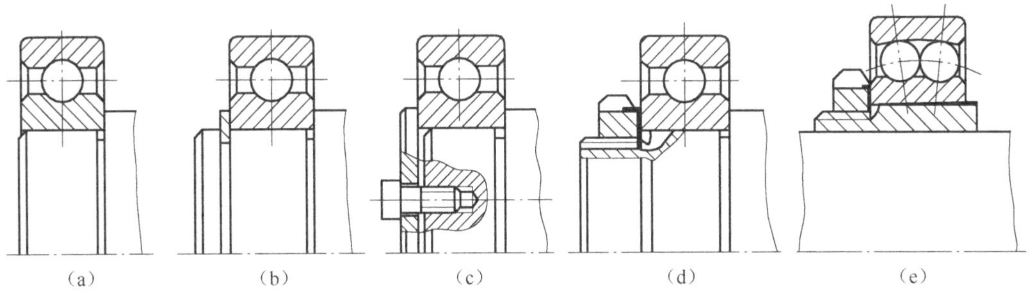

图7-15

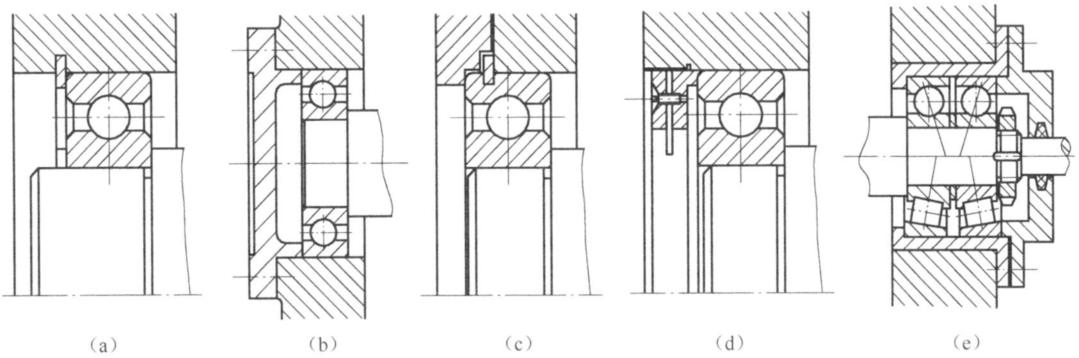

图7-16

(4) 滚动轴承的配合。滚动轴承的配合是指轴承内圈与轴颈及轴承外圈与机座孔的配合，轴承的周向固定就是通过配合来保证的。

轴承配合选择的一般原则是：转动圈（一般为内圈）的配合选紧些；固定圈（一般为外圈）的配合选松些。对一般机械，与轴承内圈配合的回转轴常采用n6、m6、k5、k6、js6；与不转动的外圈相配合的机座孔常采用J6、J7、b7、G7等配合。由于滚动轴承是标准件，故内圈与轴颈的配合采用基孔制，外圈与机座孔的配合采用基轴制。而滚动轴承内径的公差带是负的，而一般圆柱公差标准中基准孔的公差带是正的，因此轴承内圈与轴颈的配合比圆柱公差标准中规定的基孔制同类配合要紧一些，圆柱公差标准中的许多过渡配合在这里实际成为过盈配合，因此配合较紧，拆装轴承很困难。

在装配图中，滚动轴承配合与一般圆柱体的配合方式的标注方法不同，它只能标注轴颈及机座孔直径公差代号。

(5) 滚动轴承组合结构的调整。为保证轴承的正常的游隙或轴上传动零件（如蜗轮、锥齿轮等）的正确啮合位置，轴承装入机座后需进行调整。

① 轴承间隙的调整。轴承间隙的大小将影响轴承的旋转精度，传动零件工作的平稳性，故轴承间隙必须能够调整。轴承间隙调整的方法有以下几种。

- 调整垫片。如图7-17（a）所示，利用加减轴承端盖与箱体间垫片的厚度，进行调整。

- 可调压盖。如图 7–17（b）所示，利用端盖上的调整螺钉推动压盖，移动滚动轴承外圈进行调整，调整后用螺母锁紧。

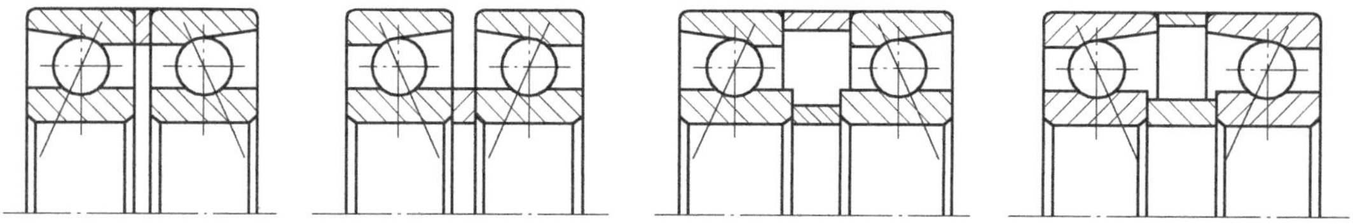

（a）调整垫片　　（b）可调压盖

图 7–17

② 滚动轴承的预紧。为提高轴承的旋转精度、减少震动，提高轴承的刚度，轴承装入机座后需进行一定的预紧。预紧原理是预先使滚动体与内外圈滚道间相互压紧，让轴承在负游隙下工作。

常用预紧方法为：用垫片和长短隔套预紧，如图 7–18 所示；夹紧一对磨窄了的外圈（或内圈）的角接触轴承，如图 7–19 所示；夹紧一对圆锥滚子轴承，如图 7–20 所示；利用弹簧预紧等。

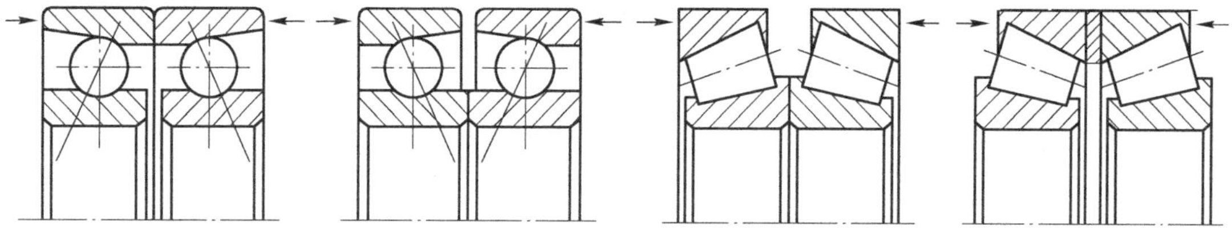

图 7–18

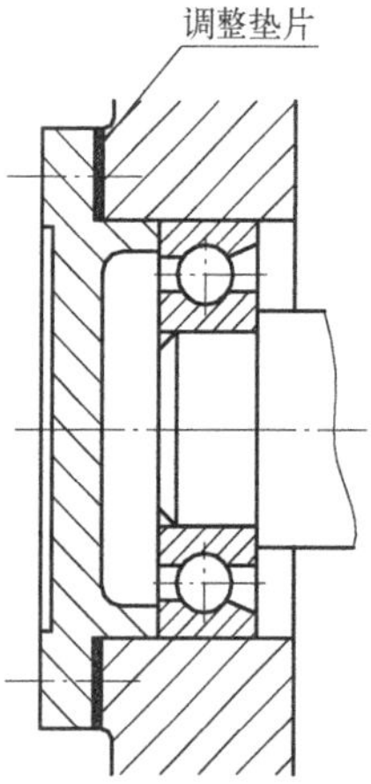

图 7–19

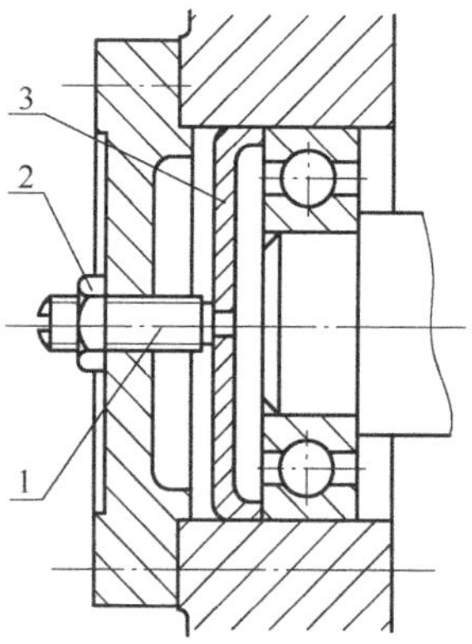

图 7–20

（6）滚动轴承的装拆。滚动轴承是精密部件，因而装拆方法必须规范，否则会使轴承精度降低，损坏轴承和其他零部件。装拆时要求压力应直接加于配合较紧的套圈上、不允许通过滚动体传递装拆力、要均匀施加装拆力。

① 轴承的安装。由于滚动轴承的配合通常较紧，为便于装配，防止损坏轴承，应采取合理的装配方法。轴承安装有热套法和冷压法两种方法。所谓热套法就是将轴承放入油池

中，加热至80～100℃，然后套装在轴上。冷压法如图7-21所示，需有专用压套，用压力机压入。

② 轴承的拆卸。拆卸轴承时，可采用专用工具或压力机。如图7-22所示为常见的拆卸滚动轴承的情况。

在拆卸时要考虑便于使用拆卸工具，以免在拆装的过程中损坏轴承和其他零件。为了便于拆卸轴承，内圈在轴肩上应露出足够的高度，或在轴肩上开槽，以便放入拆卸工具的钩头。

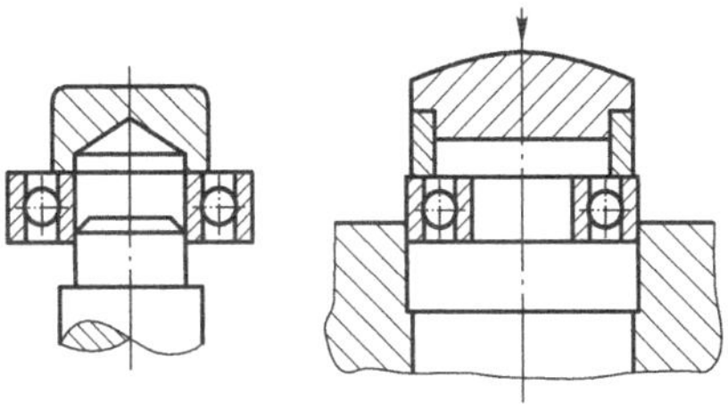

图7-21

当然，也可以采用其他结构，比如在轴上装配轴承的部位预留出油道，需要拆卸时利用打入高压油进行拆卸。

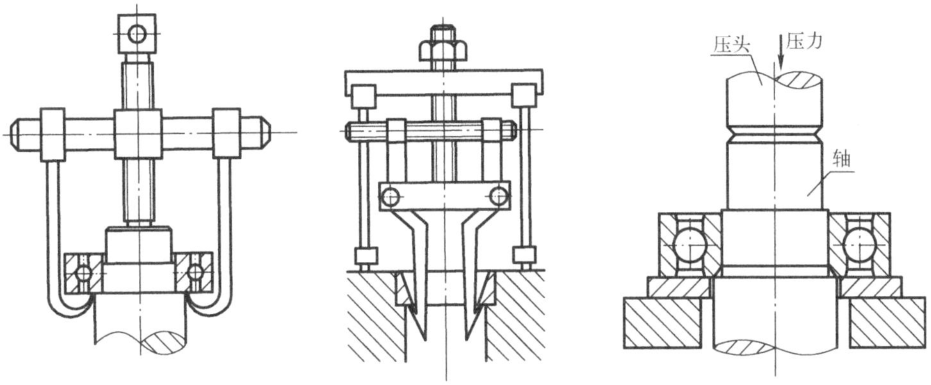

图7-22

(7) 滚动轴承的润滑。保证良好的润滑是维护保养轴承的主要手段。润滑可以降低摩擦阻力，减轻磨损。同时，还具有降低接触应力、缓冲吸振及防腐蚀等作用。

常用滚动轴承的润滑剂为润滑脂和润滑油两种。具体选择可按速度因数 $D_m n$ 来决定（D_m 为轴承的平均直径；n 为轴承的转速）。$D_m n$ 间接反映了轴颈圆周速度。适用脂润滑和油润滑的 $D_m n$ 值，列于表7-11中，可作为选择润滑剂与润滑方式时的参考。

表7-11　滚动轴承润滑剂与润滑方式的选择

轴承类型	$D_m n$/（mm·r/min^{-1}）				
	脂润滑	浸油、飞溅润滑	滴油润滑	喷油润滑	油雾润滑
深沟球轴承 角接触球轴承	≤160000	≤250000	≤400000	≤600000	>600000
圆柱滚子轴承	≤120000				
圆锥滚子轴承	≤100000	≤160000	≤230000	≤300000	—
轴向接触球轴承	≤40000	≤60000	≤120000	≤150000	—

一般情况下，滚动轴承使用的是润滑脂，它可以形成强度较高的油膜，承受较大的载荷，缓冲和吸振能力好，黏附力强，可以防水，不需要经常更换和补充，同时密封结构简单。在轴径圆周速度 $v<4\sim5$m/s 时适用。滚动轴承的装脂量为轴承内部空间的1/3～2/3。

润滑油的内摩擦力小，便于散热冷却，适用于高速机械。速度越高，油的黏度应该越小。当转速不超过10000r/min时，可以采用简单的浸油法。高于10000r/min时，搅油损失增大，引起油液和轴承严重发热，应该采用滴油、喷油或喷雾法。

（8）滚动轴承的密封。轴承的密封是为了防止外部尘埃、水分及其他杂物进入轴承，并防止轴承内润滑剂流失。轴承的密封方法很多，通常可归纳为三大类，见表7-12。

① 接触式密封。在轴承盖内放置软材料（毛毡、橡胶圈或皮碗等），与转动轴直接接触而起密封作用。这种密封多用于转速不高的情况，同时要求与密封接触的轴表面硬度大于40HRC，表面粗糙度小于0.8μm。接触式密封有毡圈密封和密封圈密封两种。

② 非接触式密封。非接触式密封不与轴直接接触，多用于速度较高的场合。

③ 组合式密封。为上述两种密封形式的组合，密封效果好。

表7-12 密封装置

<table>
<tr><th>接触式密封</th><th colspan="2">非接触式密封</th></tr>
<tr><td>毡圈密封（$v<5$m/s）
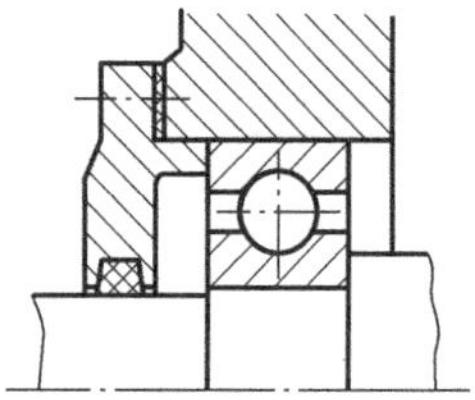
结构简单，压紧力不能调整，用于脂密封</td><td colspan="2">迷宫式密封（$v<30$m/s）径向式　　轴向式（仅用于剖分结构）
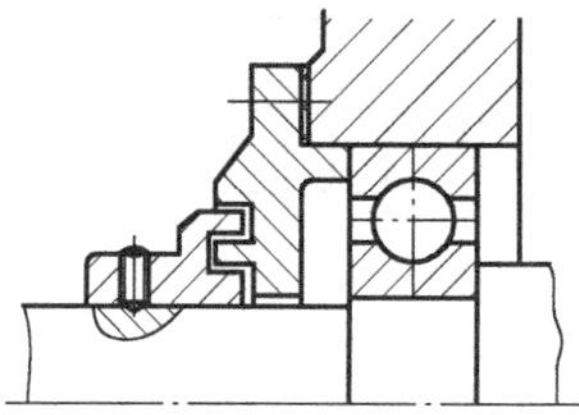 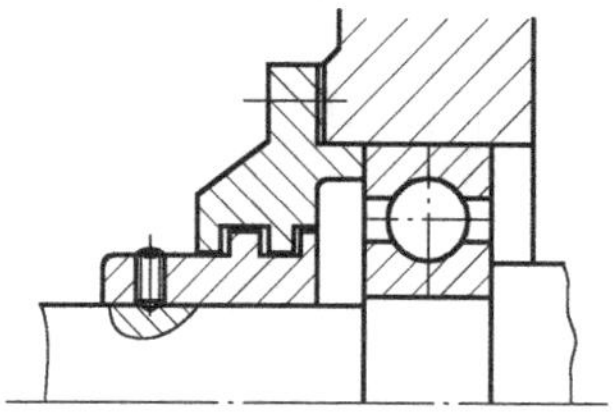
可用于油润滑和脂润滑，缝隙中填脂</td></tr>
<tr><td>密封圈密封（$v<4\sim12$m/s）
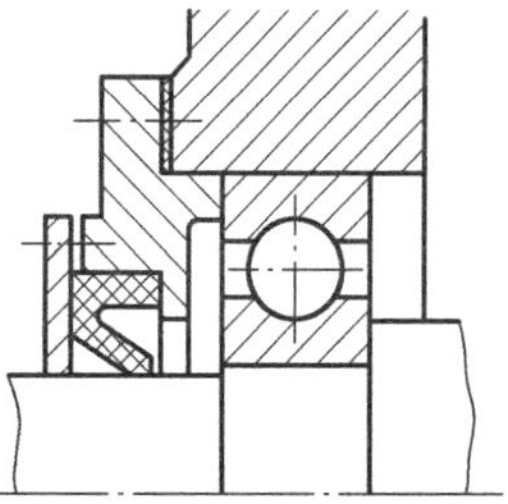
使用方便、密封可靠，耐油橡胶和塑料密封圈有O、J、U等，带骨架密封性更好</td><td>油沟密封（$v<5\sim6$m/s）
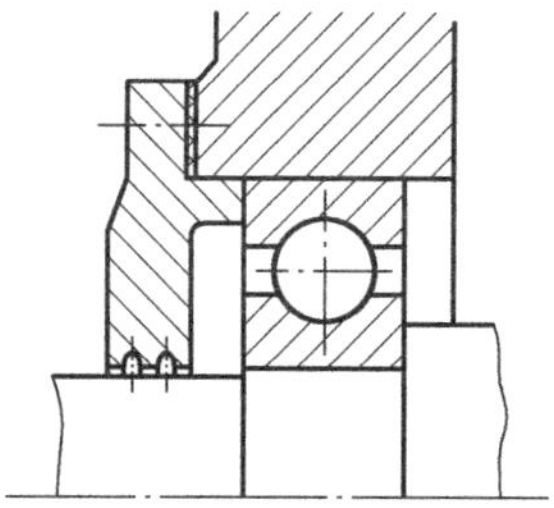
沟内填脂，用于脂润滑或低速油润滑，盖与轴的间隙为0.1～0.3mm</td><td>挡圈密封
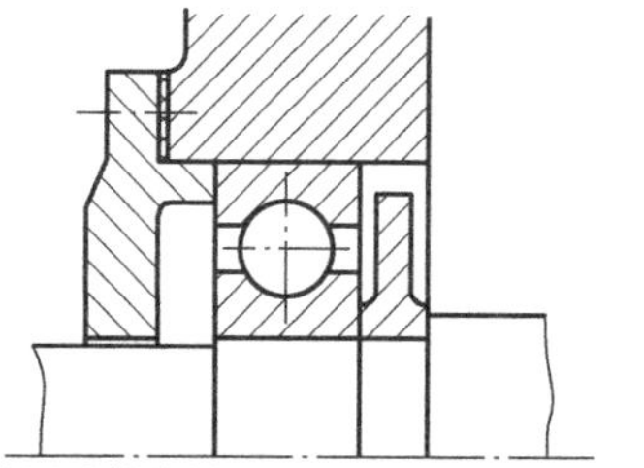
挡圈随轴旋转，利用离心力甩去油和杂物，常与其他密封联合使用</td></tr>
</table>

问题解答

题目见问题引入。

解：

计算项目	计算过程	计算结果
1. 选择轴承类型	依题意，轴承主要承受径向载荷且转速较高，故选用深沟球轴承	深沟球轴承
2. 预选型号、查参数 C_r、C_{0r}	因 $d=55$mm，预选轴承6211，查轴承手册知：基本额定动载荷 $C_r=33.5$kN，基本额定静载荷 $C_{0r}=25$kN	预选轴承6211 $C_r=33.5$kN $C_{0r}=25$kN

续表

计算项目	计算过程	计算结果
3. 计算当量动载荷 P	$F_a/C_{0r}=0.021$，用内插法由表7-8知，判断系数 $e=0.205$，$F_a/F_r=0.22>e$，由表7-8查得 $X=0.56$，$Y=2.145$，由表7-6知 $f_p=1$，由式（7-4）知 $P=2459\text{N}$	$P=2459\text{N}$
4. 计算轴承受命 L_h	由表7-6，取温度系数 $f_t=1$，由式（7-1）知轴承寿命 $L_h=\frac{16670}{1450}\times\left(\frac{33500}{2459}\right)^3=30389\text{h}>25000\text{h}$ 且接近于预期寿命，故选用6211轴承合适	选择6211轴承合适
5. 说明	也可以用公式计算实际动载荷 C'，$C'=2459\times\left(\frac{25000\times1450}{16670}\right)^{\frac{1}{3}}=31858(\text{N})<33500\text{N}$ 故选择6211轴承合适	$C'=31858\text{N}$ 选择6211轴承合适

知识拓展：新型轴承简介

目前，机械产品已经向高精度、高速、高效及自动化方向发展，出现了一批能够满足特殊要求的新型轴承，新型轴承具有精度高、尺寸紧凑和多自由度运动等特点。这些新型轴承中，由于采用了新型复合材料，因此具有较高的耐磨性和接触疲劳强度。如机器人上常用的关节轴承，数控机床和加工中心上的直线运动轴承，以及在各种加工中心及精密机床主轴上使用的陶瓷轴承等。我国已经对一些新型轴承制定了标准。

1. 关节轴承

关节轴承是球面滑动轴承中的一种，主要适用于摆动、倾斜运动和旋转运动，或者是上述运动的组合运动。关节轴承不同于调心轴承，关节轴承是典型的空间运动副，被支承的两零件可以在三维空间内作任意相对摆动和转动，多用于各种机器人的机械结构中。

关节轴承主要由内圈和外圈两部分组成，如图7-23所示，通过内圈的球形外表面与外圈的球形内表面形成球面接触方式。根据其承受载荷性质的不同，可以将其分为如下几项。

（1）向心关节轴承。主要承受径向载荷，其接触角为0°，如图7-23（a）所示。

（2）角接触关节轴承。既可承受径向载荷，又可承受轴向载荷，接触角在0°～45°和45°～90°之间。

（3）推力关节轴承。主要承受轴向载荷，其接触角为90°，如图7-23（b）所示。

（4）杆端关节轴承。主要用于结构件之间的连接，可以承受径向和轴向的组合载荷，如图7-23（c）所示。

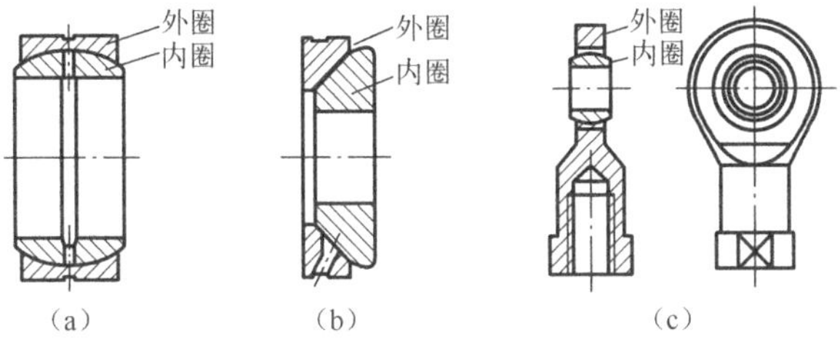

图7-23

2. 直线滚动轴承

直线滚动轴承是在普通轴承的基础上演变而来的，用于保证零件或部件按规定的直线方向运动。根据轴承接触部位的摩擦性质，直线轴承可分为直线运动滑动轴承和直线运动滚动轴承。直线运动滚动轴承可以制成一个独立部件，国家已制定了标准并由专业厂家生产。

直线运动滚动轴承根据其滚动体的形状不同，可分直线运动球轴承、直线运动滚针轴承和直线运动滚子轴承三类。滚动体之间可以用保持架均匀隔开，并且在若干条封闭滚道上作循环运动。如图 7-24 所示的就是直线运动球轴承的一种结构形式，外圈及滚动体与活动部件固联，其内孔（无内圈）直接装于表面淬硬的导向轴上。

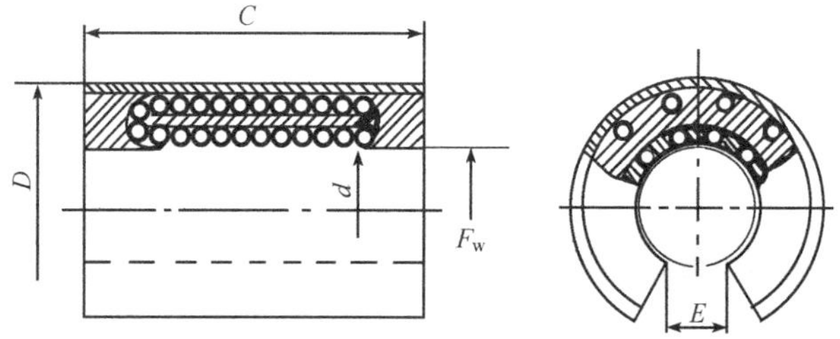

图 7-24

3. 陶瓷轴承

陶瓷轴承的材料是氮化硅（Si_3N_4），属于非金属材料，与轴承钢比有以下特性：密度为轴承钢的 1/2 ～ 1/3；硬度为轴承钢的 2.5 倍；弹性模量为轴承钢的 1.4 倍；热膨胀系数为轴承钢的 1/3；最高使用温度为 1200℃。

（1）陶瓷轴承的特点。陶瓷轴承具有如下优缺点。

优点：高速性能好，重量轻，离心力小，磨损小，寿命长；高温性能好，常用高温轴承材料为 M50 钢，250℃ 时寿命为常温的 1/10；极限工作温度为 300 ～ 400℃，氮化硅在 1000℃ 高温下仍有良好的疲劳强度和静强度，线胀系数小，有良好的高温运转性能；耐磨性好，高硬度，高耐磨性；弹性变形小、抗化学腐蚀、抗高温氧化性。因此应用广泛。

缺点：线胀系数小，装配困难；弹性模量大、硬度大，球与滚道接触面积小，因而应力过大；材料脆性高，抗冲击性差。

（2）陶瓷轴承种类。陶瓷轴承可分为混合轴承和全陶瓷轴承。

混合轴承：滚动体用陶瓷材料制成。

全陶瓷轴承：内、外圈和滚动体均用陶瓷材料制造，如图 7-25 所示。

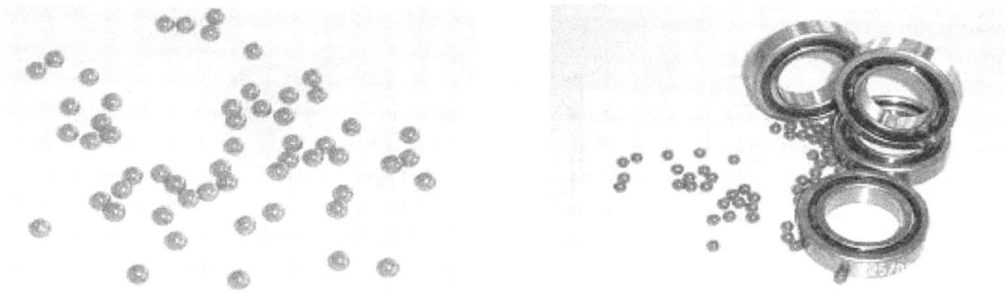

图 7-25

（3）陶瓷轴承应用情况。目前应用的陶瓷轴承有两种，即只有滚动体是陶瓷的混合轴承及内、外圈和滚动体均为陶瓷的全陶瓷轴承。19世纪60年代以来，陶瓷轴承随着陶瓷材料的开发应用而得以不断发展，现在其应用范围已十分广泛，例如，混合轴承几乎已成为高速主轴的标准支承，各种加工中心及精密机床主轴轴承大都采用混合轴承，而且已形成标准化系列产品；在真空泵、航空发动机、航天飞机等领域也开始进入实用阶段。在国际市场，陶瓷轴承产品的开发研究已经形成了激烈竞争的局面。我国的陶瓷轴承研究起步较晚，目前还处于试用研究阶段，但批量生产混合轴承的准备工作正在进行，实用化阶段已经为期不远。

7.2　轴间联接件的认识及应用

问题引入

如图7-26所示的卷扬机中电动机1与减速器3之间用联轴器2联接，减速器3与卷筒5之间用的是离合器4连接，当卷筒5需要暂停转动时，不必切断电动机1的电源，只要操作离合器4使之脱开即可。

已知电动机功率 $P=7.5\text{kW}$，转速 $n=960\text{r/min}$，电机伸出轴端的直径 $d_1=38\text{mm}$，试选择所需联轴器（只要求与电动机轴联接的半联轴器满足直径要求）。

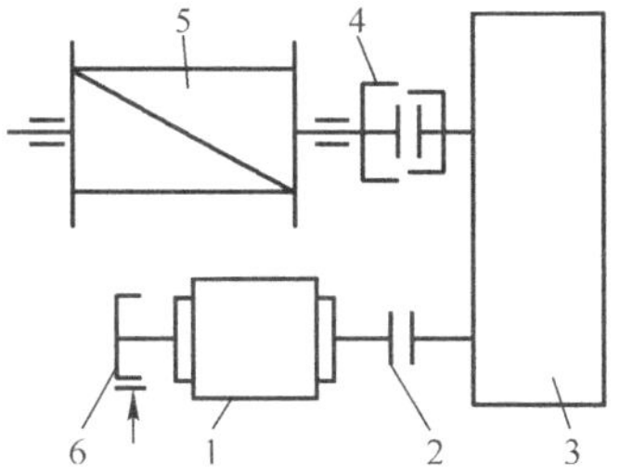

图7-26　卷扬机示意图

1—电动机；2—联轴器；3—减速器；4—离合器；5—卷筒；6—制动器

知识分析

联轴器和离合器是机械传动中常用的部件，主要用于联接两根不同机器上的轴，以传递运动和转矩。但联轴器是固定联接装置，它联接的两根轴只有在机器停车后经过拆卸才能分离，而离合器随时都能使两轴结合和分离。

通过本任务的学习，能完成对常用联轴器、离合器的结构及工作原理的认识，能进行联轴器的正确选用。

知识链接　轴间联接件的认识

联轴器、离合器和制动器主要用来联接不同部件之间的两根轴或轴与其他回转零件，使其一起转动并传递转矩，有时也可用做安全装置。所不同的是，在机械运转过程中，用联轴器实现的联接不能被断开，而用离合器实现的联接则可通过操纵机构或自动控制装置随时断开或接通。制动器是用来降低轴的运转速度或使其停止运转的部件。

一、联轴器

1. 联轴器的性能要求

联轴器所联接的两轴，由于制造及安装误差、承载后的变形以及温度变化的影响等，往往不能保证严格的对中，而且存在着某种程度的相对位移。这就要求设计联轴器时，要从结构上采取各种不同的措施，使之具有适应一定范围的相对位移的性能，如图7-27所示。

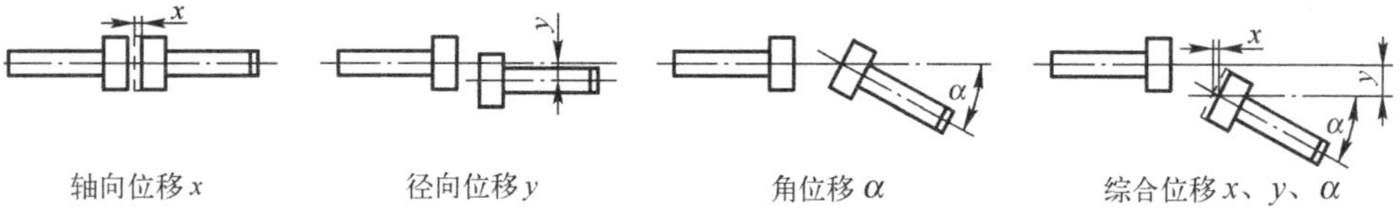

图 7-27

2. 联轴器的分类

联轴器的种类很多，根据有无补偿相对位移的能力，联轴器可分为刚性联轴器（无补偿能力）和挠性联轴器（有补偿能力）两大类。挠性联轴器又按是否具有弹性元件分为无弹性元件的挠性联轴器（亦称为可移式刚性联轴器）和有弹性元件挠性联轴器（金属或非金属弹性元件）。挠性联轴器能在一定范围内补偿两轴间的相对位移，有弹性元件挠性联轴器还具有缓冲减振的作用。

（1）刚性联轴器。刚性联轴器包括套筒联轴器和凸缘联轴器。

① 套筒联轴器。套筒联轴器是一个公用套筒，如图 7-28 所示。通过键或销将两轴联接在一起。该联轴器结构简单、制造容易，使用方便、径向尺寸小，用于载荷较平稳且传递扭矩不大、两轴能严格对中的场合，其缺点是装拆不方便，需轴向移动，但不能缓冲减振。

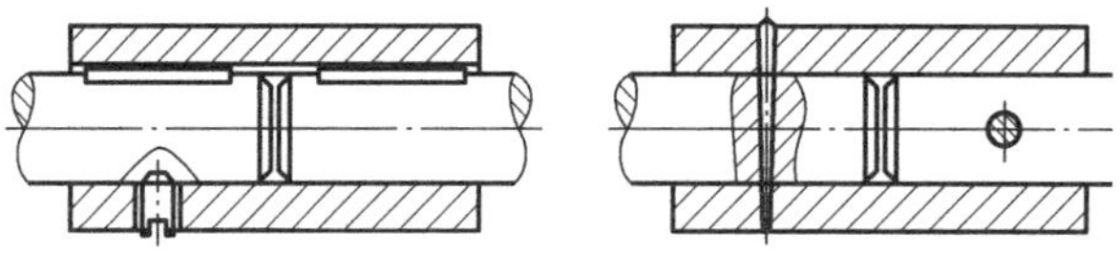

（a）键连接　　（b）销连接

图 7-28

② 凸缘联轴器。凸缘联轴器是应用较为广泛的一种刚性联轴器。它由两个带凸缘的半联轴器组成，两个半联轴器通过键分别与两轴相联接，并用螺栓将两个半联轴器联成一体，如图 7-29 所示。

按对中方式的不同，凸缘联轴器有 YLD 型和 YL 型两种。YLD 型凸缘联轴器（见图 7-29（a））利用半联轴器的凸肩与凹槽（D_1）对中，并用普通螺栓联接，工作时靠两半联轴器接触面间的摩擦力传递转矩，装拆时轴需作轴向移动，多用于不常拆卸的场合。

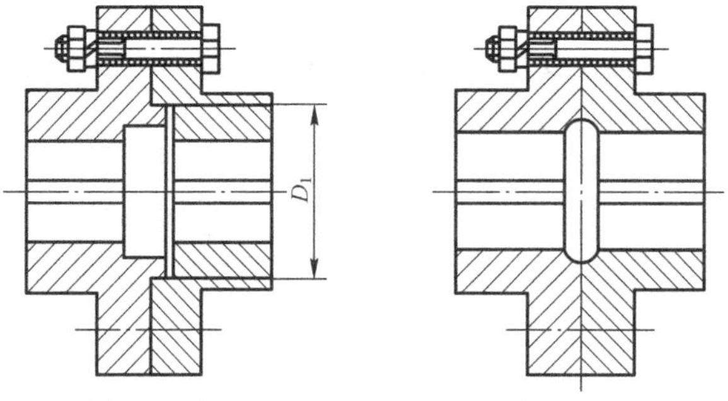

（a）YLD 型　　（b）YL 型

图 7-29

（2）挠性联轴器。挠性联轴器是指有、无弹性元件的挠性联轴器。

① 无弹性元件的挠性联轴器。此类联轴器也是全部由刚性零件组成的，不能起到缓冲

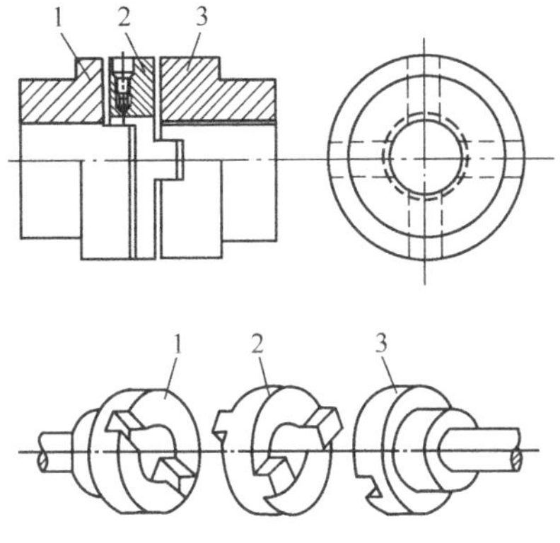

1，3—半联轴器；2—中间盘

图 7-30

减振作用，但具有补偿相对位移的能力。它适用于基础和机架刚性较差、工作中不能保证两轴轴线对中的两轴联接。常用的有以下几种。

- 十字滑块联轴器。如图 7-30 所示，由两个端面开有凹槽的半联轴器 1、3 和一个两侧都有凸块的中间盘 2 所组成。中间盘两侧的凸块相互垂直（故称十字滑块），并分别嵌装在两个半联轴器的凹槽中构成移动副。当联轴器工作时，十字滑块随两轴转动，同时可补偿两轴的径向位置误差。

十字滑块联轴器工作中有噪声，传递效率低，中间盘有较大的离心力，适合于低速、无冲击的工作场合。

- 万向联轴器。万向联轴器用以传递两相交轴之间的运动，如图 7-31（a）所示。万向联轴器由两个叉形半联轴器和十字轴组成。适用于两轴有较大偏斜角的地方，两轴线所夹的锐角为 α，当主动轴以等角速度匀速转动时，从动轴角速度 ω_2 在一定的范围内（$\omega_1\cos\alpha \leqslant \omega_2 \leqslant \omega_1/\cos\alpha$）作周期性地变化，引起附加载荷，传动不平稳，为消除这一缺陷常将十字万向联轴器成对使用，组成双十字万向联轴器，如图 7-31（b）所示。

（a）单万向联轴器

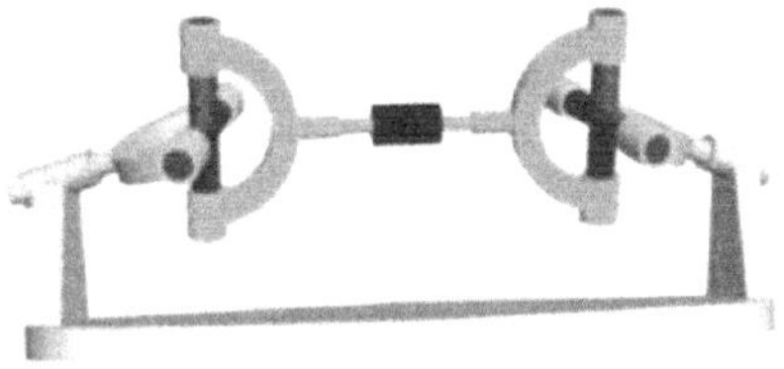

（b）双万向联轴器

图 7-31

安装时要求：主动轴、从动轴、中间轴三轴共面；主动轴、从动轴的轴线与中间轴的轴线之间的夹角应相等；中间轴两端的叉面应在同一平面内。故使用转速不宜太高，该种联轴器广泛用于汽车、机床等机械中。

- 齿式联轴器。齿式联轴器由两个带有外齿的内套筒 2、4 和两个带有内齿及凸缘的外套筒 1、3 组成，如图 7-32 所示。两个内套筒分别用键与主、从动轴联接，两个外套筒用螺栓联成一体，依靠内外齿相啮合传递转矩。

当两轴有位移时，联轴器齿面间因相对滑动会产生磨损。为减少齿面磨损，联轴器内需注入润滑剂。联轴器上的螺塞、密封圈有封住注油孔和防止润滑剂外泄的作用。

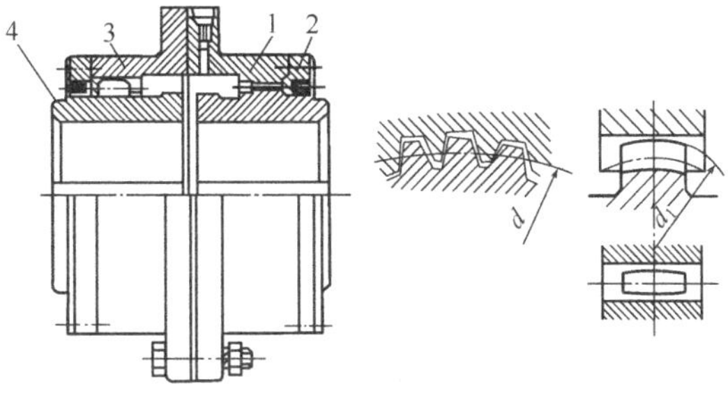

1，3—外套筒；2，4—内套筒

图 7-32

齿环材料通常为 45 钢或 ZG310－570，轮齿齿面一般需淬火，当齿环分度圆的圆

周速度 $v < 5\text{m/s}$ 时，轮齿可调质处理。

齿式联轴器承载能力大，外廓尺寸较紧凑，可靠性高，安装精度要求不高，具有补偿综合位移的能力，且补偿量较大。但结构复杂，制造成本高，不适用于立轴，通常在高速重载的重型机械中使用。

② 有弹性元件的挠性联轴器。这类联轴器因装有弹性元件，不但可以补偿两轴间的相对位移，而且具有缓冲减振的性能，适用于高速和正反转变化较多、启动频繁的场合。

制造弹性元件的材料有金属和非金属两种。金属材料制成的弹性元件（主要为各种弹簧）的特点是：强度高、尺寸小、承载能力大、寿命长、其性能受工作环境影响小等，但制造成本较高。非金属材料（如橡胶、塑料等）制成的弹性元件的特点是：质量轻、价格较低、缓冲或减振性能较好，但强度较低、承载能力较小、易老化、寿命短，性能受环境条件影响较大等，故使用范围受到一定限制。

- 弹性套柱销联轴器。如图 7-33 所示，弹性套柱销联轴器的构造与凸缘联轴器相似，所不同的是用带有弹性套的柱销代替了螺栓，工作时用弹性套传递转矩。弹性套的材料常采用耐油橡胶，并作成截面形状如图中网纹部分所示，以提高其弹性。工作时，利用弹性套的变形来补偿两轴间的偏移，缓和冲击和吸收振动。

弹性套柱销联轴器结构简单，制造容易，拆装方便，成本较低。但传递转矩较小，弹性套使用寿命较短，适用于启动及换向频繁的高、中速的中小转矩轴的联接。

- 弹性柱销联轴器。如图 7-34 所示，弹性柱销联轴器在结构上类似于弹性套柱销联轴器，所不同的是用尼龙柱销代替弹性套柱销作为中间联接件。为了增加补偿量，常将柱销的一端制成鼓形。为了防止柱销从半联轴器的孔中滑出，在两端安装有固定挡圈。

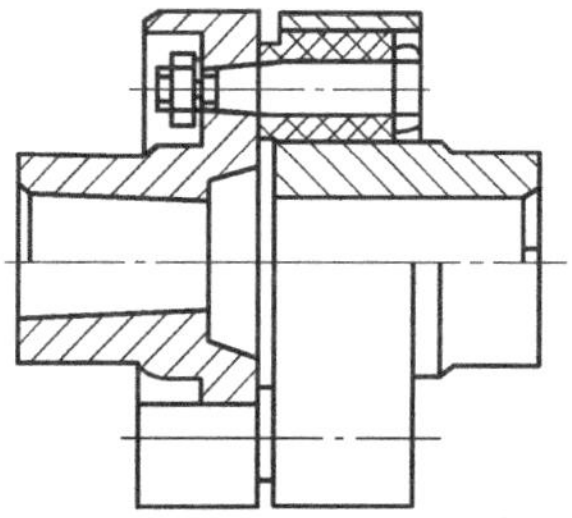

图 7-33

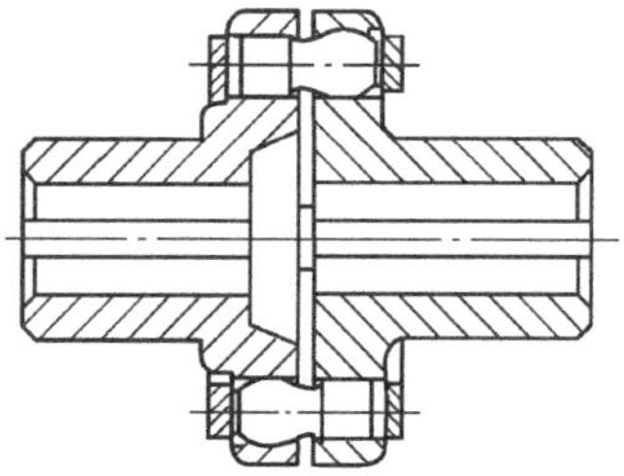

图 7-34

- 轮胎式联轴器。如图 7-35 所示，轮胎式联轴器用橡胶和橡胶织物制成轮胎状的弹性元件 1，两端用压板 2 和螺钉 3 分别压在两个半联轴器 4 上。这种联轴器富有弹性，使用寿命长，具有良好的缓冲吸振能力，能有效地降低动载荷和补偿较大的轴向位移，适用于潮湿多尘、冲击大、启动频繁的场合。缺点是径向尺寸较大；当转矩较大时，会因过大扭转变形而产生附加轴向载荷。

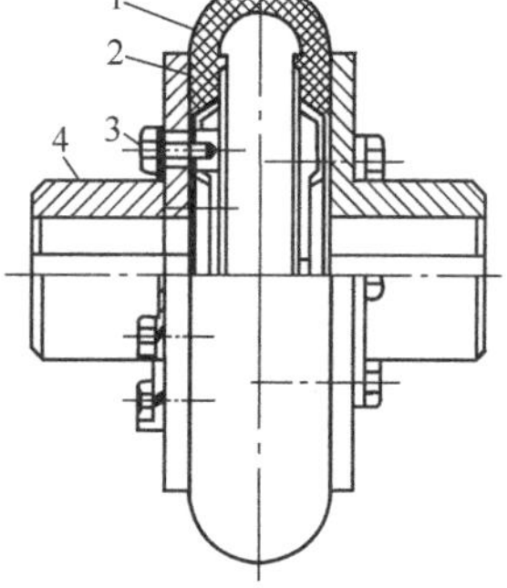

1—弹性元件；2—压板；
3—螺钉；4—半联轴器
图 7-35

3. 联轴器的选择

大多数联轴器已经标准化或规格化，一般机械设计者的任务是选用联轴器，不需要设计。

（1）联轴器类型的选择。首先根据工作条件和使用要求选择联轴器的类型，然后按转速 n、扭矩 T、轴径 d、工作环境和成本等确定型号与规格。具体应考虑如下要求：

① 考虑传递转矩的大小、性质以及对缓冲减振要求。

② 考虑工作转速的高低和引起离心力的大小。

③ 两轴相对位移的大小和方向。

④ 考虑可靠性和工作环境。

⑤ 联轴器的制造、安装、维护和经济性。

⑥ 安全性要求。

通常对于低速、刚性大的轴，可选用固定式联轴器；对于低速、刚性小或长轴，可选用可移式刚性联轴器；对于大功率重载传动，应选用齿轮联轴器；对于高速且有冲击或振动的轴，应选用弹性联轴器；对轴线相交的两轴，应选用万向联轴器；对有严重冲击或要求减振的传动，应选用轮胎式联轴器。

（2）联轴器型号的选择。当联轴器的类型确定后，应根据轴端直径、转矩、转速和空间尺寸等要求在标准中选择适当的联轴器型号，具体步骤如下。

① 计算名义转矩 T。

$$T = 9550\frac{P}{n}\ (\mathrm{N \cdot m}) \tag{7-8}$$

式中，P 为传递功率（kW）；n 为轴的转速（r/min）。

② 计算转矩 T_c。

$$T_c = KT \tag{7-9}$$

式中：K 为载荷系数，见表7-13。

表7-13 工作情况系数 K

原动机	工作机	K
电动机	带运输机、鼓风机、连续运转的金属切削机床 链式运输机、离心泵、木工机械 往复式泵、往复式压缩机、破碎机、冲剪机 起重机、升降机、轧钢机	1.25～1.5 1.5～2.0 2.0～3.0 3.0～4.0
涡轮机	发电机、离心泵、鼓风机	1.2～1.5
往复式发动机	发电机 离心泵 往复式工作机	1.5～2.0 3～4 4～5

（3）选择联轴器的型号。根据轴端直径、计算转矩 T_c 等参数，查手册标准，选择适当的型号。所选型号必须满足：

$$T_c \leq [T] \tag{7-10}$$

式中：[T] 为许用最大转矩（N·m）；由机械设计手册或标准中查得。

（4）校核最大转速。被联接轴的转速 n，不应超过联轴器许用的最高转速 n_{max}，即：

$$n \leq [n] \tag{7-11}$$

式中，[n] 为许用最高转速（r/min）；由机械设计手册或标准中查得。

(5) 协调轴孔直径。被联接两轴的直径和形状（圆柱或圆锥）均可以不同，但必须使直径在所选联轴器型号规定的范围内，形状也应满足相应要求。

(6) 规定部件相应的安装精度。联轴器允许轴的相对位移偏差是有一定范围的，因此，必须保证轴及相应部件的安装精度。

(7) 进行必要的校核。联轴器除了要满足转矩和转速的要求外，必要时还应对联轴器中的零件进行承载能力校核，如对非金属元件的许用温度校核等。

二、离合器的类型及应用

离合器是在机器运转过程中，可使两轴随时接合或分离的一种装置。它可用来操纵机器传动的断续，以便进行变速或换向，还可以作为启动或过载时传递转矩大小的安全保护装置。

1. 对离合器的基本要求

(1) 分离与接合迅速，平稳无冲击，分离彻底，动作准确可靠。

(2) 结构简单，重量轻，惯性小，外形尺寸小，工作安全，效率高。

(3) 接合元件耐磨性好，使用寿命长，散热条件好。

(4) 操纵方便省力，制造容易，调整维修方便。

2. 离合器的分类

离合器按其工作原理可分为啮合式和摩擦式离合器；按离合控制方法不同，可分为操纵式和自动式离合器；按操纵方式分为机械离合器、电磁离合器、液压离合器和气压离合器等；其中自动式离合器有超越离合器、离心离合器和安全离合器等，它们能在特定条件下，自动地接合或分离。

3. 常用离合器的结构和特点

(1) 牙嵌式离合器。牙嵌式离合器是由两个端面带牙的半离合器所组成的，如图 7-36 所示。其中半离合器 1 用平键与轴联接，半离合器 2 用导键（或花键）与从动轴联接。通过操纵机构 4 可使半离合器 2 沿导键作轴向运动，两轴靠两个半离合器端面上的牙相互嵌合来联接。为了使两轴对中，在半离合器 1 上固定有对中环 3，而从动轴可以在对中环中自由地转动。

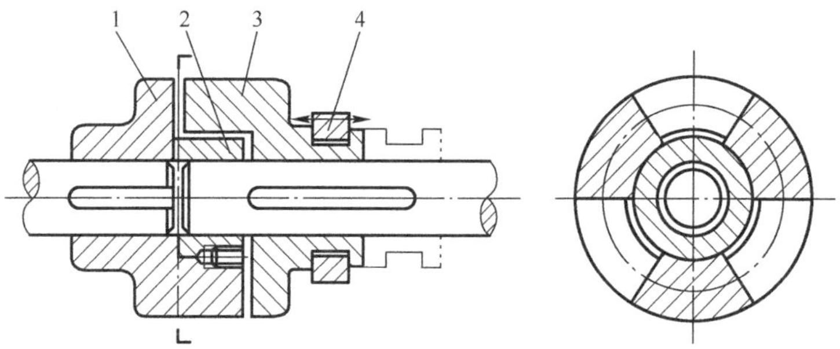

1，2—半离合器；3—对中环；4—操纵机构

图 7-36

牙嵌式离合器结构简单，外廓尺寸小，接合后所联接的两轴不会发生相对转动，适用于主、从动轴要求完全同步的轴系。但接合应在两轴不转动或转速差很小时进行，以免因受冲击载荷而使凸牙断裂。

(2) 摩擦离合器。摩擦离合器利用主、从动半离合器摩擦片接触面间的摩擦力传递扭矩，下面介绍应用较广的两种。

① 单片式摩擦离合器。单片式摩擦离合器如图 7-37 所示，主动盘 1 固定在主动轴上，从动盘 2 通过导键与从动轴联接，它可以沿轴向滑动。为了增加摩擦系数，在一个盘的表面上装有摩擦片 3，摩擦片常用淬火钢片或压制石棉片材料制成。接合时，以力 F_A 将盘 4 压在盘 2 上，当主动摩擦盘转动时，在主、从动盘的接触面间产生摩擦力矩，主动轴上的转矩就由摩擦力矩传动从动轴上。

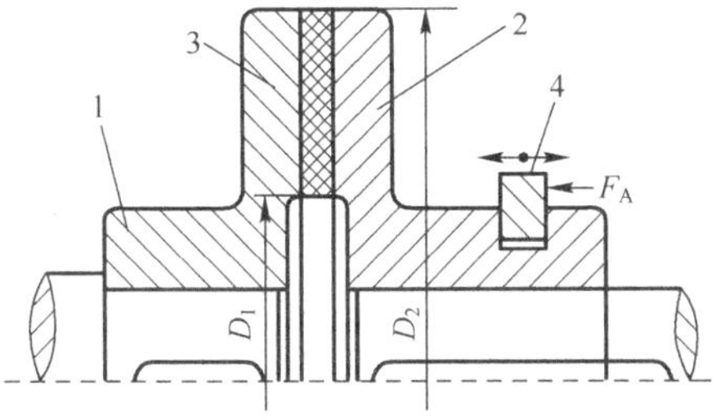

1—主动盘；2—从动盘；3—摩擦片；4—盘

图 7-37

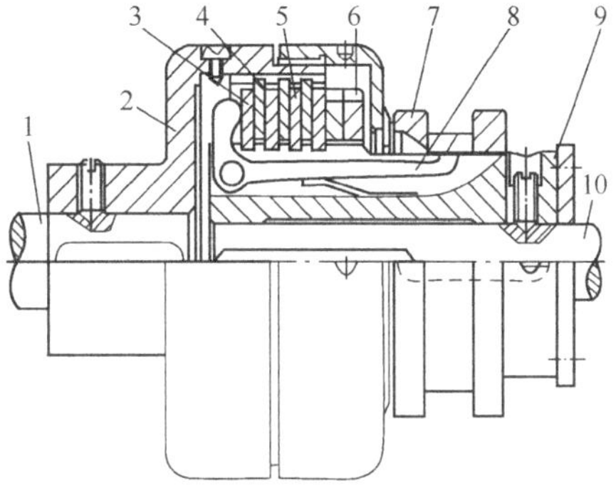

1—主动轴；2—外壳；3—压板；4—外摩擦片；5—内摩擦片；6—螺母；7—滑环；8—杠杆；9—套筒；10—从动轴

图 7-38

单片式摩擦离合器结构简单，散热性能好，但传递的转矩小，多用于轻型机械。

② 多片式摩擦离合器。在传递大转矩的情况下，因受摩擦盘尺寸的限制不宜应用单片摩擦离合器，这时要采用多片摩擦离合器，用增加结合面对数的方法来增大传动能力。

图 7-38 所示为多片式摩擦离合器。主动轴 1 与外壳 2 相联接，从动轴 10 与套筒 9 相联接。外壳 2 通过花键与一组外摩擦片 4 连接在一起；套筒 9 也通过花键与另一组内摩擦片 5 联接在一起。工作时，向左移动滑环 7，通过杠杆 8、压板 3 使两组摩擦片 4、5 压紧，离合器处于接合状态。向右移动滑环 7，摩擦片 4、5 被松开，离合器分离。该离合器常用于机床主轴箱内。

摩擦离合器传递的转矩与摩擦片数 z 成正比。但摩擦片数 z 过多，将影响分离的灵活性，因此一般限制 $z \leq 25 \sim 30$。对于湿式摩擦离合器 $z=5 \sim 15$；干式摩擦离合器 $z=1 \sim 6$。多片式摩擦离合器由于 z 的增加，传递转矩能力显著增大，径向尺寸相对减小，但结构复杂。

4. 离合器的选择

离合器的选择首先是根据工作条件和使用要求，确定离合器类型，然后根据轴径和传递转矩的大小查手册选用型号。与联轴器相同，应满足式（7-10）与式（7-11）。

三、制动器

1. 制动器的特点、类型

制动器利用摩擦副中产生的摩擦力矩来实现制动作用，或者利用制动力与重力的平衡，使机器运转速度保持恒定。它通常安装在机构中转速较高的轴上，这样所需制动力矩和制动器尺寸可以小一些。制动器应满足的基本要求为：能产生足够大的制动力矩，制动平稳可靠，操纵灵活、方便，散热好，体积小，有较高的耐磨小、足够的寿命、结构简单、维修方便等。常用的制动器有块式制动器、带式制动器、电磁制动器、盘式制动器等。

2. 块式制动器

图 7-39 所示为块式制动器，它借助瓦块与制动轮间的摩擦力来制动。通电时，励磁线圈 1 吸住衔铁 2，再通过一套杠杆使瓦块 5 松开，机器便能自由运转。当需要制动时，则切断电流，励磁线圈释放衔铁 2，依靠弹簧力并通过杠杆使瓦块 5 抱紧制动轮 6。

3. 带式制动器

图 7-40 为带式制动器。当杠杆上作用外力 F 后，闸带收紧且抱住制动轮，靠带与轮间的摩擦力达到制动目的，这种制动器结构简单、紧凑。

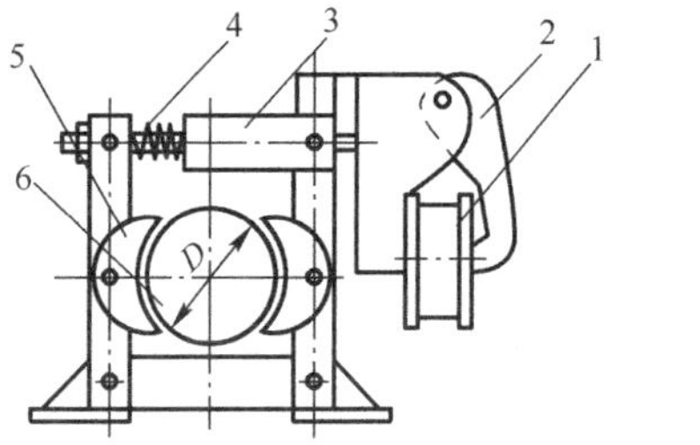

1—励磁线圈；2—衔铁；3，5—瓦块；6—制动轮

图 7-39

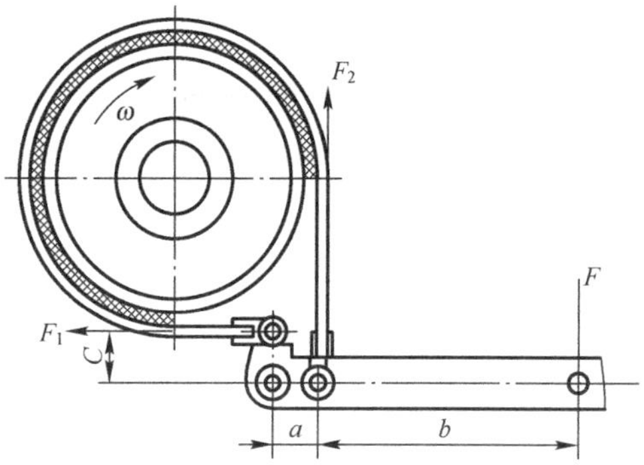

图 7-40

4. 制动器的选择

制动器的选择与联轴器的选择所考虑的条件和选择内容大致相同。进行制动器的设计选择时，为了工作可靠，要把所需的制动转矩加大，按计算转矩 T_c 进行选择，计算转矩为：

$$T_c = ST_{max} \tag{7-12}$$

式中：T_{max} 为制动轮所传递的最大转矩（M · mm）；S 为制动安全系数，按表 7-14 选取。

表 7-14 制动安全系数 S

工作类型 JC	15%	25%	40%
S	1.75	2	2.5
注：$JC = \dfrac{\text{一个循环内机器实际工作时间}}{\text{一个循环总时间}} \times 100\%$			

问题解答

题目见问题引入。

解：

计算项目	计算过程	计算结果
1. 选联轴器类型	因为轴的转速较高，启动频繁，载荷有变化，宜选用缓冲性较好，同时具有可移性的弹性套柱销联轴器	弹性套柱销联轴器
2. 计算转矩 T_c	查表7-13得：$K=1.7$ $T=9550\frac{P}{n}=9550\frac{7.5}{960}=74.6\text{N}\cdot\text{m}$ $T_c=KT=1.7\times74.6=126.8\text{N}\cdot\text{m}$	$T_c=126.8\text{N}\cdot\text{m}$
3. 确定联轴器规格	查手册选用弹性套柱销联轴器 $TL6\ \frac{Y38\times82}{Y42\times112}$ 公称扭矩：250N·m 许用转速： $n_{max}=3300\text{r/min}$（联轴器材料为铁） $n_{max}=3800\text{r/min}$（联轴器材料为钢） 轴孔直径：$d_{min}=32\text{mm}$，$d_{max}=42\text{mm}$	$TL6\ \frac{Y38\times82}{Y42\times112}$
4. 校核最大转速	$n\leqslant[n]$	满足要求
5. 协调轴孔直径	$d_{min}<d_1<d_{max}$	满足要求

知识拓展：特殊功用及特殊结构的联轴器及离合器

一、安全联轴器和安全离合器

安全联轴器和安全离合器的作用是，当工作转矩超过机器允许的极限转矩时，联接件将发生折断、脱开或打滑，从而使从动轴自动停止转动，以保护机器中的重要零件不致损坏。

1. 剪切销安全联轴器

这种联轴器有单剪式和双剪式两种，如图7-41所示。销钉装在经过淬火的钢套内，过载时即被剪断。

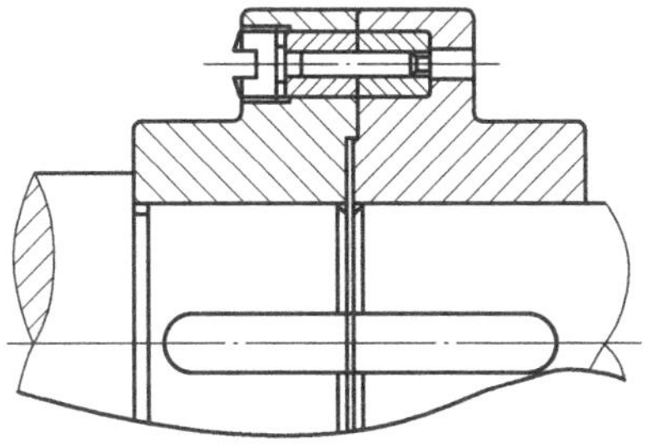
单剪式

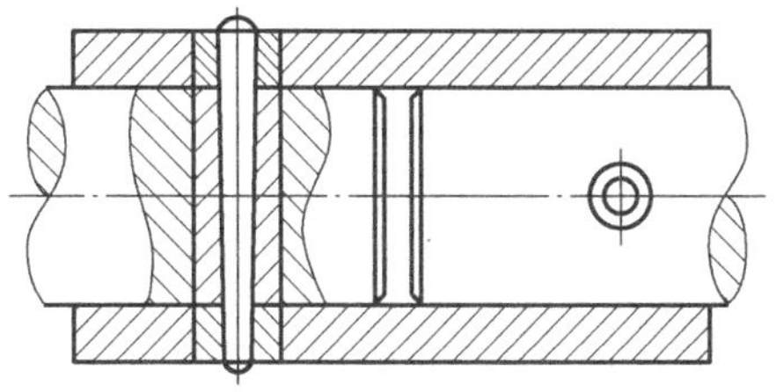
双剪式

图7-41

销钉的材料可采用45钢淬火，准备剪断处应预先切槽。由于材料力学性能和加工制造等不稳定，致使工作精度不高，且销剪断后不能自动恢复工作。但由于构造简单，所以对很少过载的机器中常采用。

2. 滚珠安全离合器

如图7-42为滚珠安全离合器的一种常用结构形式。主动齿轮传来的转矩通过滚珠、从动盘、外套筒而传给从动轴。当转矩超过许用值时，弹簧被过大的轴向分力压缩，使从动盘向右移动，原来交错压紧的滚珠因被放松而相互滑动，此时主动齿轮空转，从动轴即停止转动。当载荷恢复正常时，又可重新传递转矩。弹簧压力的大小可用螺母来调节。

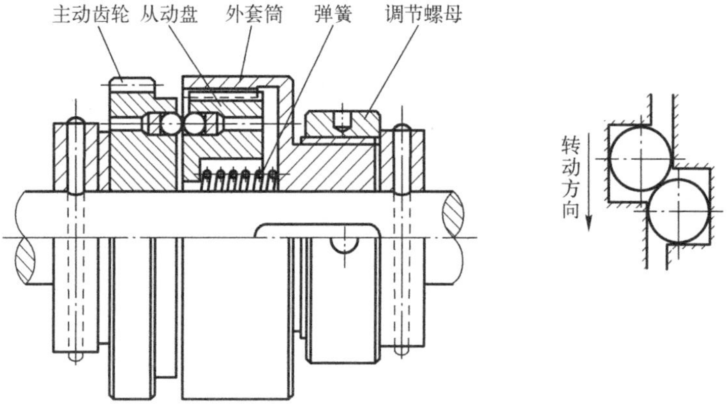

图7-42

这种离合器由于滚珠表面会受到较严重的冲击与磨损，故一般只用于传递较小转矩的装置中。

二、离心离合器

离心离合器按其在静止状态时的离合情况可分为开式和闭式两种。开式只有当达到一定工作转速时，主动部分和从动部分才能进入接合；闭式在到达一定工作转速时，主动部分和从动部分才能进入分离。在启动频繁的机器中采用离心离合器，可使电动机在运转稳定后才接入负载。

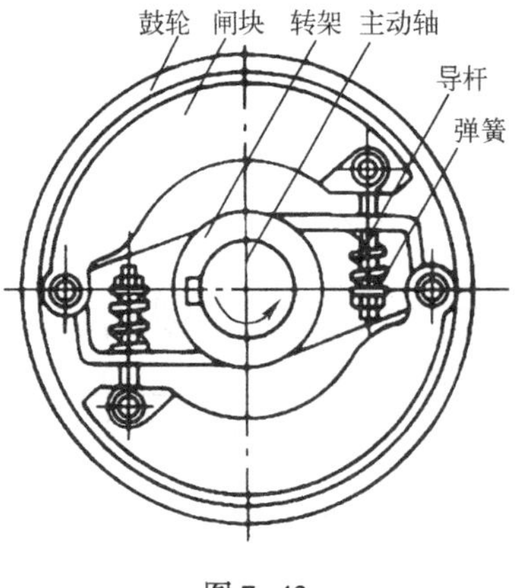

图7-43

图7-43为开式离心离合器的工作原理图，在两个拉伸螺旋弹簧的弹力作用下，主动部分的一对闸块与从动部分的鼓轮脱开；当转速达到某一数值后，离心力增加到能克服弹簧拉力时，便使闸块绕其支点向外摆动与从动鼓轮压紧，离合器即进入接合状态。当接合面上产生的摩擦力矩足够大时，主、从动轴即一起转动。

三、定向离合器

定向离合器只能传递单向的转矩。如图 7-44 所示为滚柱式定向离合器。当爪轮为主动轮并作顺时针回转时，滚柱将被摩擦力转动而滚向空隙的收缩部分，并楔紧在爪轮和套筒间，使套筒随爪轮一同回转，离合器即进入接合状态。当爪轮反向回转时，滚柱即被滚到空隙的宽敞部分，这时离合器即处于分离状态。因而定向离合器只能传递单方向的转矩，可在机械中用来防止逆转及完成单向传动。

四、电磁粉末离合器

如图 7-45 所示为电磁粉末离合器的原理图。金属外筒为从动件，嵌有环形励磁线圈的电磁铁与主动轴联接，金属外筒与电磁铁间留有少量间隙，内装适量的铁和石墨粉末。

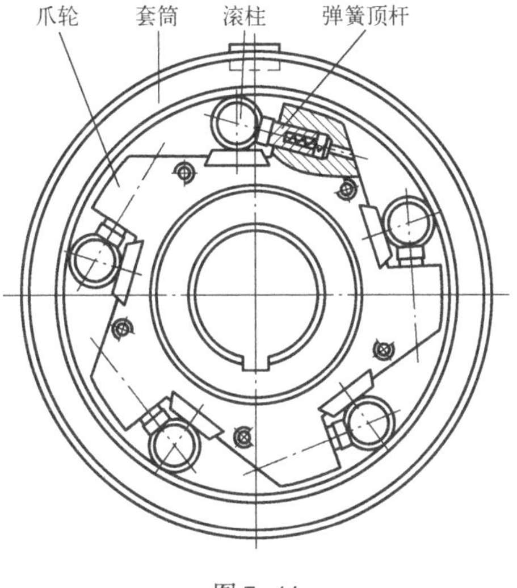

图 7-44

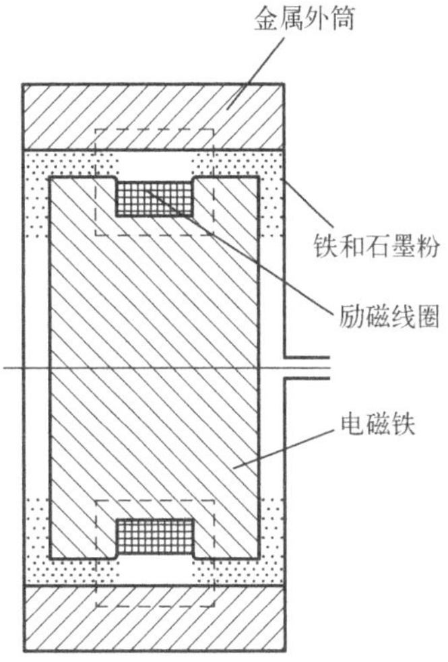

图 7-45

当励磁线圈中无电流时，散砂似的粉末不阻碍主、从动件之间的相对运动，离合器处于分离状态；当通入电流时，电磁粉末即在磁场作用下被吸引而聚集，从而将主、从动件联系起来，离合器即接合。

这种离合器在过载滑动时，会产生高温。当温度超过电磁粉末的居里点时，则磁性消失，离合器即分离，从而可以起到安全保护的作用。

7.3 轴类零件的设计

问题引入

如图 7-46 为带式输送机所用的单级斜齿圆柱齿轮减速器，减速器由电动机驱动，已知从动轴所传递的功率 $P=24\text{kW}$，转速 $n=245.6\text{r/min}$，轴上齿轮的主要参数及尺寸为：$m_n=4\text{mm}$，$z=79$，$\beta=8°6'34''$，小齿轮分度圆直径为 $d_1=80.81\text{mm}$，$B_2=80\text{mm}$，载荷平稳，轴单向运转。试设计减速器的从动轴。

设计要求：拟定轴上零件的装配方案，根据轴向定位的要求确定轴上零件周向定位、轴向定位及各段的直径和长度，绘制轴的零图。

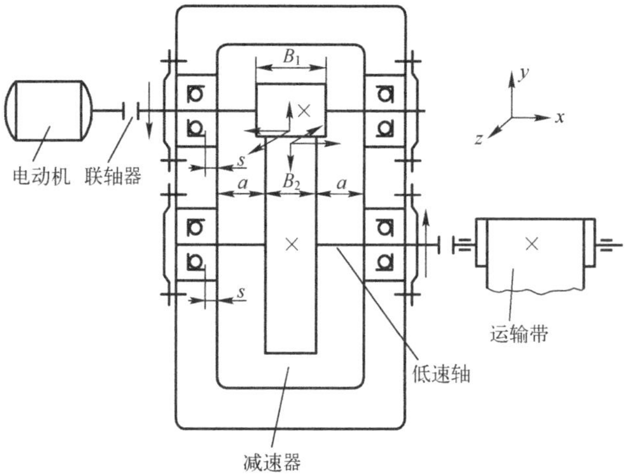

图 7-46

知识分析

轴是组成机器的重要零件之一。一切作回转运动的传动零件（如齿轮、带轮、蜗轮等），都必须安装在轴上才能进行运动及动力的传递。轴的主用功用是支承旋转零件并传递运动和动力，同时，它又通过轴承和机架联接。

通过本任务的学习，学生能识读图样中轴上各部分零件名称；能对轴上零件定位方式进行判断，并对轴系结构设计不合理的地方进行改善；完成单级斜齿圆柱齿轮减速器中的输出轴的设计，以及完成设计说明书、零件工作图并进行设计研讨、课堂报告等。

知识链接

一、轴的分类及材料

1. 轴的分类

按轴的受载情况可分为传动轴、心轴和转轴。

（1）传动轴。只承受转矩、不承受弯矩或受很小弯矩的轴。如图 7-47 所示为汽车的传动轴。

（2）心轴。通常指只承受弯矩而不承受转矩的轴。心轴按其是否与轴上零件一起转动，又可分为转动心轴和固定心轴。如图 7-48（a）所示为车辆的转动心轴；如图 7-48（b）所示为自行车前轮的固定心轴。在静载荷作用下，固定心轴产生静应力，转动心轴产生对称循环变应力。

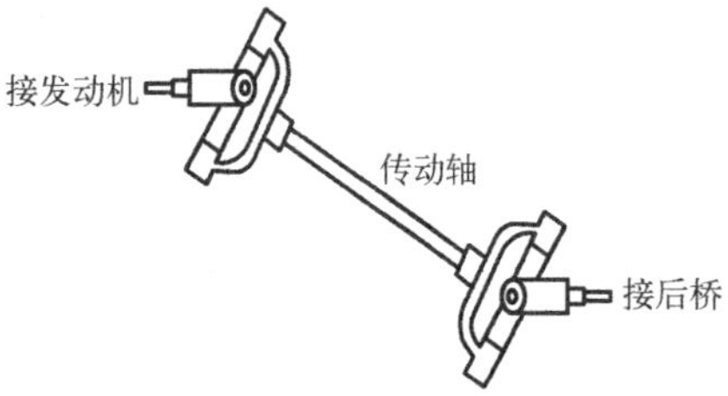

图 7-47

（3）转轴。既承受弯矩又承受转矩的轴。转轴在各种机器中最为常见。图 7-49 所示齿轮减速器中的轴都是转轴。根据轴线的形状不同，轴又分为直轴、曲轴和挠性轴。

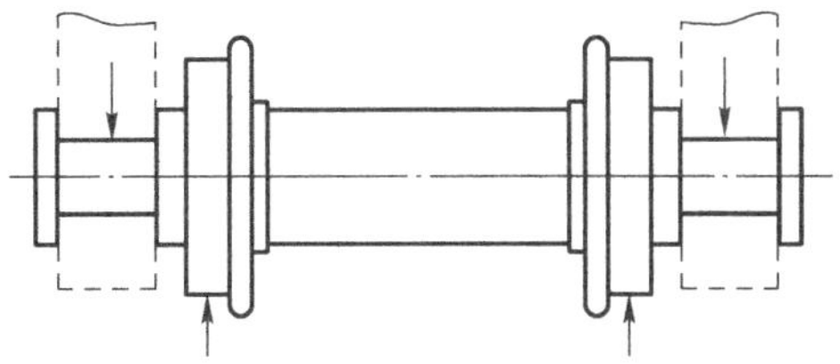

（a）

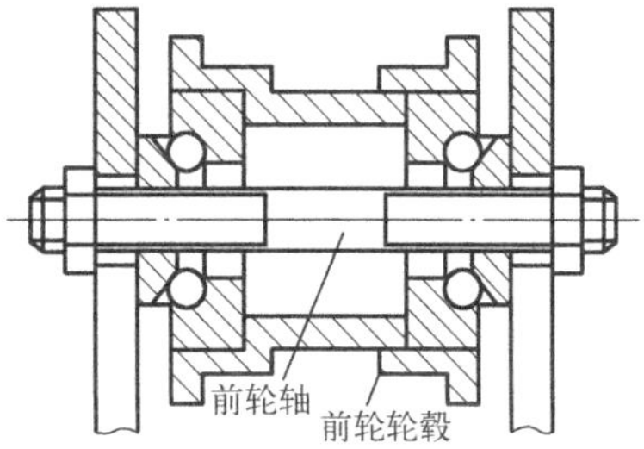

（b）

图7-48

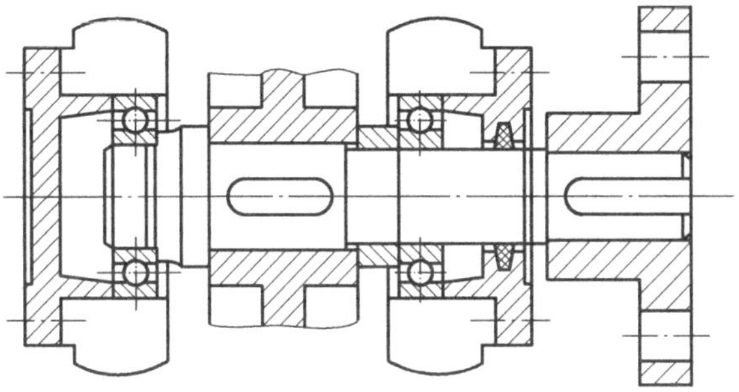

图7-49

① 直轴。各轴段轴线为同一直线，用于一般机械传动中。按其外形不同可分为光轴（见图7-50（a））和阶梯轴（见图7-50（b））。光轴形状简单，易加工，应力集中源少，但轴上的零件不易装配定位；阶梯轴则正好与光轴相反。按心部结构不同，直轴又可分为实心轴和空心轴。空心轴内径与外径的比值通常为0.5～0.6，以保证轴的刚度和扭转稳定性。

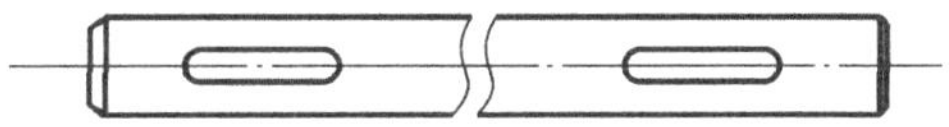

（a）光轴

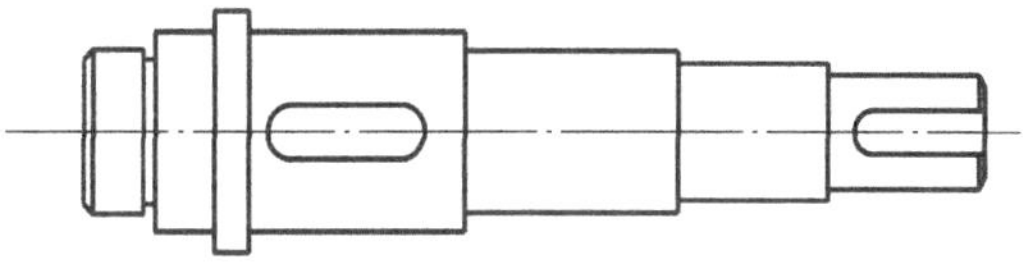

（b）阶梯轴

图7-50

② 曲轴（见图7-51）。各轴段轴线不在同一直线上。曲轴通过连杆可以将旋转运动改变为往复直线运动，或作相反的运动变换。主要用于压力机、内燃机和空气压缩机中。

③ 挠性轴（见图7-52）。由多组紧贴在一起的钢丝卷绕而成。它可以将转矩和回转运动灵活地传递到空间任意位置。

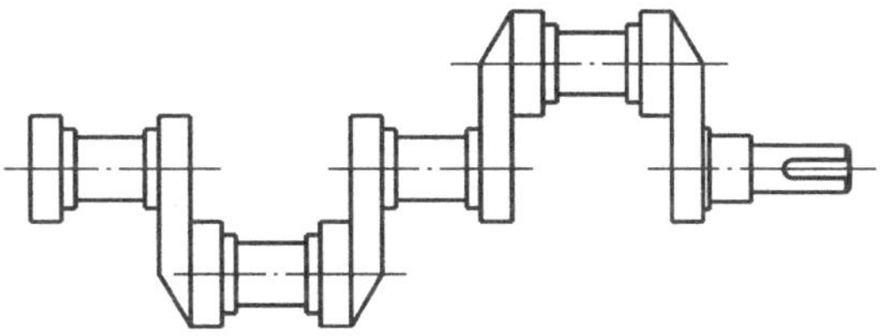

图7-51

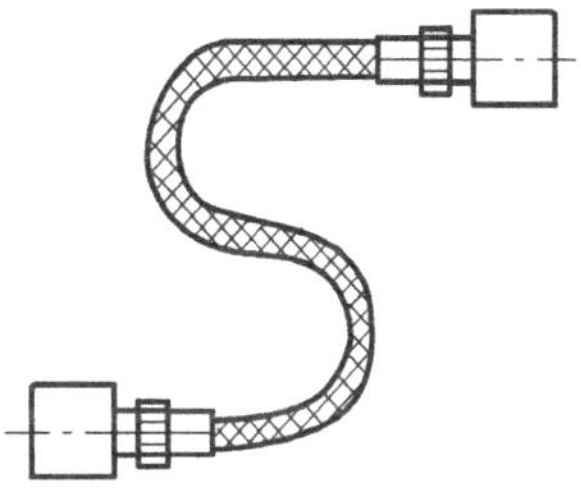

图7-52

2. 轴的材料

由于轴工作时主要承受弯矩和转矩，轴的失效多为疲劳破坏，因此轴的材料应具有足够的抗疲劳强度、较小的应力集中敏感性和良好的加工性。轴与滑动轴承发生相对运动的表面应具有足够的耐磨性。另外还应易于加工和热处理等。

轴的常用材料是合金钢、碳素钢、球墨铸铁和高强度铸铁。

选择轴的材料时，应考虑轴所受载荷的大小和性质、转速高低、周围环境、轴的形状和尺寸、生产批量、重要程度、材料机械性能及经济性等因素，选用时注意如下几点。

① 合金钢。合金钢具有如下性质。

合金钢对应力集中的敏感性高，且价格高，所以合金钢轴的结构形状必须合理，否则就失去用合金钢的意义。

在一般工作温度下，合金钢和碳素钢的弹性模量十分接近，故用合金钢代替碳素钢不能达到提高刚度的目的，此时应通过增大轴径、改变结构或减小跨距等方式来解决。

各种热处理、化学处理及表面强化处理（如喷丸、滚压等），可以显著提高碳素钢或合金钢制造的轴的疲劳强度及耐磨性，但对其刚度影响很小。合金钢只有进行热处理后才能充分显示其优越的力学性能。

② 碳素钢。有足够高的强度，对应力集中敏感性较低，便于进行各种热处理及机械加工，价格低、供应充足，故应用最广。

③ 球墨铸铁和高强度铸铁。球墨铸铁和高强度铸铁的机械强度比碳素钢低，但因铸造工艺性好，适合于制造外形复杂的轴（如曲轴、凸轮轴等），其价格低廉、强度较高、具有良好的吸振性、耐磨性和易切削性好，对应力集中敏感性低，故应用日趋增多。但铸件质量不易控制，可靠性差。表 7-15 列出了轴的常用材料及其机械性能，供设计时参考选用。

表 7-15 轴的常用材料及其主要力学性能

材料	热处理	毛坯直径 /mm	硬度 /HBS	抗拉强度 σ_b/MPa	屈服点 σ_s/MPa	弯曲疲劳极限 σ_{-1}/MPa	应用场合
Q235				440	235	200	用于不重要或载荷不大的轴
35	正火	≤100		520	270	250	
	正火 回火	>100～300	143～187	500	260	240	有好的塑性和适当的强度，可做一般曲轴、转轴等
	调质	≤100		560	300	265	
45	正火	≤100	170～217	600	300	275	
	回火	>100～300	162～217	580	290	270	应用最为广泛
	调质	≤200	217～255	650	360	300	
40Cr	调质	≤100	241～286	750	550	350	用于载荷较大而无很大冲击的重要轴
		>100～300	241～266	700		340	
40MnB	调质	≤200	241～286	750	500	335	
35SiMn 42SiMn	调质	≤100	229～286	800	520	400	性能接近 40Cr，可作其代用品
		>100～300	217～269	750	450	350	
35CrMo	调质	≤100	207～269	750	550	390	用于重载荷的轴

续表

材　料	热处理	毛坯直径/mm	硬度/HBS	抗拉强度 σ_b/MPa	屈服点 σ_s/MPa	弯曲疲劳极限 σ_{-1}/MPa	应用场合
20Cr	渗碳+淬火+回火	≤60	表面 50～60HRC	650	400	280	用于强度、韧度及耐磨性较高的轴
QT450－10			160～210	450	310	160	多用于铸造形状复杂的曲轴、凸轮轴等
QT600－3			190～270	600	370	215	

二、轴的结构设计

轴的结构设计就是根据轴的受载荷情况和工作条件确定轴的形状和全部结构尺寸。由于影响轴结构的因素很多，所有轴的结构设计具有较大的灵活性和多样性。设计时，针对不同情况进行具体分析。轴的结构形状必须满足如下基本要求：轴及装在轴上的零件有准确的工作位置；具有良好的加工和装配工艺性能；轴上结构要有利于减小应力集中以提供疲劳强度。

如图7-53所示为阶梯轴的典型结构。轴主要由轴颈、轴头、轴身三部分组成，轴上与轴承配合的部分称为轴颈。与零件轮毂配合的部分为轴头，连接轴颈和轴头的非配合部分称为轴身。轴颈和轴头的直径应该规范取圆整尺寸，特别是安装滚动轴承的轴颈，其直径必须符合滚动轴承的内径系列。轴头的直径宜采用标准尺寸系列，如表7-16所示。轴身的直径可采用自由尺寸，常以毫米为单位的整数，最好取偶数或5进位的数。

表7-16　标准尺寸系列　　（摘自GB2822－81）

10，11，12，13，14，15，16，17，18，19，20，21，22，24，25，26，28
30，32，34，36，38，40，42，45，48，50，53，56，60，67，71，75，80
85，90，95，100，105，110，120，125，130，140，150，160，170，180，190

轴的结构设计一般应主要考虑以下几个方面的问题。

1. 轴上零件装配方案

轴上零件的装配方案是进行轴的结构设计的前提，它决定着轴的基本形式。所谓装配方案，就是预定轴上主要零件的装配方向、顺序和相互关系，如图7-53所示。为了便于轴上零件的装拆，将轴做成阶梯轴。半联轴器、轴承盖、左端轴承、轴套、齿轮从轴的右端装拆，另一滚动轴承从左端装拆。这样就对各轴段的粗细顺序作了初步安排。拟定装配方案时，一般应考虑几个方案，进行分析比较与选择。

2. 轴上零件的定位和固定

为防止轴上零件受力时发生沿轴向或周向的相对运动，轴上零件除了有游动或空转的要求外，都必须进行轴向和周向定位，以保证其准确的工作位置。

（1）轴上零件的轴向定位和固定。轴上零件的轴向固定是为防止工作中零件沿轴向移动，并将零件上的轴向力传给轴。零件轴向固定可采用轴肩、轴环、套筒、圆螺母、轴端挡圈、弹性挡圈等方式，如表7-17所示。

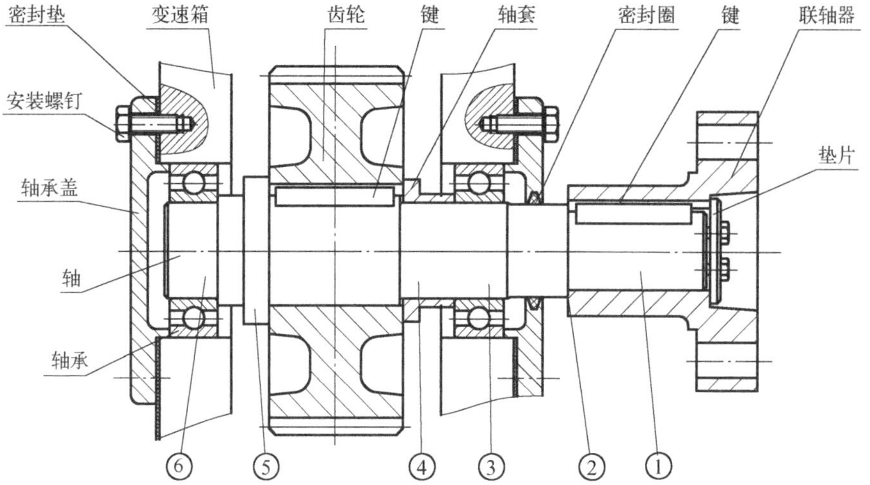

图 7-53

表 7-17　轴上零件常用的轴向定位及固定方式

定位及固定方式	结　构　图	特点及应用
轴肩和轴环	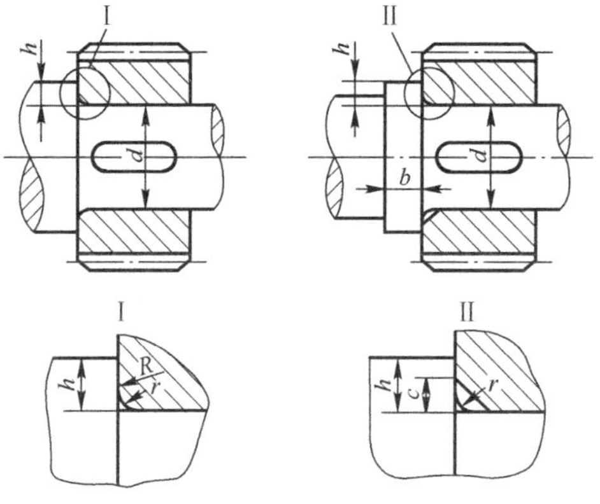（a）轴肩　（b）轴环	为保证定位可靠，轴环和轴肩的高度 $h=(0.07\sim0.1)d$。为保证轴上零件紧靠定位面，轴上内圆角 $r=(0.67\sim0.75)h$，应小于轴上零件外圆半径 R 或倒角 C。轴环宽度 $b=(0.1\sim0.15)d$ 或 $b=1.4h$。 固定简单可靠，不需要附加零件，能承受较大轴向力，广泛应用于各种轴上零件的固定
套筒	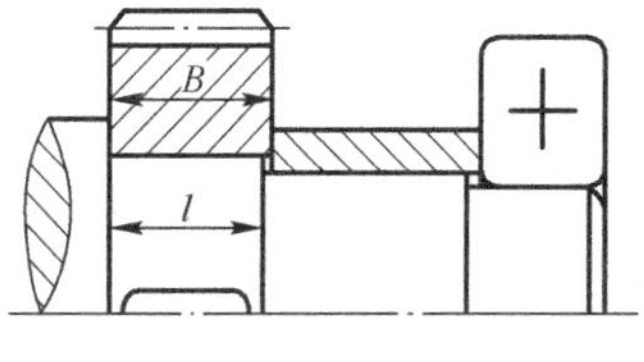	当轴上有一零件位置已确定，相邻零件与它距离又短，可用定位套筒确定相邻零件的位置。 简单可靠，简化了轴的结构且不削弱轴的强度，但增加了重量。如两零件间距较大，轴的转速较高时，不宜采用套筒固定
圆螺母	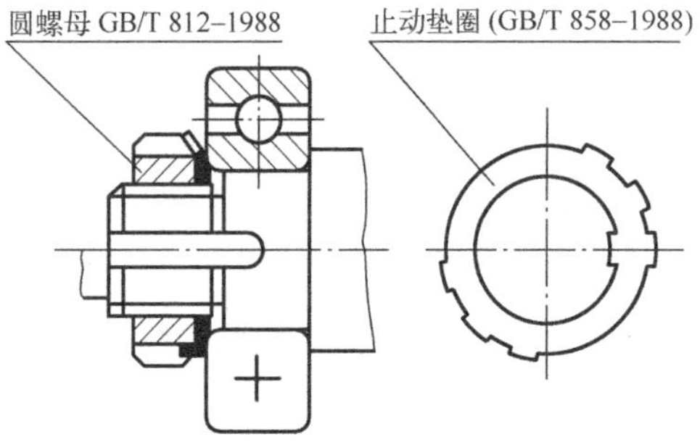	当轴上零件与轴承相距较远，且轴上允许车制螺纹时，可用圆螺母作轴向定位。 固定可靠，可承受较大的轴向力。多采用细牙螺纹，有利于防止螺母松动

续表

定位及固定方式	结　构　图	特点及应用
轴端挡圈	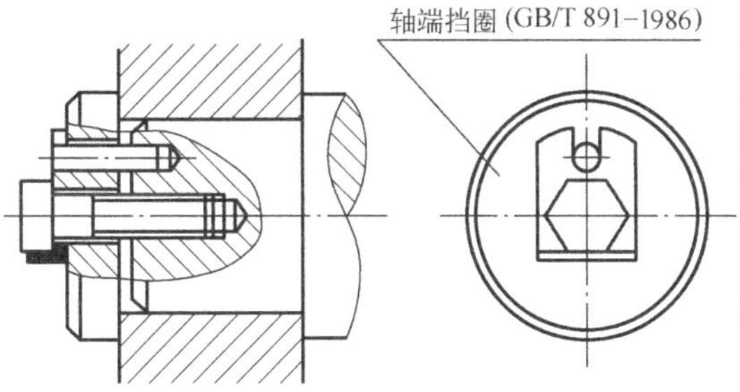	轴端挡圈（又称压板），用于轴端零件的固定，工作可靠，能承受较大轴向力，应配合止动垫片等防松措施使用
圆锥面	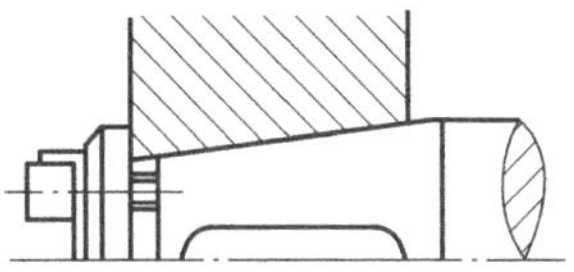	常用于轴端零件的固定，可以承受较大的轴向力。 定心精度高，拆卸容易，能承受冲击及振动载荷
弹性挡圈	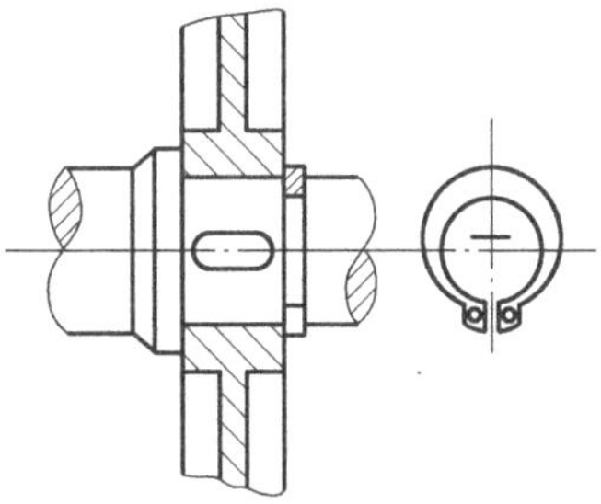	当轴向力不大，轴上零件又相距较远，常采用弹簧挡圈。 结构紧凑、简单，常用于滑移齿轮的限位和滚动轴承的周向固定
紧定螺钉	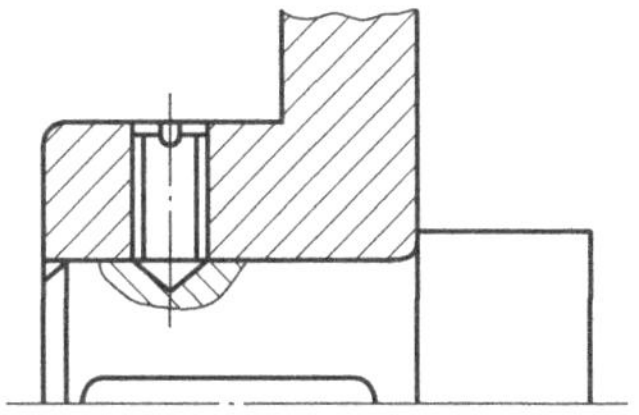	承受轴向力小和不承受轴向力的场合

(2) 周向固定。周向固定的目的是使轮毂零件和轴一起转动，且传递运动和动力。周向固定方式常用键联接或花键联接；当对中性要求较高，并有振动的情况下工作时，可用过盈配合；如载荷很小，也可采用紧定螺钉和销联接。

三、轴的加工和装配工艺性

在进行轴的结构设计时，应尽可能使轴结构简单，阶梯数量尽可能少，便于加工和装配。

1. 轴的加工工艺性

为使轴具有良好的加工工艺性，应注意以下几点。

(1) 轴直径变化尽可能小，并尽量限制轴的最小直径与各段直径差，这样既可以节省材料又可以减少切削加工量。

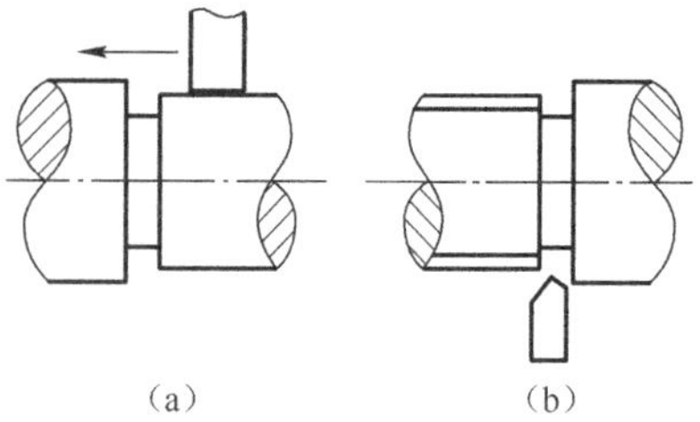

图 7-54

(2) 轴上有磨削或需切螺纹处，应留砂轮越程槽和螺纹退刀槽，如图 7-54 所示，以保证加工完整。

(3) 应尽量使轴上同类结构要素（如过渡圆角、倒角、键槽、越程槽、退刀槽及中心孔等）的尺寸相同，并符合标准和规定；如数个轴段上有键槽，应将它们布置在同一母线上，以便于加工。

2. 轴的装配工艺性

为使轴具有良好的装配工艺性，常采取以下措施。

(1) 为了便于轴上零件的装拆和固定，常将轴设计成阶梯形，轴上装有联轴器和齿轮，并用滚动轴承支承。

(2) 为了便于装配，轴端应加工出 45°或 30°、60°倒角，过盈配合零件装入端常加工出导向锥面。

四、改善轴的受力状况，减小应力集中

(1) 合理布置轴上零件，可以改善轴的受力状况。为了减小轴所承受的弯矩，传动件应尽量靠近轴承，并尽可能不采用悬臂的支承形式，力求缩短支承跨距及悬臂长度等。

当转矩由一个传动件输入，两个传动件输出时，为了减小轴上的载荷，尽量将输入置于中间。如图 7-55（a）所示的轴，轴上作用的最大转矩为 T_1+T_2，而在图 7-55（b）中，轴的最大转矩为 T_1 或 T_2。

(2) 改进轴上零件的结构，可以改善轴的受力状况。在图 7-56（b）中，大齿轮和卷筒联成一体，转矩经大齿轮直接传给卷筒，故卷筒轴只受弯矩而不传递扭矩，在起重同样载荷时，轴的直径可小于图的结构。

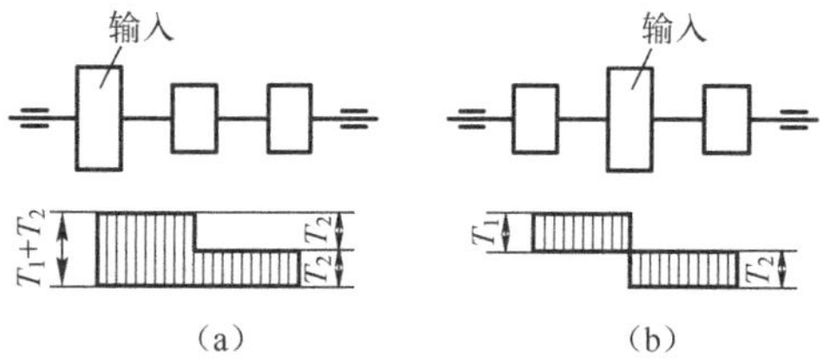

图 7-55

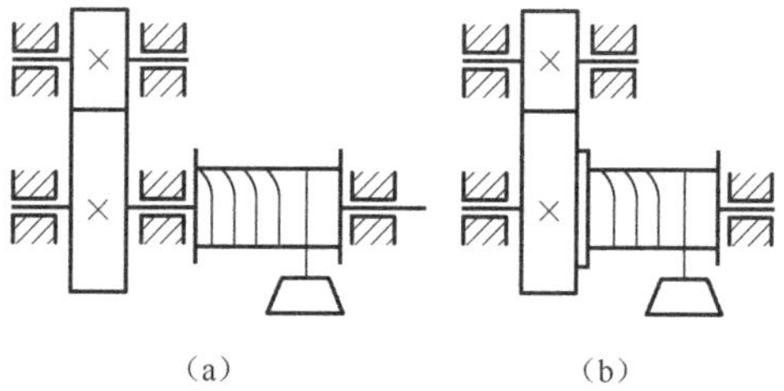

图 7-56

(3) 改进轴的结构以减少应力集中。应力集中常常是产生疲劳裂纹的根源。为了提高轴的疲劳强度，应从结构设计、加工工艺等方面采取措施，减小应力集中，对于合金钢轴尤其应注意这一要求。

① 要尽量避免在轴上（特别是应力较大的部位）安排应力集中严重的结构，如螺纹、横孔、凹槽等。

② 当应力集中不可避免时，应采取减少应力集中的措施，如适当增大阶梯轴轴肩处圆角半径、在轴上或轮毂上设置卸载槽安全等，如图 7-57 所示。

③ 键槽端部与轴肩距离不宜过小，以避免损伤过渡圆角，减少多种应力集中源重合的机会。

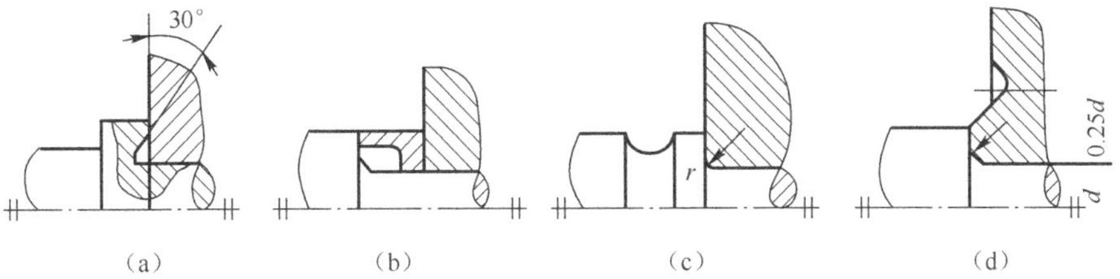

图 7-57

(4) 改进轴的表面质量以提高轴的疲劳强度。轴的表面粗糙度和表面强化处理方法会对轴的疲劳强度产生影响。轴的表面越粗糙，疲劳强度也越低。因此，应合理减小轴的表面及圆角处的加工粗糙度。

表面强化处理的方法为：碾压、喷丸处理、渗碳处理、氮化处理和高频淬火等表面强化方法，避免产生疲劳裂纹，以提高轴的疲劳强度。

五、各轴段直径和长度的确定

轴的直径和长度应满足强度和刚度的要求。此外，还要根据下面的具体情况来确定轴的实际直径和长度。

1. 轴径的确定

(1) 轴头的直径取标准尺寸。

(2) 安装滚动轴承的轴颈，应按滚动轴承标准规定的内孔直径选取。

(3) 定位轴肩，其高度可按之前给定的原则确定。

(4) 轴中装有过盈配合零件时，该零件毂孔与装配时需要通过的其他轴段之间应留有间隙，以便于安装。

2. 轴段长度的确定

轴的各段长度主要是根据得到轴上零件的轴向尺寸及轴系结构的总体布置来确定，设计时应满足的要求：

(1) 轴与传动件轮毂相配合的部分的长度稍小于轮毂宽度 2 ～ 3mm。

(2) 安装滚动轴承的轴颈长度取决于滚动轴承的宽度。

(3) 其余段的轴径长度，可根据总体结构的要求（如零件间的相对位置、拆装要求、轴承间隙的调整等）在结构设计中确定。

六、轴的强度计算

1. 传动轴的强度计算

传动轴工作时只承受扭矩，由材料力学可知，实心圆截面轴的强度条件为：

$$\tau=\frac{T}{W_p}=\frac{16T}{\pi}\approx\frac{9.55\times10^6P}{0.2d^3n}\leqslant[\tau]_T \tag{7-13}$$

式中，τ为轴的扭转切应力(MPa)；T 为轴传递的扭矩(N · mm)；W_p 为抗扭载面模量(mm^3)；P 为轴传递的功率(kW)；n 为轴的转速(r/min)；d 为轴的直径(mm)；$[\tau]$为许用扭转切应力(MPa)，见表 7-18。

表7-18 轴的几种常用材料的[τ]及 C 值

轴的材料	Q235A，20	35	45	40Cr，35SiMn
[τ] /MPa	12～20	20～30	30～40	40～52
C	160～135	135～118	118～107	107～98

2. 心轴的强度计算

在一般情况下，作用在轴上的载荷方向不变，故心轴的抗弯强度条件为：

$$\sigma_W = \frac{M}{W_z} = \frac{32M}{\pi} \approx \frac{M}{0.1d^3} \leqslant [\sigma]_W \tag{7-14}$$

计算轴的直径时，式（7-14）可以写成

$$d \geqslant \sqrt[3]{\frac{M}{0.1[\sigma]_W}} \tag{7-15}$$

3. 转轴的强度计算

转轴同时承受扭矩和弯矩，必须按弯曲和扭转组合强度进行计算。完成轴的结构设计后，作用在轴上外载荷（扭矩和弯矩）的大小、方向、作用点、载荷种类及支点反力等就已确定，可按弯扭合成的理论进行轴危险截面的强度校核。进行强度计算时通常把轴当作置于铰链支座上的梁，作用于轴上零件的力作为集中力，其作用点取为零件轮毂宽度的中点。支点反力的作用点一般可近似地取在轴承宽度的中点上。具体的计算步骤如下。

（1）作出轴的空间力系图，将轴上作用力分解到水平面和垂直面内，并求出水平面和垂直面上的支点反力。

（2）作水平面受力图，计算水平面弯矩 M_H，并画出水平面弯矩图。

（3）作垂直面受力图，计算垂直面弯矩 M_V，并画出垂直面的弯矩图。

（4）计算合成弯矩 $M = \sqrt{M_H^2 + M_V^2}$，画出合成弯矩图。

（5）计算轴的转矩 T，画出转矩图（$M_e = \sqrt{M^2 + (\alpha T)^2}$）。

（6）根据第三强度理论，计算当量弯矩，绘出当量弯矩图。

（7）校核危险截面强度。对选定的危险截面按下式验算：

$$\sigma_{ew} = \frac{1}{W_z}\sqrt{M^2 + (\alpha T)^2} = \frac{M_e}{W_z} = \frac{32M_e}{\pi W_z} \approx \frac{M_e}{0.1d_3} \leqslant [\sigma_{-1}]_W \tag{7-16}$$

计算轴的直径时，式（7-16）可以写成

$$d \geqslant \sqrt[3]{\frac{M_e}{0.1[\sigma_{-1}]_W}} \tag{7-17}$$

式中，σ_{ew}为危险截面的当量应力（MPa）；M 为危险截面的弯矩（N·m）；T 为危险截面的扭矩（N·m）；α 为根据扭矩性质而定的折算系数。扭矩不变，$\alpha = 0.3$；扭矩按脉动循环变化，$\alpha = 0.6$；正反转频繁的轴，扭矩按对称循环变化，$\alpha = 1$。对一般的转轴，$\alpha = 0.6$。$[\sigma_{-1}]$ 为对称循环下的许用弯曲应力，可查表7-19得到。

对于重要的轴，还需考虑应力集中、表面状态以及尺寸的影响，用安全系数法作进一步的强度校核，其计算方法见有关机械设计教材或参考书。

表 7-19　轴的许用弯曲应力

材　　料	σ_b	$[\sigma_{+1b}]$	$[\sigma_{0b}]$	$[\sigma_{-1b}]$
碳素钢	400	130	70	40
	500	170	75	45
	600	200	95	55
	700	230	110	65
合金钢	800	270	130	75
	900	300	140	80
	1000	330	150	90
铸钢	400	100	50	30
	500	120	70	40

七、轴的设计

1. 选择轴的材料，初估轴径

对于转轴，在开始设计轴时，通常还不知道轴上零件的位置及支点位置，弯矩值不能确定。因此，一般在进行轴的结构设计前，先按纯扭转对轴的结构进行估算。对于圆截面的实心轴，即：

$$d \geqslant \sqrt[3]{\frac{9.55\times10^6}{0.2[\tau]_T}}\sqrt[3]{\frac{P}{n}} = C\sqrt[3]{\frac{P}{n}} \tag{7-18}$$

由上式求出的直径值，需圆整成标准直径，并作为轴的最小直径。如轴上有一个键槽，可将值增大 3% ～ 5%，如有两个键槽可增大 7% ～ 10%。

2. 转轴的结构设计

在进行轴的结构设计时，必须按比例绘制轴的结构草图。通常按以下步骤设计。

（1）确定轴上零件的位置和固定方法。

（2）确定各轴段的直径和长度。

（3）确定其余尺寸，包括键槽、倒角、圆角、螺纹退刀槽、砂轮越程槽等。

3. 转轴的强度计算

按弯曲和扭转组合强度进行计算，若危险截面强度不够或相差太大必须重新修改轴的结构。

4. 绘制轴的工作图

以上步骤完成后，要绘制轴的工作图。

问题解答

题目见问题引入。

解：

1. 选择轴的材料

该轴没有特殊的要求，因而选用调质处理的 45 钢，可以查到其强度极限 $\sigma_B = 650\text{MPa}$。

2. 初步估算轴径

按扭转强度估算输出端联轴器处的最小直径，根据表按45钢，取 $A=110$；
根据公式有：

$$d_{min}=A\sqrt[3]{\frac{P_2}{n_2}}=110\sqrt[3]{\frac{24}{245.6}}=50.7\text{mm}$$

由于在联轴器处有一个键槽，轴径应增加5%；为了使所选轴径与联轴器孔径相适应，需要同时选取联轴器。从手册可以查得，选用HL4弹性联轴器J55×84/Y55×112（GB/T 5014—2003）。故取联轴器联接的轴径为55mm。

3. 轴的结构设计

根据齿轮减速器的简图确定轴上主要零件的布置图（见图7-58）和轴的初步估算定出轴径进行轴的结构设计。

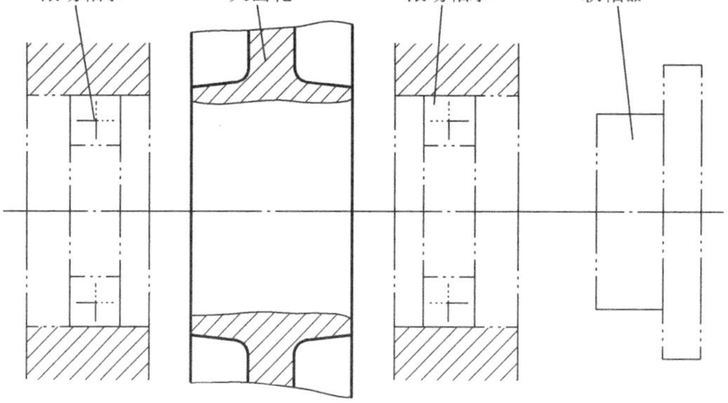

图7-58

（1）轴上零件的轴向定位。齿轮的一端靠轴肩定位，另一端靠套筒定位，装拆、传力均较为方便；两段端承常用同一尺寸，以便于购买、加工、安装和维修；为了便于拆装轴承，轴承处轴肩不宜过高（其高度最大值可从轴承标准中查得），故左端轴承与齿轮间设置两个轴肩，如图7-59所示。

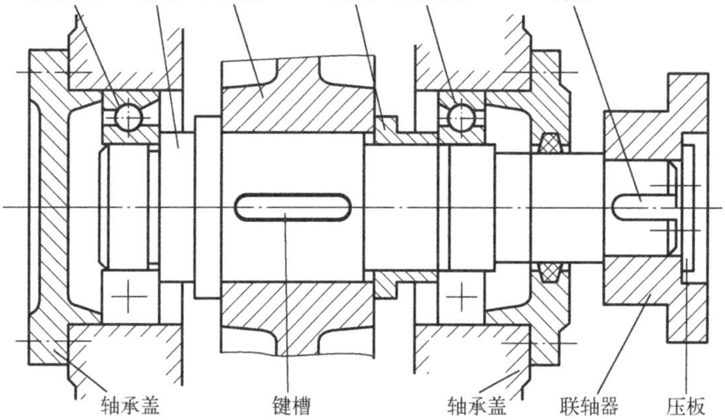

图7-59

（2）轴上零件的周向定位。齿轮与轴、半联轴器与轴的周向定位均采用平键联接及过盈配合。根据设计手册，并考虑便于加工，取在齿轮、半联轴器处得键剖面尺寸为 $b \times h = 18 \times 11$，配合均采用 H7/k6；滚动轴承内圈与轴的配合采用基孔制，轴得尺寸公差为 k6。

（3）确定各段轴径直径和长度。

轴径：从联轴器开始向左取 $\phi 55 \to \phi 62 \to \phi 65 \to \phi 70 \to \phi 80 \to \phi 70 \to \phi 65$

轴长：取决于轴上零件的宽度及它们的相对位置。选用 7213C 轴承，其宽度为 23mm；齿轮端面至箱体壁间的距离取 $a = 15$mm；考虑到箱体的铸造误差，装配时留有余地，取滚动轴承与箱体内边距 $s = 5$mm；轴承处箱体凸缘宽度，应按箱盖与箱座联接螺栓尺寸及结构要求确定，暂定：该宽度 = 轴承宽 + (0.08 ~ 0.1)a + (10 ~ 20) mm，取为 50mm；轴承盖厚度取为 20mm；轴承盖与联轴器之间的距离取为 15mm；半联轴器与轴配合长度为 84mm，为使压板压住半联轴器，取其相应的轴长为 82mm；已知齿轮宽度为 $B_2 = 80$mm，为使套筒压住齿轮端面，取其相应的轴长为 78mm。

根据以上考虑可确定每段轴长，并可以计算出轴承与齿轮、联轴器间的跨度。

（4）考虑轴的结构工艺性。考虑轴的结构工艺性，在轴的左端与右端均制成 2 × 45°倒角；左端支撑轴承的轴径为磨削加工到位，留有砂轮越程槽；为便于加工，齿轮、半联轴器处的键槽布置在同一母线上，并取同一剖面尺寸，如图 7-60 所示。

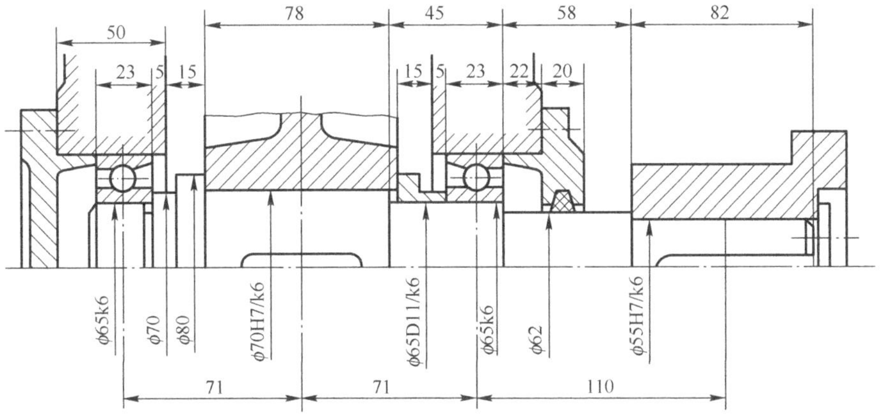

图 7-60

4. 轴的强度计算

先作出轴的受力计算图（即力学模型）如图 7-61（a）所示，取集中载荷作用于齿轮及轴承的中点。

（1）求齿轮上作用力的大小和方向。

转矩：

$$T_2 = 9.55 \times 10^3 \frac{P_2}{n_2} = 9.55 \times 10^3 \times \frac{24}{245.6} = 933.2\text{N} \cdot \text{m}$$

圆周力：

$$F_{t2} = \frac{2T_2}{d_2} = 2 \times \frac{933.2 \times 10^3}{319.19} = 5847\text{N}$$

径向力：

$$F_{r2}=F_{t2}\frac{\tan\alpha_n}{\cos\beta}=5847\times\frac{\tan20^\circ}{\cos8^\circ6'34''}=2150\text{N}$$

轴向力：

$$F_{a2}=F_{t2}\tan\beta=5847\times\tan8^\circ6'34''=833\text{N}$$

F_{t2}、F_{r2}、F_{a2}的方向如图 7-61（a）所示。

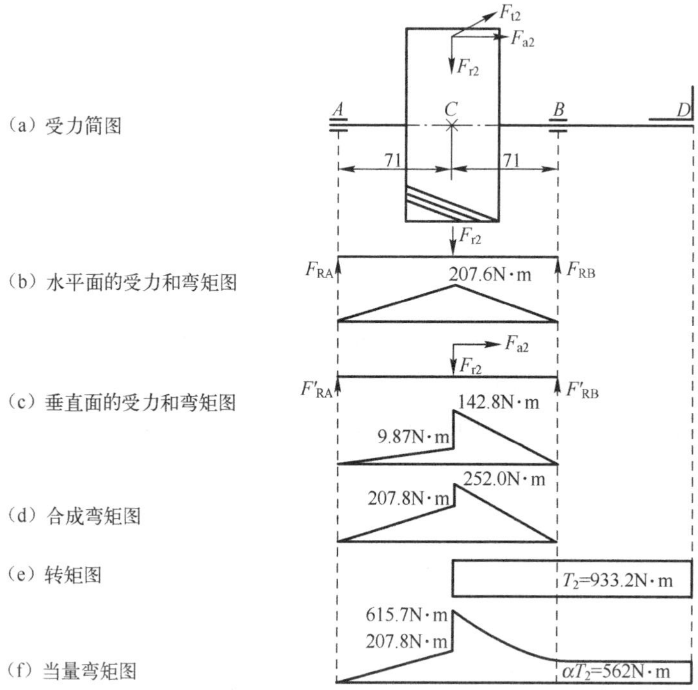

图 7-61

（2）求轴承的支反力。

水平面上的支反力：

$$F_{RA}=F_{RB}=\frac{F_{t2}}{2}=\frac{5847}{2}=2923.5\text{N}$$

垂直面上的支反力：

$$F'_{RA}=\frac{\left(\dfrac{F_{a2}d_2}{2}+71F_{r2}\right)}{142}=139\text{N}$$

$$F'_{RB}=\frac{\left(\dfrac{F_{a2}d_2}{2}+71F_{r2}\right)}{142}=2011\text{N}$$

（3）画弯矩图（见图 7-61（b）、（c）、（d））。

剖面 C 处的弯矩

水平面上的弯矩：

$$M_C=71F_{RA}\times10^{-3}=71\times2923.5\times10^{-3}=207.6\text{N}\cdot\text{m}$$

垂直面上的弯矩：

$$M'_{C1}=71F'_{RA}\times10^{3}=71\times139\times10^{-3}=9.87\text{N}\cdot\text{m}$$

$$M'_{C2}=\left(71F'_{RA}+\frac{F_{a2}d_2}{2}\right)\times10^{-3}=\left(71\times139+\frac{833\times319.19}{2}\right)\times10^{-3}=148.2\text{N}\cdot\text{m}$$

合成弯矩：

$$M_{C1}=\sqrt{M_C^2+M_{C1}'^2}=207.8\text{N}\cdot\text{m};\ M_{C2}=\sqrt{M_C^2+M_{C2}'^2}=252.0\text{N}\cdot\text{m}$$

（4）画合成弯矩图（见图7-61（e））

$$T_2=933.2\text{N}\cdot\text{m}$$

（5）画当量弯矩图（见图7-61（f））。

因为单向回转，视转矩为脉动循环，

$$\alpha=\frac{[\sigma_{-1}]_b}{[\sigma_0]_b}$$

已知 $\sigma_B=650\text{MPa}$，查表得：$[\sigma_{-1}]_b=59\text{MPa}$，$[\sigma_0]_b=98\text{MPa}$，则

$$\alpha=0.602$$

剖面 C 处的当量弯矩：

$$M''_{C1}=\sqrt{M_{C1}^2+(\alpha T_2)^2}=207.8\text{N}\cdot\text{m}$$

$$M''_{C2}=\sqrt{M_{C2}^2+(\alpha T_2)^2}=615.7\text{N}\cdot\text{m}$$

（6）判断危险截面并验算强度。

① 剖面 C 当量弯矩最大，而且其直径与邻接段相差不大，故剖面 C 为危险剖面。

已知 $M_e=M''_{C2}=615.7\text{N}\cdot\text{m}$，$[\sigma_{-1}]_b=59\text{MPa}$，

$$\sigma_e=\frac{M_e}{W}=\frac{M_e}{0.1d^3}=\frac{615.7\times10^3}{0.1\times70^3}=18.0\text{MPa}<[\sigma_{-1}]_b=59\text{MPa}$$

② 剖面 D 处虽然仅受转矩，但其直径较小，则该剖面也为危险剖面。

$$M_D=\sqrt{(\alpha T)^2}=\alpha T=562\text{N}\cdot\text{m}$$

$$\sigma_e=\frac{M}{W}=\frac{M_D}{0.1d^3}=\frac{562\times10^3}{0.1\times55^3}=33.8\text{MPa}<[\sigma_{-1}]_b=59\text{MPa}$$ 所以强度足够。

5. 绘制轴的零件工作图（略）

知识拓展：轴的刚度

轴受弯矩作用会产生弯曲变形（见图7-62），受转矩作用会产生扭转变形（见图7-63）。如果轴的刚度不够，就会影响轴的正常工作。为了使轴不致因刚度不够而失效，设计时必须根据轴的工作条件限制其变形量，即

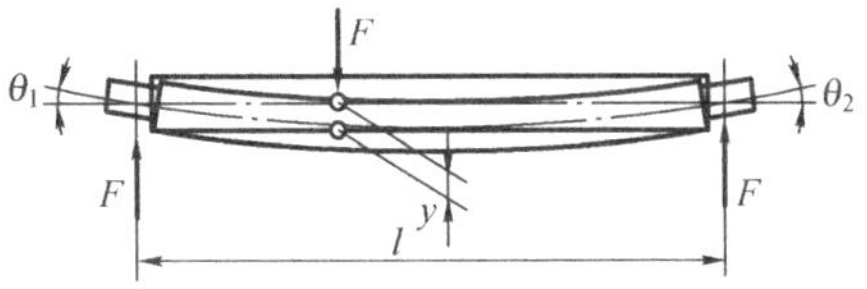

图7-62

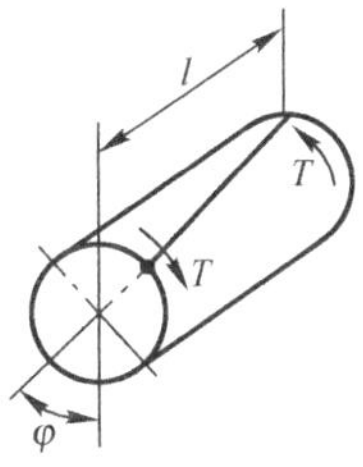

图7-63

挠度 $y \leqslant [y]$　　转角 $\theta \leqslant [\theta]$　　扭角 $\varphi \leqslant [\varphi]$

式中，$[y]$、$[\theta]$、$[\varphi]$分别为许用挠度、许用转角和许用扭角，其值见表7-20。

表7-20　轴的许用变形量

变形种类	适用场合	许用值	变形种类	使用场合	许用值
挠度 mm	一般用途的轴	(0.0003～0.0005) 1	转角 rad	滚动轴承	≤0.001
	刚度要求较高的轴	≤0.00021		向心球轴承	≤0.05
	感应电机轴	≤0.1Δ		调心球轴承	≤0.05
	安装齿轮的轴	(0.01～0.05) m_n		圆柱滚子轴承	≤0.0025
	安装蜗轮的轴	安装蜗轮的轴		圆锥滚子轴承	≤0.0016
	l——支承间跨距； Δ——电机定子与转子间的气隙； m_n——齿轮法面模数； m——蜗轮模数			安装齿轮处轴截面	0.001～0.002
			每米长的扭角 (°)/m	一般传动	0.5～1
				较精密的传动	0.25～0.35
				重要传动	<0.25

思考题

一、简答题

1. 滑动轴承有什么特点？主要应用在什么场合？

2. 滑动轴承为什么要装设轴瓦？有的轴瓦上为什么还有轴瓦衬？

3. 滑动轴承为什么常开设油孔及油槽？油孔及油槽应设在什么位置？为什么？油槽一般有哪些结构？设计时应注意什么？

4. 为什么现代机械设备上大多采用滚动轴承？

5. 滚动轴承的主要失效形式有哪些？其设计计算准则是什么？

6. 在设计同一轴的两个支承时，为什么通常采用两个型号相同的轴承？如果必须采用两个型号不同的轴承时，应采取什么措施？

7. 指出代号为7211C、6202的滚动轴承的类型和内径尺寸，说明字母C代表什么。

8. 何为转轴、心轴和传动轴？自行车的前轴、中轴、后轴及脚踏板轴分别是什么轴？

二、设计计算题

1. 根据工作条件，某机械传动装置中轴的两端各采用一个深沟球轴承支承，轴颈 $d=35\text{mm}$，转速 $n=2000\text{r/min}$，各个轴承径向载荷 $R=2000\text{N}$，常温下工作，载荷平稳，预期寿命8000h，试选择轴承型号。

2. 在电机与油泵之间用弹性套柱销联轴器相联。已知电机功率 $P=4\text{kW}$，转速 $n=960\text{r/min}$，电机伸出轴端的直径 $d_1=32\text{mm}$，试选择联轴器型号。

3. 已知一传动轴的材料为40Cr钢调质，传递功率 $P=12\text{kW}$，转速 $n=80\text{r/min}$。试：

(1) 按扭转强度计算轴的直径；

(2) 按扭转刚度计算轴的直径（设轴的允许扭转角$[\varphi] \leqslant 0.5(°)/\text{m}$）。

4. 图7-64为带式输送机所用的单级斜齿圆柱齿轮减速器，减速器由电动机驱动，已知从动轴所传递的功率 $P=11\text{kW}$，转速 $n=210\text{r/min}$，作用在齿轮上的圆周力 $F_t=2618\text{N}$，径向力 $F_r=982\text{N}$，轴向力 $F_a=653\text{N}$，大齿轮分度圆直径 $d_2=382\text{mm}$，轮毂宽度

$B=80$mm，载荷平稳，轴单向运转。试设计减速器的从动轴。设计要求：拟定轴上零件的装配方案，根据轴向定位的要求确定轴上零件周向定位、轴向定位及各段的直径和长度，绘制轴的工作图。

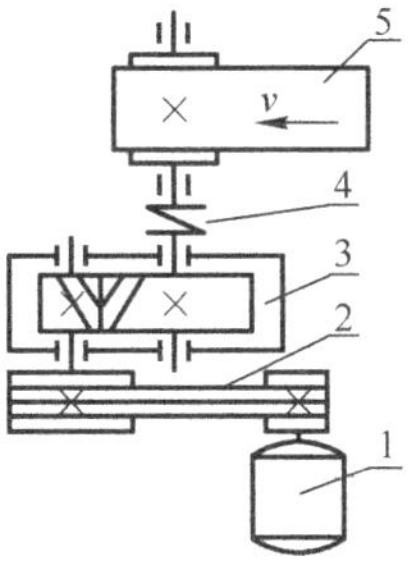

1—电动机；2—V带传动；3—斜齿圆柱齿轮减速器

图7-64

参 考 文 献

[1] 濮良贵．机械设计［M］．北京：高等教育出版社，2003.
[2] 宋亚林．机械设计基础［M］．武汉：华中科技大学出版社，2007.
[3] 张庆玲．机械设计技术［M］．北京：清华大学出版社，2009.
[4] 徐春艳．机械设计基础［M］．北京：北京理工大学出版社，2009.
[5] 戴晓光．机械设计基础［M］．北京：北京理工大学出版社，2009.
[6] 金莹．机械设计基础项目教程［M］．西安：西安电子科技大学出版社，2011.
[7] 闵小琪．机械设计基础［M］．北京：机械工业出版社，2011.